广视角·全方位·多品种

U0257968

工业设计蓝皮书

BLUE BOOK OF
INDUSTRIAL DESIGN

中国工业设计发展报告
（2014）

ANNUAL REPORT OF DEVELOPMENT OF CHINA'S
INDUSTRIAL DESIGN (2014)

主　编／王晓红　于　炜　张立群
副主编／李　蕊　陆金生

社会科学文献出版社
SOCIAL SCIENCES ACADEMIC PRESS (CHINA)

图书在版编目（CIP）数据

中国工业设计发展报告.2014/王晓红，于炜，张立群主编.—北京：
社会科学文献出版社，2014.9

（工业设计蓝皮书）

ISBN 978 - 7 - 5097 - 6132 - 8

Ⅰ.①中…　Ⅱ.①王…②于…③张…　Ⅲ.①工业设计－研究
报告－中国－2014　Ⅳ.①TB47

中国版本图书馆 CIP 数据核字（2014）第 126497 号

工业设计蓝皮书

中国工业设计发展报告（2014）

主　　编／王晓红　于　炜　张立群

副主编／李　蕊　陆金生

出版人／谢寿光

项目统筹／恽　薇

责任编辑／王莉莉

出　　版／社会科学文献出版社·经济与管理出版中心（010）59367226
　　　　　地址：北京市北三环中路甲29号院华龙大厦　邮编：100029
　　　　　网址：www.ssap.com.cn

发　　行／市场营销中心（010）59367081　59367090
　　　　　读者服务中心（010）59367028

印　　装／北京季蜂印刷有限公司

规　　格／开　本：787mm×1092mm　1/16
　　　　　印　张：34　字　数：550千字

版　　次／2014年9月第1版　2014年9月第1次印刷

书　　号／ISBN 978 - 7 - 5097 - 6132 - 8

定　　价／138.00元

皮书序列号／B - 2014 - 389

上海交通大学"985"工程三期
高水平文科专项建设项目资助

工业设计蓝皮书编委会

主要编撰者简介

王晓红 中国国际经济交流中心《全球化》副总编，兼任上海交通大学教授、北京航空航天大学教授、北京工商大学教授、中国工业设计协会理事、中国国际设计产业联盟副理事长、商务部服务贸易专家委员会委员等职。生于1963年11月，1998年毕业于中国社会科学院研究生院财贸经济系，获经济学博士学位，长期从事国际贸易与投资、服务经济领域研究。公开发表出版作品200万字，出版个人专著5部：《中国服务外包：跨越发展与整体提升》（山西经济出版社，2012）荣获2013年商务部"全国商务发展研究成果奖"三等奖；《中国设计：服务外包与竞争力》（人民出版社，2008）荣获2009年商务部"全国商务发展研究成果奖"三等奖；《广告经济新论》（工商出版社，1999）、《跨国公司发展与战略竞争》（人民出版社，2004）、《利用外资与中国经济新跨越》（社会科学文献出版社，2006），以及译著《设计创造财富》（中国轻工业出版社，2006）；公开发表学术论文150余篇；主持和参与部级科研课题30余项；承担《"十二五"中国国际服务外包产业发展规划纲要》编制工作。荣获2011年首届"中国工业设计十佳推广杰出人物"称号。

于 炜 华东理工大学艺术设计系主任、上海交通大学城市科学研究院研究员；历任上海交通大学、第二工业大学、华东理工大学部处院系等相关负责人；2010年上海世博会策划设计邀约专家；为教育部哲学社会科学后期资助重大项目"中国都市化进程年度报告——中国城市设计发展报告"、"广西西江经济带文化发展研究——民族文化设计产业发展研究"、国家发改委地区司新城新区及区域规划等纵横项目设计课题负责人或主要成员；《中国城市科学》、"城市群蓝皮书"等编委；厦门斯特安集团等设计企业创意与设计总监；美国IIT设计学院（包豪斯迁芝加哥传承者）高级研究学者。发表论文数十篇，另有多部专著、编著出版，获得国家专利授权及国内外设计大赛等奖项。

张立群 上海交通大学设计管理研究所所长。主要研究方向为产品创新策略与设计管理、用户驱动的体验创新。近年来，主持和参与了欧盟 Asia Link 基金、PMI2：A&HRC UK 基金、RCUK 基金资助的多项国际设计管理研究项目；教育部哲学社会科学系列发展报告首批建设项目"中国都市化进程年度报告"（10JBG011）子项目"世界设计之都创新发展报告"负责人。

陈　革 教授，博士生导师，现任东华大学机械工程学院院长，入选"上海市优秀技术带头人"计划，兼任上海市机械工程学会理事、上海市现代设计法研究会理事、教育部纺织类教学指导委员会纺织装备分委会主任、《机械设计与研究》理事，研究方向为机械设计及理论、工业设计。出版专著《美国汽车文化透视》《大学新生导航》，主编教材《纺织机械概论》《织造机械》，荣获中国机械工业联合会科技进步二等奖、中国纺织工业联合会科技进步二等奖。

罗　成 浪尖设计有限公司董事长兼总裁，高级工业设计师，高级工艺美术师。兼任中国工业设计协会常务理事、中国机械工程学会工业设计分会第五届委员会委员、中国工艺美术学会旅游工艺品专业委员会常务理事、中国国际设计产业联盟副理事长、深圳市设计联合会副主席、华南理工大学硕士研究生校外导师、南京工业大学硕士研究生校外导师、北京师范大学珠海分校客座教授等。获"2005 中国设计业十大杰出青年（光华龙腾奖）""2007 中国'金羊奖'十大设计师（团队）""2008 广东十大青年设计师""2008 ICIF 文化产业英才奖"等个人荣誉。

张建民 中世纵横设计有限公司董事长。勇于跨界延展工业设计服务领域：以工业设计的手法跨界到设计产业园建筑空间设计，先后完成深圳田面设计之都创意产业园、广东工业设计城、海南国际创意港、晋江国际工业设计园、中国慧聪家电城等十多个创意产业园的整体设计。作为一线设计师，以

20 余年丰富的专业经验，勇于承担社会责任：担任中国工业设计协会常务理事、深圳市设计联合会副主席、深圳工业设计行业协会常务副会长、广东省工业设计培训学院客座教授、武汉工程大学客座教授、陕西科技大学硕士生导师等。带领团队荣获红点至尊奖；荣获首批国家高级工业设计师、全国工业设计十佳杰出设计师、中国设计业十大杰出青年、中国创意产业先进个人称号，以及"光华龙腾奖"中国设计贡献奖（奥运服务特别奖），是美国 IDEA 工业设计师协会会员。

李　蕊　中国国际经济交流中心《全球化》编辑部主任助理、编辑。北京工商大学经济学硕士，曾先后于北京工业设计促进中心、北京市科委从事设计产业促进及研究工作，发表《印度承接设计外包的经验和启示》《大力发展工业设计　建设世界设计产业集聚中心》等多篇文章，参与国家发改委、科技部、工业和信息化部、国家知识产权局等部委多项课题。

陆金生　现任东华大学机械学院副教授、硕士生导师，上海工业设计协会会员、日本标识协会海外会员。长期从事工业设计理论研究和实际项目设计，是我国知名工业设计专家，曾负责中国 2010 年上海世博会标识系统设计管理工作，2013 年担任首届中国（深圳）标识文化节组委会主任。曾发表设计研究方面论文《人与城市的对话——2010 年上海世博会标识导向系统设计探讨》等 50 多篇，出版《会展设计》等专著 12 部，获国家授权实用新颖和外观专利近百项。

摘　要

随着全球经济、技术的高速发展，人类社会已进入后工业时代，即信息时代。在这样一个高度发达且发展迅速的时代里，国际工业设计正经历着一场前所未有的重大变革。为迎接新时期的挑战，我国的工业设计在顺应时代潮流的同时，在发展中寻求一条具有中国特色的工业设计发展之路。

在我国，工业设计是一个新兴服务产业，国家"十一五""十二五"规划及《政府工作报告》都明确了要发展工业设计，这充分说明了大力发展工业设计产业是当前我国实现工业结构调整和产业升级的关键环节，是转变经济发展方式、提升制造业附加值的重要途径，也说明我国工业设计进入了跨越发展的关键时期。《中国工业设计发展报告》针对当前中国工业设计发展的重大理论问题和现实问题，从宏观层面、理论层面、政策层面和操作层面进行研究，注重前瞻性、实用性、可操作性，将为推动我国工业设计发展提供理论指导和政策依据；同时，为区域、企业、服务机构、设计公司、产业联盟、园区等制定工业设计战略提供依据。

在专题研究中，本书通过横向的比较介绍了国内三大区域——北京、广东和浙江工业设计的研究现状，以及国际发展工业设计的状况。其中，包括全球工业设计总的发展现状和趋势，美国的工业设计，欧洲的英国、德国和意大利的工业设计，亚洲的日本、韩国和中国台湾的工业设计现状和发展趋势，以及世界设计之都的建设与发展的主要内容。

本报告还介绍了国内外一些具有代表性的成功案例。在企业案例研究中，分享了海尔集团、联想集团、美的集团、乐高和三星电子的成功经验；设计公司的案例，如平衡、高效的设计哲学——解读浪尖"大设计"、城市轨道交通蓄光消防安全标识系统设计、洛可可设计集团、广州毅昌科技股份有限公司、上海木马工业产品设计有限公司、IDEO商业创新咨询公司以及frog；组织机

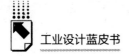

构的案例，如韩国设计振兴院、英国设计委员会以及台湾工业设计相关机构；园区的案例，如广东工业设计城、深圳设计产业园，以及走北方设计产业发展的特色之路的案例分析；国内外设计大奖的案例，如 iF 设计奖、红点奖、G‑Mark、中国创新设计红星奖；产业联盟的案例，如中国国际设计产业联盟、光华设计基金会。这些国内外的成功案例，使我们从中获得了更多宝贵的实践经验，为中国工业设计的发展提供了相应的战略和战术依据。

Abstract

With the rapid development of global economy and technology, human society has entered the post-industrial era, the information age. In such an age of highly developed and has been developing rapidly, the international industrial design is experiencing an unprecedented revolution. To meet the challenges in the new period, our country's industrial design at the same time conforms to the trend of the times, seeking a developing industrial design development with Chinese special characteristics.

In our country, industrial design is a relatively new industry, the national "11th five-year plan", "12th five-year plan" and the government work report focuses on the development of industrial design, which fully shows the current our country to develop the industrial design industry is the key link to realize industry upgrading industrial structure adjustment, is the transformation of the mode of economic development to improve manufacturing value-added role, and it also explains the industrial design in our country has entered a critical period of spanning development. *Annual Report of Development of China's Industrial Design Sector* in view of the current development of Chinese industrial design major theoretical and practical problem, from the macro level, theoretical level, policy level and operation level, pay attention to the prospective, practicability, maneuverability, providing theoretical guidance to the development of industrial design in our country and the policy basis, at the same time, it provides basis for strategy formulation for different areas enterprises, institutions, design companies, industry alliance, such as the development of industrial design.

The research part of this book introduced through the horizontal comparison of three domestic areas of Beijing, Guangdong and Zhejiang industrial design research status, and international development situation of industrial design, including the general development situation and the trend of global industrial design, industrial design in the United States, Britain, Germany, Italy, Asia Japan, South Korea and

China Taiwan's status quo and development trend of industrial design, as well as the design of the main content of the construction and development.

The report also introduced some typical successful cases. In the case study, the enterprise shares the Haier enterprise, Lenovo group, Midea group, as well as the successful experience of Lego and Samsung electronics. Second case have a design company, such as balance, efficient design philosophy: "the grand design", the interpretation of wave, urban rail traffic light fire safety storage identification system design, the Rococo design group, Guangzhou Yichang Technology Co., Ltd., Shanghai Trojan industrial product design company, IDEO design company, frog. The third organization case discusses examples such as South Korea design the revitalization of the court, the design council, industrial design related institutions in Taiwan. The first four park case discusses examples such as Guangdong industrial design park, industrial park, Shenzhen design and the path of the north for the development of design industry characteristics of case analysis. It also includes five cases with domestic and international design awards, such as the iF Design Award, the Red Dot Award (Red Dot), G-Mark, China Innovation Design Red Star Award. Finally we have discussed industry alliance case, such as China international design industry alliance, Guanghua foundation design. Through these successful cases occurs at home and abroad, to get more valuable experience in practice, for the development of China's industrial design by providing the corresponding strategies and tactics.

序　一

设计是人类对有目的创造创新活动的预先设想、计划和策划，是具有创意的系统综合集成的创新创造。设计也是将信息知识和技术创意转化为产品、工艺装备、经营服务的先导和准备，并决定着制造和服务的价值，是提升自主创新能力的关键环节。认知设计进化历程，展望知识网络时代的未来，对实施创新驱动发展战略，实现从制造大国向创造强国跨越，建设创新型国家意义重大。

一　文明的进化

人类与其他动物最本质的区别是能够思维和创造，人类在劳动中设计创造了工具，创造了物质文明和多样文化并使其不断发展进化。人类社会文明进化的基础和核心是生产力的进化和变革。生产力的进化和变革，推动社会经济形态和生产方式的变革，并引领生活方式、价值文化、社会结构以及治理方式、人与自然关系的进化。而构成生产力的基本要素是资源性能源和材料、工具装备、掌握知识技能的人才和人力资源。设计创造尤其是工具装备的设计创造是信息知识和技术创意转化为生产力的关键环节，在人类文明特别是在生产力和经济形态发展进化中发挥着基础性和关键性作用。正是工具装备的创新和资源利用方式的进步，推动了人类从农耕自然经济经过工业经济向知识网络经济进化。

人类利用自然资源制作简单工具，以古希腊、古罗马、古埃及、古巴比伦、印度和中国为代表，创造形成了延绵几千年，以农业和手工业为特征的自然经济和各具特色的多源农耕文明。人们开发利用矿产资源，创造了以现代能源动力，机械化、工厂化制造，现代通信等技术创新为主导，以机器大生产为特征的现代工业文明和多样文化传承。始于20世纪中叶的半导体、集成电路、计算机、互联网等电子信息技术创新和应用，使人类进入了以信息化、数字

化、机械电子一体化为特征的后工业时代，并开启了人类知识网络文明的序幕。纵观人类社会文明进化史，从原始蛮荒时代、农耕时代进化到工业文明时代，今天已经步入主要依靠知识、信息大数据，以及人的创意、创造、创新，通过全球网络设计制造和服务，实现以绿色低碳、科学智能、全球共创分享、可持续发展为特征的知识网络文明时代（见图1）。

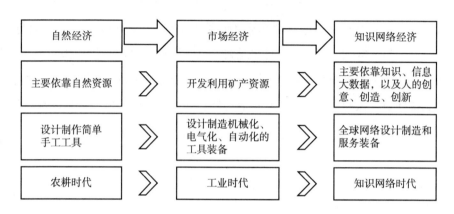

图1　文明的进化——从农耕时代到知识网络时代

二　设计的进化

设计是人类对有目的创造创新活动的预先设想、计划和策划，是具有创意的系统综合集成的创新创造。农耕时代的设计和手工业制造，适应农业自然经济以及奴隶社会和封建社会的经济、社会、军事、宗教和文化等需求，创造发展了农耕文明。工业时代的设计发明和创造，引发了第一次工业革命和第二次工业革命，导致机械化、电气化、电子化、自动化，实现了生产力的大飞跃，适应和促进了市场经济的多样需求，创造了现代工业文明。今天和未来的设计创新，将适应和引领知识网络时代的经济社会和文化需求，引发新产业革命，将促进网络化、智能化、绿色低碳、全球共创分享、可持续发展。

面向制造服务的设计致力于创新资源、能源与新材料的开发和利用，致力于创新交通运载、制造装备、信息通信、农业生物、社会管理以及公共服务、金融商业、生态环保、公共与国家安全等装备与服务，设计还创造了宜居环境和美好生活。20 世纪 20 年代兴起的工业设计倡导技术、艺术、经济的结合，实现功能与形态、性状与价格的优化，提升了产品价值和竞争力。

设计创造推动社会文明进步，设计随着文明进化而发展进化，设计的价值理念、方法技术、人才团队也不断持续进化。设计是制造服务的先导和关键环节，它决定了产品的功能品质以及全生命周期的经济、社会、文化和生态价值。设计创新产品、工具装备、制造方式、经营服务，不仅创造和提升价值，提升企业品牌信誉和市场竞争力，还可以创造和引领新的市场和社会需求。设计不仅推动着生产和生活方式的变革，标志着物质文明进化的程度，也反映了社会精神文明进化的水平。设计创造美好生活、创造美好未来，促进并引领人类文明持续发展的进程。探究设计进化的历史，对于认知设计进化发展的规律，展望设计进化的未来，提升我国设计创造的能力，实施创新驱动发展战略，促进从制造大国向创造强国跨越，建设创新型国家具有十分重要的意义。

1. 动力系统设计的进化

农耕时代，主要设计利用人力、畜力以及水、风等为原动力的简单机械动力装置。工业时代，人们设计创造了蒸汽机、水轮机、汽轮机、电动机、内燃机、燃气轮机、喷气发动机、风力涡轮机等动力系统。知识网络时代，人们将致力于设计创造绿色低碳、智能高效，具有可再生、可回收、可存储、可控制、可分配、自适应、分布式特点的能源和动力系统。

2. 设计利用材料的进化

农耕时代，主要直接利用（或经简单加工的）土石、竹木、帛麻丝、皮革等天然材料。工业时代，人们主要使用钢铁和有色合金、无机非金属、有机合成与高分子等性能优良的结构材料和复合材料，以及光电子、微电子等先进功能材料等。知识网络时代，人们将主要使用超常智能结构功能材料、绿色可再生环境友好材料、纳米和低维结构功能材料、生物和仿生材料等。

3. 设计利用资源性能源的进化

农耕时代，人们主要依靠土壤、阳光、水、动植物等自然资源，依靠人力、畜力以及薪柴、水力、风力等天然动力。工业时代，人们主要依靠开发利用金属、非金属等矿产资源，依靠煤炭、石油、天然气等化石能源，以及火电、水电、核能等集中规模化发电的电力系统。知识网络时代，人们主要依靠

信息知识大数据和人的创造力，实现金属、非金属、生物质等物质资源清洁高效、循环持续利用，依靠水力、风力、太阳能、生物质、海洋能、地热等分布式可再生能源以及核能等清洁智能可持续能源为主的体系。

4. 交通运载设计的进化

农耕时代，人们利用天然土路、水道，设计建造路桥、驿道、栈道、索道、运河等，主要依靠步行以及人畜、风力、车舟等交通运输方式。工业时代，人们设计制造了公路、铁路、缆车索道、桥隧、运河、油气管道、传送带、海洋航道、空中航道等交通网络，发明并设计出蒸汽、内燃、电力驱动的汽车、火车、轮船、飞机、运载火箭等现代运载工具。知识网络时代，人们将设计并发展高速公路、高速轨道、陆海空天等全球综合智能交通物流网络体系。

5. 农业与生物技术产业的设计进化

农耕时代，人们主要依靠土地、阳光和水等自然资源，利用简单的手工工具进行渔猎、种植、养殖，从事简单的手工作坊加工。工业时代，人们致力于发展优良品种，利用农药、农肥等农业生产资料，设计建造水利灌溉等基础设施，设计制造农业机械，提高农业生物技术产业的生产力。知识网络时代，人们将发展先进农业生物技术，依托网络和知识信息大数据发展农业与生物技术产业云服务体系，设计绿色、智能农业生物技术设施和服务体系，发展生态高效农业和生物产业。

6. 制造方式的设计进化

农耕时代，人们使用简单工具，依靠家庭作坊和手工业工场方式，设计与手工艺制作紧密结合，融为一体。工业时代，发展进化为工厂化、专业化、批量化、自动化和数字化－柔性制造方式，设计与制造分离，设计工程师成为专门职业，设计服务并服从于制造，设计必须考虑制造的可能性。知识网络时代，将发展进化为依托网络和知识信息大数据的全球绿色、智能制造与服务方式，设计与制造重新融合。制造者、用户、营销、运行服务者乃至第三方皆可共同参与。3D 打印等技术创新，使得能创意设计出来的，几乎都能够被制造出来，设计将变得更加自由。

7. 信息通信的设计进化

农耕时代，主要依靠手工记事和计算，依靠烽火台、信使、驿站等通信手段，传递的信息量少，存储能力和传输速度慢，传播距离大都很短，分享程度低。工业时代，依靠邮路、电报、电话、数字、无线、铜缆、光缆、蜂窝网、GPS、GIS、互联网、物联网等信息基础设施，发展形成数字网络，从点到点发展到 IP 协议包传输等。但在控制领域，仍局限于单机局域信息和人工智能。知识网络时代，则依靠无处、无时不在的无线宽带互联网、物联网和智能终端等更先进的信息基础设施，将发展成为全球智能、安全可靠的无线宽带，共创分享多样无限的大数据，以及云计算、云储存和云服务系统。

8. 生态与人居环境的设计进化

农耕时代，主要利用天然材料，设计建造民居、道路、寺庙、宫殿、园林、村落、城镇等，人的生存和发展方式与自然生态环境总体和谐。工业时代，利用混凝土等人造建筑材料，人们规划设计建造现代城市住宅、公共建筑、公园绿地和基础设施等形成现代城市，由于生产力快速发展，利用、开发、征服自然的观念滋长，生态环境受到严重破坏，并日益受到人们的关注和重视。知识网络时代，发展以绿色低碳、智慧和谐为特征的城镇化成为目标，生态环境和全球气候变化备受关注，保护并修复生产环境、绿色低碳、可持续发展成为设计师的基本理念和设计的基本原则。

9. 社会管理与公共服务的设计进化

农耕时代，从原始公社—氏族社会—奴隶社会进化为封建国家的社会治理，取决于国家制度设计进化和公众参与方式，但总体以封闭性、局限性、保守性为特征。工业时代，进化为以市场经济为基础和民主法治的社会管理，发展进化为具有制度化、社会化、专业化、信息化的特征。知识网络时代，进化为高度依托网络与知识信息大数据，更加自由民主、公平法治、智慧和谐的社会管理，将发展进化为更加科学民主、公平公正、普惠高效为特征的管理与服务。

10. 公共和国家安全的设计进化

农耕时代，主要关注领土、主权、财产、统治权的安全，主要依靠人力和冷兵器、城垒、沟壕等防御工事攻防。工业时代，主要关注经济安全、资源能源安全、食品药品安全、信息安全、公共与公民安全、生态环境安全等，发展进化为机械化、装甲化、信息化，兵员和火力投送、制海空天能力等为主要标志的现代化。知识网络时代，信息网络安全成为公共与国家安全的核心和关键

环节，综合国力、制度与执行力、科技创新能力、公共与国防安全基础设施和信息、海洋空天攻防能力等成为关键和战略制高点。

随着人类社会的文明进化，设计的价值理念、方法技术、人才团队也持续进化。

第一，设计价值理念的进化。农耕时代的设计，模仿自然，注重实用功能，崇尚自然美，契合社会伦理，创造成就了农耕文明。工业时代的设计，注重功能效率，主张设计为了人，强调技艺结合，发展人机功能学，适应工业化、标准化、模块化生产，追求性价比，适应市场竞争需求，创造品牌价值，注重保护生态环境，创造了工业文明。知识网络时代的设计，融合科学技术、经济社会、人文艺术、生态环境等知识信息大数据，注重创意、创造、创新，更加重视用户体验，追求经济、社会、文化、生态综合价值，重视全球网络协同设计，追求绿色低碳、科学智慧、共创分享、可持续发展，创造知识文明。

第二，设计方法技术的进化。农耕时代的设计，主要靠手工方法，只使用简单工具。工业时代的设计，发展了计算、平面、透视、三维等设计技法，利用测绘、建模、实验、仿真、CAD/CAE/CAPP 等方法，使用数据库、设计工具、计算机和软件、数字－物理仿真、2D/3D 打印设备等。知识网络时代的设计，依靠知识、信息大数据，云计算，虚拟现实，3D 打印等，实现全球网络协同设计，发展超级计算、超级存储、3D＋X 演示与打印、云计算、云服务等网络设计工具软件和协同设计平台。

第三，设计人才团队的进化。农耕时代的设计者，主要靠个人天赋、爱好、学习、训练和经验，主要依靠家族和师徒传承，工匠即设计师。工业时代的设计师与团队，依靠学校培养训练，掌握基础知识，需要技术和艺术的结合和团队合作，出现了专业设计师、专业设计团队、设计公司、设计学科、设计学院、学会协会等。知识网络时代的设计师，更需要科学技术、经济社会、人文艺术、生态环境等多方面的知识和多学科交叉融合，以及多样人才团队的协同与合作，基于网络大数据、云计算、云服务、3D＋X 打印等开放共享环境，使得人人可以参与设计并成为设计师。

为了全面认知设计的价值，我们应该想一想关于设计进化的几个值得思考的问题。

其一，为什么历时数千年农耕时代的传统设计却未能导致社会生产力的根本变革？

其二，哪类现代设计导致了第一次工业革命和第二次工业革命？

其三，设计怎样创造美好生活？怎样推进、引领了工业时代的文明进步？

其四，怎样的创新设计将可能推进、引领知识网络时代的新产业革命、发展方式转型、人类文明持续发展的进程？

农耕时代的传统设计关注服装、器皿、家具、礼器、兵器等实用功能和形式美。受到材料和加工能力等局限，人们只能利用人力与畜力，小规模利用水力和风力，没有在能源动力方面取得突破。虽然在选用材料方面从天然土石、竹木、纤维、皮革进化发展到制作陶瓷、玻璃、青铜、铁器等，但始终没有在材料科学和冶金技术、能源利用和动力机械设计制造等方面取得创新和突破。农耕时代更没有在高效、精密工具装备设计制造方面取得突破。

钢铁冶金装备的现代设计与发明为机械化、工业化提供了大规模优质金属材料，使蒸汽机的设计与发明实现了能源动力的变革，金属切削机床、纺织机械等工具装备和工作机械的设计与发明突破了机械化、工业化制造，火车、轮船等设计与发明导致了交通运输能力的飞跃，由此引发了第一次工业革命，使英国崛起为日不落帝国，也使人类进入以蒸汽为动力的以机械化、工厂化、规模化生产为标志的工业时代。

工业时代人们利用性能优异的合金、水泥、玻璃、陶瓷、高分子和复合材料等，设计了动力机械、现代运载工具和交通基础设施、现代通信工具与网络设施、科学仪器与测试设备、高效精密数控机床、先进医疗保健设备、金融商务机器、质优价廉的生活用品等，满足了经济社会发展和人们生活的多样化需要，改善了工作效率和生活品质。同时，人们不断创新设计理念与方法，设计创造了风格功能各异、优美舒适、环境宜人的建筑与城镇规划。20 世纪 20 年代兴起的工业设计，注重运用工程学、美学和经济学原理优化工业产品设计，满足用户的物质和精神需要，提升产品价值和竞争力。正是发明与创造、设计与创新，推动并引领了工业文明的进程，创造了幸福美好生活。

未来创新设计与智能制造将导致新的产业革命。如果说，工业时代的现代设计主要基于物理环境，那么全球知识网络时代的创新设计将基于全球信息网

络——物理环境。未来的创新设计将追求绿色、智能、全球化、网络协同，以及个性化、定制式创造与制造。未来的创新设计将创造全新的网络智能产品、工艺装备和新的经营服务方式。未来的设计制造将超越数字减材与增材、无机与有机、理化与生物的界限。未来的设计制造将创造清洁、分布式可再生能源为主体的可持续能源体系与智能能源和电网系统。

人类文明和设计的进化如图2所示，我们可以将农耕时代的传统设计表征为"设计1.0"，工业时代的现代设计表征为"设计2.0"，知识网络时代的创新设计表征为"设计3.0"。与之相应，诞生于工业时代的"工业设计1.0"自然也将进化为全球知识网络时代的"工业设计2.0"。它们将随着科学技术、经济社会、文化艺术、生态环境等信息、知识大数据创新发展，设计价值理念、方法技术、创新设计人才团队和合作方式也将持续进化。

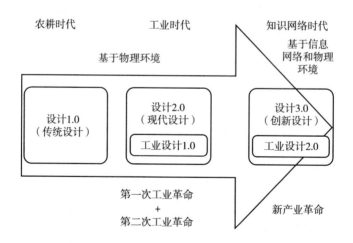

图2 设计的进化：传统设计—现代设计—创新设计

三 面向未来的中国创新设计

经过30多年的改革开放，引进、消化、吸收、创新快速发展。2013年，中国制造已占全球制造的20%以上，居世界首位。中国制造不仅为13亿中国人民，也为全世界提供了物美价廉的多样产品，中国已成为举世公认的制造大国。"嫦娥"

奔月、北斗导航、"蛟龙"深潜、航母入列、高铁成网、大运升空、超超高压直流输电投运等标志着中国重大工程装备系统集成创新和设计制造能力已居世界前列。

但我们必须清醒地看到：多数中国制造企业自主设计创新能力弱，多以OEM和跟踪模仿为主，制造服务的附加值低，仍处于全球制造产业链的中低端。高端数控机床、集成电路、民航客机、航空发动机、科学与医疗仪器、高端基础关键零部件等仍严重依赖进口。中国自主设计创造并引领世界的重要产品、高端制造装备、经营服务模式少。由自主创新设计创造的国际著名品牌，成为享誉国际的著名企业少。我国还不是设计创造强国。由美国引发并波及全球的经济衰退及其艰难复苏，必将加速科技创新和产业变革进程。奥巴马在2014年国情咨文中提出"要使下一次制造革命在美国发生"。德国推进以网络智能技术创新为核心的"工业4.0"。日本重点发展协同机器人和无人化工厂，提升竞争力。随着发达国家回归实体经济，以及资源、能源和人力资源等要素成本的上升，中国制造将面临发达国家重振高端制造和新兴发展中国家低成本制造竞争的双重挑战。我国人均资源储量低于世界平均水平，因粗放发展而付出了巨大的资源环境代价，资源性能源对外依赖程度逐年上升。生态环境约束加剧，水、土壤、大气污染严重。过度依赖要素投入、以牺牲生态环境为代价的传统粗放型发展方式难以为继。未来10年将是我国全面深化改革，实现发展方式转型，提升发展质量效益，实施创新驱动发展战略，迎接新产业革命的机遇和挑战，加快创新型国家建设的关键时期。

创新设计将促进并引领全球知识网络时代的创意、创新、创造，将提升个人、企业和国家的想象力、创造力、创新竞争力以及绿色智能、科学和谐、可持续发展的能力，将引导原始创新、关键技术创新、引进消化吸收基础上的自主系统集成创新、管理制度的创新，创意、创新、创造将引领世界的产品、工艺、装备、经营服务模式。创新设计将引领绿色低碳、智能中国制造，创造绿色低碳、网络智能的中国制造产品，创造绿色低碳、网络智能的制造服务方式，创造清洁、可再生能源新装备以及安全、坚固、智能的电网体系，创造绿色低碳、智能高效的资源、环保、农业装备和技术支撑体系，创造绿色快捷、安全舒适的运载工具和交通物流系统，创造网络智能的金融商业、医疗教育等商业及公共服务基础设施，创造信息化、网络化、智能化的公共与国家安全装

备和技术支撑体系。

提升我国创新设计能力，必须将创新设计列为国家创新驱动发展战略的重要内容，制订实施创新设计战略行动十年计划和路线图，增加国家、企业、社会对创新设计的投入。国家着重支持与创新设计制造相关的基础前沿和共性技术研究和开发，着力支持信息、知识大数据以及云计算、云服务。构建一批各具特色的创新设计重点实验室、工程技术中心以及 CAD/CAE/CAPP、3D 打印等网络公共技术支撑服务平台。完善鼓励扶持创新设计的相关政策，保护知识产权，设立创新设计基金，鼓励引导金融投资机构投资创新设计与产业，支持和鼓励企业重视和增加对创新设计和研发的投入，促进以企业为主体的产、学、研创新设计联盟，着力提升重点领域的创新设计能力。

扶持设计"创客"的创新和创业，支持小微设计企业发展。支持设立创新设计园区和专业设计网站，促进形成设计人才和设计产业的集聚区。

充分发挥设计学术、行业组织及产业联盟的作用，促进学术、技术交流培训合作，奖励优秀设计和人才团队，举办设计展览和论坛，促进多种形式的国际设计交流合作，引进国际优秀创新设计人才和先进设计企业。培育若干创新设计引领发展的国际著名企业，建设在区域和国际有影响的设计园区、国际创新设计之都。

必须从娃娃抓起，从幼儿园开始培育鼓励青少年探索求知、设计创造的意识和能力。改革创新设计教育，促进学科交叉融合，促进理论与实践的紧密结合，着力培育并提升创意、创造和创新能力，构建有中国特色的创新设计职业和继续教育体系。

必须充分发挥媒体的作用，通过开辟创新设计专栏和相关栏目，宣传"中国好设计"案例等。在全社会普及创新设计理念和方法，提升创新设计文化自觉和自信，在全社会营造重视、支持、鼓励创新设计的良好文化氛围。

序　二

设计创新是人类重要的创新创意活动。设计服务业具有知识技术含量高、附加值高、对传统产业提升能力强、资源性能源消耗低、环境污染少等特点。随着经济全球化、信息化、知识化的深入发展，设计服务在推动产业转型升级、提高产品国际竞争力、吸纳大学生就业等方面发挥着越来越重要的作用。"十二五"以来，我国产业结构调整加快，技术创新步伐加快，资源环境约束加强，大学生就业压力加大，打造中国经济升级版的任务日益迫切，这些都对发展设计服务业提出了需求。同时，为设计服务业发展创造了良好的政策环境和市场条件。

最近，国务院做出了推动创意和设计服务与相关产业融合发展的战略部署，这标志着设计服务在国家创新驱动战略和提高整个国民经济发展质量中，将发挥越来越重要的支撑作用。加快文化创意和设计服务等高端服务业与制造业、服务业等相关产业深度融合，不仅是实现技术创新的重要手段，而且是实现传统产业转型升级、经济结构调整的重要手段；不仅有利于改善产品和服务品质、满足群众日益增长的生活多样化需求，而且有利于催生新的生活方式、新的服务业态、新的商业模式。从美国、英国、德国、芬兰、日本、韩国以及中国台湾、香港等国家和地区来看，都有通过发展设计服务促进国际贸易、推动产业结构调整的成功经验，也有通过实施各种设计产业扶持政策、加快设计服务业发展的成功做法，这些都值得我们借鉴。

《中国工业设计发展报告》是一部全面、系统地反映国际、国内工业设计发展的年度报告。该报告集聚了我国工业设计领域的众多资深专家、学者、企业家、行业管理者，形成了一支业内高水平的作者队伍。全书分为总报告、专题研究、区域发展研究、国际比较研究、案例研究五大板块，注重突出系统性、前沿性、战略性、创新性和国际性；注重理论价值与应用价值相统一，学术研究与实际应用相统一，内容丰富，指导性强，是一部了解、研究和把握国

际、国内工业设计发展趋势动态，探索区域发展工业设计成果，分享企业设计创新经验，推动工业设计发展的重要文献。

在专题研究中，重点研究了全球工业设计发展现状和趋势、我国工业设计发展与促进政策，以及国家创新战略与工业设计体系的建构、工业设计与知识产权战略等重大战略问题。同时，研究了国内外工业设计理论和方法的重大进展。在区域发展研究中，着重分享了北京、广东等我国工业设计发展较快地区的经验。在国际比较研究中，重点针对美国、英国、德国、意大利、日本、韩国以及中国台湾等国家和地区的工业设计发展现状、趋势和经验进行研究探讨，并总结了世界设计之都建设与发展的经验。

该报告进行了大量经典案例研究，发挥了典型引路的作用。在企业案例研究中，分享了海尔、联想、美的、乐高、三星电子利用工业设计创新产品、创建品牌、促进企业转型升级的成功经验。在设计公司案例研究中，分享了浪尖、中世纵横、洛可可、毅昌、上海木马等国内成长较快的设计公司以及IDEO、frog等著名国际设计公司的案例，它们的成功经验对于工业设计企业的发展壮大具有重要借鉴意义。在组织机构案例中，分享了韩国设计振兴院、英国设计委员会、台湾创意中心推动工业设计发展的经验，这些经验对于我们发展工业设计具有借鉴作用。在园区案例研究中，分享了广东工业设计城、深圳设计产业园等特色园区的经验。在国内外设计大奖案例研究中，介绍了 iF 设计奖、红点奖、G－Mark、IDEA、中国创新设计红星奖的经验。在产业联盟案例研究中，分享了中国国际设计产业联盟、光华设计基金会两家设计促进机构推动工业设计发展的经验。

我真诚地希望，该书能够成为业内学者、企业家、管理者从事理论研究、设计实践的良师益友。设计创造财富，也创造美好的生活和未来。让我们共同努力，通过工业设计把"中国创造""中国品牌""中国服务"推向世界。

李德水

目录

皮书数据库阅读**使用指南**

CONTENTS

B Ⅲ　Regional Development Research

B Ⅳ　International Comparative Studies

B Ⅴ　Case Studies

Case Studies on Enterprises

总 报 告

General Report

B.1

工业设计——实现自主创新的引擎

王晓红　于 炜　张立群 *

自 20 世纪 90 年代后期以来，世界多数国家与地区开始重视创意产业发展，该产业得到了迅速提升，发展速度远远超过了 GDP 增速。尤其是金融危机以来，美国、欧盟的创意产业都发挥了对国民经济的重要拉动作用和支撑作用，创意产业成为经济增长的新引擎。近年来，一些发展中国家和地区也凭借大力发展设计创意产业，实现创新能力跃升和产业转型升级，取得了不小的成绩。2002～2008 年，全球创意产品和设计服务年均增长率达到 14%，成为世界经济最具活力的产业之一。在所有的创意产品与创意服务分类中，产品设计占 42.93%，凸显工业设计在创意产业中的重要位置。这说明，一方面，设计是创意产业发展的主要动力来源，作为体现设计核心内容与形式的个人创造

* 王晓红，中国国际经济交流中心《全球化》副总编、教授；于炜，华东理工大学副教授，华东理工大学艺术设计系主任，上海交通大学城市科学研究院研究员；张立群，上海交通大学副教授，上海交通大学设计管理研究所所长。

性、艺术品位等是文化创意产业蓬勃发展的重要潜在因素；另一方面，文化创意产品的三个重要特征——视觉性、体验性和多元性，只有通过工业设计才能使各类产品创意得以实现，而仅仅通过资本、技术是不够的。因此，工业设计是实现自主创新的新引擎。

一 当代工业设计领域的重大变革

（一）工业设计带动了创新途径的拓展

Dosi 根据创新动力的不同归纳出两种对立的创新途径：技术推动型和市场拉动型。市场拉动型创新把新产品开发活动看成对明确的客户需求的反映，在市场拉动型创新中，市场是创新的核心资源；技术推动型创新以新技术的可用性作为动力，企业创造的新产品来自对新技术的运用。

在传统的产品开发中，企业主要关注产品的功能与性能，企业进行新产品开发时总是先排除技术障碍，然后再借助创意给产品添加视觉语言元素。人造物世界的日益丰富扩展了人们对产品内容追求的多样性，不再只局限于产品的功能和性能，那些用于表现情感价值和象征性价值（即产品意义）的色彩、线条、材质、外形构架等要素更能打动用户的深层次愿望。新产品开发领域也已经认识到在激烈的市场竞争环境下，匹配用户价值与意义的产品比其他产品具有更大的竞争优势。用户不仅关注产品的实用功能和性能，更关心产品的意义，消费者对功用的需要来自产品的功能支持，消费者的情感和社会文化需要则来自产品语言所承载的意义。

在 Verganti 提出的第三种创新途径——设计驱动型创新（见图 1）中所指出的创新动力来自理解、获取和影响新产品意义出现的能力。设计驱动型创新是在产品语言和意义方面的突破性创新。创新途径从技术推动的创新和市场拉动的创新到设计驱动的创新的拓展与演进是生产力得到不断发展并与生产关系互动过程中形成的产物，对应着从工业经济时代向知识经济时代的转化所引发的人工物类型与内容的延伸。

对于这三种创新途径及其策略，市场拉动型创新是以消费者（包括使用者这一特别意义上的消费者）为中心的创新，是渐进性创新。技术推动型创新注重产品功能和性能的提升，并未出现新的产品语言。而设计驱动型或语言驱动型创新，通过设计者对新的产品语言的创造提供突破性的新产品。此外，技术推动型创新与设计驱动型创新存在耦合区，也就是说，发现突破性技术蕴涵的新语言同样可以引发突破性的设计。

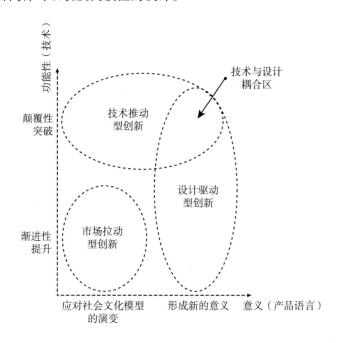

图1　三种创新途径

（二）工业设计是企业实施创新活动新的着力点

根据英国设计理事会的设计价值实证报告（2007），商业活动中每100英镑的设计投资，其回报为255英镑。丹麦商业管理部的设计的经济效用研究（2003）显示，设计的使用和企业的经济表现及后续的宏观经济增长之间有着明显的相关性，且采购过设计服务的企业其营业总收益超出平均值22%。在过去几年中，越来越多的国家和地区开始将设计纳入创新政策的框架内。

设计与创新密不可分，设计是创新工具组合的一个部分。设计活动的目标既不是知识生产也不是"know‒how"生产，而是对人与人造物界面关系的定义（G. Bonsiepe，1995）。设计及更宽泛意义上的设计思维，是一个创造性的问题求解工具，应用于多类产业的产品、服务和流程创新，并开始频繁出现在社会问题的求解过程中（Brown，2009）。设计与创新都能为产品、服务和系统带来竞争优势，不同之处在于设计过程所形成的结果（产品、服务或系统）通常能实现其满足用户需求的目标，而创新活动通常无法保证一定会带来创新结果。

近年来的创新早已从单纯的技术开发扩展到越来越多的领域，如服务、用户体验和社会系统改良等，这为设计担当更为重要的角色提供了机会，许多调查数据充分支持这一观点。英国 NESTA 创新指数（2009）显示设计的创新贡献（17%）高于技术研发（11%），设计在当今的创新中扮演了比研发更为重要的角色。设计的核心是以用户为中心的创新过程，设计是架设在以技术、服务、用户为中心和社会创新之间的桥梁。苹果公司尽管在科技研发方面投入巨大，但其杰出成功的关键因素就在于公司所具有的设计天赋、整合多领域技术的能力和对用户体验的执着。在当今产品创新领域，竞争的全球化使得通过用户需求发现创新机会成为重要的获得竞争优势的有效途径，无论是面对个人消费品和服务设计还是公共服务产品都是如此。设计成为企业寻求到的一条单纯技术研发之外的创新途径，尤其对于那些不具备持续投资技术研发实力的小型企业而言，以设计驱动的创新至关重要。另外，对于传统制造业而言，设计还有助于通过围绕其核心产品展开服务创新来提高消费体验价值。无论是对于企业还是公共服务及社会发展，设计都是一种强劲的创新力量。

（三）工业设计创新活动从产品开发向高端服务业拓展已经成为趋势

2000 年以来，工业设计活动已经呈现从产品向交互与系统设计演化的显著现象，并引发了设计研究焦点的变化（Buchanan，2001）。这使得工业设计活动从服务与单一产品开发跃升为支持企业展开系统性和平台化产品创新，这也促进了内涵更为丰富的设计活动的展开。2003 年，丹麦设计中心 DDC 借助设计阶梯框架，Design Ladder 对企业设计能力发展成熟度的评价也清晰地呈现设计价值不断提升的过程。2003～2007年，把设计作为创新流程和企业创新策略的丹麦企业占比达66%，大多数企业已经进入OBM/OSM阶段，ODM企业变化不大，而不使用设计的企业大幅降低，OEM企业降幅明显，显示企业对设计价值的高度重视和深入理解，设计对企业实施转型升级的效果明显。丹麦设计中心实施的"360设计计划"是专门用于帮助企业将设计能力从工业设计向服务系统设计升级而进行定制培训的推进计划，通过帮助企业接触各种类型的设计师、不同层次的设计案例，为企业自身设计创新能力的升级与建设提供资源和规划方面的支持。英国设计委员会在《重启不列颠2：设计与公共服务（2013）》的报告中也明确提出了将设计应用于公共服务设计的规划与工作线路。

在认识到工业设计必须顺应我国在建设创新型国家过程中的多层次创新需求之后，我国"十二五"规划纲要明确提出工业设计从外观设计向高端综合设计服务转变的要求，这是对设计创新能力发展所提出的新要求。从总体设计意识与资源结构看，我国尚处于从第一阶段向第二阶段的过渡。三个设计之都（深圳、上海及北京）的设计发展则已经呈现从第二阶段向第三阶段升级的趋势，海尔、联想、上汽等部分设计创新型企业已经开始将设计作为一种策略工具，用于开发企业的创新战略。另外，许多在我国建有创新中心的国际企业的设计资源与能力建设层级普遍略高。

（四）设计驱动型创新成为国家和区域创新体系的构成要素

作为一个问题求解的途径，设计能够通过发现与整合用户需求来驱动公共、私人机构及社会的产品、服务和流程创新。越来越多的国家在过去几年中已经将设计作为获得竞争优势的资源纳入创新政策的覆盖范围。

创新政策已经成为政府推动企业发展的基本手段。Hobday等人（2012）认为，创新政策是指引发和推动企业开发全新的产品、服务和流程的政策。从欧洲的芬兰、瑞典、丹麦到亚洲的中国、韩国、日本，设计早已成为创新经济时代的国家创新战略与政策要素的重要组成部分，各国并通过大量投资来促进设计应用、设计研究、设计专业化方面的发展，其目的在于将设计纳入国家及地方的创新体系中。

（五）用户体验驱动的创新成为当前工业设计活动的焦点

在近年来出现的许多新的设计理念与方法中，"体验设计"是最受关注的焦点，这一焦点致力于探索和设计用户（以及一般意义上的消费者）、产品（或服务）和制造商（或供应者）之间全面的交互与协作关系。体验设计既关注作为客户的消费者，通过定制的多面向的设计策略，借助劝导式、沉浸式媒体环境为目标客户建构一个情景化产品体验环境。同时，体验设计也关注作为用户的消费者，这是近年来被广为认同的提升企业竞争力的着力点，20世纪90年代以来，将ICT技术引入商业、设计和产品开发中为用户体验的改善及新的用户体验的创造提供了重要条件，通过对原子和比特两个世界及其融合的探索，为品牌表现力的增强寻找新的手段。

为应对体验设计的新要求，设计管理借助改良和优化设计流程、设计评估与门径管理、改组设计实务参与者构成和重建多利益方协作机制等方法，实现了UCD理念及其方法和参与式设计流程的导入；设计管理还通过引入新技术改变生产工艺以实现规模化产品的用户自定义和用户体验的分享，极大地丰富了从产品的生成体验、消费体验到使用体验的更为广泛的体验内容。

作为重要的体验创新方法论，以用户为中心的设计（User Centered Design，UCD）自2000年开始获得学术界和产业界的广泛认同，并由于IDEO、frog和Cotinuum等著名设计公司的成功而在产品创新领域得到普及与应用。这种方法认为产品开发应该从询问用户与产品有关的需要、对用户的深入分析及对用户使用现有产品的情景和在消费过程中的行为进行观察着手，来获得指导产品创新的独到见解。

在认识到UCD的重要意义和设计将成为至关重要的创新政策的构成要素之后，欧洲委员会委托SEE平台作为欧洲设计创新倡议（EDII）活动的实施机构，展开了知识服务工作，帮助欧盟成员在政府政策和企业策略方面嵌入以用户为中心的创新设计思想，向管理层与公众传播设计对于产品、服务、社会和公共机构创新的潜在价值。UCD已经被芝加哥用于进行市政管理创新、教育创新和慈善公益活动规划。UCD也开始被中国工商银行用于开发银行储蓄产品，以及被用于上海地铁系统改善逃生支持子系统的设计。

（六）设计管理成为提升工业设计能力与品质的重要手段

"设计管理"这一概念目前主要用于描述在商业语境下对设计及其过程从宏观到微观进行规划和实施的一系列管理实践。早期的设计管理仅限于设计项目的管理，但是随着时间的推移，设计管理的应用范围不断扩大到包括企业战略等更广泛的层面。作为一种新的管理范式，设计管理与传统的管理之不同在于其对分布式资源管理、协同、迭代的工作方式以及发散的思维模式的重视。越来越多的企业开始应用设计管理来提高设计相关活动的质量与效率，更好地将设计与企业管理流程融合起来。

1. 设计管理符合当代创新活动所具有的集成性和整合性特点

设计管理注重对设计活动独有的一些特质如设计与价值、设计特有的人文艺术气息等的关注、培育与管理。设计是以创新的形式，运用技术以使其符合人性价值的中心要素，以及文化和经济交换的重要因素。设计融合了人性与技术、艺术与工艺、客户与商业，其显著的集成性和整合性特点表现在设计善于通过积聚多样化的资源来达成技术、人机工程、经济和美学等多向度的造物目标，并长于在平衡这些多维目标的过程中形成一个符合总体意图的整合解决方案。以人性价值的实现为目标进行创意与多元资源的协同与管理是设计管理的核心。

2. 设计管理侧重对产品与品牌的视觉品质管理及商业价值实现的支持

设计管理的另一显著特点是对现代生活中尤其是在商业和市场环境下的视觉要素及其品质的重视。在竞争日趋激烈的当代市场背景下，如何通过视觉形象呈现、匹配和定义消费者（尤其是用户）所依存的文化总体对价值与意义的认知与界定，是当今商业传播的首要任务。设计管理重视产品与品牌视觉品质及其对提升商业表现的价值，这有助于企业在竞争性商业环境中保持其品牌和产品的存在性和视觉感知性。

3. 设计管理提升企业的设计意识、改善企业设计文化

企业的"设计意识"对商业成功具有重要影响，培育企业的设计意识将有助于各层级的决策者和执行者都认识到设计的潜在价值，并利用设计从多个维度如产品和组织创新、品牌形象强化和产品用户体验的改善来提升企业的商

业表现。共同的设计意识也有助于设计创新的过程流畅性和目标一致性得以实现。设计意识还会转化为企业设计文化，带动企业组织机构的转型。

（七）工业设计成为科学技术价值增值的有效工具

ICT——信息与通信数字技术的快速发展改变了全球文化从内容到形式的方方面面。通过与艺术、文化和创意产业结合，数字技术既释放了个体的创意，创建了一个超域的文化共同体，同时也瓦解了传统的商业模式。一方面，数字技术随着媒体的联合能够覆盖整个世界而越来越全球化，面向多样化的受众提供了丰富到难以想象的设计创新内容；另一方面，设计又呈现越来越多的定制化、个人化、用户生成化及本地化特点。同时，造物体验也更多地转向共同创造，设计成果的消费者变成设计活动的参与者和创造者，数字技术引发了工业设计产业的变革。正如 Helmut Anheier 和 Yudhishthir Raj Lsar（2008）所指出的，当技术产品为个体所拥有之后，将促进文化消费个体转变为创造者。工业设计产业的发展得益于信息技术等高科技的支撑，在现代设计产业逐步崛起的十多年间，每一项革命性工业设计产品，凭借的不仅仅是无形的、独特的创意灵感，更重要的是需要有形的、超前技术的支持才能得以实现。

1. 数字技术推动开放式共创、分布式设计和平台化创新等新范式出现

在 ICT 推动下的互联网的进一步发展，不仅因其长尾效应为企业生产的产品走向用户提供了快捷通道，还为企业在产品开发早期获得用户知识提供了前所未见的便利。互联网允许产品用户在更早的时候介入产品属性定义环节，使最终产品更能符合用户预期，小米手机在短短的几年中迅速发展便是典型的例证。在成熟的网络技术基础上，一种平台化创新模式显示出了巨大的创新价值，各种创新资源可以在平台支持下脱离时空局限，为设计创新精准匹配用户价值提供了条件。

2. 数字技术引发的基于社会化企业的新型商业模式给予工业设计巨大的发展空间

在互联网支持下，分布在不同时区的人们可以为一个共同的项目展开合作，一个符合用户价值的概念可以借助互联网平台以一种新的商业模式（如订购和众筹等类似于期货营销的方式）募集社会资金，降低产品开发早期的风险和资金压力。典型的例子是美国的众筹平台（Kick starter）和我国的"点名时间"。2013年，有300万人为Kick starter上的众筹项目抵押了4.8亿美元，来自七大洲214个国家和地区的人为将近2万个项目提供了支持，其中的几千个项目已经成功实现商业化转化。

3. 数据驱动的产品创新途径得到迅速发展

物联网、移动计算与网络、大数据与云计算技术的成熟与人们对精准消费需求的不谋而合，引发了用户对量化自我的广泛兴趣和服务推送等新的消费需求快速增长。注重网络化、定制化、个人体验匹配成为近两年来在互联网创新、移动应用和线上线下（O2O）协同服务产品设计的重要特征。以穿戴式设备为例，通过以一种非侵入的方式在人体周围分布不同类型的传感器，设备能够以不独占用户注意力、不限制用户、可被用户注意、可被用户控制、关注环境、支持用户与他人交流等特性采集多种特定类型的用户行为数据，并通过数据挖掘并发现用户特定的行为模式，通过与不同类型的指标（如健康的生理、运动、饮食指标或效率指标等）的比对，为用户提供定制的行为优化和改良服务。自我量化技术和非侵入式设备的出现改变了用户与产品之间的传统的、单一的交互关系，以一种更为智慧的方式服务于用户，从而达到当用户产生需求的时候，该需求已经被满足了的境界。硬件是入口，建立在硬件和互联网基础上的服务成为获利的源泉。

（八）整合性设计创新能力的培养成为工业设计教育的关注焦点

大学是高端创意设计人才的主要教育基地，设计学科是支撑国家及地区工业设计发展的重要因素，它们与设计产业保持着良好的产、学、研合作关系，带动了设计教育与设计实践的共同进步。国际设计教育经历过从以造型为主要教育内容到将设计作为产品价值增值手段而带来的教育内容的变化，而这已经成为国际领先的设计学院培养创意设计人才的基本共识。

近年来，为适应全球化环境下竞争的需要，全球各大设计学院开始在设计教育中结合技术、商业和社会因素，以跨学科方式培养更能应对新经济时代创意、创新挑战的整合性工业设计人才。典型的例子是芬兰于2009年将赫尔辛基理工大学、赫尔辛基经济学院和赫尔辛基艺术设计大学合并为阿尔托大学，

以应对新经济时代创意设计面临的挑战，为芬兰的创意产业发展提供知识与人才资源。英国的许多大学开发了新的课程，将设计与许多其他学科进行衔接，以提升学生的综合能力。2006 年，由英国高等教育基金委员会（HEFCE）和国家科学技术艺术人才基金会（NESTA）资助，英国设计理事会（Design Council）建立了多学科设计网络，以促进设计与技术、商业和社会文化之间的互动合作。

二　当前国家发展战略对工业设计的总体要求与定位

（一）我国工业设计产业当前所处的背景环境

我国当前正处于两个经济时代的转型期。一是工业经济时代的技术升级、产业升级，以先进技术改造传统产业，迈向后工业时代。二是知识经济时代，核心技术包括计算机、材料、核能、生物、通信，其核心是信息控制技术，即由美国首次提出的第三次工业革命或德国提出的"工业 4.0"所指的经济时代，其业态可归结为智能制造、互联制造、定制制造、绿色制造以及信息民主化、工业民主化、管理民主化、金融民主化。第三次工业革命所引发的大数据、人工智能、机器人、数字制造等技术将对未来制造范式带来了显著的影响。随着大数据、智能制造、3D 打印机等新技术的加速应用，由资源、信息、物品和人相互关联所构成的"虚拟网络 – 实体物理系统"（Cyber-Physical System，CPS）将实现产品全生命周期的整合和基于信息技术的端对端集成。

中国与欧美发达国家站在"第三次工业革命"的同一起跑线上，不仅会推动技术基础、生产组织和生活方式的变革，也会引发管理变革和社会资源配置机制的变革。近年来，中国制造、中国两化融合、两化深度融合、战略性新兴产业与产业转型升级等战略的提出正是对这一全球产业变革的响应，处在这一宏观背景之下的工业设计需要发挥更大的作用。

在全球经济正在发生深刻变革的今天，工业设计已经成为衡量一个国家综合竞争力的重要依据。世界上的主要发达国家（如美国、德国、日本、英国等）都把工业设计作为国家发展战略的一部分，这也是它们的工业设计产品

（如汽车、飞机、电子产品等）能在激烈的国际市场竞争中保持不败的关键。我国《国民经济和社会发展第十二个五年规划纲要》认为，工业设计是文化创意产业与制造业结合的重要领域，是提高产品附加值、增强企业核心竞争力、创建自主品牌、提升传统产业能级的重要途径。与传统的工业设计注重外观造型设计不同，这里的工业设计是指综合运用各种学科的科技成果以及工学、美学、心理学、经济学等知识，对产品的内容、功能、性能、结构、形态包装、服务等进行整合优化的创新活动。

设计服务具有高知识性、高增值性、低消耗、低污染等特征。依靠创新，推进文化创意和设计服务等新型、高端服务业发展，促进与相关产业深度融合，是调整经济结构的重要内容，有利于改善产品和服务品质，满足群众多样化需求，也可以催生新业态，带动就业，推动产业转型升级。自 2010 年工信部等 11 个部委发布《关于促进工业设计发展的若干指导意见》确定了促进我国工业设计发展的基本要求、工作思路和发展目标以来，全国各地已相继发布了多项政策推进工业设计产业的发展。

2014 年 1 月 22 日，国务院总理李克强在国务院常务会议上部署了推进文化创意和设计服务与相关产业融合发展，确定了推进文化创意和设计服务与相关产业融合发展的政策措施。主要包括以下内容：加强创意、设计知识产权保护，健全激励机制，推进产、学、研、用结合，活跃知识产权交易，为保护和鼓励创新、更好实现创意和设计成果价值营造良好环境；实施文化创意和设计服务人才扶持计划，支持学历教育与职业培训并举、工业设计与经营管理结合的人才培养新模式，让更多人才脱颖而出；以市场为主导，鼓励创意、设计类中小微企业成长，引导民间资本投资文化创意、设计服务领域，设立创意中心、设计中心，放开建筑设计领域外资准入限制；突出绿色和节能环保导向，通过完善标准、加大政府采购力度等方式加强引导，推动更多绿色、节能环保的工业设计转化为产品；完善相关扶持政策和金融服务，用好文化产业发展专项资金，促进文化创意和设计服务蓬勃发展。这些推进文化创意和设计服务与相关产业融合发展的举措切中文化创意和设计服务的最核心价值，通过合理的方式实现了其价值。这些政策措施为下一时期我国工业设计繁荣发展，加快工业设计与制造业、服务业融合，提高整体创新能力奠定了基础。

（二）我国当前工业设计产业的发展现状

近几年来，随着我国制造业、服务业对工业设计的需求不断增加，国家产业政策支持力度加大，国内工业设计产业已呈现快速发展态势。主要表现在以下方面：产业规模持续扩大，园区聚集效应逐步显现；企业设计创新意识逐步增强，设计创新能力也逐渐提高；工业设计涉及的业务领域不断拓宽，产业链也不断延伸；人力资源队伍迅速扩大，竞争力逐步增强；企业专利拥有量快速增加，品牌创建的能力逐步增强等。目前，已初步形成了环渤海、长三角、珠三角设计产业带。近年来，深圳、上海和北京相继成为联合国教科文组织"设计之都"成员，通过对设计创新系统建设的探索与完善带动区域设计创新能力的提升，从而实现我国建设创新型社会的转型战略。"设计之都"的建设承担着国家工业设计创新体系建设的责任，通过国家层面的规划与实施及资源的支持，促进了工业设计能力的提升和资源的优化，改善了设计生态，提高了社会的设计素养。

当前我国工业设计发展迅速，可以概括为以下几个方面。

第一，我国工业设计呈现快速发展态势。产业规模持续扩大，从主要城市来看，设计已经进入了加快发展阶段；园区聚集效应逐步显现，工业设计园区日益成为产业聚集的载体；人力资源队伍迅速扩大，设计从业者的年龄主要为20～30岁，所占比例达到93%。

第二，企业设计创新能力显著提高。企业设计创新意识逐步增强；企业专利拥有量快速提高，大约70%的工业设计活动在制造企业内部；企业运用工业设计开拓国际市场、创建品牌的能力增强。

第三，工业设计公司逐步壮大。设计业务领域不断拓宽，产业链不断延伸；人才优势和体制优势明显；竞争力逐步增强，在手机、电子产品、汽车等设计领域逐步形成了具有行业影响力的设计公司。

第四，工业设计对外开放程度显著提高。跨国公司在华设计机构明显增加，2000年以来，跨国公司设计机构进入我国的速度明显加快；外资设计公司在华经营逐步活跃；工业设计国际服务外包发展迅速，我国已经成为国际设计服务业转移的主要目的地。

第五，初步形成环渤海、长三角、珠三角设计产业带。我国已经基本形成了环渤海（以北京为中心，向大连、青岛等地扩展）、长三角（以上海为中心，向杭州、宁波、无锡、太仓等地扩展）、珠三角（以深圳、广州为中心，向东莞、顺德等地扩展）三大设计产业带的布局。

第六，"十二五"时期我国工业设计将呈现快速发展的态势，综合国力增强，人民生活水平提高，为工业设计发展提供了服务需求；制造业的迅速发展为工业设计提供了市场空间；政策不断优化，为工业设计提供了良好的发展环境；我国服务业深化对外开放，为加速国际设计服务业转移提供了有利机遇，跨国公司设计服务进入我国的速度将继续加快，我国承接国际设计服务外包发展将更加迅速。

（三）我国工业设计发展面临的主要问题

我国工业设计产业发展依然面临许多问题，具体表现在以下方面。

第一，产业整体竞争力较弱。我国工业设计发展仍然处于起步阶段：产业规模小，国际竞争力较弱，设计品牌企业仍然没有形成；设计价值链主要以中低端为主；全球分工处于弱势地位，尤其在汽车、飞机、轮船、装备制造、机械等行业的高端设计上，外国设计公司占有绝对优势，我国仍处于弱势。

第二，工业设计创新体系基本没有形成，工业设计公司创新能力有待加强。目前，除少数大企业的设计中心和具有较强实力的专业设计公司有自主设计创新能力外，多数工业设计公司仍然处于模仿阶段；企业设计创新意识和动力仍然不够，许多企业未从事设计创新活动，设计开发费用投入普遍较低。

第三，设计专业化人才缺乏及结构不合理。知识结构单一，缺乏对工程技术、市场营销、文化等知识的全面培养，影响设计创新以及设计作品的市场转化能力；缺乏行业经验丰富，具有设计、管理、营销能力的综合性人才；缺乏国际化视野，影响承接国际设计业务的能力；缺乏熟悉国际标准、国际行业规范、技术规范、法律规范的国际化专业人才。

第四，设计知识产权缺乏有效保护。知识产权保护的社会意识淡薄，造成许多新产品设计上市后迅速出现模仿抄袭；法律惩治处罚力度小，造成设计维权成本高；知识产权保护措施单一；专利申请效率低；多数设计机构没有知识

产权部门，缺乏有关知识，不知如何申请专利。

第五，工业设计服务体系尚未建立。统计体系尚未建立，影响了行业研究的针对性和前瞻性；公共服务平台建设尚不完善，工业设计领域缺乏信息服务、技术服务、研发服务等平台建设和投入；行业协会服务职能没有充分发挥，协会普遍缺乏行业管理的职能和调控手段；行业准入制度尚未建立，国家对工业设计企业、设计从业人员、设计产品进入市场缺乏资质条件认定。

第六，设计公司税负高、融资难、资金缺乏问题较为严重。

三 促进国家工业设计创新的路径

（一）加强工业设计的理论研究和设计创新的成果转化

在当代工业设计从面向制造的设计到面向市场的设计及以人为中心的设计发展过程中，欧美发达国家的工业设计产业在与关联产业的密切互动中完成了从理论到实践的自然过渡与转型，各阶段在工业设计理论、方法及工具上具有明显不同。我国的工业设计直至改革开放才开始接触市场，以及当时技术发展的滞后性，致使工业设计难以实现其为产品增值的功能。目前，欧美发达国家已完成技术能力和市场能力建设，已经进入工业设计服务引领创新时期，我国的工业设计需要应对国际市场的全面挑战。在这种境况之下，就需要我们通过工业设计理论研究，引领实践，寻找适合我国工业设计发展的道路，加强工业设计产业发展的理论与应用研究成为当务之急。

应以工业设计理论与方法、技术、工具、系统、平台，以及流程、标准、规范、法规、管理等内容的研究为基础，进行工业设计理论与方法研究，具体内容包括设计的共性理论与方法研究，及交叉/互补的设计理论与方法研究；进行设计的技术基础研究，如法律、工程、电子等；进行设计的人文与社会基础研究，如美学、心理学、社会学、市场学等。在设计产业应用研究方面，应加强工业设计多层次人才的培养与管理研究，包括人才结构、人才培养、人才引进、人才管理等；加强工业设计相关技术工具的开发研究，以及工业设计产业资源运作与管理系统的建设研究；面向多行业和跨行业的工业设计支持服务平台的建设，为产业应用与发展提供设计创新和设计服务支撑等方面研究；注重工业设计对国家文化创意产业规划和重点发展的产业门类的支撑研究；进行工业设计的分布式资源管理研究，完善工业设计资源构成，促进资源融合发展，促进社会资源、企业资源、教育资源相互之间的资源互通与共享，建立一个服务于工业设计的资源网络服务平台；研究并建立工业设计产业相关标准与规范；促进科研、教育、工业设计知识产权与成果的产业化融合。建设面向设计研究与教育的质量评价系统，促进设计研究机构提升品质。推进设计创新领域的跨学科协同研究，加强设计学术高地的建设，加快认知科学、心理学等人文社会科学与设计研究的融合，推进设计与工程技术的深度融合。

加强设计创新研究与知识转化尤为重要。以国际视野为立足点，以国家需求为目标，促进先进设计理念基础上的产、学、研合作，贯穿以用户为中心的设计理念，加速设计与制造生产和服务的整合。

（二）加强设计创新与科学技术的紧密融合

近年来，在设计过程、运作方式和创新活动者构成等方面的变化来自互联网、物联网和桌面制造为代表的数字技术的发展的推动。创意阶层的集体智慧与潜能因数字化设计与制造技术的发展而被激发和释放，新的创造性活动将会引发未来生活形态的改变。因此，加强设计创新活动在知识、方法、工具、形式方面与新兴技术的融合，是提升设计创新竞争优势的当务之急。

建议加快设计计算思想、方法与工具如人工智能设计、生成式设计、参数化设计等在设计创新活动中的应用；展开对引发社会生活方式巨大变化的技术变革如大数据、物联网和环境智能技术与设计的整合等，这将为工业设计在与科学技术融合过程中发现创新机会、展开整合创新提供有利条件。

（三）加强设计教育与工业设计创新人才培养

美国、英国等发达国家都非常重视创新人才的培养，通过教育和培训，培养全面的创新意识。2010 年中国工程院"创新人才"项目组对未来 10 年中国创新型工程科技人才的需求态势进行了研究，提出我国创新型工程科技人才需求呈现多样化特征，首次提出对三类人才，即技术交叉科技集成创新

人才、产品工业设计人才和工程管理经营人才的迫切需要；从创意、创新人才可持续发展的角度，提出应在基础教育阶段加强工业设计教育，将创意、创新理念融入基础教育中；应该站在国家战略的高度，从培养创新型人才的目标出发，在法规、制度、培养体系等方面厉行改革，加大对中小学生进行科学、工程、设计理念与文化的熏陶，加强对中小学生创新理念、创新方法与创新文化的教育。

作为工业设计的核心，设计学是涉及文学、工学、管理学和艺术学的一级学科，虽然归属艺术学门类，但具有非常鲜明的交叉学科特征。长期以来，由于工业设计活动涉及的内容极为庞杂，对其设计实践及设计理论的研究多集中在具体的二级学科和专业方向上，这些学术研究成果（包括理论、方法和工具等）已经不足以支持国家与地方产业转型战略与政策的实施。这就需要将设计学提升到一个更为宏观的层次加以理解和看待，使设计学成为一级学科，既是学科发展的需要，更是国家发展战略的要求。因此，我国发展工业设计、建设工业设计学科必须建立在国家相关资源构成和发展规划的基础上。工业设计学科的建设既要遵循学理，也应该响应社会与产业发展规划的现实要求。另外，寻求有效的途径解决设计学的学科体系与学术体系之间的矛盾，也将有助于大学更好地培养交叉学科的工业设计人才。

（四）加强国家设计系统建设，完善国家设计体系

国家设计系统的主要职能在于通过呈现推动设计产业创新发展的各类相关主体、相互关系及其活动，对创新主体及其相互作用与动态变化实施系统性监测与评估，为在设计产业创新发展中解决系统失灵的问题提供依据。国家设计系统的相关主体既涵盖政府公共部门、非营利组织，又涵盖市场中介服务、设计企业等私人部门。我国的国家设计系统在推动工业设计产业发展的过程中，仍然存在国家层面的主体缺失和社会中介服务机构的能力缺陷，如设计教育体系尚不能满足设计产业对人才的需求，对设计服务企业的政策支持相对缺乏，设计中介服务功能不完善、作用发挥不够等。这些体系的缺陷与不足都制约着国家设计创新能力的建设。为此，应加强国家对工业设计的组织、规划和引导，通过市场配置资源促进设计中介服务组织的发育和完善。

（五）加强工业设计产业生态建设

约翰·霍金斯的创意生态理论认为，创意生态系统至少包含四个内容：创意经济环境条件、生产者、消费者、分解者。他认为脱胎于"以物为本"的传统经济生产关系，已经不适应当前"以人为本"的创意经济生产力发展的要求。从"创意生态"三原则，即"人人都有创造力、创造力需要自由、自由需要市场"来分析，社会个体的创造力价值的体现是需要多重条件准备的。我国在进行工业设计能力建设的同时，更需要建设与培育工业设计的消费市场，使创意产出与消费、分解得以平衡并持续均衡发展，这需要一个优良的生态环境。在工业设计环境中，设计方、生产实现方和支持方（他们提供创意及实现工具，如软件、设备等）共同构成了工业设计活动的主体，创意的成果需要消费，创意成果的形成与消费需要环境，政府作为管理者承担的是工业设计生态环境的监护者的角色，因此，营造良好的设计产业生态环境是其主要责任。

另外，加强工业设计价值的公众认同、培育消费市场，以及鼓励市民参与设计创意活动、从创意生态建设的角度进行政府角色定位，将有利于工业设计产业政策从"定点扶持"变为"生态化培育"，也将有利于一种可持续的工业设计创新、生产和消费的良性循环的形成。

（六）加强设计创新资源要素整合，实施产业合理布局

加强国家、区域设计创新中心与设计行业协会、设计网络与设计集群建设。应开展设计需求分析，以确保设计机构、设计网络和集群的活动能够满足需求；建立专业设计标准，通过多种途径提高设计师的创新、创意能力，鼓励设计师不断提升专业能力，提高接触大型客户、承接大型项目的能力；提高设计机构的商业化运营能力和创业能力；促进有助于提升设计价值的社会认知、设计知识推广普及的资源建设，如现代设计类展馆的建设；主办各种主题的设计创新论坛、工作坊和研讨会；开展设计创新网络社区建设，通过线上线下互动，鼓励设计资源的流动与合作；鼓励相关机构加强新型设计工具的开发；加强工业设计统计数据采集工作，鼓励设计协会采集会员的年度数据。

应实施工业设计产业的合理布局。差异化发展的思维理念是设计产业发展的根本，这意味着设计产业要有独特的定位。要加强设计产业引导，切实围绕建设创新型国家的要求来规划工业设计产业的发展蓝图，通过促进工业设计与制造业融合，真正实现我国制造业转型升级和品牌提升，把设计创新与提升国家品牌形象、城市品牌形象，以及为人民创造美好生活结合起来。

参考文献

［1］UNCTAD，UNDP，"Creative Economy Report 2010"，United Nations，2010.

［2］张立群：《世界设计之都建设与发展：经验与启示》，《全球化》2013 年第 9 期。

［3］Dosi，G.，"Technological paradigms and technological trajectories：A suggested interpretation of the determinants and directions of technical change"，*Research Policy*，1982.

［4］Roberto Verganti，*Design Driven Innovation Changing the Rules of Competition by Radically Innovating What Things Mean*，Harvard Business Press，2009.

［5］Design Council（2007）"The Value of Design Fact Finder Report"，http：www. designcouncil. org. uk/Documents/Documents/Publications/Research/The Value of Design Factfinder_ Design_ Council. pdf.

［6］Danish Business Authority（2003）"The Economic Effects of Design"，http：www. ebst. dk/file/1924/theeconomiceffectsofdesignn. pdf.

［7］Bonsiepe，G.（1995）"The Chain of Innovation，Science，Technology，Design"，*Design Issues*，Vol. 11，No. 3.

［8］Brown，T.（2009）Change by design – How design thinking transforms organizations and inspires innovation，Harper Collins，New York，USA.

［9］National Endowment for Science，Technology and the Arts（2009）"Innovation Index 2009；Measuring the UK's Investment in Innovation and Its Effects"，London.

［10］Buchanan，R.（2001）"Research Design and New Learning"，*Design Issues*，17，3 – 23.

［11］http：//www. seeplatform. eu/casestudies/Design20% Ladder.

［12］*Restarting Britain* 2：*Design and Public Services*，UK Design Council，2013.

［13］Hobday，M.，Boddington，A.，and Grantham，A.，"Policies for Design and Policies for Innovation：Contrasting Perspectives and Remaining Challenges"，2012，Technovation 32.

［14］Peter Droll，"European Commission"，speaking at the SEE conference，29 March，

2011.

［15］ Michael Erlhoff, Tim Marshall （Eds.）, *Design Dictionary*：*Perspectives on Design Terminology*, 2008, Birkhäuser Verlag AG..

［16］ ICSID, "Definition of Design", http：//www. icsid. org/about/about/articles31. htm, 2006.

［17］ H. Anheier and Y. Raj Lsar, *Cultures and Globalization*：*The Cultural Economy*, London：Sage, 2008.

［18］ https：//www. kickstarter. com/.

［19］ 王晓红：《我国工业设计发展与促进政策研究》, http：//blog. sina. com. cn/s/blog_984600df010124fo. html。

［20］《中国工程院"创新人才"项目组走向创新——创新型工程科技人才培养研究》,《高等工程教育研究》2010 年第 1 期。

［21］ 张法：《艺术学在中国的体系性混乱》, 美学研究网, http：//www. aesthetics. com. cn/show. aspx？ID＝1074&cid＝46, 2007 年 10 月 27 日。

［22］ 郭雯、张宏云：《国家设计系统的对比研究及启示》,《科研管理》2012 年第 10 期。

［23］《霍金斯创意生态理论将改变中国创意产业》, 创网, http：//www. 9yc. com/html/200902/22/092755272. htm, 2009 年 2 月 22 日。

专题研究

Monographic Studies

B.2

全球工业设计现状、趋势

于 炜 张立群 姜鑫玉 汪文娟*

摘 要：

> 综观全球，国际工业设计面临总体发展迅速与局部地区失衡的
> 局面，基于国际经济、政治、科技、文化格局的多元化、纵向
> 化，工业设计面临新的机遇与挑战，需要树立新的战略目标。
> 本文从宏观层面分析全球工业设计现状及趋势，注重前瞻性、
> 实用性、可操作性，旨在为推动我国工业设计发展提供理论指
> 导和政策依据。

关键词：

> 工业设计 现状 趋势

---

* 于炜，华东理工大学副教授，华东理工大学艺术设计系主任，上海交通大学城市科学研究院研
究员；张立群，上海交通大学副教授，上海交通大学设计管理研究所所长；姜鑫玉，东华大学
讲师；汪文娟，华东理工大学硕士研究生。

一 全球化背景下的工业设计发展现状

在漫长的历史进程中，工业设计在努力追求完善自身的前提下，契合当代社会的文化背景，不断创新改造，在建立自身价值观的基础上寻求不同文化类型的生存发展空间，在激烈竞争的时代获得大众的接受。当今社会信息爆炸式增长，生命科学技术、微电子技术、太空技术等高新技术快速发展，当代设计应用于人类生活的方方面面，不仅影响人类的生活方式，而且引领社会的潮流，在社会风俗与人类观念转变的同时，全球工业设计的地位、目标、功能、作用、手段等特征和内涵也一直在改变。纵览全球代表性国度和热点地区，全球工业设计现状呈现如下特征。

（一）全球化趋势

不同洲、国度的设计公司与机构在产品目的地开办联络办事处，以对各自的终端市场进行直接调查、咨询与服务。以亚洲－欧洲－美洲为轴心的全球化浪潮在20世纪90年代开始席卷设计领域。在社会文化上的差异程度意味着间接推断的评估不能为产品策略和设计提供足够的指导。因此，各个公司和机构在欧洲开办联络办事处，许多在欧洲和美国的代理机构受亚洲公司的委托开发和改进在当地销售的产品，全球网络使得设计和开发方案在欧美办事处完成成为可能。同时，一些欧美发达地区的知名设计机构，例如 Design Continuum、frog 设计公司和 IDEO 等（特别是电子和汽车公司）也在亚洲等海外地区开设分支机构，目的在于通过在当地开展业务以便更直接地与客户合作。在海外开设办事处，可以更好地追随当前的生活潮流和趋势，并能在总部更快地将海外的调研结果整合成产品方案。在市场竞争加剧的情况下，产品的创新凸显巨大的需求，每年都会在欧洲、亚洲和北美洲涌现大量的设计公司，它们为企业提供的服务贯穿消费者调查、市场研究、人机学研究、产品外形、产品交互设计、公关策划以及工程设计环节，还包括网站设计及其维护等方面。世界经济发展呈现全球化趋势，为此，这些新兴的设计公司已建立起全球性服务网站。

（二）异地进行

异地进行是指一方面设计集中完成；另一方面生产制造则是利用异地不同的制造环境。以博朗公司为例，总部设在德国科隆博格镇（Kronberg），部分电动剃须刀却在中国上海进行装配，其中高质量的剃须刀头来自德国，电动机在上海生产，而充电电池则来自日本。究其原因：微观上，与劳动力成本、原材料价格及生态环保等因素关系密切；宏观上，与不同国家和地区的发展模式、发展战略，以及社会政治、经济、文化状况等密不可分。

（三）强化品牌

在国际上具有强大影响力的设计公司如美国的艾迪欧（IDEO）、则把（ZEBA）公司，英国的惠誉（FITCH）公司，日本的 GK 公司以及荷兰的飞利浦（PHILIPS）公司等，不仅具有全球性服务意识，而且在不断设计实践中逐步形成了自己的品牌意识和设计哲学，这说明工业设计的战略品牌意识被企业所接受并逐步壮大。

（四）设计立国

发达国家和发展中国家不约而同地将设计立国上升到国家战略。世界金融危机以及国际经济的一体化进程，使得发展中国家日益意识到，依靠资源消耗、低附加值的劳动密集型产业，无法实现民族的复兴和可持续发展。此外，由于工业设计已被许多企业视为一种战略工具，用以打造企业核心竞争力、提高企业自主创新能力，因此，各国政府对其发展也越来越重视。各发达国家与发展中国家的政府纷纷制订本国工业设计的宏观发展规划，并将其纳入国家政策的战略范畴（见表1），力图通过有效的宏观规划与调控，探索设计使经济得到稳定表现的思路与途径。

通过分析工业设计的风格演变现状，可以看出其呈现以下特征。

一方面，以"可持续性发展"为目的的绿色与低碳设计及创新理念已被提升到战略的高度，成为当今与未来全球设计领域的主流理念。毫无疑问，工业为人类创造了大量物质财富，但它也是环境破坏、资源浪费的罪魁祸首。

表1 世界主要发达及发展中国家的工业设计宏观发展规划

国家	国家竞争力排名	设计竞争力排名	国家设计政策	主要关注领域
英国	12	13	英国国家设计战略（UK National Design Strategy: The Good Design Plan 2008–2011）	中小企业国家品牌
荷兰	8	11	荷兰国家设计振兴政策（Netherlands National Design Programme 2005–2008）	设计规划国际开发基础设施
芬兰	6	8	芬兰国家设计振兴政策（Finland National Design Programme 2005）	设计教育可持续发展设计监督
日本	9	3	日本国家设计振兴政策（Japan National Design Programme 2003）	国际设计交流大众设计利益基础设施
韩国	13	9	韩国国家设计振兴政策（Korea National Design Programme 1993–2007）	世界级设计师本地创新基础设施
新加坡	5	15	新加坡国家设计振兴政策（Singapore National Design Programme）	亚洲品牌设计文化
澳大利亚	14	6	澳大利亚国家设计振兴政策（Australia National Design Programme 2005）	设计意识国际奖项设计网络
印度	50	30	印度国家设计振兴政策（India National Design Programme）	从制造供应到设计供应

资料来源：世界经济论坛：《2008～2009年全球竞争力报告》（国家竞争力排名部分）；芬兰国家技术创新局：《全球设计观察2008》（设计竞争力排名部分）。

在过去的15年，由于全球环境问题日益突出与恶化，越来越多的公司、设计管理人员、设计师开始探讨工业设计与人类可持续发展的关系，包括企业社会职责、设计伦理，力求降低对环境的不利影响，控制二氧化碳的排放。随着全球性产业结构的调整和人类客观认识的日益深化，全球工业设计都将可持续发展的理念融入各行各业。国际工业设计学会联合会（ICSID）于2006年对工业设计的内涵做出了更明确的界定，从新概念中我们可以看出，设计不再只追求艺术上的视觉特效，也不简单让位于商业运作，设计师需要担负起"观乎人文以化成天下"的重任。设计如今被赋予各类道德标准，如社会伦理道德、

全球化伦理道德、文化伦理道德，关系到"可持续发展"这一主题，关系到人类生活的和谐与幸福。

另一方面，多元化设计思潮呈现一种多变的状态。在设计界经常出现新的设计风格和思潮，但过不了多久很多新的设计风格和思潮就会因为广为熟知或者未经深思熟虑而被抛弃。这种现象的频率很高，不断更替的设计风格和思潮通过设计宣言进行传播，设计呈现一种多变的状态。1883年以来，公布的设计宣言已经超过60种，现在每年都有更多的设计宣言公布，2000年以来，近35种设计宣言被公布，如节约型设计、人性化设计、情感化设计、通用设计、跨界设计、服务设计、体验设计等。多元化的设计思潮是特定时代背景下的必然现象，极大地丰富了设计语汇与手段，反映了人们对设计与创新领域的极大关注与思考宽度，但其中不少论点经过时代检验，反映了时代的局限性与现实的悖论感。

二　展望——工业设计发展的趋势

任何一种趋势只有放在社会、历史、文化、生态等宏观环境之下才有意义与价值。未来工业设计将会朝哪个方向发展？在新的时代工业设计会出现哪些新的潮流？根据目前社会发展、科技进步的情况，展望未来工业设计发展，将有以下"十一化"发展特点：观念绿色低碳化、机电产品智能化、智能产品生命化、全球产品物联化、设计程式扁平化、奢华低调理性化、适应民生低价化、求同存异高效化、老龄产品多元化、设计能力综艺化、设计伦理法制化。以上特点主要体现在以下六大趋势中。

（一）低碳微熵设计趋势

日常生活中以最小的影响达到公平原则，以及满足人们的基本需求。可持续性设计和材料的选择有着本质的区别，在重视情感、真实性、美学、兼容性以及这些因素长期以来对产品耐用性影响的同时，应整体地看待，客观地分析。对现在的产品，企业注重过它们的寿命吗？在世界的消费水平明显提升的导向下，随着信息网络的普及，在每个家庭里总能找出许多可有可无的物件。

这些物件在人们发现只会占用空间并无他用的时候，它们就会被处理，垃圾就是这样产生并且一直增长的，但是人们并不会停止消费。

长久以来，伊塔拉品牌是这个不断改革中的一部分，这个拥有131年历史的芬兰国粹的设计信念是：相信人们在消费的时候会有一种清醒的意识去选择那些既能给生活带来愉悦又能创造和谐的产品。同样，这是一个能够创造绿色生活、和谐社会的选择，这也是对那些垃圾产品的一种抵制与拒绝。

设计伦理在召唤设计师的环保意识。2007年4月，世界知识产权组织（WIPO）发表的《绿色设计——从摇篮到摇篮》指出：可持续发展是当代设计的重点。在生态哲学指导下，可持续性设计要求把设计行为纳入"人－机－环境"系统。一方面，实现社会价值；另一方面，保护自然价值，从而达到促进人与自然共同繁荣的目的。在未来，优秀的商业行为将会更加紧密地与战略化的商业策略相联系。设计者仅有全局观或者不滥用有限资源还远远不够，设计师需要承担更多的社会责任，在责任的基础上，为社会和谐与可持续发展设计更多充分体现人类与社会价值的产品，提供更多的服务。

（二）体现新技术和新工业革命的创新转型设计趋势

基于信息时代新技术浪潮背景和第三次工业革命的兴起，传统产品的机械设计生产模式将向着机电产品智能化、智能产品生命化、全球产品物联化甚至云端化方向转型，设计生产的程序不再局限于传统串行或并行或逆向设计程序模式，将借助现代信息技术与数码制造技术等向即时修正、同步实现的扁平化方向迈进，将极大地提高设计效率，降低设计成本。

第三次工业革命极大地推动了社会生产力的进一步发展，使后工业化时代走向一个新的里程碑。后工业社会也被称为非物质社会，但非物质社会并非是全部的虚拟产品、虚拟物质与虚拟世界，信息革命带来了知识爆炸，多学科的知识融合使感性认识与理性推理的协调、虚拟技术与实体产品的新型实体经济与产品设计成为此时代背景下的工业设计新趋势；计算机技术的应用很大程度上改变了工业设计的技术手段、方法及程序，设计的思维方式相应有了很大的改变。以计算机技术为代表的高新科技，为工业设计发展开辟了新的领域，消费电子等信息类产品对设计的要求也更新、更高，并把设计范畴拓展到改善产

品的交互性、提高用户体验的高度。现代信息技术、互联网与物联网技术正在改变并持续深刻影响工业设计的观念、原理、方法、程序，也改变着产品的功能、结构、形态结果，改变着产品与人和自然的关系，如车联网对交通运输产品设计的影响、3D 打印技术对产品设计程序与售后服务的影响等。

伴随着科技进步和新工业革命，未来产品设计与生产方式也将实现从"线"——传统流水线，经"网"——互联网、物联网交互设计，到"云"——云终端系统产品设计的创新转型。

（三）贫富兼顾民生化设计趋势

1. 奢华、低调、理性化

生活水平的提高促使人们对物质和精神提出更多、更高的要求，开始追求个性，于是奢华的生活方式吸引大众眼球并将成为一种趋势。随着生活节奏的日益加快和崛起的高收入阶层的更加互联网化，人们对"奢华"一词的内涵与过去有了不同的解读，很多产品的设计思想也因此发生了变化。

奢华并非空中楼阁般虚无缥缈的概念，每个时代都有属于这个时代的奢华，它投射的是一种社会心理。传统产品所谓的奢华无法传递持续的富足感，究其原因是许多设计太过注重"第一印象"，看似奢华其实缺乏统一风格。与以往的奢侈风格不同，时至今日，奢华的设计风格已有了新的时尚诠释，细节上追求艺术与精细的结合将会有一种鲜明的对比。产品更新换代的速度已经超过了年轻新贵们追逐"智慧的奢华"的速度，产品只有更加具备简洁性、整体性，才能让人忙里偷闲。在产品上寻找一个让人觉得能放松自己的符号，这也意味着设计需要赶上产品的更新换代。

奢华体现在设计上可被分解为以下三个元素——简洁、个性化、高科技。它是对传统奢华的一种改革，追求简洁低调，通过高科技材料和元素来完全体现产品本身的品质和质感，在设计上完美地将经典元素与现代元素结合起来，此外，奢华的设计还体现为一种"专属感"，追求设计风格的与众不同。因此，设计师需要用睿智而理性的态度演绎消费者追求简单舒适且讲究高品质的生活态度。

2. 适应民生低价化

"通货膨胀"是近年来的热点词汇,"国内生产总值"(GDP)、"消费者物价指数"(CPI)、"通货膨胀率"这些经济术语在新闻媒体上出现的频率也越来越高(见表2),而普通民众的切身感受是物价不断上涨。通货膨胀会使居民生活水平降低,造成经济结构失衡,导致社会发展不稳定。针对这一现状,通过工业设计,设计出物美价廉的产品将是明智和现实的选择。

表2　2011 年 7 月各国通货膨胀率

国家	美国	英国	日本	德国	法国	比利时	俄罗斯	意大利	印度尼西亚	中国	南非
通货膨胀率(%)	3.6	4.5	0.2	2.4	1.9	6.9	9.0	8.4	4.6	6.5	5.4

资料来源:经济合作与发展组织。

传统上,设计是用来增加产品的附加值的,很多产品经过精心设计后价格翻倍,很少有设计公司或设计师提出通过设计来降低产品的成本。然而,目前物价上涨的压力使得绝大部分的公司和消费者都采取减少开支的措施,在这时提出为低价而设计对于公司和消费者而言都是具有重大利益的。这里的"为低价而设计"并非粗制滥造,而是通过精心的设计使产品在保证质量的同时,减少成本,从而降低价格。附加值绝非附加经济或金钱价值,更应是产品或商品中所蕴涵、附加的特色文化或人文关怀、生态伦理等价值。

2011 年,萨瓦纳艺术设计学院的服务设计教授 Robert Bau 指出,降低成本是一种生产战略,即通过设计提高产品生产过程的生产率、方便性以及时间利用率,从而减少生产成本,因此,为低价而设计要求通过设计来减少产品生命周期中不必要的工作。

目前,为了顺应当前可持续性设计的潮流,有些公司利用劳动密集型技术为中产阶级生产昂贵的、环境友好型的产品和服务,针对消费者对物美价廉的产品和服务的偏爱,我们有必要对这些"绿色工作"重新进行审视。例如,对废旧物品的回收,应该通过有效的、机械的过程,而不是利用人力。类似

的，对于建设环保御寒房屋，设计并建设新型的零排放的核反应系统要比利用人进行手动操作要好得多。

众所周知，对于同等质量的产品，消费者会更倾向于选择低价的产品，因此，设计者以及设计管理者在设计的过程中应该将消费者的这种偏好考虑在内，设计出物美价廉的产品。衡量社会分层、社会异质性和社会群体分化的一项重要的指标是收入，在任何地方和任何时期，低收入都只是一个相对的概念，无论一个国家是富裕还是贫穷，总有一部分人相对富裕，另一部分人相对贫穷。然而，面向低收入群体的产品市场远远没有高收入群体的种类齐全，特别是在娱乐休闲、运动保健品中，对高收入群体的消费产品设计严重倾斜。在刺激性消费形式下，大量新型的手机、电视机、播放器如雨后春笋般涌现，商家从中谋取暴利。然而，面对低收入群体的产品往往在价格低廉的同时利润也很低，所以很少有产品设计针对低收入者开发。工业设计旨在改善人们的生活，使生活方式更加合理。通过合理利用现有资源和设计创新提供价格低廉、适合大众的产品、服务和生活方式，关注低收入群体的衣食住行，是人性化设计的需求和时代的潮流。

（四）体现共生多赢的多元设计趋势

1. 走国际设计道路

设计是一种文化，人类文明也存在生物多样性和文化多元性。设计师需要学会和掌握全球化策略和工具，树立尊重与挖掘多元文化内核与元素的观念，将自己的设计置于全球化的视野之中，了解、学习利用国外的设计成果。西方的企业，如江森自控国际有限公司、乐高和荷兰连锁超市 Albert Heijn 等越来越擅长将设计程序中的很多部分放在东方的国家完成。诺基亚、日产、三星、雅马哈的设计工作室在英国伦敦受到了欢迎，同时英国其他地方也为百得公司、米勒公司以及塔塔的设计团队敞开了大门。在日本也一样，如松下公司使其设计管理全球化，过去，松下制造的所有产品基本上都是由其日本的办事处设计的；如今，在新兴市场销售的松下产品里，只有 10%～20% 的产品是由松下的日本设计团队完成设计的。正如上述为民生而低价（适用）的设计趋势——贫富兼顾、民生化所言，国际化还强调世界上的每个人都应该享受设计带来的最好的成果。自 2005 年以来创办的位于佛罗里达州迈阿密的人人电脑基金会（One Laptop Per Child Association），一直致力于实现"人人电脑"这一理念。为了给世界贫困儿童提供更好的教育机会，让他们可以更方便、更快乐地学习，基金会努力为每一个贫困儿童提供一台低成本、低配置、低能耗的电脑。

2. 保持本土设计文化特色

全球化强调优化配置全球资源，但由此引发了设计"隐性全球化"，这一现状令人担忧。某一瞬间，我们甚至不知自己身在何处，因为你去任何地方，都会发现相同风格的商店、酒店、机场以及产品等。这种设计的"隐性全球化"现象抹杀了地域文化的特殊性，带来的是一种令人厌烦的单调。

对于消费者而言，千篇一律的商品将无人问津，他们希望购买到的产品充满文化特色、地域风情，这就需要把本土文化融入设计中。在这种趋势下，如果某些跨国企业、世界品牌希望自己具有竞争力，就必须关注地域文化、客户群体的个性特征等。根据每个大洲、国家、城市的特点对设计进行统筹、分类，使其产品各具特色，只有这样，顾客才能获取与之文化相适应的产品使用感受与独特的体验。要用全球化视野创建有民族特色的先进的设计文化，发掘本土化的设计，将本土化融入设计中，从民族文化中汲取优秀的传统精神。只有这样，产品内涵才能重新变得重要，那些历史的传统也会经过一些演变而以新的面貌展现出来。

3. 推进复古设计风潮

美国战略管理专家费雷比说："流行样式重复了前代人的式样。现在的一代人探寻、吸收早期的式样并对它们进行分类，从而创造出表现他们独特的生活经验的新式样。"如今，工业设计日新月异，我们的生活充斥着标新立异的新产品，我们在接受这些新产品的同时也怀念带有时代印记的东西。复古与流行大可并存，很多时候，复古实际上也是一种流行。

在当今信息和尖端技术、高密度集成技术主导的时代，复古主义的设计不会改变现代文明的本质。比如，现在微型的电子收音机，造型神似老式收音机，却只有老式收音机的百分之一大小。古代文明为我们留下了丰富的文献资

料，古典图腾性的符号在复古化设计中运用在符号层面上，不仅是对产品进行复古主义的诠释，而且是在保持本身技术上"绝对全新"特性的前提下，从外观上给人以厚重的历史感，提高产品的格调和品位。

此外，旧事物与新事物的全新组合逐步形成了一种独特的设计风格，尤其在 DIY 创意中，强烈的趣味性吸引人们用旧事物的造型和某种功能给予产品新的活力，令人耳目一新。同时，它不仅不缺乏实用性，反而将设计理念和产品功能相结合，赋予产品新的内涵。这种创新唤起用户对旧事物的共鸣，在用户面前展现一种具有旧时代文化面貌的体验，表面上是产品设计为求经济效益而保持活力的花样翻新，但从另一个角度去观察，这种复古式设计也是对时代的贡献和记录。

4. 加强公用共享的服务设计

设计的目的应是为人服务，但最终要符合大多数人甚至整个人类的根本利益诉求，为整个人类和长远未来服务。

因此，未来消耗型社会将转变为服务型社会，工业设计也不可避免地转移到以加强公用共享的服务设计上来，进行公用共享的设计，保证绝大多数人在能得到应有服务的同时降低对物质资源高成本低效率的占有率，如小汽车与公共交通的关系。战略上，这是一种低熵设计。这种转移，反映了社会从依赖物质产品制造和生产转向依赖经济性服务和信息化网络，并重复挖掘利用网络的"非物质"性功能，如集多种用途于一身的电子一卡通。这种转变与以往所谓的系统设计不一样，它是工业设计战略和方针上的一次大转移，这与"非物质"设计是异曲同工的。加强公用共享的服务设计，不仅扩大了设计的范围，增强了设计的功能和社会作用，而且导致产品形式、设计本质以及消费方式发生变化。

日本 GR 地铁公司曾设计了一种"自行车＋出租＋快速地铁"的交通服务方式，不仅为乘客提供快捷灵活、人性化的交通条件，而且减少了小汽车的数量，有效缓解了交通拥挤和大气污染等问题，目前已在中国杭州、上海等的城区普及。多年前，比利时内阁会议通过了全国员工上下班乘火车免费的计划，虽然这一计划需要政府一年投入 1490 万欧元，但极大地改善了交通和环境状况，减少损失达 5 亿欧元。公用洗衣店在美国十分常见，个人只要去洗衣店投入硬币，便可享受到与拥有洗衣机一样的服务，从而减少家家户户对洗衣机数量的需求，提高了洗衣机的利用率。

（五）体现老龄化产品多元化的设计趋势

从全球来看，总人口中老龄人口的比例在不断增长，其速度比世界人口增长速度的 3 倍还高，较之发达国家，在中低收入国家中老龄人口的增长速度更快（见图 1）。面对人口老龄化这种趋势，目前工业设计更多关注的是老年人在生活中的不便。例如，听力、视力减弱，活动能力降低，记忆力和意志减退等。在此基础上，近年来有关通用设计、无障碍设计、人性化设计、情感化设计等的设计理念此起彼伏。

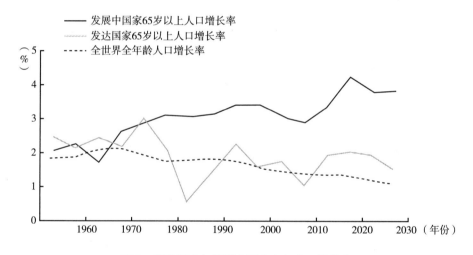

图 1　发达国家与发展中国家老年人口增长率

资料来源：美国人口普查局。

然而，老龄化社会的来临是挑战和机遇并存，设计师要改变传统上对老年人的一元性消极看法。以 60 岁为老龄起点，到长命百岁又有近半个世纪的时间，这几乎是婴、幼、少、青年的年龄段总和。因此，要针对老年人年龄段大跨度的多元特点，进行多元定位与设计。尤其应认识到老年人同时也是家庭和社会乃至整个人类的宝贵财富。因此，整个社会和设计界要为他们融入家庭和社会提供更多的机会。老年设计者不仅拥有丰富的经验，而且对趋势有更全面

的把握。通过他们的经验，对于未来的问题，老年人经常比年轻人更快找到解决方法。设计界首先应该意识到老年人的这些优势，关注老年设计工作者在工作场所使用新设计的才能。

（六）设计业者综合能力的再提高趋势

作为工业设计师，必须使自己的想法可视化，从而用以评判，这就需要展示设计师的独特技能。IDEO 全球总裁兼首席执政官蒂姆·布朗的设计思维中虽然淡化了设计风格的重要性，但他强调设计思维可视化和模型制作的重要性。这种强调必须依靠熟练的设计技能，这些技能对于设计人员来说是极其重要的。

对于设计人员要进一步加强以下能力：①脑：复杂性设计思维与非线性创新思维能力；②手：基本的手绘捕捉能力、模型制作能力（需要考虑功能、技术以及成本等）及软件处理能力；③心：构思设计与执行过程中对真、善、美的敏锐感知与对真、善、美情感的准确理解表达能力。注重人与人、人与社会、人与环境的关系友好、和谐发展的设计伦理等，在工业设计领域，需要重新重视设计技能、设计情感与道德修养、法制观念，并对这一设计核心竞争力提出更高的要求和法制保障（人才准入、考核与淘汰制度，设计伦理遵守制度等）。

作为社会设计环境，一方面，应大力鼓励创新设计；另一方面，必须营造完备的相关设计机制、体制与法制。这些更高要求将成为对未来工业设计创新人才培养与创新行为规范的必然趋势。

参考文献

[1] James Woudhuysen, "The Next Trend in Design", *Design Management Journal*, Vol. 6, Issue 1, October 2011.

[2] Clare McNeilith Hanna Thomas, "Green Expectations: Lessons from the US Green Jobs Market", *Institute or Public Policy Research*, July 2011.

[3] 王晨升：《工业设计史》，上海人民美术出版社，2012。

［4］刘素云：《国际在线》，《关注世界人口老龄化》，http：//news. xinmin. cn/world/rollnews/2012/04/05/14295028. html，2012 年 4 月 5 日。

［5］麻省理工科技·投影时代：《手摇充电平板电脑为世界最贫困地区而设计》，http：//www. pjtime. com/2012/1/67632492. shtml，2012 年 1 月 31 日。

［6］王效杰：《工业设计趋势与政策》，中国轻工业出版社，2009。

［7］胡玮炜：《设计奢华》，http：//content. businessvalue. com. cn/post/8920. html，2013 年 1 月 11 日。

［8］李砚祖：《设计研究——为国家身份及民生的设计》，重庆大学出版社，2010。

［9］韩久海：《艺术设计中的复古主义》，《艺术与设计》（理论）2009 年第 11 期。

［10］孙颖：《现代艺术设计中本土文化的商业价值研究》，江南大学硕士学位论文，2008。

［11］张成忠、曹海艳、况成泉：《简析设计中的复古》，《包装工程》2007 年第 9 期。

B.3

我国工业设计发展与促进政策研究

王晓红*

摘　要：

本文阐述了国内外关于工业设计的概念、分类及产业链和业务流程，阐述了工业设计对于促进经济发展方式转变的重要作用。笔者分析了我国工业设计的发展现状与趋势，主要表现为：工业设计呈现快速发展态势，产业规模持续扩大，园区聚集效应逐步显现，人力资源队伍迅速扩大；企业设计创新能力显著提高，运用工业设计开拓国际市场、创建品牌的能力增强；工业设计公司逐步壮大，设计业务领域不断拓宽，人才优势和体制优势明显；工业设计对外开放程度显著提高；初步形成了环渤海、长三角、珠三角设计产业带，"十二五"时期我国工业设计呈现良好的发展趋势。工业设计面临的主要问题是：产业整体竞争力较弱，工业设计创新体系基本没有形成，设计人才缺乏，设计知识产权缺乏有效保护，工业设计服务体系尚未建立。本文总结了我国广东、浙江、上海、北京促进工业设计政策的积极探索，以及美国、英国、德国、日本、韩国促进工业设计发展的经验。最后，提出了提升我国工业设计竞争力的政策措施，主要有：加强组织规划和产业政策扶持，加大财政、税收和资金政策支持，建立工业设计市场准入制度；加快培养适应市场需求的设计专业人才；完善知识产权保护机制；加强公共服务平台建设；加强设计产业园区建设；积极培育具有国际竞争力的设计企业；提高企业设计创新能力，积极培育国内设计市场。

---

* 王晓红，中国国际经济交流中心《全球化》副总编，教授。

关键词：

工业设计　设计发展　设计政策

一　导言

国家"十二五"规划纲要明确指出，要"加快发展研发设计业，促进工业设计从外观设计向高端综合设计服务转变"，这标志着我国工业设计将进入一个历史跨越时期，实现规模的扩张和质量的提升，为推动我国工业设计产业化创造了良好环境。工业设计是生产性服务业的重要组成部分，加快发展工业设计，有利于促进我国经济发展方式转变，提高自主创新能力，推动制造业转型升级，优化出口产品结构，提高产业国际竞争力。同时，有利于解决大学生就业，提高人才素质；也有利于提高人们的生活品质，建设资源节约型、环境友好型社会，实现可持续发展的目标。

二　工业设计的基本概念

（一）工业设计的定义

1970年，国际工业设计协会理事会（ICSID）作了第一个定义："工业设计，是一种根据产业状况以决定制作物品之适应特质的创造活动。适应物品特质，不单指物品的结构，而是兼顾使用者和生产者双方的观点，使抽象的概念系统化，完成统一而具体化的物品形象，意即着眼于根本的结构与机能间的相互关系，根据工业生产的条件扩大了人类环境的局面。"1980年，ICSID又作了如下定义："就批量生产的工业产品而言，凭借训练、技术知识、经验及视觉感受，而赋予材料、结构、构造、形态、色彩、表面加工、装饰以新的品质和规格，叫工业设计。"当需要工业设计师对包装、宣传、展示、市场开发等问题的解决付出自己的技术知识和经验以及视觉评价能力时，也属于工业设计的范畴。2006年，ICSID再次对定义进行修订，认为工业设计是"一种创造性的活动，其目的是为物品、过程、服务以及它们在整个生命周期中构成的系统建立起多方面的品质"。设计是创新技术人性化的重要因素，也是经济文化交流的关键因素，其任务包括以下内容：①增强全球可持续性发展和环境保护；②给全人类社会、个人和集体带来利益和自由；③最终用户、制造者和市场经营者的结合；④在全球化背景下支持文化多样性等。这一定义反映了随着现代工业的发展，工业设计服务的不断拓宽和深化发展。产业链从单纯的设计产品环节延伸到工艺流程、环境、包装、市场策划、品牌推广等生产和流通服务的整个过程。设计理念更加强调人与生态、环境和谐共生，设计师通过设计创新和改进，使新产品开发更有利于资源节约、环境保护，更符合人类可持续发展的需要。

国内也对工业设计有过定义。钱学森（1987）认为：所谓工业设计，就是综合了工业产品的技术功能设计和外形美术设计，所以是自然科学技术和社会科学、哲学、美学的汇合。吕东（1991）认为：工业产品设计是科技成果进入市场的桥梁，先进技术需要通过工业设计转化为商品，实现科技成果向商品转化。这一定义准确地表述了设计、技术、经济之间的关系。工信部于2010年7月下发的《关于促进工业设计发展的若干指导意见》认为：工业设计是以工业产品为主要对象，综合运用科技成果和工学、美学、心理学、经济学等知识，对产品的功能、结构、形态及包装等进行整合优化的创新活动。

综上所述，工业设计是综合运用人类的技术发明成果，融美学、艺术、经济、环境以及其他哲学社会科学于一体，涉及领域广泛的集成创新活动。它主要通过设计师的创新、创意劳动，使产品品质和附加价值得到迅速提升，具有智力密集、技术密集、科技含量高、附加值高等特点。

（二）工业设计的分类

工业设计主要用于提升产品的功能、造型、品牌形象等方面，广泛应用于轻工、纺织、机械、电子信息等工业化产品的各个行业。因此，狭义的工业设计一般指产品设计，主要包括交通工具设计、设备仪器设计、生活用品设计、家具设计、电子产品设计、家电设计、玩具设计、服装设计等。广义的工业设计通常包括与产品设计相关联的平面设计、包装设计等视觉传达设计。

（三）工业设计的产业链和业务流程

图1和图2描述了工业设计完整的产业链与业务流程。

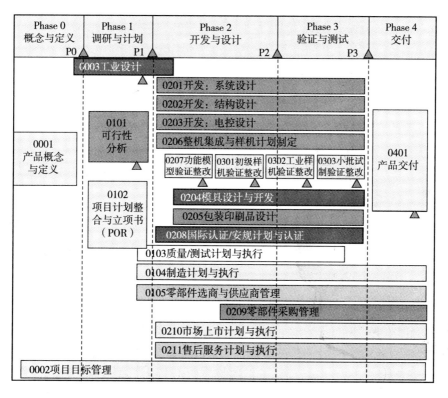

图1　工业设计产业链

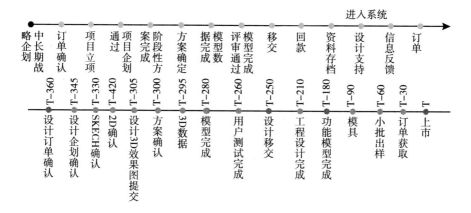

图2　工业设计业务流程

三　工业设计对促进经济发展方式转变的重要作用

（一）工业设计对促进以人为本、和谐发展的重要作用

1. 工业设计以消费者为核心

设计以满足消费者需要为核心，以市场需求为导向，越是适应消费者需求的产品，设计就越具有市场价值。因此，成功的设计首先取决于对消费者的偏好，以及文化、历史、风俗习惯等社会环境因素的理解。摩托罗拉公司为了开拓南美洲市场，曾调查了 11 个国家消费者的生活习惯和兴趣偏好，明确了设计理念，使其产品市场占有率从 20% 上升为 80%。

2. 工业设计创造新的消费模式

一项新技术的发明往往引发设计创新与革命，而设计革命创造了崭新的市场需求，由此为人们改变传统的生活方式、建立新的消费模式创造了条件。20世纪 60~70 年代，美国人快速接受了日本的电子产品和汽车，从此改变了审美情趣和生活品质。60 年代早期，美国消费者的家用娱乐产品用黑木的文件柜包起来，款式犹如家具，美国和欧洲品牌控制了大部分市场。而索尼随身听（Sony Walkman）进入美国市场后，其体积小、轻便，音乐可以任意选择，更加人性化、现代化，其设计创新由此改变了美国消费者的需求偏好。

3. 工业设计促进资源节约与生态环境和谐

1962~1967 年，日本汽车数量从 500 万辆迅速增长到 1000 万辆，由此引发了大量的交通事故、空气污染、石油危机等问题。这一时期，汽车设计师开始考虑提高汽车安全性能、环保性能、节约能源等，引进安全保险杠和汽车安全带，改善节能系统，引入电子技术等，使汽车设计达到高效节能的标准。进入 20 世纪 90 年代以来，绿色设计已经成为全球现代设计发展的主要趋势，绿色设计的核心理念是"3R"（Reduce，Recycle，Reuse），即减少物质能源消耗，减少有害物质的排放，产品与零部件能够回收并再生循环和重新利用。在绿色设计理念的指导下，注重节能环保成为评价设计好坏的重要标准。

（二）工业设计对提高企业竞争力的重要作用

工业设计在实现产品差异化、提高产品附加值、塑造国际名牌、提高市场占有率、创造明星企业等方面都具有显著作用。

1. 工业设计是推动企业自主创新的关键环节

从创新形式来看，设计创新是十分典型的集成创新。设计师综合运用各种技术成果，通过设计创新和改进实现新产品开发。从创新风险来看，原始创新投资大、周期长、风险大，需要雄厚的资金，适用于实力较强的大企业。而设计创新投资少、风险小，可以省去新技术开发阶段所付出的巨额资金和高昂人力资本投入，往往成为中小企业技术创新的重要途径。从创新环节来看，设计贯穿从产品的概念到生产、流通的整个过程，促进了技术创新和新材料应用。

2. 工业设计是提高企业赢利能力的重要因素

工业设计通过提高产品附加值提高了企业效益。美国、英国、日本、芬兰等国家的调查和研究都证明了设计对提高企业销售收入、新产品开发能力、创造市场需求等方面的重要作用。英国工业设计委员会曾针对英国上市公司进行调查，调查对象是过去10年中设计的有效使用者及其股价变化，发现63家公司的有价证券在1994～2003年的熊市和牛市中大多达到超过了FTSE（Financial Times Security Exchange）指数的200%以上。据英国国家设计委员会调查，英国50%以上的企业使用设计后，销售收入、利润和竞争力明显提高，英国快速增长的公司中有95%使用设计开发新产品。韩国企业使用设计的占60%以上，许多企业设计费用占销售收入的6%。

3. 设计成为企业开拓市场、塑造品牌的关键要素

许多企业成功地运用设计提高了市场开拓能力和竞争力。20世纪90年代末，摩托罗拉使用设计成功地提高了在中国手机市场上的竞争力，1999年推出了世界上第一代内置键盘输入法的全中文手机CD928＋，1999年3月和6月又连续推出两款颇具影响力的新型手机，仅用半年时间便止住了市场占有率持续下跌的预势。韩国三星公司成功地运用工业设计创造

了国际品牌。1993 年三星战略由"成本节约"转移到"设计独特成本"上来，从大规模制造向不断提高设计研发水平和掌握核心关键技术转变。公司用于设计的预算每年以 20% ~ 30% 的速度增加，提倡用设计来管理生产。在设计领先的经营理念下，三星以比业界平均水平快 1 ~ 2 倍的速度推出新产品。2004 年，三星赢得了全球工业设计评比五项大奖，销售业绩从 2003 年的 398 亿美元上升到 2004 年的 500 多亿美元。2007 年，三星电子设计中心有 700 多人，在美国、欧洲、中国、日本、印度设立了 6 个海外分支机构。

（三）工业设计对提升产业竞争力的重要作用

工业设计对提升产业竞争力具有支撑作用，尤其体现在对制造业有带动能力，促进新材料、新工艺的应用与创新能力，提升和改造传统产业的能力等方面。

从美国经验来看，美国汽车产业赶超日本汽车产业主要通过设计创新和改进。日本的汽车设计新颖，质量不断提高，对美国汽车行业造成强大的竞争压力。日本汽车制造商从提出新车构想到批量生产只需 3 年时间，而美国汽车制造商需要花费 4 ~ 6 年时间。20 世纪 90 年代以后，美国汽车制造商开始克服设计、制造与销售之间的障碍，提高与外部设计团队的合作，设计师、工程师、供应商、制造商之间开始使用信息化手段密切合作，将设计周期缩短了一半时间，通过使用汽车的计算机辅助设计（CAD），使得汽车设计的整体质量和效率得到提高。1990 年，福特公司生产一款汽车从提交构想到交付客户要花五年多时间，每款车缺陷 150 处；到 1998 年，该公司将生产周期缩短到不足两年时间，每款车缺陷下降到 81 处。

从芬兰经验来看，设计对于提升传统产业竞争力的贡献十分明显。芬兰 80% 的传统产业使用设计，出口企业全部有自主设计的产品，主要包括纺织、服装和皮革业；家具业；玻璃和制陶业。这些产业 80% 以上使用设计师。此外，金属制造、机械制造、电子设备、计算机相关产业，以及电器零部件、橡胶和塑料制造、汽车制造、健康、食品、建筑、木材等产业，有 50% 的企业使用设计师。

四 我国工业设计的发展现状与趋势

（一）工业设计呈现快速发展态势

1. 产业规模持续扩大

从主要城市来看，设计已经进入了加快发展阶段。截至 2011 年，我国工业设计机构数量超过 6000 家。2009 年，北京工业设计规模居国内领先地位，工业设计及相关业务收入达 60 亿元，有 200 余家企业建立了自己的设计部门，专业工业设计公司 400 余家，主要集中在 IT、通信设备、航空航天等领域；深圳工业设计企业 3500 家，占全国的 60%，工业设计产值近 20 亿元；广州共有工业设计公司 100 家左右。2012 年，深圳工业设计产值达 31 亿元，同比增长 25.8%，创造了逾千亿元的经济价值。深圳工业设计企业数量占全国的 60%，拥有各类设计机构近 6000 家，其中工业设计专业公司 500 余家，各类设计工作室、方案公司和设计策划机构近 1500 家；在各产业领域企业内设设计部门近 4000 个；工业设计师及从业人员超过 10 万人。目前，北京拥有各类设计机构约 2 万家，从业人员 25 万人。广州拥有各类专业设计企业达 2000 家以上，从业人员达 5 万人以上。

2. 园区聚集效应逐步显现

工业设计园区日益成为产业聚集的载体。近年来，一些有条件的地区陆续建立了设计产业园。较有代表性的有深圳田面设计之都、上海市 8 号桥设计创意园、北京 DRC 工业设计创意产业基地、顺德北窖国家工业设计示范基地、无锡（国家）工业设计园等（见表 1）。这些园区在当地政府的大力支持下，广泛吸收国有资本、民营资本和外资共同投资兴建，采取市场化运营方式，形成了明显的聚集效应。

3. 人力资源队伍迅速扩大

据调查，我国设计从业者年龄主要为 20～30 岁，所占比例达到 93%。地域分布主要在经济发达城市。其中，华北、华东、华南地区分别为 24%、22%

表1　我国主要工业设计园区

	主要园区
深圳	深圳设计之都创意产业园、深圳 F518 时尚创意园、深圳设计产业园
北京	北京 DRC 工业设计创意产业基地、国家新媒体产业基地、751 时尚设计广场、北京尚 8 文化创意产业园
上海	上海市 8 号桥设计创意园、上海国际工业设计中心、上海国际设计交流中心
广州	广州设计港、广州创意大道、信义会馆
重庆	五里店工业设计中心
厦门	厦门 G3 创意空间
无锡	无锡(国家)工业设计园
南京	南京模范路科技创新园区、南京紫东国际创意园
江苏	江苏(太仓)LOFT 工业设计园
大连	大连高新技术产业园区
宁波	宁波和丰创意广场
顺德	广东顺德工业设计园
山东	青岛创意 100 产业园
浙江	绍兴轻纺城名师创意园、富阳银湖科创园、杭州经纬国际创意广场、杭州和达创意设计园
成都	成都红星路 35 号工业设计示范园区
河南	郑州金水文化创意园

资料来源：中国工业设计协会。

和 20%，西南和东北地区分别占 8%，西北地区为 4%。主要城市设计从业队伍快速扩大。全国设有工业设计的院校共 349 所，每年毕业生人数过万，为我国工业设计产业发展提供了技术和管理人才支撑。

（二）企业设计创新能力显著提高

1. 企业设计创新意识逐步增强

根据问卷调查显示，绝大多数企业认为设计创新十分重要，主要表现在：①提升企业竞争力；②提升品牌价值；③扩大企业业务规模；④节能降耗；⑤降低成本；⑥提升品牌国际竞争力；⑦开拓国际市场；⑧提升高新企业技术创新能力；⑨提高企业利润；⑩提升和优化产业结构。企业使用外观设计占全部工业设计比重通常在 50% 以上，使用实用新型专利通常在 40% 以下。

2. 企业专利拥有量快速提高

据调查，我国大约 70% 的工业设计活动在制造企业内部。2009 年，我国外观设计、实用新型、发明三项专利授权量分别为 249701 件、203802 件和 128489 件，分别相当于 2001 年的 5.73 倍、3.75 倍和 7.88 倍。2013 年，我国外观设计、实用新型、发明三项专利授权量分别为 412467 件、692845 件和 207688 件，分别相当于 2001 年的 8.46 倍、11.75 倍和 11.74 倍（见图 3）。

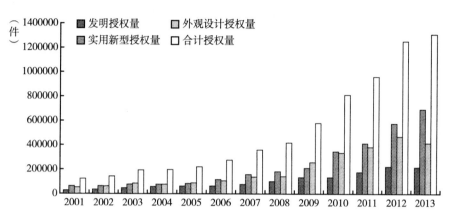

图 3　2001～2013 年我国三项专利授权量

资料来源：根据国家知识产权局网站资料整理。

3. 企业运用工业设计开拓国际市场、创建品牌的能力增强

海尔、联想、TCL、一汽、吉利、奇瑞等一批制造业企业通过设计创新使产品进入了国际市场。海尔集团 2006 年用于设计费用的投入达到 8 亿元，在海外建立了 8 个设计分部。联想集团创新设计的"天禧"电脑创下 37.5 亿元的产值，公司专业设计人员达 100 多人，年设计费用投入达到 5000 万元以上，分别在美国、日本建立了设计中心。广东东菱集团以生产出口小家电为主，通过设计创新使销售收入明显提高，国际市场占有率明显提升。2000～2005 年，工业设计投入超过 3000 万元，企业销售额年均增长率超过 55%，专利数量增长了 5 倍。

（三）工业设计公司逐步壮大

1. 设计业务领域不断拓宽，产业链不断攀升

我国工业设计公司多数是 2000 年以后成立的，主要分布在北京、上海、浙江、江苏、广东、山东等经济发达地区，服务领域已经覆盖通信产品、医疗

机械、家电、交通工具、家具、玩具、服装等各个行业。设计公司除主要从事产品设计外,还向视觉传达设计、信息交互设计、会展设计、服饰设计、环境设计、包装设计、工程设计以及设计管理与咨询等领域延伸。除主要从事外观设计外,逐步向结构设计、功能设计、工艺设计等价值链高端环节拓展,部分公司产业链已经向上游的产品开发和下游的制造业领域(ODM)拓展。

2. 人才优势和体制优势明显

工业设计服务业已经成为解决大学生就业的主要渠道。目前,设计公司大学生人数一般占公司员工总数的 70% 以上。工业设计公司具有较强的体制活力。民营和股份制企业占 90% 以上。运营模式呈现多样化的特点,主要有自由职业设计顾问公司、政府投资的设计公司、院校工作室等模式。

3. 竞争力逐步增强

在手机、电子产品、汽车等设计领域逐步形成具有行业影响力的设计公司。尤其是手机行业出现了龙旗、德信无线、中电赛龙、希姆通等具有国际影响力的设计公司。毅昌、嘉蓝图、浪尖、中信国华标识、同济同捷、指南、龙域、洛可可等一批设计公司已经具备一定的技术优势,广泛承接政府、国内大型企业、跨国公司的设计业务。

(四)工业设计对外开放程度显著提高

1. 跨国公司在华设计机构明显增长

2000 年之后,跨国公司设计机构进入我国的速度明显加快,索尼、三星、摩托罗拉、诺基亚、通用汽车、大众汽车、现代汽车等大型跨国公司都在中国相继建立设计研发中心。这些设计机构涉及通信、计算机、家电、装备制造、汽车、照明等产品领域。从成立动因来看,一方面是跨国公司为了不断提高中国市场的占有率必须进行本土化设计;另一方面是充分利用中国人力成本优势。从服务对象来看,主要为海外母公司开拓本土市场服务。

2. 外资设计公司在华经营逐步活跃

据调查,外资设计公司在中国设立子公司主要基于靠近当地市场、节约成本和利用本地设计人才。外资设计公司在华经营具有以下主要特点:一是以承接本土设计业务为主,尤其是国内大型品牌企业成为其主要客户;二是国际化程度较高；三是本土化程度提高，目前除少量高层管理人员由母公司委派外，本土化程度一般达到70%以上。

3. 工业设计国际服务外包发展迅速

进入21世纪以来，我国已经成为国际设计服务业转移的主要目的地。2008年对外设计咨询业营业额为近4亿美元。承接国际设计外包业务已经覆盖电子信息、汽车、通信设备、医疗器械、家电、玩具以及铁路、城市轨道交通等领域。

（五）初步形成环渤海、长三角、珠三角设计产业带

我国已经基本形成了环渤海（以北京为中心，向大连、青岛等地扩展）、长三角（以上海为中心，向杭州、宁波、无锡、太仓等地扩展）、珠三角（以深圳、广州为中心，向东莞、顺德等地扩展）三大设计产业带的布局。通过为三大经济圈提供设计服务，提升了区域制造业的竞争力。同时，依托区域雄厚的产业基础和市场实现了设计服务业的发展。未来，设计产业发展空间将逐步由中心城市向周边城市扩展，由东部沿海城市向内陆城市延伸，逐步形成以三大设计产业带为支撑，带动内陆地区、中西部地区设计服务业发展的格局。

（六）"十二五"时期将呈现良好发展趋势

"十二五"时期，我国工业设计将呈现快速发展的态势。

1. 综合国力增强，人民生活水平提高，为工业设计发展提供了服务需求

城乡消费者购买力的提高，尤其是用于文化、时尚、娱乐消费的支出增加，标志着对多样化、个性化、创新创意产品的需求提高。

2. 制造业的迅速发展为工业设计提供了市场空间

我国制造业市场竞争日益激烈，结构升级的任务迫切，促使制造商更广泛地使用工业设计提高产品附加值，扩大品牌知名度。同时，跨国公司对本土化设计研发的需求增强，扩大了我国的设计服务市场。此外，我国企业国际化进入了快速发展阶段，为了开拓国际市场，对设计服务的需求将不断增加。

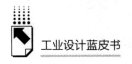

3. 政策不断优化，为工业设计提供了良好的发展环境

中央和许多地方政府都将发展工业设计作为经济发展方式转变、推动自主创新的抓手，一些地区已经将工业设计纳入"十二五"规划，并制定产业政策推动发展。

4. 我国服务业深化对外开放，为加速国际设计服务业转移提供了有利机遇

跨国公司设计服务进入我国的速度将继续加快，我国承接国际设计服务外包发展将更加迅速。

五　我国工业设计发展面临的主要问题

（一）产业整体竞争力较弱

我国工业设计发展仍然处于起步阶段，产业整体竞争力较弱。

1. 产业规模小，国际竞争力较弱，设计品牌企业仍然没有形成

据调查，全行业70%以上的工业设计机构为投资额在100万元以下、员工人数在30人以下、年收入在100万元以下的小企业。据深圳工业设计协会调查，深圳目前专业工业设计公司大约75%为小企业，年营业额在100万元以下。公司人数在20人以下的占75%，人数在20～50人的占22.5%，仅2.5%的公司人数超过50人。

2. 设计价值链主要以中低端为主

国内工业设计公司受设计水平和营销策略等方面的局限，多数只停留在单纯的设计业务交付，没有延伸到产品市场调查、产品规划、设计管理咨询等高端增值设计服务环节。据调查，75%的工业设计机构目前业务处于设计服务价值链的中低端，仅有25%的机构承接高端设计业务。

3. 全球分工处于弱势地位

目前，我国工业设计机构90%左右以国内市场为主，只有少数企业国外订单超过公司业务的三成。在汽车、飞机、轮船、装备制造、机械等行业的高端设计上，外国设计公司占有绝对优势，我国仍处于弱势地位。全球设计服务业的主要出口国仍然是英国、美国、意大利、德国等发达国家。

（二）工业设计创新体系基本没有形成

1. 工业设计公司创新能力有待加强

目前，除少数大企业的设计中心和具有较强实力的专业设计公司拥有自主设计创新能力外，多数工业设计公司仍然处于模仿阶段。据调查，70%的工业设计机构成立以来主要从事模仿型设计和改进型设计，多数设计公司没有或极少申请专利。

2. 企业设计创新意识和动力仍然不够

一是许多企业没有从事设计创新活动。据调查，多数企业既没有建立自己的设计部门，也没有委托专业公司设计。二是设计开发费用投入普遍较低。尤其是中小企业普遍以模仿为主，缺乏设计费用投入。目前，国内企业的设计研发费用投入普遍低于跨国公司。造成问题的主要原因为：一方面，许多制造商处于代工阶段；另一方面，设计模仿抄袭成本远远低于创新成本。由于设计得不到企业应有的重视，设计价值不能得到充分体现，影响了国内设计市场的成长，也制约了我国制造业国际竞争力的提升。

（三）设计公司税负高、融资难、资金缺乏问题较为严重

目前国内设计公司以民营中小企业、微型企业为主，所面临的税收、资金问题突出，严重制约了企业发展。

1. 税负偏高

工业设计公司一般要缴纳营业税（5%）、所得税（25%），普遍高于高新技术企业（15%）标准，设备费用增值税不能抵扣，远远高于内设企业设计中心的税负。由此导致设计公司通过不同方式避税，给其发展造成了困难。

2. 融资困难

设计公司主要依靠人力资本投入，资金规模普遍较小，缺乏厂房、机器设备等固定资产抵押，获得银行信贷支持十分困难，由于企业规模所限，也很难通过资本市场融资。多数公司只能依靠自我积累发展，扩张速度缓慢，许多公司往往在发展的关键时期因缺乏资金支持而停滞不前或萎缩夭折。

3. 缺乏资金

目前我国没有设立任何专项资金，设计公司参加国际展览、国际投标等商务活动的费用基本自己负担，许多中小型设计公司由于资金缺乏，失去了获得各种大型商业活动和国际外包业务的机会。在承接国际外包业务时，企业无法满足跨国公司资金规模的要求，更缺乏资金进行国际化人才招聘、员工岗位培训，以及更新设备等方面的投入。

（四）设计人才缺乏，结构不合理，流动性较大

缺乏设计专业化人才成为制约我国工业设计创新与发展的重要因素。据调查，80%以上的设计公司认为，寻找合格设计人才"难"或"很难"。①知识结构单一。设计师多数从事美术专业创作，缺乏对工程技术、市场营销、文化等知识的全面了解，影响了设计创新以及设计作品的市场转化能力。②缺乏行业经验丰富，具有设计、管理、营销能力的综合性人才。由于年轻设计师在行业中所占比例过大，缺乏具有行业领导力，对行业进行整合、规范、指导的高水平管理运营人才。③缺乏国际化视野。设计师由于对国外文化风俗、历史知识缺乏了解，影响了承接国际设计业务的能力。④缺乏熟悉国际标准、国际行业规范、技术规范、法律规范的国际化专业人才。

据调查，深圳业内设计师人员流动比例平均高达20%～30%，20人以下的小型设计公司高达70%。人才流动过快的主要原因是工作强度大、收入偏低。我国工业设计师收费价格与发达国家差距在10倍以上，即我们的设计师收费标准是300元/小时，而国外设计师是300～500美元/小时。

造成人才短缺和结构不合理的主要原因有三个方面。第一，高校的工业设计教育忽视对学生实际能力的培养。第二，企业、社会机构、行业协会等社会培训系统基本没有建立。据调查，50%的设计机构没有设计人员岗前培训，培训2个月以上的不足30%。第三，尚未建立职业资格认证体系、交流机制和引进机制。目前，除广东省外，我国工业设计师至今没有专业职称评定制度，影响了队伍稳定。设计师在一些大城市就业仍面临户口等困难，影响了优秀设计人才流动和海外留学人员回国创业。

（五）设计知识产权缺乏有效保护

工业设计知识产权保护不力，不仅制约了设计创新，而且严重影响了国外设计业务向我国转移。第一，知识产权保护的社会意识淡薄，造成了许多新产品设计上市后迅速出现模仿抄袭。第二，法律惩治处罚力度小，造成设计维权成本高。第三，知识产权保护措施单一。目前，我国对工业设计知识产权保护虽然涉及专利、著作权、商标以及商业秘密保护等法律模式，但主要体现在外观设计上，没有体现行业特点。如家具主要使用外观设计保护；汽车设计、电子产品设计更注重实用新型专利的保护；一些专业设计公司主要从事委托设计业务，由于设计知识产权归发包企业拥有，更倾向于著作权的保护。第四，专利申请效率低。专利申请周期长，一款产品专利授权还没下来，模仿设计就在市场上出现了。因此，设计公司认为外观设计专利申请的经济意义和实际保护作用不大。第五，多数设计机构没有知识产权部门，缺乏有关知识，不知如何申请专利。

（六）工业设计服务体系尚未建立

1. 统计体系尚未建立

我国至今没有将设计作为独立的行业纳入国民经济统计体系，行业协会等中介服务组织也没有建立相应的数据库。统计数据缺乏，影响了行业研究的针对性和前瞻性。

2. 公共服务平台建设尚不完善

目前，工业设计领域缺乏信息服务、技术服务、研发服务等平台建设和投入。行业资讯缺乏，相应的行业流行趋势等基础性研究滞后。由于缺乏信息平台，设计企业获得业务信息主要是通过自身的网络收集以及与以往客户的联系。目前，各地园区设立的技术服务平台，主要为企业提供快速成型、数据计算、检测等基本服务，缺乏全国性的技术服务平台，造成一些共性科研成果难以实现信息共享。尤其是在汽车等技术复杂、科技含量高的设计领域，建立行业数据库时间跨度大，资金需求大，单个企业难以构建这种高难度的公共服务平台。

3. 行业协会服务职能没有充分发挥

目前，中央及地方都组建了工业设计协会，协会在行业引导、组织、自律，以及连接行业与政府、设计企业与制造商时发挥了桥梁和支撑作用。但协会普遍缺乏行业管理的职能和调控手段，多数地区工业设计协会因经费紧张难以运转，许多协会缺乏固定的办公场所，人员流失问题较为严重，影响了协会职能的发挥。

4. 行业准入制度尚未建立

目前，国家对工业设计企业、设计从业人员、设计产品进入市场缺乏资质条件认定，造成设计公司良莠不分、设计师队伍参差不齐、设计作品粗制滥造等问题，损害了客户企业利益，影响了设计公司的信誉和社会影响力。

六 国内主要省份促进工业设计发展的经验

近年来，我国广东、浙江、上海、北京等省份已经率先制订了工业设计发展战略和产业规划，在组织管理、人才引进和培养、财政税收、融资等扶持政策方面做出了积极探索。

（一）广东省

1. 优化工业设计政策环境

广东省按照"设计产业化、产业设计化、设计人才职业化"的思路，制订工业设计发展战略。《珠江三角洲地区改革发展规划纲要（2008～2020年）》提出，支持开展工业设计人员职业能力评价认证体系试点；省委、省政府《关于争当实践科学发展观排头兵的决定》提出，促使现代工业设计在产业升级中发挥"加速器"作用；《粤港合作框架协议》提出，要加强工业设计产业合作，联合开展教育培训、成果推广、项目建设等，工业设计被列入广东省"实施粤港合作框架协议2010年重点工作"。2012年，广东省出台了《广东省人民政府办公厅关于促进我省设计产业发展的若干意见》。

2. 推动工业设计示范基地（企业）建设

广东省制订了《广东省经济贸易委员会关于工业设计示范基地（企业）

评定管理办法》，评定了 53 家工业设计示范基地和企业。同时，不断总结创新了省市区共建、粤港澳联动发展工业设计的新模式。省经信委和佛山市顺德区共建广东工业设计城，省科技厅和东莞市共建华南工业设计院，省人保厅、香港职业训练局与佛山市南海区共建广东工业设计培训学院等。

3. 加大工业设计资金扶持力度

2010 年，广东省财政设立工业设计专项资金，全省用于支持平台建设的财政资金投入达 3000 万元。深圳市 2009 年度首批文化产业发展专项资金支持工业设计等相关产业；广州市通过无偿补助、贷款贴息、税收奖励等形式加大对工业设计等创意产业的扶持力度；2008 年，佛山市顺德区政府设立专项资金支持工业设计与创意园区建设、机构培训、项目研发及成果转化；东莞市政府划拨 1500 万元成立华南工业设计院。

4. 举办工业设计促进活动营造氛围

广东省已经连续举办了五届"工业设计活动周"，在全国率先举办了"省长杯"工业设计大赛和优良工业设计奖评选活动，中国国际工业设计博览会、中国（深圳）国际工业设计节等活动在国内外具有广泛影响。深圳"市长杯"工业设计奖、广州国际设计周、红棉设计奖等，都已经成为推动地区工业设计发展的交流平台。

5. 提高工业设计对外开放水平

广东省通过打造粤港工业设计走廊、粤港产业创新设计中心、粤港工业设计培训学院、粤港知识产权保护和成果转化平台等方式，全面推动粤港工业设计合作，提高广东工业设计国际化水平。

6. 建立工业设计人才培育机制

广东省在全国率先试点建立工业设计人才评价体系，组织工业设计师职称评定工作。2010 年底，首次工业设计人员职称考试实施。目前，在广东 127 所各类院校中，有 30.7% 开设了工业设计专业，其中有 22 所本科院校，每年培养 2000 多名工业设计专业人才。

7. 打造工业设计公共服务平台

广东工业设计创新创业公共服务平台通过对全省乃至全国工业设计资源的整合，形成信息门户、电子商务、设计数据库、设计社区四大板块，为企业提

供设计研究、设计验证、设计培训、设计技术开发、设计信息等公共服务，并推动建立了十多个平台，为工业设计发展提供了有力支撑。

（二）浙江省

1. 制订工业设计发展战略

浙江省提出了打造国内一流日用轻工产品设计基地，推进"浙江制造"向"浙江创造"转型的战略目标。重点扶持发展服装、通信、家电、家具、鞋类、厨具以及汽车、机械等优势领域的工业设计。围绕区域特色产业发展，依托中国美术学院、浙江大学等专业院校和一批龙头骨干企业，加大财政、金融政策对企业研发和工业设计的投入，以工业设计园区、行业设计中心、生产力促进中心、各类研发机构等为主要载体，支持骨干企业设立专业化的工业设计部门。在布局上，主要集中在杭州、宁波、温州、义乌等城市。

到2015年，杭州培育了10个工业设计示范园区、30家有较大影响力的工业设计机构、100家市级以上工业企业设计中心，培育和引进2000名工业设计专业技术人才，重点发展电子通信、纺织服装、轻工、机械、装备制造等领域的设计。宁波将工业设计作为发展都市产业的重点。2007年9月，《宁波市人民政府关于推进宁波市工业设计与创意街区建设的实施意见》提出，立足宁波工业发展的基础，增强工业设计创意产业同第二、第三产业关联度和融合度，建设专业化、社会化、市场化、高效率的工业设计与创意环境。宁波市政府出台了《关于加快工业设计产业发展的若干意见》《宁波市工业设计与创意产业发展规划（2010～2015）》，为进一步加快工业设计发展、推动产业转型升级提供政策保障。

2. 加强财政资金支持

杭州市设立工业设计产业发展专项资金，主要用于支持工业设计示范机构、示范园区培育，企业工业设计中心建设，优秀设计人才、国内外大奖赛获奖作品的奖励以及举办重大活动。宁波市设立了设计街区专项扶持资金，市财政每年安排2000万元（共3年），用于设计街区的开发建设、产业培育等补助。

3. 增强工业设计创新能力

杭州市积极组织开展工业设计示范机构认定、市级工业企业设计中心认定、工业设计示范园区认定工作，支持企业争创省级、国家级工业企业设计中心和示范园区。定期举办以"创意杭州"工业设计大赛为载体的论坛、竞赛、展览、交流等活动，使城市工业设计自主创新能力明显增强，拥有自主知识产权的设计产品、知名设计品牌数量大量增加。宁波市积极支持设计创新平台建设，对设计街区信息化、产品设计、检测、科技成果转化及产业化等平台项目，优先列入市信息产业局、市科技局、市经委等部门的扶持计划，并按相关标准予以资金补助。平台收费项目按标准费用的50%执行。

4. 加强组织保障和服务体系建设

杭州市成立了工业设计产业发展领导小组。领导小组下设办公室（设在杭州市经济和信息化委员），具体负责工业设计产业发展规划和相关政策。"十二五"时期，将着力构建工业设计评价体系，建立优秀工业设计评奖制度；完善工业设计产业统计调查方法和指标体系，健全信息统计工作；加强工业设计知识产权应用和保护，鼓励企业和个人申报工业设计专利、商标和著作权，建立并完善工业设计知识产权交易平台。

（三）上海市

1. 制订工业设计发展规划

上海市编制了《上海工业设计产业发展规划》，制订了三年发展目标：以工业设计产业化为主线，努力提升上海城市的综合竞争力，打造中国的"工业设计之都"，把上海打造成先进设计理念的传播地、先进设计技术发明应用地、优秀工业设计人才集聚地、优秀设计产品展示地、设计知识产权交易地；重点发展交通工具、装备制造、电子信息、服装服饰、食品工业、工艺旅游纪念品、家居环境、视觉传媒等领域的设计。

2. 提高企业设计创新能力

（1）开展重点企业负责人创意设计类培训项目，提高企业对于设计创新的重视程度和认识水平。

（2）鼓励有条件的企业建立设计中心，对符合相应条件的企业设计中心

进行认定挂牌。

（3）鼓励企业将可外包的设计业务外包给专业设计企业或设计机构。

（4）支持在装备、交通工具、消费品等重点领域开展一批设计创新示范项目。

3. 提高专业设计企业的服务水平

（1）对符合相应条件的专业设计企业开展设计创新示范企业认定挂牌。

（2）分行业支持一批拥有自主知识产权和知名品牌的创意设计龙头企业，促进中小企业向"专、精、特、新"发展。

（3）促进设计成果产业化。上海市举办了"上海电气杯""上海优秀工业设计大奖赛"等各类工业设计大赛、成果展示交易、产业对接、宣传推介、人才招聘等专项活动，设计竞赛成果的转化率达到30%。

4. 加快培养和引进高素质设计创新人才

（1）完善创意设计教育体系。

（2）建立健全创意设计人才的培训机制。鼓励企业、高等院校、科研机构和社会中介组织共建人才培训基地，支持符合条件的创意产业集聚区、创意设计类企业设立博士后科研工作站。

（3）建立健全优秀设计人才选拔和激励机制。将创意设计业列入上海市领军人才评选的重点领域。

5. 加大财政、税收和金融支持力度

（1）政府设立设计创新专项资金。采取无偿资助、奖励等方式，重点用于支持推进设计创新示范企业、企业设计中心、公共服务平台和国家级工业设计示范园区的建设，扶持一批设计创新示范项目、设计类科研项目以及产、学、研合作项目，举办重大宣传、展示活动等。服务业发展引导资金、中小企业发展专项资金对符合条件的创意产业集聚区、创意设计类企业给予支持。

（2）税收优惠政策。经认定的设计企业参照高新技术企业或软件企业相关政策享受相关税收优惠政策。

（3）加强金融服务。引导金融机构开发适应创意设计类企业需求的综合金融产品和特色金融服务，发展面向创意设计类企业的融资租赁业务和融资性担保业务。

6. 加强政府采购力度

将设计产品和服务纳入政府采购自主创新产品目录。在重点工程、公共事业项目建设中加大设计服务的政府采购力度。

（四）北京市

1. 制订工业设计发展战略

北京市科学技术委员会制订了《"九五"北京工业设计发展计划和2010年工业设计发展远景规划》，以"工业设计示范工程"为中心，通过在优势领域选择企业、创建名牌产品、树立企业新形象等设计促进活动，培育企业的设计创新能力，并以此带动工业设计人才队伍建设、研发基地和平台建设。

2. 实施设计创新提升计划

2007年，北京市启动了"设计创新提升计划"，以带动制造企业自主创新，共有101家企业与设计机构提出项目申请，涉及电子信息、交通设备、重大装备等重点领域，32个项目获得资金支持。"设计对接示范工程"与"咨询诊断工程"为企业在研发和成果产业化等关键阶段提供了服务。到2009年，北京工业设计促进中心实施第一批提升计划资助项目数量达到31个。经过两年的实施，北京市科委以项目经费补助方式提供的财政支持达650万元，带动企业与设计公司签订设计合同额达3000万元及企业研发设计配套投入2亿元，累计产生经济效益35亿元，打造了一批具有示范带动作用的设计创新企业和成果。

3. 创办中国创新设计红星奖

2006年，北京市与中国工业设计协会共同创办了中国创新设计红星奖。2006~2008年，参评产品覆盖区域范围扩展到21个省自治地区和直辖市。产品囊括消费电子和家用电器、信息和通信、装备等七大领域，成为设计理念传播平台和国际交流窗口。

4. 开展工业设计人才培训

北京工业设计促进中心开展"真项目、真环境、真操作"和模拟在职设计师的"三真一模拟"的产、学、研人才培养模式，为高校毕业生提供实践平台和就业渠道。通过与科技园区合作，采用"企业经理人"培训等方式，

强化企业中高层领导的设计意识，并与企业合作建立设计师培训中心，2007年共培训设计师 597 人、企业经理人及政府官员 590 人。

5. 建立国际合作交流机制

北京市通过组织企业参与北京科博会、文博会、中韩设计论坛、日韩推介会、中国创新设计红星奖评选等设计交流推广活动，通过与国外设计组织合作举办"中英设计论坛""中韩设计论坛及设计展""意大利设计巡展"等一系列活动促进国内设计水平提升，推动中国设计国际化。

七 促进工业设计发展的国际经验

许多国家和地区在工业设计发展初期都有过强有力的产业政策支持，通过设计创新实现国家经济的跨越式发展。一些工业后发国家和资源贫乏地区，往往将工业设计作为振兴制造业的突破口。

（一）美国

美国是世界设计产业规模、设计出口和设计创新第一大国。长期以来，美国采用制订国家设计促进计划、支持设计机构发展与设计教育创新等手段，建立了一套设计创新的体制与机制，有效地促进了工业设计发展。

1. 制订联邦设计促进计划

1972 年的联邦设计促进计划是美国面向整个设计业，以促进美国设计为宗旨，覆盖全国的设计促进计划，共分为四个阶段：①设立国家艺术基金会（NEA）；②1972～1981 年的"联邦图形促进计划"；③"联邦设计促进计划"；④"设计精英计划"，着重提升设计师的设计服务能力。

2. 充分发挥行业协会作用

美国没有设立独立的政府机构来管理设计，在联邦机构内设有国内设计部，设计推广活动主要由一些全国性的艺术基金会和协会组织来承担，影响最大的是 1965 年由联邦政府成立的国家艺术基金会（NEA）以及同年由 NEA 设立的国家艺术与人文基金会。美国工业设计师协会（IDSA）对于美国工业设计的发展起到了重要的推动作用。

3. 注重设计教育创新

美国有 60 多所独立的艺术设计学院，在 600 多个综合性大学中设有与艺术和设计相关的学科，近 6000 家高等院校都设有艺术课程和学科，绝大部分的艺术和设计学院属于非营利性教育机构。IDSA 设有专门的教育委员会，负责设计教育促进。美国设计教育注重产、学、研相结合，根据 IDSA 调查，有81% 的工业设计专业的本科生毕业 4 年后仍在本专业工作。

4. 设立工业设计大奖

美国的 IDEA（Industrial Design Excellence Awards）是由美国工业设计师协会和《商业周刊》杂志联合举办的，自 20 世纪 90 年代以来在全世界极具影响，不仅彰显美国制造业设计成果，而且对世界其他国家的企业也产生了强大的吸引力。

（二）英国

20 世纪中期以来，英国实施工业设计资源的整合，有力地推进了工业品牌战略和全球贸易战略。2006 年，英国设计产业从业人员约 65000 人，共有4500 家专业设计公司，营业收入为 43 亿英镑。2013 年，英国设计产业从业人员超过 23 万人。

1. 制定设计促进政策

英国政府于 1944 年建立了国家设计委员会（UK Design Council），推动全国设计创新工作，力求通过设计创新提升产品价值，扩大出口规模，提高产业国际竞争力。1982 ~ 1987 年，英国政府总投资 2250 万英镑，开展了 5000 个工业设计项目，如著名的设计顾问资助计划（FCS）和扶持设计计划（SFD）。英国设计委员会把商业、公共服务和设计部门作为关键领域，从事加强设计训练、交流、教育等工作。目前，英国制订了"英国国家设计战略"（UK National Design Strategy），并依靠"2008 ~ 2011 年优秀设计计划"（The Good Design Plan 2008 - 2011），引领国内设计产业发展。

2. 注重发展设计教育

伦敦是世界上设计学校较多的城市之一。伦敦商业学校 1982 年设立设计管理中心，成功地将设计与商业、设计理论与实务进行结合。共有 190 所院校

在 120 个艺术与设计科目中设有学位和高等学历，为英国和世界培养了一批顶尖设计师，标志、雪铁龙、马自达、BMW、沃尔沃等公司的设计主管均出自英国著名设计学院。

3. 促进设计与产业紧密结合

与产业结合是英国国家设计政策最重要的特征之一。政府成立专职机构处理国内中小企业的设计事务，通过建立设计数据库、设立网站、编制设计年鉴等平台使企业便捷地了解设计创新技术、市场需求、政策法令、行业研究等相关信息。英国建立了世界第一个国家设计博物馆，将设计价值和理念向大众普及。

（三）德国

设计在德国创意产业中始终占有重要位置。在"设计之都"柏林有 1.04 万人专职从事设计工作，并拥有青蛙设计公司（frog）等一批世界著名的工业设计公司。

1. 政府组织推动设计发展

德国联邦政府为了振兴产业与贸易，提升国际竞争力，于 1953 年成立了德国设计议会，这是德国在设计相关事务上的最高政府机关，负责全国设计推广工作，设计议会在全国共有 13 个设计中心，以及超过 750 个设计单位，是德国设计政策的重要执行单位。现在，德国设计议会已经成为世界领先的设计中心和设计技术转移基地。

2. 注重提高公众设计意识

德国在 1995 年制订并实施了"德国工业设计路线图计划"。该计划的主要目标在于：提高德国公司的设计意识，使企业把设计视为提高产品品质和公司国际竞争力的重要因素；提高公众的认识，让公众认识到设计作为一个经济因素的重要作用；提高政策制定者的认识，使政策制定者把设计作为重要的区域经济发展因素。此外，德国政府还广泛组织设计成果推广活动，希望消费者在了解德国优良设计的过程中，接受并使用德国厂商自行设计制造的产品，扩大内需市场。

3. 注重设计教育与企业的密切结合

1953 年，联邦德国成立了乌尔姆设计学院，培养出一代工业设计师、平面设计师、建筑设计师，对于提高德国总体设计水平起到了重要作用。其作用与包豪斯设计学院（Bauhaus）在第二次世界大战前的作用一样，不仅是德国现代设计的重要中心，而且对世界设计也起到了推动作用。

4. 设立推广设计奖项

德国拥有世界上数量最多、价值最高的设计奖项。著名的奖项有 iF 奖、红点奖，它们已经成为衡量工业设计是否具有国际先进水平的重要标志。

（四）日本

日本是亚洲设计服务业最发达的国家，东京是日本设计产业的主要聚集地，东京设计机构约占日本的 40%，约有 2 万名设计师。

1. 设立专门组织机构制定和实施国家设计政策

日本政府提出依靠设计振兴国家经济的战略，1958 年在通产省下设立了设计促进厅和设计政策厅，1969 年建立了日本产业设计振兴会（JIDPO），负责国家设计政策的制定与协调、设计产业发展规划制订和实施、设计推广相关事务。日本设计政策主要包括设计人才培养、中小企业设计振兴、地区设计振兴、设计与国际合作、设计深入社会等方面。通产省专门设立"工业意匠"（即现在的工业设计）课指导管理和提高企业的工业设计水平。经产省制造产业局的设计小组（Design Team）于 1997 年完成了"日本设计政策草案"，负责规划与执行相关政策，旨在积极推广国内的设计、国际设计交流以及其他设计相关政策。2003 年，日本制定了"国家设计振兴政策"（Japan National Design Programme），并纳入国家发展战略。2007 年，经产省认识到要保持制造业活力，在原有的以性能、信赖度、价格为产品价值轴的基础上，用户的感受也是创造价值的重要因素，为此，提出创造感性价值倡议，具体措施有：举办创造感性价值产品展销会，至今在东京和巴黎已举办两届；创办相关活动信息网站；官、产、学联合开设感性价值讲座，培养相关人才。

日本设计政策推广分为三个阶段：①出口推广阶段（20 世纪 50 年代至 20 世纪 70 年代中期），设计推动工作集中在产品开发上；②改善都市生活质量

阶段（20 世纪 70 年代末期至 20 世纪 80 年代），设计推动工作不只在产品开发，同时也涉及室内外设计、公共建筑设计以及公共服务等方面；③设计产业化阶段（20 世纪 90 年代至今），推动设计成为一个关键产业。

2. 加大政府资金支持力度

1968 年产业设计振兴会成立时，日本政府投入 660 亿日元作为推动基金，每年政府拨付专门预算用于设计发展工作。1981 年，建立日本设计基金会（JDF）。JIDPO 每年运营经费为 6 亿日元，其中的 15% ~25% 由政府提供。目前，日本投入工业设计开发资金占 GDP 的 2.8%，居世界首位。

3. 发挥地方政府和民间组织的作用

日本地方政府普遍重视设计产业，各地方发展计划中涉及设计产业的达半数以上，13.5% 的地方政府制订了设计发展专项计划。日本为鼓励民间与地方政府合作投入设计振兴活动，1986 年制定民间参与促进法，并在 1996 年成立非营利性的名古屋国际设计中心（IDCN）。

4. 建立人才激励与培养机制

日本较早建立了设计师国际交流机制，邀请欧美工业设计师到日本进行工业设计指导；同时，日本贸易振兴会派设计师赴德、英、意等国学习，这些国际交流使日本照相机、家电、汽车等产品设计创新能力大大增强。为了鼓励原创性设计，日本政府 1957 年设立了优秀产品设计奖制度、"G-Mark"大奖（简称 G 标识制度），旨在推动日本企业的设计自主创新。通过选拔评定优秀设计产品并予以表彰，加深生产流通业者和使用者对设计的理解和关心，达到提高产品设计水平的目标。该制度创办于 1957 年，由经产省负责实施，1998 年转交日本产业设计振兴会实施。截至 2008 年，共表彰了 3.4 万件商品，已经成为具有世界影响力的工业设计重大奖项。

（五）韩国

韩国是后发国家中成功运用设计创新提高产品竞争力的典范。据 KIDP 统计，截至 2008 年，韩国专业设计公司达 2330 家，有 93905 名设计师。

1. 制订设计振兴战略

韩国政府制订设计振兴战略可以追溯到 1958 年，韩国政府与美国合作建立了韩国工艺示范所（KHDC）。1966 年，总统朴正熙提出"通过美术扩大出口"，旨在通过美术技巧改善产品外观。1970 年，韩国政府成立设计包装中心（KDPC），2001 年正式更名为"韩国设计振兴院"（KIDP）。20 世纪 90 年代，随着韩国工业战略从"成本领先战略"到"差异化战略"的转变，提高设计竞争力更加得到重视。1996 年，由韩国总理主持通过了一项国际设计议程，其中包括促进工业设计的全面战略计划。主办国际设计大事件，提升设计教育质量，使韩国在 21 世纪初跨入世界先进设计国家的行列。

2. 制订设计振兴计划

韩国政府自 1993 年起连续提出了三个促进设计的五年规划，确立了 2008 年成为全球设计领袖的目标。韩国政府计划在 2015 年将韩国的设计业竞争力提高到世界第七位。在振兴计划中，第一阶段以提升韩国产品质量为主；第二阶段将目标定位于鼓励工业设计革新，以提高产品的国际竞争力；第三阶段逐渐将韩国的设计产业推向国际先进水平。有七个具体战略：①创造并培养设计产业；②加强产业设计创新能力；③扩大国际合作，建立东北亚地区设计中心；④提升地区设计能力；⑤创造初级设计职位；⑥扩大设计文化；⑦为品牌竞争力建立基础。

3. 加大财政资金投入力度

2000~2005 年，韩国政府投资 7 亿美元用于促进国家整体工业设计水平，在设计推动、设计教育、设计市场、设计创新等方面积极推动和扶植。KIDP 每年下拨资金 400 亿韩元，用于支持工业设计的示范、交流、评选等活动，每年评选总统大奖。扶植设计公司与企业内部的设计部门，在政府补贴资金中，有 60% 用于补贴设计公司为国内企业设计产品，设计费补贴达到 30%~60%；为设计公司提供必要的设备和支持，建立企业内部设计部门的评估机制，对于潜力企业给予资助。

4. 注重设计人才教育，提高公众设计意识

韩国及时更新中小学的设计教学工具，每三年系统地发展与改进，以符合时代的需要。制订设计教育学会评估标准，每年给设计师与中小学美术及工艺教师提供在职进修的机会。加强宣传设计竞赛与各项推广活动。2001 年，韩国成立国家设计中心，该设计中心包括大型展览厅、信息室以及图书馆，提供

会议、研讨、商业活动等多样化服务，不仅向设计专家和学生传递新信息，也让公众有更多机会接触设计。

综上所述，先进国家和地区促进设计发展主要有以下措施：①把设计放在国家创新和经济腾飞的重要战略位置加以重视；②制订国家设计发展目标和计划；③建立由政府、行业协会、企业三方共同组成的设计促进体系，以保证设计产业政策的有效实施；④扶持设计企业由弱变强，参与全球市场竞争；⑤设立重大奖项，激发设计师的创新热情；⑥建立创新性的设计教育和培训体系；⑦用设计提升区域经济竞争力；⑧提升企业对设计价值的认识，增强其设计创新能力；⑨加强社会宣传，提升公众对设计价值的认识。

八 提升我国工业设计竞争力的政策措施

"十二五"时期，应把发展工业设计纳入国家创新战略体系，积极建立和完善设计创新体系，加大产业政策支持力度，提高工业设计的整体发展质量和速度，增强工业设计产业的国际竞争力。力争未来五年，着力提高交通工具、装备制造、航空航天、造船、纺织、电子消费品、医疗设备等重点领域的设计创新能力，提高工业设计改造传统产业的能力，重点支持促进产业升级、推进节能减排、完善公共服务、保障安全生产等重点领域拥有自主知识产权的工业设计成果产业化。扩大工业设计产业规模，增强企业设计创新能力，培育一批具有国际竞争力的专业设计公司，形成一批辐射力强、带动效应显著的国家级工业设计示范园区，提高自主知识产权设计和知名设计品牌数量，培养一批创新能力强的优秀设计人才，解决工业设计人才短缺的问题。

（一）加强组织规划和产业政策扶持

1. 国家设立专门机构进行组织规划和引导

国家设立专门机构对工业设计加以规划和引导是一条重要的国际经验，美、英、德、日、韩各国及我国台湾地区在振兴工业设计时期，政府都设立了专门的管理部门，其主要职能是制订国家工业设计发展规划，实施行业管理和指导等。建议设立国家工业设计中心，主要职能是制订中长期国家工业设计发展规划并指导实施，制定产业发展促进政策，实施行业宏观调控等；建立部际联席会议制度，由国家发改委、工信部等有关部委共同协调有关行业发展的重大问题。

2. 加大财政、税收和资金政策支持

（1）税收支持。设计企业税收可视同高新技术企业，享受其优惠政策；鉴于我国工业设计处于起步阶段，可适当延长减免税期限。积极探索营业税减免、设备费增值税抵扣等改革。

（2）设立工业设计发展专项基金。主要用于补贴、资助设计公司承接国内外重大设计项目、参加国内外重大展览、开展国际商务谈判、开拓国际业务渠道等活动，鼓励设计公司为国内中小制造商服务，鼓励设计师培训、国际交流、举办国际论坛等提高设计人才素质的活动，奖励重大的设计创新项目。

（3）融资信贷支持。政府提供必要的信贷担保支持，为设计公司迅速扩张和规模化发展创造条件。鼓励一些主营中小企业业务的商业股份制银行为设计公司提供融资便利；积极支持条件成熟的设计公司上市融资。鼓励社会资本进入工业设计领域。

3. 建立工业设计市场准入制度

国家有关部门应会同行业协会制订工业设计市场准入标准，对于设计公司资质、设计师从业资格进行相应规定。对于一些资质差、质量低、缺乏行业道德、在业内造成不良影响的设计公司要进行清理。

（二）加快培养适应市场需求的设计专业人才

1. 积极探索与市场需求相适应的教育模式

设计教育适应市场需求是我国高等设计院校体制改革的重点。目前，我国设计院系每年毕业大学生、研究生数万人，但学生毕业后能够在设计岗位工作的只占少数。一方面是毕业生就业困难；另一方面是设计机构寻找人才困难。这反映出院校培养的学生不能适应企业需要。为此，应在工业设计专业规定课程的设置中，进一步普及创新理念和创新意识教育。根据国内外市场需求动态调整课程设置。与设计公司、企业联合建立实习基地，推动产、学、研相结合。

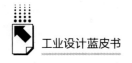

2. 加强职工在岗培训

设计公司应投入一定经费，组织在岗人员培训，以适应工业设计现代化、国际化发展的需要。企业培训经费可免抵所得税，财政可给予适当补贴。岗位培训应该做到普及化、经常化和制度化。有条件的设计公司可以聘请国外设计师参与设计项目，带动本公司设计师成长。同时，利用国际交流机会，组织设计师出国培训，迅速掌握国际设计的新趋势、新进展，掌握新的行业国际规范、国际标准、商务谈判知识等。此外，设计公司还可与高校联手进行职工基本技能的培训。

3. 建立社会培训体系

社会培训体系的资金来源可采取政府资助与社会资本相结合的方式。组织机构应主要由行业协会承担，可动员民间设计教育机构、咨询机构广泛参与，建立社会培训网络。

4. 建立人才激励机制

建立设计师职称资格评定体系，以鼓励设计专业人才爱岗敬业，稳定和扩大设计专业人才队伍。政府设立人才奖励基金，用于奖励为我国设计发展做出突出贡献的设计师和设计管理人才。积极引进海外优秀工业设计人才回国创业，并为他们在出入境、户籍、住房、子女入学等方面提供便利。

（三）完善知识产权保护机制

第一，适当调整外观设计专利侵权判定标准。现行法律存在外观设计专利侵权判定标准过高、标准模糊等问题，利于模仿行为存在。第二，综合运用专利、版权、著作权等各种保护手段，更有效地保护设计创新成果。第三，改变目前专利申请周期长、手续复杂、效率低等状况，简化申请手续，缩短申请周期，切实提高专利审查效率，延长专利保护时间。第四，加大对设计侵权行为的处罚力度，可借鉴美欧等发达国家的做法，提高罚金标准。第五，加强知识产权保护教育，提高企业、社会知识产权保护意识。鼓励有条件的企业、设计公司设立知识产权机构。引导企业、设计机构依法建立商业秘密管理制度。

（四）加强公共服务平台建设

政府有关部门应引导和投资建设各种工业设计公共服务平台。各地工业设计创意产业园区应加强网站建设、数据库建设，购置快速成型、计算机、软件、测试等专用设备。鼓励国有企业、民营企业、外资等各类资本进入，鼓励集群龙头企业、高校科研机构、行业协会等相关机构参与投资运营。对于民营资本建立的各种公共服务平台，政府尤其要给予资金补贴、税收政策优惠等方面的支持。要充分发挥网站等信息化服务优势，提供设计公司所需的各种国内外业务信息；有针对性地收集主要国家的文化、法律、行业规范等信息，为设计公司承接国际业务提供便利；加强工业设计基础研究和应用研究，推动设计成果产业化。

（五）加强设计产业园区建设

设计产业园区对于聚集企业、增强规模效应、辐射带动周边地区具有重要作用。为此，要加强园区基础设施建设，完善配套设施，提高信息化服务质量，为入园企业登记注册、生活环境，以及举办展览、开展业务交流等提供便利；不断完善政府服务职能，提高服务效率，降低入园企业的服务成本；严格设计企业入园标准，提高入园企业设计专业化水平，使园区真正成为设计服务企业聚集度高、质量好、产业带动能力强的产业示范区。

（六）积极培育具有国际竞争力的设计企业

1. 积极发展国际设计外包

政府应加强信贷、上市融资的支持力度，重点支持一批已经形成一定规模、具有较强承接国际设计外包业务能力的公司迅速做大规模，提高国际化运营能力，提高企业品牌的国际知名度，成为具有较强竞争实力的国际化设计企业。

2. 加强国际合作

通过与国外设计机构合作，建立国际设计战略联盟，充分利用国际资源，共同承接国际设计业务。政府可通过组织企业参加国际论坛、国际展览等机会为国内设计公司与跨国公司互动交流提供便利。

3. 支持国内设计公司 "走出去"

支持有条件的设计公司到海外设立分支机构或并购海外设计公司，整合全球设计资源，扩大全球经营规模，提升全球品牌影响力。对于设计公司开展境外服务，政府应给予税收优惠以及贷款、外汇审批等方面的支持。

（七）提高企业设计创新能力，积极培育国内设计市场

1. 不断提高企业使用设计的意识

企业是使用工业设计的主体，推动企业更广泛地使用工业设计，对于培育设计市场具有极为重要的意义。应注重加强企业设计机构建设和设计费用投入，逐年扩大设计费用。鼓励有条件的大企业设立海外设计中心，或通过收购海外设计机构壮大设计团队。

2. 倡导制造企业与设计公司合作

这既能够提高国内制造企业设计创新水平，也为本土设计公司发展提供市场空间。从全球设计发展趋势来看，专业化分工导致设计服务外包的趋势越来越明显，应鼓励国内企业购买设计公司的设计产品，对于为国内企业尤其是中小企业提供设计产品的设计公司，政府可给予适当补贴。

3. 积极引进海外设计公司

近年来，国外设计公司正逐步进入中国市场，这些海外设计公司主要承接本土企业业务，在提升本土企业技术水平、品牌效应、国际化程度等方面发挥了积极作用，产生了较强的技术外溢效应，促进了中国设计市场的繁荣。因此，应提供良好的投资环境和服务，放宽准入门槛，加速海外设计机构转移，尤其要吸引一些全球著名的设计公司设立子公司。

参考文献

[1] http：//zwgk. gd. gov. cn/006939748/201209/t20120914_ 343488. html.

[2] http：//finance. ifeng. com/roll/20091105/1428694. shtml.

[3] http：//miit. ccidnet. com/art/32559/20130925/5196355_ 1. html.

[4] http：//finance. ifeng. com/roll/20100527/2246605. shtml.

［5］王晓红：《中国设计：服务外包与竞争力》，人民出版社，2008。

［6］国家知识产权局课题组：《创新型工业设计机构知识产权问题调查研究》，2008。

［7］工信部课题组：《国内外工业设计发展趋势研究》，2009。

［8］《设计创造财富》，王晓红译，马千脉校译，中国轻工业出版社，2006。

［9］陈汗青、柳冠中主编《工业设计与创意产业》，机械工业出版社，2007。

［10］广东省工业设计协会：《日本、韩国、香港工业设计考察报告》，2009。

［11］顺德区政府：《德国与英国设计创意产业发展考察报告》。

B.4

国家创新战略与工业设计
体系建构及其机制

于 炜 张立群 姜鑫玉*

摘 要:

当今世界,几乎每个国家和地区都在探寻从粗放型到集约型、从传统型到创新型的强国之路和发展之道。实践证明,经济和综合国力竞争的重点发生了战略性转移,物质资源在发展中的决定性作用正逐步让位于以技术、设计创新、文化软实力等为特征的智慧与创新资源。设计对国家进步和发展的巨大推力,在发达国家的理论与实践中被证实,并深入人心。

关键词:

创新战略 工业设计体系 建构 机制

一 国家创新战略和工业设计系统发展
现状及隐性问题分析

随着时代的发展,西方发达国家的经济模式大致经历了五次转型。第一次,工业经济初期,从 18 世纪中期持续到 19 世纪中期;第二次,工业经济发展阶段,从 19 世纪末到 20 世纪中期;第三次,引发信息时代,20 世纪 50 ~ 80 年代;第四次,知识经济发展模式,从 20 世纪 80 年代持续到 90 年代末;

* 于炜,华东理工大学副教授,华东理工大学艺术设计系主任,上海交通大学城市科学研究院研究员;张立群,上海交通大学副教授,上海交通大学设计管理研究所所长;姜鑫玉,东华大学讲师。

此后世界经济模式进入了创意时代。

以创新综合指数作为国家创新能力评判标准，目前全球排名较前的国家包括美国、日本、芬兰、韩国等20多个国家。若按照科技进步贡献率、研发投入占GDP比例、对外技术依存度指标等因素划分创新型国家，这些国家依然位居榜首。在国家创新战略上，发达国家在教育、企业扶持、产业创新、人才建设方面有显著成效。

（一）国民设计教育和创新设计教育

1. 国民设计教育

被大众和消费者所认可的新产品才是成功的创新设计，这一点正是欧美国家开展创意产业时高度重视的。英国在2000年发布的《卓越与机遇——21世纪的科学和创新》中，政府用大篇幅论证公众认可与设计创新的关系。越来越多的国家逐渐意识到，目前工业设计体系的发展足以证明，设计尤其工业设计已经成为企业在竞争中谋求发展的根本手段和制胜武器，只有设计创新取得领先才能赢得市场，才能确保企业竞争力。因此，众多世界经济大国或地区高度重视现代设计产业尤其是工业设计创新，并将此课题提升至国家发展策略和战略目标高度。例如，创立于1944年的英国设计协会是政府推行设计应用、教育、研究的非营利性组织机构。该协会通过深入校园的设计教育体制，提供创新概念以激发师生创新潜能，为社会和企业输送专业设计人才；同时，协会协助制造业、科技产业整合生产创新体制，提高产品品质，开拓国际商品市场。

美国以其坚实的经济基础作为发展现代设计的坚强后盾，通过创新科技、设计、艺术、材料等基础来确保其经济大国地位的稳定性，并推进创新设计产业成为世界竞争的制胜点。

20世纪50年代，日本确立了"设计立国"的战略目标，确立创新设计为国家产业经济发展的前瞻性指导方向。创立于1969年的日本工业设计促进组织致力于设计产业推广活动，以促进政府机构、工业团体和个体设计师之间的交流与合作。

韩国在产业经济发展初期紧紧抓住了创新设计是未来国家产业实力竞争的先机。韩国设计振兴院成立于1970年，并由政府直接管辖，旨在推动韩国设计产业振兴，提高国家整体设计水平，为企业提供设计咨询和提升产品竞争

力，其战略目标是在 2005 年将韩国设计推向国际。

德国注重在管理模式、管理方法、组织形式上加强对工业设计体系的构建与引领。成立于 1967 年的柏林国际设计中心，得到政府和企业的大力支持，专注艺术事业和设计产业的发展，不仅与专业院校合作，为企业培养了大量设计人员，还大力推广设计创新理念，以期提高行业领域整体创新水平。

2. 以美国、英国设计基础教育为研究先例

美国对培养国民创新思维和设计能力的重视程度从政府制订的基础教育体系中可见一斑。为提升国家整体创新水平，主要通过制订长期教育改革计划、修订教育创新改革政策等来促进国民整体设计水平。例如，在美国小学生教育生涯中，尤其以"寓教于乐、寓学于玩、保护好奇、激发探索、民主教学、鼓励争论、注重调查"等教育方法来充分激发学生的创新能力。升至中学时期，学校教育主要通过实行学分制、自主选择学习来培养学生的兴趣爱好和发展方向。

英国在撒切尔时代就提出了"设计立国"的战略口号，国家在发展教育事业中从儿童时期就注重培养学生的创新意识和能力，创造实践机会，为后期创新设计教育打下基础，并与时俱进地改革教育制度以提供更完善的学习氛围。此外，政府还深刻意识到优秀的师资力量与一个国家的整体教育水平是密切相关的，在发展过程中慷慨投资建设教师培训机构，以培养和提高全国教师的理论、指导、教育水平。

（二）中小企业扶持

一个国家的大、中、小企业的关系是密不可分的，许多关系国家经济发展命脉的大企业都是由众多中小型企业发展而来或结合而成的，中小型企业为大企业源源不断地输送基层力量。因此，不仅在经济创造力上，发达国家的中小型企业占据着重要地位，而且在技术创新上，中小企业也能大展拳脚。据相关数据统计，美国设计产业的创新发明有七成以上是由中小型企业完成的，德国小企业研发注册的专利技术占全国数据总量的 67%。

事实证明，中小型企业对国家经济、科技创新的贡献力度不言而喻，发达国家也十分重视和支持中小型企业的发展，不仅将扶持中小型企业作为国家创新发展战略目标，还在财政、税收及国家知识产权等政策法规上为中小型企业发展提供便利条件。另外，政府通过促进中小型企业与专业设计院校间的产学结合来加强企业的设计理论知识，并满足其人才需求。

（三）创新目标制订

在国家产业经济发展的基础上，各国根据切实的发展需求制订了一系列明确的产业发展量化目标或创新机制评价标准。例如，2002 年加拿大政府颁布的《加拿大创新战略》中核心目标就是要求通过加强知识效能、技术创新、人才培养等方面来改善加拿大目前的国家创新机制发展状态，并提高加拿大在国家创新产业领域的国际地位。近年来，英国政府也强调创新对国家未来发展的重要性，并发表了一系列促进企业创新力提升的白皮书，力图将英国发展成为经济、科技、文化的领先国家。

（四）产业创新作用

基于国家产业机构发展现状，部分发达国家将企业发展作为国家创新战略和目标。

1. 日本

日本政府对企业的重视和支持主要表现为对业界专业人士的尊重，并邀请一些资深企业家参加国家综合科学技术会议，赋予他们参与最高科技决策、发展方针的权利，并倾听、吸收采纳专业人士的意见和建议。

2. 美国

美国总统科技顾问委员会成立于1990 年，其任务目标为掌握创新产业发展趋向并制订后期发展战略，委员会成员主要由产业界、教育界及社会组织机构人员组成。

3. 加拿大

加拿大总理科学技术顾问委员会成立的宗旨是提升国家产业创新力，其工作内容为：一是总览并调整国家经济发展；二是对如何加强加拿大经济发展领域欠缺的专业性高素质人才的培养做出可行性指导意见；三是指导政府与市场、企业、服务等领域之间协同合作。

4. 澳大利亚

澳大利亚政府颁布了《澳大利亚创新行动计划》，以研讨会的形式聚集政府、科研单位、企业界等技术创新主体，共同为国家产业机构未来的技术创新制定发展战略和政策。

（五）设计人才培养

发达国家高度重视创意名师的培养打造机制，因为设计名师或设计精英的产生，虽然有其自身的成才规律，所谓实至名归、功到自然成，但其所在的创新环境、政策导向、扶持力度甚至策划打造、包装传播，对大批设计名师快速成长并脱颖而出直至具有品牌效应具有十分重要的促进作用，有时甚至是起到决定性作用。

二　国家创新战略体系的建构与机制

21 世纪，在全球化浪潮与第三次工业革命的背景下，创新尤其是科技创新、产业转型创新成为发达国家、新型工业化国家、转型经济国家和发展中国家经济社会发展的主要战略和国家核心竞争力。同时，根据国家或地区的实际情况，在创新举措上侧重区域特色、建立国家创新体系、走创新型国家道路成为多国共识。

中国未来的发展之路是创新驱动、转型发展、设计引领。指导中国文化创意产业发展战略的纲领性文件——《中共中央关于深化文化体制改革推动社会主义文化大发展大繁荣若干重大问题的决定》强调，要加快发展文化创意产业，促进国民经济体制升级，最大限度满足人民对精神文化、创意文化的需求；要坚持中国特色社会主义文化发展方向不动摇，统一先进文化产业的社会效益和经济效益；要大力推动创意文化产业跨领域、多角度发展，使之成为新的经济增长点。

对于创新立国政策应在落实践行过程中不断深化和提高，特别是国家创新战略与工业设计体系及其机制建构需要借鉴发达国家经验，结合国情，走出具有中国特色的国家创新战略与工业设计体系及其机制建构之路。总体上讲，必须做到：思想再解放，观念先转型；政策创新，体制保证；全局统筹，错位发展；过程有规划，阶段讲轻重；队伍强大，层次合理；继承遗产，发扬国粹；学科要复合，科技加文艺；追求原创新，民粹再提升。

（一）加强全民创新支持参与计划

公众的认可是创新产业成功的标准，公众的支持和消费者的参与能够使创新产业获得成功。通过设计教育的普及，能够广泛提高社会成员对设计产业的认知，培养具有创新精神的专业设计人才，提高社会整体创新能力。

1. 加强基础教育创新普及体制

中国的教育体系是以传统教育为中心，学生学习同样的课程内容，评价成就的唯一标准是考试成绩。只有加强中小学生科技、文化、设计的创新教育，调整学科教育体制和内容，才能从基础教育开始培养学生的创新思维，后期向社会、企业输送专业人才。

2. 加强创意名师培养打造机制

借鉴英、法、意等国家对时尚设计大师的培养选拔、包装及淘汰机制，学习强调人的个性、在团队中个人的作用与影响。例如，"以人为本"的美国明星节目主持人中心制的商业化运用。

（二）加强创新体制建设

1. 加强创新基础保障建设

中国国家创新战略应体现在创新基础保障上，具体如理论创新、战略创新、制度创新与文化创新等。提高产业原始创新能力，集成国际创新战略研究，综合本土文化，创建适合中国国情的创新产业发展道路。政府应当实施正确的产业创新指导方针，深化改革创新机制。

2. 加强创新宽松环境建设

创新发展环境决定一个区域创新发展的速度和质量，区域之间的竞争是环境的竞争。在社会产业发展新趋势下，创建适宜的发展环境需要不断完善，营造宽松自由的创新环境，提供良好的公共服务。一是政府搭建科技服务平台；二是政府建设有利于发展自主创新的社会平台；三是通过改革，形成自主创新的体制环境；四是制定公平竞争的政策。

3. 加强创新关键领域建设

政府通过加强对产业发展的宏观调控以促进自主创新关键领域的突破。一是建立科技自主创新的专项规划；二是通过集中专项资金和政策来支持重点区域的自主创新产业发展；三是政府通过优化资源配置，促进自主创新产业体系建立。应组织实施国家重大科技成果转化项目，支持和促进重大科技成果工程化、产业化。应推进技术创新、计划创新，加快相关领域共性产业开发和创新产品工艺技术应用。应集合互联网企业、服务型制造企业等强大实力，加强技术集成和商业模式创新。

（三）加强企业产业创新

1. 构建中小企业创新扶持体制

中小型企业在产业创新活动中发挥着至关重要的作用。例如，上海在《推动上海设计产业发展三年工作规划》中制订了中小企业设计支援计划，旨在加强政府对设计和创新的支持，鼓励各中小型企业在产业发展中广泛应用设计与创新成果，推进企业发展高附加值产业。具体分为两个不同的资助计划，分别为企业资助计划和设计师海外研修计划。企业资助计划旨在激发中小型企业对设计意义的重视，包括采用设计包装企业产品，提升原产品品质，激发企业对设计的再投资；而设计师海外研修计划在于提升企业整体设计水平，帮助企业明确设计观念，不仅要通过加强设计创新来提高产品的附加值，还需要深化企业创新体制机制。该项资助主要向缺乏设计资金的中小企业倾斜，对它们的自主开发实施政策上和资金上的鼓励。

2. 加强产业界创新作用

欧美等发达国家十分重视中小企业在自主创新战略中发挥的作用，中国应当借鉴国外成功经验，制订国内产业的明确战略目标和发展计划，定期开展业绩评估，促进产业创新力度。国家在中小型企业发展政策上应适当放宽要求，鼓励和支持企业改革，并适时解决进程中的问题。银行业等金融机构可以在控制投资风险的基础上，针对拥有自主创新优势的企业进行投资，对其合理信贷需求给予支持。

（四）加强国家创新战略规划

综合国际及中国产业发展趋势，制订目标明确的分期战略部署是有必要的。制订创新战略目标，应抓好 11 个具体创新点：①产业结构创新；②绿色及可持续发展能力创新；③公共服务创新；④城市化、城镇化模式创新；⑤区域经济发展模式创新；⑥新农村发展模式创新；⑦金融创新；⑧企业创新；⑨科技园、创意园创新；⑩国家政治与创新文化建设；⑪产业战略机制改革创新。应在不同时间节点实行具体措施，系统落实国家创新战略规划，推动创新体系协调发展。

三　中国工业设计体系及其机制建构

工业和信息化部等联合发布的《关于促进工业设计发展的若干指导意见》（以下简称《意见》）对我国改革开放以来工业设计发展状况进行了深刻总结。《意见》表明我国目前工业设计产业初步形成，在部分发达地区已形成一定规模；部分企业开始重视工业设计给企业带来的经济、品质等良性效益；工业设计教育在全国院校普遍开展，专业人才队伍壮大，一些优秀产品设计逐步为国际市场所吸纳。但与欧美国家、韩国、日本等设计产业发达的先进国家相比，我国的工业设计产业发展时间段，进程缓慢，过程中困难、矛盾重重，主要包括社会和企业缺乏对工业设计的认可，不重视工业设计的实际意义；缺乏优秀设计人才，产品设计创新力度不够；对知识产权尊重和保护意识薄弱等。

工业设计是结合技术、美学、心理学、材料学等相关学科，对工业产业的造型、功能、结构、包装等方面进行整合优化的创新活动。发展工业设计产业的价值不仅在于表面层次所带来的产品经济，更是提高国家产业竞争实力的制胜点。大力发展工业设计能够加快创建高品质自主品牌，提升我国设计产业在国际工业设计领域的竞争力，更是转变我国经济发展方式、扩大内需的重要途径。中国工业设计体系及其机制的建构，应在《意见》的指导下，进一步重点加强与深化不同方面的工业设计体系与相关机制构建工作。

（一）国家统筹设计、全民教育合作机制

1. 顶层设计，政府统筹，设计立国

战略指挥，政策研制，统筹体系，应设立政府主管部门，近中远设计战略

规划统筹制订，重大决策组织推广落实考核。《意见》指出了发展目标和战略规划：培育具有国际竞争力的工业设计企业，建立核心国家级工业设计示范园区；开展自主知识产权的设计，培育本土设计品牌；培养专业素质强、自主创新能力强的设计人才。在《意见》基础上，中央政府相关部门应制订近中远期的、可持续的、具有可操作性与系统性的细则及附件。

2. 国家给力，高校主力，民间出力

工业设计研发需要建立"国立专业研发，专业院校研发，民间专业研发"三驾齐驱机制。激励国家科研单位、研究机构、设计院校等开展实践性、前瞻性的工业设计领域研究；提高当今工业设计信息化水平，开发应用于工业设计领域的创新软件，普及基本研究方法；整合经实践验证的理论资源来支撑工业设计发展，并集中现有资源建立信息资源库等公共服务平台，最大限度地提供资源共享。

3. 全民启蒙，全媒传播，长效机制

加强政策引导和常规舆论宣传，建立工业设计自身的舆论宣传体系：在全国范围内开展工业设计理论与实践的宣传，普及工业设计价值体系，加强地区建设及产业发展对话；提高对工业设计的重视程度，提高新产品开发能力，将工业设计作为企业产业结构转型的战略方针；创办高水准设计类杂志、网站等，全方位推广工业设计理念；建立工业设计师等级评判制度，提升专业水平；建立优秀产品评价标准，鼓励工业产品创新；加强对设计类知识产权的保护力度，建设良好的发展环境以及展示、交易平台。

4. 基础必有，中等普及，高等必修

应从体制保障、机制运行、教育内容、教育方式等多方面统筹完善工业设计教育体系，具体落实于以下方面：义务教育阶段开设设计创新教育课程；对高等教育进行大公共必修与专业选修双线保证；对高等院校的工业设计学科建设进行专业教学、科研、实验的软硬件的可持续升级；对设计教育工作者进行双师体制。鼓励并支持工业设计园区、企业设立研究中心，设立产业培训基地，并为企业优秀设计师提供出国研学机会，鼓励行业协会、高等学校、科研机构和企业联合开展工业设计培训。

5. 协会运作，专家治会，社会管理

为促进国家走上新型工业化道路，提高核心创造力，充分发挥企业市场机制作用，政府及管理部门应当鼓励并扶持工业设计发展，由行业专家组成专业研究协会，来促进和引导设计产业专业化发展，协助工业设计产业走上政府主导、协会运作、专家治会、社会管理的道路，提升工业设计行业与产业发展水平。

6. 顶天立地，四级管理，网络覆盖

设立"中央、省、市、县"四级立体管理服务网络覆盖体系。在政府主管和行业协会的扶持引导下，鼓励企业加大设计力度，提高创新能力，规范企业工业设计产业发展。政府和行业协会对符合条件的企业设计中心予以认定与考评。加强市场监管，推动自主创新设计，规范工业设计企业经营行为，维护公平的市场竞争秩序。

（二）加强合作创新，完善产、学、研体制

1. 创意驱动，设计引领，产业转型

工业设计产业科学创新运行体制：加强工业产业与设计行业合作关系，扩大设计服务产业辐射范围；政府放宽税收制度，加强产业间的系统合作力度，在资金、政策、制度上为设计行业的发展提供多重保障；通过设计产业创新，促进我国工业企业内部产品系统更新升级，并引导工业设计企业专业化发展，必须有产学结合、优势互补的机制保障，鼓励工业设计企业加强与设计教育及创新机构互动，方能切实提高企业研发创新能力和专业化水平。加强工业设计产业公共服务平台建设，在经济发达地区率先建立工业设计产业园区，促进专业人才、资金、企业等协同合作，制定优胜劣汰制度以刺激设计产业更新，以点状发散态势促进全国工业设计产业发展。

2. 官民结合，中外协作，国际跟踪

建立长效的、全方位的工业设计文化国际交流大发展、大繁荣体系：首先要"引进来"，积极引进一些著名的设计机构在中国设立设计中心，以便更好地交流和发展。让国内一些工业企业与设计机构根据本国的工业设计境况有意识地与境外设计机构培养合作机会，学习先进的设计理念、技术以及管理经

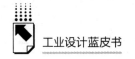

验，使国内的工业设计水平可以得到提升。其次要"走出去"，让一些有机会的工业企业、工业设计机构利用自身有利条件和国家的强力支撑在境外建立设计研发中心，积极参与国际竞争和合作。健全政策支持和服务体系，发展工业设计贸易，主动承接国际性的工业设计服务外包或相关业务，推动工业设计服务出口。

3. 产学研用，互利多赢，各取所需

工业设计产、学、研联动体系：学生实践，职业训练，职员培训，学研升迁；建立工业设计相关企业和设计公司、设计院校及科系、科研机构间的合作机制，即以政府为主导，以企业为主体，以市场为原动力，产、学、研、用相结合，推进产业升级、公共服务、安全生产等拥有自主知识产权的重点领域工业设计成果产业化。

（三）打造中国创新品牌机制

1. 包装名师，设计名品，打造名牌

工业设计明星系列包装打造体系：明星设计师的加盟，明星企业的入驻，明星设计的推广；积极与境外著名工业设计大师合作。通过政策或薪金等吸引海外优秀设计人才回国（来华）；鼓励国内企业在人才机制上多吸收一些海外的优秀设计人才，完善各种激励机制，可以有效地解决工业设计人才的社会保障和工作生活待遇等问题，只有创造良好的条件，才能吸引优秀人才长期在华工作。

2. 扶持小微，保护专利，鼓励创新

鼓励以工业设计知识产权作为资本参股来创办小型或微型企业。鼓励专利持有者将其设计机构或设计者名称印在其设计的产品或包装等相关物品上。鼓励权利人充分利用知识产权这一途径来保护自身的正当权益。健全信息统计工作。国家统计的标准需要进一步提高，将工业设计一系列产业进行统计分类，工业设计统计数据要更科学、更准确。完善工业设计统筹方法和规划体系，便于工业设计信息的推广与发展，为政府制定设计类法规政策提供有力支撑。拓宽融资渠道，促使政府支持并引导、全社会共同参与，寻找稳定的资金链条对工业设计进行投资。改进相关政策，使资本融资中民间资本得以增加。

3. 华夏传统工艺和文化内涵相结合的工业设计

在民族传统工艺和文化内涵项目设计开发时，一是用工业设计提升物质性产品，具体包括对原（元）生态元素（原汁原味、无须加工）的包装推广；对中华民族的传统元素或产品进行改良创新的设计；思考如何联系市场和本地突出优势进行概念性创新研发设计。在对具体产品进行设计提升的同时，进行品牌策划并同步进行传播推广。二是为实现不同区域和行业的联动发展而联合本土设计和国家制造产业。三是通过工业设计进行"文化维和"，即通过设计促进本地区实现文化交流与沟通，最终实现文化认同与和谐发展。

四　结论

相关调查研究表明，我国综合创新能力在 2004 年的 49 个主要国家中排第 24 位。2006 年，胡锦涛总书记在国家科技大会上确立了建设创新型国家的方针政策。2011 年，胡锦涛总书记在十七大报告中提出如何落实科学发展观，关键点就在于增强自主创新能力、建设创新型国家；一个国家不能没有创新驱动作为其转型发展的引领，创新型国家体现于理论创新（动力支撑）、制度创新（体制保障）、科技创新（核心载体）、文化创新（灵魂依托）。在国家创新战略版图中，工业设计是不可或缺的一部分，因此，工业设计创新体系建构与国家发展和可持续发展战略密不可分。

参考文献

［1］姜桂兴、武夷山：《发达国家的国家创新战略对我国的启示》，http：//www.studa.net/jingji/081028/15045319－2.html，2008 年 10 月 28 日。

［2］《大力加强创新能力建设提升产业核心竞争力》，http：//www.miit.gov.cn/n11293472/n11293877/n15090235/n15090274/15091176.html，2012 年 12 月 28 日。

［3］《关于促进工业设计发展的若干指导意见》，2010 年 7 月。

工业设计产业促进政策体系研究

—— 英国与中国设计产业政策的比较

孙 茜 张立群*

摘 要:

本文分析了英国和中国的设计产业和设计政策,提出设计产业受设计需求的驱动,而设计需求由国家的经济条件所决定这一观点。基于这一关系,提出了设计政策模型,为潜在的设计政策规划与制定提供了框架。根据其干预设计供需平衡的方式(直接的和间接的)不同,相关设计政策可以分为两类。本文认为,直接干预设计供需平衡的政策对于设计产业更具有作用力,作用于设计需求方的政策更具有效用。本文提出的模型不仅显示了设计政策的限制因素,而且呈现了政策与各相关者的关系,有助于设计政策相关者从更为宏观的视角观察设计政策。

关键词:

中国 英国 工业设计 设计政策 设计产业

工业设计政策一直是近年来的一个热门讨论话题。毋庸置疑,工业设计政策与国家产业战略密切关联。例如,1988 年韩国的国家政策以工业设计为中心,促进了三星和 LG 的崛起,促进了国民经济的发展;2007 年丹麦定位自己为国际市场的创意之国,并得到了政府机构的大力支持。不过,这些案例所反映出的成功并不意味着这些政策在其他国家也必定成功。工业设计政策及其执

---

* 孙茜,英国 Salford 大学高级讲师;张立群,上海交通大学副教授、上海交通大学设计管理研究所所长。

行在很大程度上受到工业设计产业自身及国家所处的经济环境的影响。考虑到不同的工业设计产业和经济环境的显著差别，制定工业设计政策时不考虑这些变量是不可能的。因此，一个基本的问题是：这些变量是如何影响设计政策的？相应的，工业设计政策又如何改变工业设计产业自身的内在动力？为了有助于理解，本文选择建立在知识经济之上的英国和以工业经济为主的中国这两个国家的工业设计产业进行对比。

英国是在制造业下滑、高层次的专业人员数量增多的状况下从工业经济向知识经济转移的。许多评述认为这一转型显示了创新和价值增值设计的重要性。在这方面，中国作为"世界工厂"，正在经历从中国制造到中国设计的转型，并且已经在高投资、高层次培训和低成本的基础上，为建设本土工业设计能力投入了巨大的资源与努力。中国商界越来越意识到工业设计对于产品和服务所具有的价值，正致力于向价值链高端转移，以获得更大的价值空间。

尽管英国与中国在很多方面有显著不同，但工业设计在两个国家都在国家经济战略中扮演着重要角色，也同样不确定工业设计是否能够胜任挑战，及采取怎样的政策和激励机制才能够有助于长远目标的实现。基于此，本文调查了英国和中国的工业设计产业和设计政策，以此来发现工业设计政策与产业环境之间的关系。

一 英国设计产业

过去30年中，英国的设计产业有了显著变化。就像IDEO的首席执行官Tim Brown所言，在20世纪80年代的"设计师的十年"中，当制造业占GDP很大的比例时，"设计所关乎的就是通过形式和行为来利用新技术为人带来满意和认同"。十年之后，伴随着总体经济中工业产能的下降，"把设计看成是学科交叉的、合作型的活动的概念，彻底使人们理解了一切围绕着设计师这样一种理念"。从一个更广的范围来看，这意味着设计的光环的到来。当对设计的需求偏离了设计的核心活动内容时，设计服务将变得不那么彰显其真正的价值。正如Tim Brown所描述的那样，设计思考——一种以人为中心的问题求解途径开始逐渐显现。基于这样一种假设，即创意思考天生地存在于设计之中，

能够为商业带来增值，并使其区分于技术与管理等领域，那么设计实际上已经从传统的学科领域扩展到了一个更为宽泛的、新的领域，如服务设计、创新、研究、技术、市场营销、品牌和策略等。这样一来，设计被作为一种有价值的解决商业问题的工具而加以推广——这种认知扩散如此之快，以至于一些设计学院不再教授设计，取而代之的是，他们教授的内容变成了设计思考。

与对设计思考的争论相伴随的是过去 10 年以来英国公共事业机构的戏剧性增长。许多人开始相信设计的机会将来自过去从未涉足过的领域，如保健和可持续方面。不过，单靠出台一些采购政策鼓励公共事业机构采购设计服务是远远不够的，还需要建设一些基础设施来支持系统和流程的分发和分布，以及相应的与系统服务的受众接触的节点。这需要新的知识、新知识网络的参与和新类型客户的介入。正是基于这些问题，Woudhuysen 提出了"设计到底能走多远？"这样的问题。

在设计宣称其具有更为广阔的领域的同时，设计也面临专业边界模糊，逐渐失去其专业性所带来的危险。Design 2020 项目（由 AHRC－艺术与人文研究委员会资助）的发现证明了这一点，工作在设计领域的人们所共有的最大的焦虑就是清晰的产业识别的丧失。尽管设计思考有助于推动传统设计到达设计的上层，但并没有信息表明英国的设计已经从设计思考中获益。BDI 的连续调查显示，在过去的一些年中，项目收入的持续下降使得英国的产业规模和产值持续降低。相应的，与过去几十年相比，英国设计产业已经发生了明显变化，现在已经成为英国产业的一极，并伴随着产业边界的越发模糊、设计的商品化及专业人士的丧失。

二　中国的设计产业

与英国相比，中国的设计产业还相当年轻——90％ 的设计顾问公司是在 1995 年之后成立的。不过，与中国的其他领域一样，设计产业的发展速度引人注目。

中国设计能力的急速成长来自 1990 年以来出口型经济的驱动。从那时开始，OEM（原设备生产商）企业为满足客户需要，开始寻求设计服务，这些客户处于供应分销链中，拥有极为广泛的产品门类，寻求产品重包装以实现快速周转。相应的，这个阶段的设计实践主要局限在以产品造型与形式创造为目标。一方面，这种需求所具有的特性导致这一阶段中国的设计显得缺乏研究、规划和创新；另一方面，产品草图和渲染技能发展到高度复杂和高效益的地步。随之而来的是开源的行为模式的出现，特别是在与知识产权相关的法律出现缺失的情况下。同时，中国的设计产业展现了一种独特性，如协同定位，提供从设计渲染到工程设计和快速产品开发的"一站式"服务等。

设计需求的快速增长使得中国的设计商业得以扩展；同时，其他相关联的领域则被远远抛在后面，其间产生了越来越巨大的鸿沟。设计基础建设的缺乏就是一个证明，其他还包括广泛流行的免费的设计服务、为吸引客户而出现的砍价和模仿他人的设计等。

三 一个设计政策模型的发展

很明显，英国和中国在产业动力方面差别显著，使得各个国家在设计政策运用方式上有所不同。不过，从更大的范围看，这些差异是植根于各自的经济之上的。每个国家设计产业的演化是对各自政府的经济转型的反映。更直接来讲，经济结构决定了设计需求的特点与内容，而这又进一步支配了所需要的设计服务（特点与内容）。

在英国，制造业的重要性越来越低，产品设计及相关设计服务（如产品原型与工程设计）由于客户的大量减少而遭受严重挑战。同时，英国经济中公共事业机构经济比例的增长已经（为设计）创造了新的机会（如服务设计和策略设计）。设计思考自然而然地成为设计领域中新的增长点，它帮助设计来应对经济转型的需求。不过自联合政府执政以来，经济发展出现了远离资助公共事业机构的情况。

这一结论同样可以从对中国的设计产业的研究中归纳出来。投资驱动的经济已经为中国创造了显著的设计需求；同时，塑造了中国设计产业的发展模式。如果希望上移到全球价值链的上游，中国必须远离低成本和劳动力密集型来建立新的经济能力。创新被看成实现这一转型的关键，许多人认为，这为设

计提供了体现价值的机会。不过，除非对设计的认知从过去的以造型为目的转向将创意转化为创新，否则这种上移是难以发生的。而且，除非设计产业的基础建设能够跟上其发展需要，这种上移也是非常困难的。

图 1 通过呈现政策制定过程中各个相关者的角色，可以进一步探索两个国家对于设计政策的应用。每一个箭头所连接的一对相关者都代表了一个潜在的设计政策制定所需关注的区域。

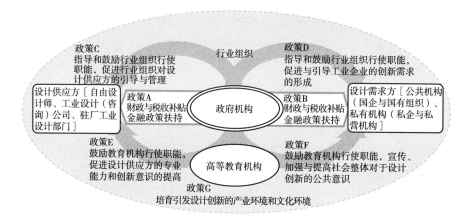

图 1 设计政策模型

呈现政策制定过程中各个相关者的角色，可以进一步探索两个国家对于设计政策的应用。这些政策相关者包括政府部门、行业协会、学术机构等，当然还包括设计供给（所有形式的设计供应，从自由设计师到设计咨询公司及驻厂工业设计部门）和设计需求（使用各种设计的组织、私营事业和公共事业机构）。经济学家认为，经济力量的特点在于供需系统的平衡。基于此，政府有能力通过政策的调控进行这一平衡的调停。分析这一平衡是如何受到相关各方影响的，对于设计政策制定具有很高的价值。

基于这一前提，可以识别出两类政策干预。

第一类政策，通过经济结构的干预直接控制设计供给与需求之间的平衡。最为直接和有效的政策是控制设计供给与需求之间的平衡，可以通过诸如投资、补贴和税收优惠等政策进行干预（政策 A 和政策 B）。设计产业中设计供给由设计需求所决定；进一步推理可以看出，更有效的设计政策应该是着力在设计需求方的。因此，进行经济投资来提升设计使用（政策 B）很可能比补贴设计领域更为有效（政策 A）。

第二类政策，发展设计基础建设，间接控制设计需求与供给之间的平衡。同时，政府可以通过行业组织和学术机构发挥间接作用，并通过制定相应的亚政策（政策 C 至政策 F）来实现产业平衡的目的。这类政策对于发展设计基础建设是根本性的。例如，行业联盟可以领导产业发展，开发评价体系，规范设计领域（政策 C）；同时，能根据设计的需要促进设计能力的提升（政策 D）。通过相应的设计政策推动学术机构发展设计知识与技能（政策 E）；也可以用于培育公众意识，提升对于设计的理解和评价（政策 F）。

这两类政策并不一定同等有效，不过，考虑到需求与供给水平平衡的重要性，直接作用于这一供需平衡的政策（第一类）要比间接作用的政策（第二类）来得更为有效。

四　英国的设计政策

英国劳工部已经出台了很多政策推动设计产业的发展。比如，它通过委托相关机构发布专门研究创意与商业融合议题的 cox 报告以帮助商业界意识到设计对于商业创新的促进作用；通过与英国设计委员会合作设立和推进 Design Bugs Out 及设计对抗犯罪（DAC）等项目以提升社会对于设计价值的认同；与英国创意与文化技能组织合作建立英国的设计技术与能力标准；与英国贸易和投资组织共同制定工作计划，将英国设计咨询服务输出到中国和印度等新兴市场等。这些政策间接地影响了设计供需之间的平衡，因而，应该属于第二类设计政策。基于设计供需体系中所处的被动角色，这些政策的效用仅局限于形成一些隐含的设计需求增长。

新政府的执政纲要中在经济计划方面的转变意味着公共事业方面的资助将在未来的若干年越来越弱。有人已经开始对未来英国的区域设计网络表示关心。另外，许多人相信 James Dyson 爵士为保守党提交的报告《精巧的英国》中所说的，"已经将未来政府的政策思考焦点牢牢地投射在设计的重要角色上"。在这份报告中，Dyson 认为，对于英国为经济和政府行动决策设定

新的视野，将科学和工程置于思考的中心位置来说，这是一个机会。他的观点得到了来自工业制造和工程领域的广泛支持，有一份报告提议支持应该聚焦在"小规模的、多数是私营的部门，鼓励高增长的创新的商业的政策上"，而不是把重点放在商业链接上，这只能提供一些一般化的支持。另一份报告建议，将重点置于提升快速增长性公司获得金融支持的机会上，在创新领域进行持续投资。如果新政府能够采纳这些提案和建议来制定第一类政策，随着英国私营机构的增长，设计的需求的增加会进一步促进设计产业的发展。

五　中国的设计政策

目前，中国在支持工业设计发展上，政府的工作主要集中在物质、硬件和工艺技术方面。但对大多数设计师而言，更重要的是软件建设——知识和技能的发展，以及由政府规范的健康的商业环境。立法是首要之举，然后是设计教育，受限于僵化的教育体系，教育机构自身很少有权力制订培养计划。虽然中国的高等教育院校希望在人才培养中响应产业需要，但这就意味着培养计划将脱离教育部的标准。

不过，中国开始出现一些不干涉主义的政策，不树立标杆，允许市场力量来形成与构建设计服务。一些致力于发展设计基础建设的第二类政策也已经进入实施日程。尽管如此，鉴于通过设计帮助中国经济结构进行转型这一期许，研究者认为，急需对第二类政策进行研究与制定，以利于设计产业的顺利发展。在这些政策制定中，应优先规范在设计教育培养计划制订中的产业参与，建立领导地位，确立设计在创新中的优先角色，为中国的设计产业发展制定规范、建设立法系统。

参考文献

[1] M. Bruce, "Challenges and Trends Facing the UK Design Profession", *Technology Analysis and Strategic Management*, 1996, Vol. 8, No. 4.

［2］ T. Brown, "The Challenges of Design Thinking", *Inter Sections 2007 Conference*, Newcastle, UK, London: Design Council, 2007.

［3］ T. Brown, "The Challenges of Design Thinking", *Inter Sections 2007 Conference*, Newcastle, UK, London: Design Council, 2007.

［4］ J. Woudhuysen, "Mission Creep: The Limits of Design", *Inter Sections 2007 Conference*, Newcastle, UK, London: Design Council, 2007.

［5］ A. Williams, R. Cooper, et al., 2020 Vision—The UK Design Industry 10 Years On: Implications for Design Businesses of the Future, *Designing for the 21st Century*, Vol. 2, T. Inns, ed., Farnham: Gower Publishing, 2009.

［6］ J. K. Galbraith, *The Anatomy of Power*, Boston: Houghton Mifflin, 1983.

［7］ A. Muthoo, *Bargaining Theory with Applications*, Cambridge, UK: Cambridge University Press, 1999.

［8］ E. Heathcote, "It's Time We Took Design Seriously", *Financial Times*, 2010, January 30.

［9］ A. Montgomery, "Link Up or Sink", *Design Week*, 2010, Vol. 25, No. 1.

［10］ L. Snoad, "Sowing the Party Line", *Design Week*, 2010, Vol. 25, No. 11.

［11］ S. Shanmugalingam, R. Puttick, et al., "Rebalancing Act", London: NESTA (The National Endowment for Science, Technology and the Arts), 2010.

［12］ G. Mason, K. Bishop, et al., "Business Growth and Innovation: The Wider Impact of Rapidly Growing Firms in UK City-Regions", London: NESTA (The National Endowment for Science, Technology and the Arts), 2009.

B.6

工业设计与知识产权战略

林笑跃　吴 殷　吴 溯*

摘　要：

> 本文以专利数据为基础，阐述了国际、国内工业设计知识产权的发展现状和趋势，并以知识产权为视角分析了中国工业设计的发展趋势和特点。通过数据分析和案例研究，总结了国内企业在工业设计领域实施知识产权战略取得的成绩和存在的不足，并就如何有效地实施知识产权战略，将工业设计的成果转化为竞争优势的问题，从国家层面和产业界层面分别提出了建议。

关键词：

> 工业设计　知识产权战略　外观设计专利

一　引言

提高自主创新能力，是建设创新型国家的必由之路。对于国家最主要的创新主体——企业而言，其创新能力的核心表现在技术创新和设计创新两个方面。技术创新推动产业整体升级，而设计创新增加产品的附加值，这两者均对提升企业竞争力、推动产业发展、实现经济转型等发挥着至关重要的作用。随着技术的趋同化，国内外企业之间的竞争愈演愈烈，企业既要鼓励工业设计创新，更要想方设法保护自己的创新成果。我国企业只有重视对工业设计的运用和保护才能立足于国内市场，乃至世界市场。工业设计创新主要通过外观设

---

* 林笑跃，国家知识产权局专利局外观设计审查部部长；吴殷，国家知识产权局专利局外观设计审查部助理；吴溯，国家知识产权局专利局外观设计审查部助理。

计、版权、商标等与知识产权相关法律获得保护。与技术相比，工业设计更容易被模仿抄袭，因此，其对知识产权的依赖更加明显。工业设计的成果必须通过知识产权战略的实施，通过知识产权的创造、运用、保护和管理，才能完成工业设计成果的权利化向市场化的转化，使工业设计本身形成真正的竞争优势。工业设计的发展离不开为其保驾护航的知识产权制度，工业设计的竞争就是知识产权的竞争。

二　国际、国内工业设计知识产权发展状况

（一）国际工业设计知识产权现状和特点

1. 发达国家和发展中国家处于不同阶段

从全球范围看，发达国家和地区的工业设计和知识产权制度相对较为成熟，已经从迅速发展期进入稳定期。日本、美国、韩国、德国、意大利、瑞士等工业设计较为领先的国家，它们在外观设计专利申请量方面一直保持着相对平稳的态势［见图1（a）］。

相对而言，发展中国家的工业设计和知识产权制度正从启蒙期迈向快速发展期。其特点在于发展中国家在承接发达国家产业转移后，经过一段时间的积累和发展，产业界逐渐意识到从制造走向创造的重要性，因此，对工业设计和知识产权的重视程度也超过此前。从中国外观设计专利国内外申请构成比重可以看出，近些年来中国国内外观设计申请数量呈明显的增长趋势［见图1（b）］。

2. 知识产权制度与产业发展联系日益紧密

随着工业设计的发展，越来越多的国家和地区根据其工业设计发展特点，不断调整和完善本国的知识产权制度，为工业设计提供更为全面的保护。例如，韩国根据产品类别将外观设计分为实质性审查制和注册制两种形式；世界知识产权组织、欧盟、美国、日本等都逐步引入部分外观设计制度和对图形用户界面的保护。此外，一些国家在提交申请文件的形式上也进行了创新。例如，韩国允许提交3D格式的产品设计图。对工业设计日益完善全面的保护体

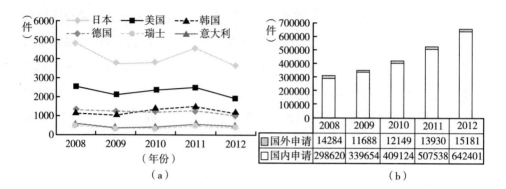

图1　2008～2012年国外在华外观设计专利申请量以及
国内外外观设计专利申请构成情况

资料来源：国家知识产权局。

现了知识产权制度与产业发展的联系日益紧密，更体现了这些国家和地区的知识产权战略的实施。

（二）国内工业设计知识产权发展现状和趋势

1. 外观设计专利申请量持续快速增长

外观设计专利是保护工业设计产品的最主要途径之一。作为迅速崛起的发展中国家，中国外观设计专利申请量一直呈现持续快速增长。过去10年，外观设计专利申请量年增长率为21.47%。2012年，外观设计申请量达65万件以上，同比增长26%。其中，国内申请量超过64万件，占97.7%；国外申请量为1.5万件，占2.3%。

在有效专利方面，2012年，国内专利权人的有效专利突破100万件（占92.3%），同比增长24.1%；国外专利权人的有效专利近9万件（占7.7%），同比增长8.1%。与申请量相比（2012年国外申请量占申请受理总量的2.3%），来自国外的有效专利比例仍然更高。

2. 外观设计专利活跃领域结构优化

随着经济社会的迅速发展和国际竞争的加剧，中国产业开始转型升级，越来越多的产业从制造走向创造，逐步重视工业设计并重视对知识产权的运用，外观设计专利活跃领域的结构也随之调整优化。专利制度建立初期，外观设计专利申请主体以沿海发达地区的企业为主，申请类型主要集中在包装和服装类产品。现今，申请类型越来越多样化，尤其是通信设备和装备制造业等产品的申请量日益提高。

外观设计专利权评价报告往往涉及专利纠纷，因此，评价报告数量的排序相比申请量而言能更为客观地反映当前的专利活跃领域。外观设计专利权评价报告所涉及的类别涵盖《洛迦诺分类表》①的 26 个大类，从表 1 中可以看出，截至 2013 年 2 月底，累计外观设计专利权评价报告排名前十的大类中，06 大类家具和家居用品居第一位。除了传统活跃领域，新兴产业如 14 大类记录、通信、信息检索设备和 12 大类运输或提升工具也排名靠前，分别居第五位和第六位。

表 1　外观设计专利权评价报告排名（按大类）

排名	大类	类别名称	占比（%）
1	06	家具和家居用品	11.79
2	23	流体分配设备、卫生设备、供暖设备、通风和空调设备、固体燃料	10.19
3	09	用于商品运输或装卸的包装和容器	8.44
4	26	照明设备	7.21
5	14	记录、通信、信息检索设备	7.06
6	12	运输或提升工具	6.99
7	07	其他类未列入的家用物品	6.04
8	21	游戏器具、玩具、帐篷和体育用品	5.39
9	15	其他类未列入的机械	4.66
10	13	发电、配电和变电的设备	3.64

资料来源：国家知识产权局。

外观设计专利活跃领域结构的调整优化，从一定程度上反映了我国产业结构调整的步伐，也反映了产业界逐渐意识到工业设计以及知识产权的重要性。

---

① 《洛迦诺分类表》是于 1968 年 10 月 8 日由《保护工业产权巴黎公约》全体成员国在瑞士洛迦诺召开的外交会议上缔结的。目前，中国外观设计专利分类采用《洛迦诺分类表》。

（三）典型活跃领域工业设计知识产权发展状况

在外观设计专利权评价报告排名（按小类）中，0606 类（其他家具和家具部件）、0601 类（座椅）和 1403 类（通信设备等）分别居前三位。因此，本文选取通信和家具两个领域作为典型领域分析工业设计知识产权发展状况。

1. 通信领域：国内企业加快追赶步伐

通信领域在国内外外观设计专利中均为活跃领域。总体而言，目前国外企业在该领域仍占据优势地位，国内企业正在加快追赶步伐。

中国通信设备排名前十的外观设计专利权人中，三星、LG 和松下等国外企业申请量较为领先，尤其是三星以绝对优势领先于其他企业。可喜的是，华为旗下的华为终端和华为技术也奋起直追，两家公司申请量总和相当于三星，而青岛海信等四家国内企业也跻身前十。

尽管中国专利申请总量大，但是在技术较为成熟的通信等领域，中国企业的专利拥有量仍落后于发达国家。从国内外四家知名企业比较其在手机等个人通信工具类别的申请量变化可以看到，国外企业较为成熟，申请总量大且相对稳定；国内企业发展迅猛，但仍存在申请总量低且波动较为明显等问题，这也是在后发企业追赶领先企业的过程中难以避免的。

2. 家具领域：国内企业仍存在提升空间

家具领域在中国是传统活跃领域。2001～2010 年，家具产品的外观设计专利申请量稳步上升，至 2010 年申请量已经突破了 3 万件。虽然申请量大，但知名企业对知识产权的保护和运用尚不完善，出口企业在国外的知识产权保护情况并不乐观，整体仍存在提升空间。

从图 2 中可以看出，中国家具类外观设计专利申请数量排名前十位的专利权人多为个人，其中不乏企业创办人或大股东，这体现了家具企业多为中小民营企业。对家具领域而言，产品设计关乎企业的生死存亡，可以说，处在竞争激烈的市场环境下的民营企业，更早地意识到知识产权对工业设计保护的重要意义。然而，排名靠前的外观设计专利权人与目前国内市场上知名的品牌厂家却并不吻合。市场上比较知名的品牌如曲美、红苹果、联邦、美克美家、华

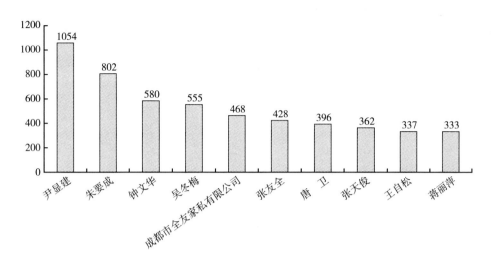

图2 座椅（0601类）和存放物品用家具（0604类）外观设计专利权人排名

资料来源：国家知识产权局。

日、百强等公司的专利申请量都非常少。这也反映了企业在运用知识产权保护工业设计产品时面临的困境：家具产品的生命周期短，而申请专利并获得专利权所需的时间长；产品上市后容易被模仿，而维权过程中取证困难，程序烦琐，这些情况都不利于保护。这既对企业运用、管理知识产权的能力提出了要求，也对我国完善知识产权制度提出了要求。

据意大利米兰轻工业研究中心统计，中国是国际家具五大出口国之一。但从外观设计专利申请数据来看，中国企业在国外申请专利的情况不容乐观。中国企业在其他国家的外观设计申请中要求中国优先权的数量是衡量企业在境外知识产权保护情况的一个指标。然而，统计数据显示，在美国，享有中国内地以及港、澳、台地区的优先权的申请仅183件，占享有优先权申请总量的4.82%，远低于欧盟和日本。在日本，欧盟享有本国优先权的申请数量最多，其次为美国，享有中国内地以及港、澳、台地区优先权的申请仅占总量的3%左右。在韩国，日本享有本国优先权的申请占总量的73%左右；其次为挪威，占13%；要求中国优先权的数量极少，仅有2件。可见，与发达国家相比，中国家具企业仍处于出口代工阶段，缺乏真正的设计。作为家具出口大国，中国企业在国外的专利申请数量有待提高。

三 从知识产权角度看中国工业设计的发展变化

企业要成为自主创新的主体，必须拥有创新性的产品，在产品同质化日益严重的今天，产品创新很大程度上取决于工业设计的创新。随着国家知识产权战略的出台和深入实施，我国越来越多的企业开始通过实施知识产权战略保护工业设计创新的成果，并在激烈的市场竞争中取得优势地位。在中国，工业设计和知识产权都是年轻具有朝气的新兴学科，经历了不到30年的发展历程。可喜的是，中国企业越发意识到工业设计的重要性。近年来，企业在知识产权的创造、保护和运用等方面的数据显示，中国企业的设计水平不断提高，与发达国家的差距逐渐缩小，在工业设计领域取得了长足进步。尤其从专利申请量和活跃领域变化趋势中，可以将中国工业设计领域的发展简单归纳为：从平面包装设计转向产品造型与图案的结合；从单纯功能设计转向功能与美学的结合；从小家电产品扩展到装备制造业。

（一）从平面包装设计转向产品造型与图案的结合

迄今为止，国家知识产权局共评选了14届外观设计专利奖。该奖项由各地负责推荐优秀的外观设计专利参加评选，每年参评产品中都不乏包装类产品。但与国外的包装类产品重视造型设计不同，在前10届专利奖评选中，获得专利优秀奖的包装类产品创新之处多在图案的设计上［图3（a）为在第8届外观设计专利奖评选中获得专利优秀奖的包装盒设计］，极少涉及对包装盒盒体或酒瓶瓶体的造型设计。从第13届专利奖开始，参评产品中对包装类产品的设计逐步从单纯的图案设计转向了形状和图案结合的设计。如图3（b）所示，茶叶罐的设计融入了中国传统美学文化，以青花瓷为设计元素，将图案与瓶体的造型有机地结合为一体。尽管包装类产品的设计水平与若干年前相比有了显著提升，然而在众多优秀的参评产品设计面前，包装类产品均未能再度获得各类专利奖项。可见，近些年来中国工业设计已经向前迈进了一大步，从早些年聚焦平面包装设计转变到如今更关注产品造型与图案结合的设计。

（a）　　　　　　　　　　　　　　　（b）

图3　包装盒和茶叶罐

（二）从单纯功能设计转向功能与美学的结合

随着科学技术的不断进步，同类产品在功能和技术层面的差距终将逐渐消失殆尽，人们对于工业产品不再满足于技术与功能上的突破，而在于对产品的外观与服务系统的设计。苹果公司将通信设备转变为智能终端是工业设计发展史上最生动的教材。与同类产品相比，苹果公司并未在技术方面超越其他公司，但凭借对产品外形和服务系统做出的独特、新颖的设计极大地提升了产品的附加值，赢得了市场，并最终为苹果公司带来了丰厚的利润回报。2012年8月，苹果公司总市值达6000多亿元，成为历史上市值最高的公司。韩国的三星公司是另一个显著的例子，三星公司在国内外都申请了相当数量的外观设计专利。设计领域的不断创新和突破提升了企业的市场竞争力，知识产权的有效保护为企业的市场化提供了有力保障。可见，企业工业设计的实力将决定其未来的竞争力。

中国的电子制造企业无疑是"中国设计"的风向标。国内几大优势企业，诸如联想、海尔等公司的设计创新意识也从单纯地追求功能设计转向功能与美学结合。由国内知名企业研发设计的电子通信类产品也越来越多地获得了消费者的青睐，并登上国内外工业设计奖的颁奖舞台。图 4（a）中显示的平板电脑曾获得第 13 届外观设计专利金奖的殊荣，这是一款极富创新的"一机双用"混合架构产品，它除了具备一般平板电脑的功能外，还能实现平板电脑和笔记本电脑之间的切换。除了强大的功能和技术支持，这款产品在造型上的设计简洁大方，更是采用了大胆、鲜艳的色彩，注重对细节的设计。越来越多的国内企业认识到对产品的开发不能仅仅局限于功能和技术上的研发，而逐渐将具有美感且个性化的设计理念融入每一件产品中。优秀的工业设计必将加快中国企业迈向国际化的步伐。

中国家具制造企业在这方面也取得了不可忽视的成绩。早些年由于受限于生产工艺以及设计理念等因素，国内家具企业在生产家具时更多考虑的是产品的实用性，而缺乏对家具类产品舒适性和美学方面的考虑，家具类产品外观的设计水平普遍不高。然而，2001～2010 年，家具行业在国内专利申请方面的增长速度远高于其他国家和地区，这与国内庞大的家具市场需求密不可分。除了实现家具产品的基本功能外，国内家具企业也越来越注重家具的美观性、舒适性。图 4（b）显示的这款家用三人沙发在第 13 届外观设计专利奖中脱颖而出获得金奖。这款沙发除了实现基本的躺卧功能外，设计风格简约，造型美观大方，更像是一件艺术品。近年来，国内涌现出一批优秀的家具设计企业，这些企业开始走上自主设计之路，每天将产生数十个甚至上百个创意。依靠原创设计，这些企业获得了越来越多的国内外设计奖项，并得到了市场的认可。如

（a）　　　　　　　　　　　　　　　　（b）

图 4　联想乐 Pad 和沙发

今，国内已经形成了相当一批重视工业设计的龙头企业，并在多个行业领域实现了从功能设计向功能与美学有机结合的转型。

（三）从小家电产品扩展到装备制造业

纵观中国工业设计的发展历程，不难发现工业设计在国内的发展主要集中在家用产品以及电子消费类产品方面，装备制造业以及现代化的大型工业生产设备行业普遍缺乏工业设计的理念。装备制造业忽视工业设计的主要原因，一方面，在于装备制造业产品的造型空间较小；另一方面，是中国企业对于装备制造业产品的造型设计不够重视。与此相反，美国在首次开发设计航天飞机时就由工业设计师罗维主持，从而体现了美国在技术与艺术领域的平衡发展。值得欣慰的是，随着中国装备制造业的迅猛发展，技术水平不断走向成熟，国内越来越多地企业也开始重视大型机械设备的工业设计。近些年专利奖参评产品中涌现了越来越多的引入工业设计理念和方法，结合新技术制造的大型工业生产设备。这些参评的装备制造业产品除了具有强大的功能外，还拥有富有美感的造型和人性化的人机交互操作界面。获得第14届外观设计专利金奖的一款起重机（见图5），一改该类产品粗放、笨重的外观，实现了装备制造业产品的革命性变化，展示了技术与美学的完美结合，带给人视觉上的美感和操作中的舒适性。此外，参评专利产品中还出现了不少客机、列车等大型工业产品。

图5　起重机

相信随着中国经济的日益发展，企业对工业设计知识产权战略实施的不断深入，中国企业对知识产权的创造、运用和保护能力必将得到极大的提升，工业设计水平也将不断提高，从而使中国从"中国制造"真正走向"中国设计"，进而提升企业的市场竞争力，并实现中国经济的可持续发展。

四　中国工业设计知识产权发展的不足

（一）工业设计水平与知识产权创造能力参差不齐

总体而言，中国的工业设计水平以及与之直接相关的知识产权创造能力整体呈现日益提高的发展趋势，但与发达国家相比，仍存在较为明显的区域、产业、企业发展不平衡等问题。

从区域上看，北京、广东、上海、江苏、浙江等高新科技企业和制造业较为发达的地区，知识产权创造能力已经相对成熟，而部分省份虽然有一定规模的制造业，但知识产权创造能力还相对落后。从产业上看，在电子通信产业，中国的知识产权创造能力并不落后甚至具有一定的优势，如联想、华为的外观设计专利数量较大、质量较高，但在包装类产品以及其他平面产品等领域，中国的知识产权创造能力与发达国家相比还存在较大差距，仍有相当数量的外观设计专利申请集中于平面产品，该类产品申请量逐年提高，设计水平和专利质量却未能同步。从企业来看，同一产业内的不同企业知识产权创造能力参差不齐，即使是较为活跃的电子通信产业，也有相当一部分企业的外观设计专利处于较低水平，仍然依靠模仿欧美国家或日韩等国的设计风格，没有形成自己的设计风格。可以说，一部分知名企业已经走上了自主创新之路，然而相当部分的中小企业还有较长的路要走。

（二）企业对工业设计知识产权的重视程度不高

以国内外观设计专利活跃领域——家具行业为例，与国外知名企业相比，中国大部分知名家具企业外观设计专利申请量极少甚至没有。中国企业在美国、日本等国的专利申请量更是凤毛麟角，远远落后于欧洲国家。一方面，缺乏知识产权的创新与运用能力，直接导致家具企业之间互相抄袭模仿，不能形成独特的风格；另一方面，缺乏专利保护的外观设计，不能有效地保护产品的潜在市场，也就不能为企业带来实际价值。统计数字显示，中国有60%的出口企业曾遭遇国外的专利技术壁垒，这使中国出口额每年损失500亿美元左右，是中国企业面临的严峻挑战。因此，企业自主创新能力应当及时地转化为知识产权，才能有效地保护创新产品和市场，才能提高自身的竞争力。

（三）企业的知识产权运用、管理能力有待提高

中国的外观设计专利申请量持续增长，但企业对于专利的运用、管理能力仍有待提高。一方面，外观设计专利的维持率、转化率不高；另一方面，企业在外观设计专利的分析、预警、维权、许可等方面管理能力还略显不足，许多企业甚至并不具备与企业规模相应的知识产权管理能力。目前，国内相当一部分企业尚未建立知识产权管理部门，对知识产权管理的认识仅仅停留在专利挖掘、专利申请的层面上，在企业中由研发部门人员兼职专利挖掘工作，并主要依赖专利代理机构进行专利申请，并未形成完整的知识产权运用和管理机制。

五　建议

综上所述，目前中国工业设计和知识产权战略总体呈现良好的发展势头，但在某些方面还存在不足。通过知识产权战略的有效实施，将工业设计的成果转化为企业、产业乃至国家的竞争优势，需要国家和产业界共同努力。

（一）国家层面

1. 积极扶持和引导工业设计领域的平衡发展

各级政府部门应当强化知识产权意识，重视企业知识产权创造和保护工作，对产业界工业设计领域的知识产权保护出台积极的扶持和引导政策。例如，通过提供完善便捷的咨询、培训服务，在产业聚集区建立知识产权服务机构；引导企业利用现有专利文献了解并掌握国内外相关领域设计现状以及发展趋势；通过设立奖项等方式引导和鼓励企业重视工业设计知识产权保护，为工

业设计创造一个良好的社会环境。

国家知识产权局设立的中国外观设计专利奖，已经成为一个引领创新和促进产业升级、推进中国知识产权事业蓬勃发展的重要平台。此外，国家知识产权局批准成立的集专利申请、维权援助、调解执法、司法审判于一体的中国中山（灯饰）知识产权快速维权中心对灯具领域的企业在知识产权战略的实施方面给予必要的行政和技术支持，成为政府服务产业发展的突出典范之一。类似的鼓励措施和机制建设应该更多、更丰富。

2. 完善法律法规，优化发展环境

《中华人民共和国专利法》出台以来，历经三次修改，对专利权的保护不断加强。随着社会和经济的快速发展，相关立法机构、司法机关和国家行政部门应当通过产业调研等形式及时了解产业和企业在知识产权领域的诉求，发现当前存在的问题和不足，不断完善相关法律法规，提高政府宏观管理能力，加强知识产权司法保护和行政执法力度，切实维护市场秩序，健全、保障中国工业设计企业自主创新的知识产权制度，推动企业成为工业设计创新主体。

（二）产业界层面

工业设计的发展不能只依赖国家政策的支持，产业界是自主创新的主体，也是实施知识产权战略的主体，企业知识产权的创造、运用、保护和管理能力的提升才是获得竞争优势的关键因素。

1. 鼓励设计创新，促进知识产权的创造

工业设计水平是知识产权创造能力的基础，也是通过实施知识产权战略获得竞争优势的基础。发达国家的大部分企业都十分重视产品的设计创新，这也是它们开发的新产品赢得市场的法宝之一。然而，在中国，大多数企业仍然不够重视工业设计，缺乏设计创新意识。在政府出台相关政策的同时，企业应当转变观念，切实提高企业设计能力。一方面，产业界应当加大对工业设计的资金投入，重视对工业设计的人才引进，不断提升工业设计水平，实现创新设计的良性循环；另一方面，企业应当加强对设计人才的培养，提高企业员工的创新意识和积极性。必要的时候，企业应当出台激励政策，鼓励设计人员创新，避免设计人员的流失，不断提高设计人员的积极性。

2. 建立知识产权管理机构，加强企业知识产权管理

企业应当设立专门的知识产权管理机构，负责将企业的工业设计成果及时转化为知识产权。企业还应当建立完善的企业知识产权制度，制订企业知识产权战略，并将知识产权管理纳入企业管理的范畴，从而在企业内部营造有利于知识产权创造、运用、保护和管理的良好环境。

3. 积极开展培训，增强企业知识产权运用能力

国内企业运用知识产权制度的能力有待进一步提升。企业应当定期向包括设计人员在内的员工开展有关知识产权方面的培训，使企业的创新设计能够及时以知识产权的形式得到有效保护，并为其进入市场保驾护航。同时，企业应当对竞争对手的设计状况进行分析，并构建同领域之间的专利信息分享、交易、许可机制，推动知识产权在不同企业间流通，从而更好地实现专利转化与应用，实现工业设计知识产权创造、运用、保护和管理的良性循环。

4. 合理利用知识产权信息，为战略实施提供支撑

专利是创新信息的有效载体。专利制度实施以来，中国公开了的大量专利文献，这成为中国企业可以利用的一笔宝贵资源。通过对工业设计相关的外观设计专利信息科学的加工、整理与分析，可以在一定程度上转化为具有一定技术和商业价值的有效信息。产业界在加大工业设计投入力度的同时，应有效地利用这些知识产权信息，熟悉相关领域的设计发展状况和变化趋势，从而更有针对性、更有效率地实施工业设计和知识产权战略。

参考文献

［1］范沁红：《工业设计与知识产权的关系》，《艺术与设计》（理论）2008年第4期。
［2］许美琪：《全球家具市场概况》，《家具》2011年第3期。
［3］王姝、杨光明：《专利法研究2010》，知识产权出版社，2011。
［4］《苹果公司成为迄今市值最高的公司》，新华网，2012年8月21日。
［5］夏金彪：《专利壁垒成为外贸拦路虎》，《中国经济时报》2005年9月25日。

B.7 工业设计教育发展及创新

董占勋　谢雪莹*

摘　要：

现代设计教育从包豪斯出发，经历了近一个世纪的发展，逐渐走向成熟。中国工业设计教育在借鉴他国经验的基础上，各院校确立了自己的特色。未来的工业设计教育，将逐渐突破"三大构成"的局限，形成综合度高、范围广的特色。

关键词：

设计教育　现状　发展　创新

一　国际工业设计教育发展

（一）包豪斯设计学校

现代设计教育史上的重要开端可以追溯到 1919 年包豪斯设计学校的建立。在这年的 4 月 1 日，德国建筑家格罗皮乌斯创立了真正意义上的第一所现代设计教育院校——国立包豪斯设计学校。在此之前，"工艺美术运动"和"新艺术运动"的设计师和工艺美术家虽然提出了"艺术与技术相结合"的主张，反对脱离实用和大众的纯艺术，但都未能正确地认识到工业化生产的必要性和进步性，片面地肯定手工艺而否认机器生产，使得产品生产效率低，不能真正做到为大众服务。包豪斯主张"艺术与技术相统一"，即设计不能脱离工业化大生产这个时代方向而单独存在，而是要探寻在机器生产与产品美学之间互相

＊董占勋，上海交通大学讲师；谢雪莹，上海交通大学硕士研究生。

协调、统一的路径，使设计不再是少数贵族的特权，而是为了生产实用、简洁、功能好的设计品，从而为广大人民所使用。包豪斯开创了现代设计的教学方式，如以"三大构成"为主的基础课教学课程就被沿用至今，它的教育有三大原则："艺术与技术相统一"、"设计的目的是人，而不是产品"和"设计必须遵循自然和客观的原则来进行"。它以理性的思维和以人为本的态度进行设计教育与实践，为社会培养出一批既熟悉传统手工艺又符合工业化生产方式需求的设计师，其中不乏布鲁耶（Marcel Breuer）、布兰德（Marianne Brandt）等大师。

1933 年 4 月，由于纳粹的压迫，包豪斯的第三任校长米斯·凡·德洛只得宣布关闭学校。虽然只有短短的 14 年时间，但包豪斯对后世产生的影响却十分巨大。包豪斯被迫解散后，包豪斯的设计家们纷纷流亡法国、瑞士、英国，而大部分人去了美国。欧洲建筑和工业设计的中心转到了美国。如格罗皮乌斯在英国居留三年后又于 1937 年赴美国任哈佛大学建筑系主任；此后，布鲁耶投奔格罗皮乌斯并在美国执行建筑业务；米斯·凡·德洛暂居德国，1937 年赴美国任教于伊利诺工业技术学院；希尔伯西摩和彼得汉斯等也前往该校任教，克利前往瑞士，康丁斯基前往巴黎，巴耶在纽约任一家广告公司的艺术指导。1937 年，包豪斯的教师莫霍利·纳吉在芝加哥筹建了"新包豪斯"，继续弘扬德国时期的包豪斯精神，后来更名为"芝加哥设计学院"（Institute of Design Chicago）。以后又与伊利诺工业技术学院合并，成为美国最著名的设计学院。从此，欧洲设计运动便在美国蓬勃开展，并逐渐形成高潮。

（二）美国艺术中心

20 世纪 20 年代末 30 年代初的经济危机促成了更加激烈的市场竞争，美国出现了企业内部的设计部门和独立的设计事务所，美国的第一代工业设计师也自此诞生。艺术中心学院（Art Center College of Design，ACCD）正是在这样的时代背景下创立的。艺术中心学院建立于 1930 年，离洛杉矶城区非常近。艺术中心学院在世界范围内有很大的知名度，原因是这所学校培养了很多著名的工业设计师，最擅长的则是交通工具设计，包括宝马、奥迪、现代等多款经典车型的设计均出自该学校毕业生之手。全校只有 15% 的全职教师，负责理论或其他相对固定的课程。85%的教师是兼职教师，其中不乏设计产业界的名家名师前来讲授最前沿的观点、知识和技能。艺术中心学院还采取校校联合、共享教育资源的培养模式。ACCD和其周围的理工类院校、文科院校建立了互认学分的合作关系，学生可以到不同的学校去学习感兴趣的课程。这样做极大地节约了教育资源，也使得有限的教育资源特别是具有专业特色的优质教育资源被最充分地利用。在培养模式方面值得一提的还有该校的选修课和必修课比例的设置：选修课为85%，必修课只有15%，还有取消必修课的趋向。这样体制下的教学环境，让学生有充分的自觉性根据自己的需要选择课程，从而在教学制度上做到了因材施教。

（三）荷兰设计

荷兰狭窄的生存空间是荷兰设计发达的一个非常重要的背景。1400万人挤在一个只有4.1万平方公里的国土上，这个情况使荷兰成为世界上人口密度最高的国家之一。国家的大部分领土低于海平面，不得不建造巨大的堤坝来防止洪水、潮汐的侵袭。因此，可以说，整个国家都不得不被设计，否则民族的生存都成问题。这种情况，使荷兰人一直以来都具有极高的设计意识。这样的社会背景催生了高度发达的荷兰设计。荷兰代尔夫特理工大学（TUD）由荷兰国王威廉二世始建于1842年1月8日，时名为"皇家工程学院"，是世界上顶尖的理工大学之一。代尔夫特所开设的工业设计专业包括工程设计、产品与系统人体工程学、设计美学等。近年来，他们陆续推出新颖实用的创新设计，如风暴雨伞、超速电动巴士等，成为闻名全球的"荷兰设计"中的一大亮点。这所学校交互设计专业也十分著名，具有以下三个特色。

首先，学生们在荷兰能够学习到相对完整的交互设计流程与方法，值得借鉴的是课题大多是公司的真实课题，公司会有设计师提出要求，并跟进、指导、反馈。其次，这里的教师会着重培养学生的人生观和世界观。这一点非常重要。因为我们不仅仅想帮助他们从技术上成为合格的设计师，更想"授人以渔"，从思想上帮助他们建立一套接人待物的态度和方法。这里的设计教育是鼓励学生的探索精神，有想法一定要去试验，展示给大家看。所以，学生们都有很强的表现欲望。虽然他们的画图技术大多不灵光，但是每个人都充满对未来产品设计的认识和想法。最后，代尔夫特理工大学的交互设计教育需要让学生们制作交互模型来表达设计概念而不仅仅停留在纸面上和口头上。

（四）芬兰工业设计

如果把当代芬兰工业设计辉煌的成就比作海面上的冰山，那么芬兰庞大而完善的设计教育体系就像海水下巨大的山体。作为斯堪的纳维亚风格的重要成员，芬兰的工业设计在企业技术创新中的作用主要体现在三个方面：工业设计创造了产品品牌；工业设计创造了产品的高附加值；工业设计直接影响企业的技术创新能力。芬兰阿尔托大学（Aalto University）艺术、设计与建筑学院的前身为赫尔辛基艺术设计大学（University of Art & Design Helsinki），于1871年成立。它的工业设计教学特色包括以下内容。

一是培养学生团队合作的意识。几乎所有的课程都有团队合作的作业需要完成，大家得到锻炼的不仅是学习上的，而且在人际关系、交流技巧和互相学习等方面得到了提高，在走入社会后能较快地适应实际工作中的团队合作任务。

二是注重参观学习。教师每学期都会找机会带低年级学生去参观著名的企业、优秀的设计工作室或著名设计师的故居、博物馆等。这帮助开拓学生的视野。通过与设计师的交流，学生可以了解这个职业，了解设计师在社会中的角度、任务、职责，对于将来所从事的职业有较为清晰的认识和理解。

三是对作品的呈现水平要求很高。学生在这个环节中可以充分展示自己的作品，并锻炼自己的表达能力及应对各种提问的应变能力。该系非常重视本科生的动手能力，一般呈现出来的都是最终完整的模型，而且表达得完整、清晰，且有说服力，这将获得最佳的效果。

四是给学生评价他人作品的机会。学生们互相评价，同时给学生们互相启发、自由表达的机会，使学生能够从专业的角度看待问题，在看到别人的设计存在问题的同时，也能够更清楚地意识到自己所存在的问题。

（五）英国工业设计

英国中央圣马丁艺术与设计学院成立于1989年，由两个学校合并而成：中央艺术和工艺学校（始建于1896年）和圣马丁艺术学校（始建于1854

年）。第二次世界大战后，英国渐渐地意识到设计在商业与贸易中的重要地位，开始大力发展设计及教育。中央圣马丁艺术与设计学院本科的工业设计专业是英国最早设置的工业产品专业。1938年以来，许多具有划时代意义的产品从该校校友的手中诞生，如第一台笔记本电脑（Bill Moggeridge）、伦敦双层巴士（Douglas Scott）以及iPhone（Daniele De Iuliis/苹果工业设计组）等。学校的设计教学直接与企业挂钩，中央圣马丁艺术与设计学院和很多大型企业合作，包括Proctor & Gamble、Kodak、Body Shop、Panasonic、ICI、Coca-Cola、Samsonite、Artek、Samsung、Liberty、Absolut等。所有的导师都是相关专业的从业者。该校地处伦敦，社会资源丰富。工业设计的本科课程分为三个学年。第一年为探索与自我发展阶段。学生将通过不断观察，去理解人们和日常事、物、环境之间的相互关系；通过访问参观一些生产制造厂家和设计工作室这样一个"语境"去发展自己的技术和创造技能。第二年为整合与实现阶段，在这个阶段中，重点将被放到一系列产品设计的方面，从而鼓励学生实现一连串的设计成果和产出。学校会组织一些访问专家讲座，专家会结合自己的职业经历，提供给学生一个对产品设计产业深入了解的机会。第三学年为自主项目和职业实践阶段。这一阶段将包含3个设计项目，将学生在前两年学到的核心技能、知识和对设计的理解充分整合利用。接下来，在夏季学期中，每个学生将获得职业亲历和客户项目的机会来亲自实践一系列不同的设计活动，包括从设计战略到产品设计的整个流程。工业设计的硕士课程则侧重于培养学生的全局观和综合知识，致力于将学生培养成有能力参与战略职能高度的设计师。圣马丁的工业设计教学原则有两条：①设计以人为本。设计的结果必须能够满足人们的需求，因此，要求设计师在制定满足人类需求的设计之前，必须非常了解人类，了解人类的行为。②设计是一个过程，不是一件事。产品设计是将特殊的过程应用到特定的情况之下，通过这种训练，毕业生将会更加灵活、自信、富有创造力。

（六）日本设计教育

日本在第二次世界大战后的设计发展深受美国等的影响。1947年，日本举办了"美国生活文化展览"。这次展览通过大量实物及图片资料介绍了美国工业产品的设计以及工业设计在生活中的应用，使日本意识到工业设计与日常生活的密切关系。1950年，日本经济开始增长，必然也拉动了对工业设计的新需求。在日本经济进入高速发展阶段的同时，日本的工业设计开始步入成长时期。1951年，松下电器公司率先在日本企业中成立了工业设计部门。同年，日本最重要的工业设计院校——千叶大学工业设计系成立。从此，日本的工业设计开始步入国家的经济轨道。千叶大学工学意匠学科设在工学部，是以其教学特色与质量著称的。工学意匠学科以"向产业界输送具有工学理论和高度造型感觉，具有广阔视野、综合能力和造型规划能力的设计人员"为教育方针，此教育方针强调设计与工学知识的结合，并主张培养具有综合能力和造型规划能力的横向人才。它通过设计、规划的研究谋求技术综合化和人性化。以往的设计师都强烈地抱有匠人性、行业性格，采取由个人独立完成的方法来评价工作和感悟生存的意义。但是，千叶大学的设计教育提倡横向协同工作，以培养设计管理的人才为目的。正如千叶大学《工学部要览》所示："过去的设计教育一般都把重点放在用艺术为产业服务的美化技术上，但新的设计教育必须学习选择最接近目的的手段，构筑从局部到整体系统的思考和作业。"

二 国内工业设计教育发展

（一）早期设计教育

1903年，清政府颁布"癸卯学制"，创设"图稿绘画科"，这可以被看成我国早期对设计教育的初级探索。"癸卯学制"是中国近代史上第一个由国家颁布并得以实施的学制，规定的专业大致有染织、窑业、建筑、土木、金工、木工、漆工、机器、电器、造船及图稿绘画等科目。从今天的角度看，这些课程包含了工业设计的因素。尤其值得重视的是，该学制中创立了一个崭新的专业——图稿绘画，它突破了传统的生产性行业分工的局限，创造性地反映出现代大工业生产中设计与制作分离这一特征。它可以被看成设计教育的发轫。

中国较早介绍"Design"（设计）一词的是俞剑华先生，他在《最新图案法》中有这样的论述："图案（设计）一语，近始萌芽于吾国，然十分了解其

意义及画法者，尚不多见。国人既欲发展工业，改良制造品，以与东西洋相抗衡，则图案之讲求，刻不容缓！上至美术工艺，下迨日用什器，如制一物，必先有一物之图案，工艺与图案实不可须臾分离"。

1923 年 4 月，从日本动静美术学校图案科毕业的陈之佛先生回国，接受上海东方艺术专门学校的聘请，任该校教育兼图案科助人，并在上海创办"尚美图案馆"，专门从事工业产品的图案设计，并通过实际工作培养设计人才，将作品推向社会。这是我国第一所从事图案设计的事务所和培养设计人才的学馆。

（二）工艺美术道路

新中国成立以后，"图案学"逐渐被"工艺美学"所替代。由于工艺美术当时的管理者是手工业管理局，那么它所搞的工艺美术自然就被无形中划在了手工艺的范围内，形成了分门别类的手工艺的那一套。中国设计实践走上了以特种工艺为中心的工艺美术道路，加上自我封闭使中国与世界的交流甚少，在现代设计领域没有跟上时代的步伐。

1960 年，轻工业部为了改进轻工业产品的造型和包装，发展经济和扩大对外贸易，决定在无锡轻工业学院设立"轻工日用品造型美术设计专业"，隶属机械系。1972 年扩建为独立建制的轻工业产品造型美术系，专业名调整为"轻工业产品造型美术设计专业"，这是我国最早的具有工业设计概念的专业系科。当然，在当时的时代，尽管在专业名称上正式打出了"设计"的字样，但是教学的实质内容基本上还是沿用工艺美术的教学体系，教师也全部是从美术院校调入的，整个专业教学还不具有现代工业设计的理念和面貌。

20 世纪 80 年代中期，在我国学界掀起了一场全国性的工业设计"认识运动"。我国第一批派出国外学习工业设计的中青年教师回国以后，开始在全国范围宣传工业设计；一些虽然还没有出国，但最先接触到工业设计概念的教师也在全国演讲。这其中的代表人物有：中央工艺美术学院柳冠中先生、王明旨先生，广州美术学院王受之先生、尹定邦先生，无锡轻工业学院张福昌先生、吴静芳女士，上海交通大学刘国余先生。他们的宣传性演讲，对当时设计院校的学子们产生了巨大的影响。

（三）工业设计教育改革

中国工业设计教育改革的第一次热潮是从基础课程开始的。改革开放最前沿的广州美术学院的几位教师接受了从香港传来的"三大构成"的一些教材，开始了在广州美术学院基础设计课程的改革实验。后来一些教师如广州美术学院尹定邦先生、中央工艺美术学院辛华泉先生将"三大构成"带到了全国各类培训班的教学之中，并著书介绍"三大构成"，在全国掀起了"构成热"。张福昌先生从日本回国以后，在无锡轻工业学院的教学中也第一次开设了"构成课"。吴静芳老师从日本回国以后，邀请筑波大学"构成"专家朝仓直已先生到无锡轻工业学院进行构成教学。当时的无锡轻工业学院在设计学科基础教学中全面引进了构成教学，对当时的工艺美术课程体系形成了巨大冲击。后来"三大构成"成为几乎所有设计院校的必修课，其主要原因是在设计学科的基础训练中增加了对设计本质和规律性知识点的灌输，加强了学生动手能力的培养，并从"写生"的概念转化成"创造"的概念。"三大构成"几乎成了设计改革的同义词，成了设计教育的重点。

1982 年，在北京西山工艺美术教育会议上，14 所大专院校，即 6 所美术院校、4 所艺术院校、3 所工科院校、1 所专门的工艺美院，还有另外 4 所工艺美校，总共 18 所学校参加，构成了当时国内设计教育的大概情况。

（四）工业设计教育现状

20 世纪 90 年代末以来，中国经济处于不断发展上升期，这就给工业设计及教育的发展提供了经济和社会基础。在国家"高等教育大众化"政策的引导下，在制造业迅速发展后对设计人才需求的就业市场驱动下，高等艺术设计教育的发展呈现一种井喷状态，在进入 21 世纪后的今天，中国已经成为全球规模最大的高等艺术设计教育大国。据统计，2011 年，全国有超过 1500 所院校开办设计、创意及相关学科，年招收新生超过 48 万人（美、英、日、韩每年不超过 4 万人）。可以说，中国现有全世界规模最大的设计学科。其中，工业设计教育的发展也朝专业细化、深化的方向发展。有独立设计学院建制下的工业设计教育（如江南大学设计学院，湖南大学设计艺术学院），有艺术类院

校建制的工业设计教育〔如中央美术学院、清华大学美术学院（原中央工艺美院）〕，也有结合本校理工科技术特长的工业设计教育（如浙江大学计算机学院工业设计系、上海交通大学媒体与设计学院设计系、西北工业大学机电学院工业设计系）。

江南大学设计学院原为无锡轻工业大学设计学院，是全国最早开设工业设计专业的学院。注重艺术与科学的结合，追踪设计学科的国际前沿动态，注重跨学科的、跨文化的教学研究与实践，建构起以"交叉、融合"为鲜明特色的教学研究型的设计教育体系，形成以"工业设计"为核心、多个艺术设计相关专业领域为支撑的"艺、工、文"的教学、研究和服务体系，具有鲜明特色的"大设计"教学和研究格局。

江南大学设计学院现有 4 个本科专业，即工业设计、艺术设计、建筑学（景观建筑设计方向）、广告学专业以及环境艺术设计、视觉传达设计和公共艺术设计等专业方向。江南大学设计学院的设计教育在历史上已经形成的"艺工结合"的基础上，由注重知识的直接传授向注重创新思想、创新能力的培养转变；由静态的设计知识的传授教育拓展为动态的设计智慧的激发教育；由注重学科系统性向学科综合性转变，努力创造交叉互渗的教学模式，培养多学科、多层面的多样性人才。

作为老牌工业设计院校，江南大学在本科设计教育上有着区别于其他独立艺术类院校的目标，强调高素质人才的培养。"高素质"可以概括为五种能力："感知力、表达力、创造力、企划力、研究力"，是一个学生所具备的从基础到慢慢提高的这样一种能力的堆积。江南大学设计学院处在一个综合性的大学，是比较早地把设计教学开办成独立学院的，并没有纯艺术专业。所以，这个目标是根据江南大学设计学院的历史和本身现有的学科结构，以及客观情况所总结出来的。

清华大学美术学院的前身为中央工艺美术学院，由国务院批准于 1956 年正式成立。1984 年，学院成立了工业设计系，由柳冠中先生担任第一任系主任。1999 年，中央工艺美术学院正式并入清华大学，成为清华大学美术学院。学院现设有九系一部，即艺术史论系、染织服装艺术设计系、信息艺术设计系、工业设计系、环境艺术设计系、视觉传达设计系、工艺美术系、绘画系、雕塑系和培训中心。

作为国内最早开始工业设计教学的单位之一，清华大学美术学院的工业设计系在建立符合中国国情的工业设计教学体系方面进行了长期的探索。1991年的工业设计教学大纲曾获北京市高校优秀教学科研成果二等奖，并成为当时国内兄弟院校开展工业设计教育重要的参考依据之一。2000年以后，在学院持续的教学改革措施的推动下，工业设计系推行系定跨专业基础课和专业课的两层本科教学结构，并着力实施了以主干设计课带动下的系列专业设计课程教学思路。清华大学美术学院一贯注重培养学生的创新精神和创新能力，在加强专业基础教学的同时，不断拓宽学生的知识面，努力提高学生的综合素质；注重学习中外各民族和民间艺术的优秀传统；注重学术交流，关注和研究国内外美术与艺术设计学科发展动向；提倡严谨治学、理论联系实际、实事求是的良好学风；强调设计为生活服务，设计与工艺制作、艺术与科学的结合；培养学生敏锐观察生活的能力以及为国家经济和文化建设做贡献的意识；创造活跃的学术气氛和良好的育人环境。

1999年，原中央工艺美院并入了清华大学，成为清华大学美术学院，在浓厚的传统人文艺术的积淀中，又拥有了综合的学科背景、资源。在这种变化的形势下，清华大学美术学院制订了培养复合型人才的目标。当今，设计教育需要人才培养宽口进、厚基础的开放式模式，需要学生在设计造型能力的基础上拥有交叉学科的知识信息。所以，作为一所美术院校，清华大学美术学院在综合大学的背景下，利用综合学科的优势来弥补或者丰富专业院校中的不足，促进设计专业的发展，在综合背景下提高学生的全面素质。

清华大学美术学院的本科设计教育作为基础教育，近年来在研究型层次上有很大的转变，根据社会需求来不断调整自己教育的思想、结构。增加研究型的课程，让学生接触一些有目的的研究课题，掌握一种研究的方法，增强学生对社会的适应性；设置了一些交叉性的、互动性的、讨论式的课程，将自我学习和管理的能力真正落实到学习的层面，使学生在面对多变的社会和行业时，可以灵活地应对各种状况，在就业后也能不断地提高自身综合能力，更长远地推动设计行业的发展。

上海交通大学的工业设计专业创立于1986年，是我国较早的工业设计专

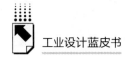

业之一。工业设计专业旨在把艺术与科技结合起来，为市场开发富有创意的新产品和服务。该校具有一支专业知识结构合理、教学理念先进的师资队伍，其学术背景多元化、国际化，在教学和科研等活动中能以现代设计理念、创新思维方法为核心，重视学科交叉、知识创新，并在实践中逐步形成了鲜明的教学和科研特色。目前该校逐步形成了设计管理、交互设计、设计趋势等多个教学和研究团队，秉承交大传统优势，以"学科融合、知识创新"为特色，以"培养设计大师和设计界高端人才""建设具有国际影响力的设计学基础理论与方法学术团体""成为国家重大需求和社会服务基地""构建跨学科整合设计创新与研究实践平台"为目标，为我国从"中国制造"走向"中国创造"提供设计人才和知识储备。

浙江大学计算机学院工业设计系于1990年在校长路甬祥院士与潘云鹤院士的提议与领导下创建。在学科建设上，工业设计系始终面向国际、面向区域和面向行业，多学科交叉整合，形成了"设计学知识体系 + 工学知识体系 + 人文艺术知识体系"的教学知识体系，培养学生的两个"系统能力"，即"创新思维与工作方法的系统能力"和"具有市场前景的创新设计与设计策划的系统能力"，从被动的接受型设计人才培养转变为主动的领导型设计人才培养。学生获国家实用新型专利500多件，正在申请受理的150多件。2007年，浙江大学工业设计专业被评为全国第一类特色专业，"计算机辅助工业设计"被评为国家精品课程。2008年，工业设计专业被评为浙江省教育厅创新实验区；"整合与创新设计"被评为国家精品课程。2009年，加入国际艺术、设计与媒体学院联盟（Cumulus）。

浙江大学工业设计系组建了创新团队，强调"工业设计 + 嵌入式系统 + 机电一体化"的整合创新理念，吸纳该校多学科成果，积极参加国内外竞赛，2005年以来获得了 iF（12项）、红点（23项）、伊莱克斯2020、日本大阪等多项顶级国际设计赛事重要奖项50多项。工业设计专业注重培养在产品创新设计领域具有宽广的人文视野、动态的活性思维、较高的艺术设计理论素养，对生活方式设计有敏锐感悟力的产品艺术设计人才；重点研究物质、精神生活形态与产品的关系，将产品的原创性、前瞻性和市场营销作为一个整体来研究，培养学生的创造性思维和全程设计的能力，重视产品使用上的审美要求以及产品本身所具有的文化内涵；从过去的就业型、专职型人才的培养，转变为创业型、具有创新意识与能力的复合型专门人才的培养。

西北工业大学是国内较早开展工业设计科研与教学的高校之一，20 世纪 80 年代末即开始了对这一新兴交叉学科的全面研究与应用。1991 年 6 月，西北工业大学工业设计研究室成立；1992 年，开始招收首批计算机辅助工业设计（CAID）方向硕士研究生；1995 年，西北工业大学"211 工程"重点建设的工业设计新专业开始招收首届本科生；1999 年，香港蒋震工业慈善基金资助成立西北工业大学蒋震基金工业设计培训中心；2000 年，原工业设计研究室升级为西北工业大学工业设计研究所，同年开始理工和艺术两类招生。机电学院工业设计系以工业设计、计算机辅助工业设计（CAID）、人机工程、工程图学等工业设计相关领域和学科为主要研究对象，在国内工业设计界研究领域享有盛誉。该专业拥有雄厚的软硬件基础，培养了大批科研人才，工业设计方向的硕士和博士研究生人数和质量居全国首位。在 CAID 领域的科研课题和研究成果在国内名列前茅，工业设计系围绕航空航天、汽车、数控装备等行业复杂产品的需求，构建了计算机辅助工业设计的理论－方法－应用体系，攻克了部分关键技术，开发了支持产品创新设计的系列，拥有自主知识产权的工具集，形成了围绕 CAID 的形态设计、色彩设计、人机设计、设计评价和定制设计几大领域的特色研究。

三　国内外工业设计教育创新

现今工业设计教育创新集中于以下几个方面：一是以设计创新为主线构建整合"设计、技术、文化、社会、商业和人"等知识点的"大设计"平台；二是突破以往"三大构成"的局限，强调在文化、市场、技术等方面的"新三大构成"因素；三是超越传统工业时代，面向信息时代、知识经济时代，开展交互设计、信息设计研究。

在构建"大设计"平台教育创新方面，斯坦福大学 D. school 设计学院的成功经验值得借鉴。D. school 是"School of Design"的简称，是一个非常理想的跨领域环境，以人为中心，做创新设计。其最大特点为：一是注重跨领域融

合；二是注重设计思维（design thinking）训练。

D. school 不直接对外招收学生，而是结合斯坦福最顶尖的学院系所——商学院、医学院、人文、工程、教育等不同背景的师资和学生，提供一个共同学习设计思维、合作解决问题的地方。修过其他专业课程的人（如交互设计、产品设计），才有资格参与 D. school 的课程。D. school 的目的是创新设计，是一个横跨多种专业向度的环环相扣的体系，不是单纯的产品形态与功能设计，包括产品定位、策略性的营销、品牌建立、使用者/消费者心理、市场研究、核心工程技术、互动设计、服务设计等。这个世界上已经有太多专业的课程体系，造就了许许多多的专业人才。但是，无论产业界或学术界，真正面临的以及真正要学习的，不是一个人会多少东西、懂多少专业知识，而是如何和不同专业的人合作，以创造最大的价值。一个从商业角度出发的 MBA，和从艺术角度出发的 MFA，和从人文角度出发的社会学家，以及和从软件思考角度出发的软件工程师等，如何合作共创新时代的商业、知识与文化价值？D. school 做出了一个很好的示范。跨领域交流形成的专业多样性和宽广度使得建立一种全新的、宽泛的、新型学科融合的、新兴的兴趣点成为可能。

D. school 相信设计思维是创新的催化剂，设计思维是支撑设计学院的跨学科交流的黏合剂，这种思维不但在设计学科有用，在各个学科创新人才培养中都非常重要。基于数以百计的社会组织在设计产品、服务和环境方面的共同合作，他们发现真正的创新发生在多学科团队走到一起、建立起合作的文化并以多元的视野进行探索、形成强有力协作关系的时候。设计师能否融入这个团队是跨领域合作成功的关键，是决定能否在创新中揭示未知领域的重要因素。D. school 的愿景在于"伟大的创新者和领导者必定是伟大的设计思想家"。

卡耐基梅隆大学（CMU）设计学院有全美排名第一的交互设计专业，得益于其计算机和机器人技术一直在世界处于领先地位，他们十分重视学生能力的培养，把学生创新能力培养贯穿在整个培养过程中。该校极力提倡艺术与科学的结合，始终秉承三个主要目标：一是提供富有特色的优质教育；二是培养研究、创新与探索的能力；三是用学校创造出的新知识服务于社会。他们定义交互设计是在人与产品交互行为过程中塑造经验。交互设计师定义产品的行为，人与人、人与产品、人与环境的媒介，以及在各种情况下人与服务之间的关系。CMU 设计构建了多学科团队，涵盖从事策划、构思、设计、实施和产品支持、服务和满足人类的需求和愿望的系统。这种以人为中心的模式，一方面，考量心理、社会和文化因素；另一方面，考量技术、经济、环境因素，已经逐渐成为世界公认的标准。

参考文献

[1] 百度百科，Art Center College of Design，http：//baike. baidu. com/link？url = MN9cTuS1vjXR2UpkGP4XAcrpvrOvgxL – yhxrayq59wFj1PlMNXC90ZRc3grJzRnkLEI9wa Yz4E9PhyDVsBfKHK，2013 年 1 月 12 日。

[2] 百度百科，代尔夫特理工大学，http：//baike. baidu. com/view/706062. htm，2013 年 12 月 9 日。

[3] 《荷兰代尔夫特理工大学在北京开分校》，http：//edu. 21cn. com/abroad/News/ life/News – 12 – 67 – 40429. html，2012 年 2 月 3 日。

[4] 羿梅、屈晓梦：《"好"设计要突出可用性、实用性、易用性、乐用性——荷兰代尔夫特理工大学博士研究员刘伟专访》，http：//www. visionunion. com/article. jsp？ code = 201104060062，2011 年 4 月 7 日。

[5] 马玉婷：《中外工业设计教育比较研究》，湖北工业大学硕士学位论文，2011。

[6] 王艳：《浅谈赫尔辛基艺术与设计大学工业系教学方法》，《设计艺术》（山东工艺美术学院学报）2008 年第 1 期。

[7] 《伦敦艺术大学》，http：//www. arts. org. cn/3_ level/csm_ ba_ 12. htm，http：// www. arts. org. cn/3_ level/csm_ ma_ 9. htm。

[8] 周志：《日本工业设计的仿造模式分析》，《装饰》2012 年第 2 期。

[9] 赵英玉：《我国设计学科教育教学方法探讨——借鉴日本千叶大学设计学科的教育教学经验》，《无锡教育学院学报》2005 年 Z1 期。

[10] 何晓佑：《起步阶段的中国工业设计教育》，《创意与设计》2010 年第 5 期。

[11] 江南大学设计学院：《江南大学设计学院本科生教学内容》，http：// www. sodcn. com/detail. asp？n_ id = 104，2010 年 1 月 27 日。

[12] 熊微：《江南大学设计学院简史》，《创意与设计》2010 年第 5 期。

[13] 《目标与特色访谈录——江南大学设计学院副院长叶苹教授》，http：//www. visionunion. com/article. jsp？ code = 200511140069，2005 年 11 月 15 日。

[14] 《清华大学美术学院》，http：//www. tsinghua. edu. cn/publish/ad/index. html。

[15] 视觉同盟：《清华大学美术学院》，http：//www. visionunion. com/schoolcontent. jsp？ id = 200503180008。

［16］《清华大学美术学院副院长何洁教授专访》，http：//www. visionunion. com/article. jsp？code＝200612060101，2006 年 12 月 11 日。

［17］上海交通大学媒体与设计学院，http：//smd. sjtu. edu. cn。

［18］浙江大学工业设计系，http：//www. id. zju. edu. cn。

［19］西北工业大学机电学院：《工业设计系及工业设计专业介绍》，http：//jidian. nwpu. edu. cn/xygk/jgsz/gysj. htm。

B.8
国内外工业设计理论和
方法的重大进展

韩 挺 刘 强 杨 颖 蔡文怿*

摘 要:

设计理论和方法研究（Design Theory and Methodology，DTM）可分为六个领域：①面向设计过程的描述型模型（Descriptive Models）；②面向设计的规范型模型（Prescriptive Models）；③面向设计过程的计算机模型（Computer-Based Models）；④面向设计的语言、表征和环境；⑤支持设计的分析；⑥可制造设计和生命周期设计。

关键词:

设计理论 设计方法 分类

一 设计理论和方法

赫伯特·西蒙（Herbent Simon）提出了"设计科学"（Science of Design）的概念。在其 1969 年所著的《人工科学》一书中，他提出了一条核心理论，即建立一种关于"人工物"的科学。1980 年，Nigel Cross、John Naughton 和 David Walker 等研究者提出是否可以把科学的方法应用到设计领域，通过回顾设计和科学方法领域的文献，他们认为设计方法和科学方法是有所不同的，提

---

* 韩挺，上海交通大学副教授，上海交通大学媒体与设计学院院长助理、工业设计专业主任；刘强，上海交通大学硕士研究生；杨颖，上海交通大学硕士研究生；蔡文怿，上海交通大学硕士研究生。

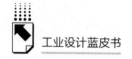

出了设计是一种技术活动（Design is a technological activity）的观点。Dixon 在其《面向科学的设计的研究方法》一文中指出设计研究正处于预理论阶段，并将发展成熟的用于测试理论的经典科学方法和相对不易理解的用于生成理论的研究方法进行了比较。他主张科学理论是设计研究的终极目标，并且探讨了预理论（Pre-theory）这个研究方法如何有助于这个目标。他的观点是，认知研究在支撑一个理论时涉及太多不成熟的变量，且规范型模型在没有确切的理论基础前是不够成熟的。他相信，如果适当地使用基于计算机的研究，以此来发现并解释设计需要的知识和战略，能够导向理想的理论基础（Desired Theoretical Foundations）。

谢友柏院士指出，目前的设计理论和方法的研究主要有两个方向。一是人的设计活动涉及智能科学前沿，故而吸引了大量有兴趣的研究者，希望通过对设计过程和任务的建模，使得计算机能代替人进行设计，理论的繁杂提供了大量的研究机遇；二是由于当代制造业对产品设计需求的提升，也促使相当部分的研究着重于解决实际问题。诸如针对某特定实际问题而进行的研究，范围涉及可靠性设计、优化设计、极限应力设计、动力学设计、摩擦学设计、绿色设计、全生命周期设计等，名目繁多，难以穷举。

现代设计理论和方法的提出，主要归因于设计在制造业中的重要性比以前任何时期都更加突出，因而，设计理论和方法的研究不能再停留在学术讨论和解决个别实际问题上。完成一项设计任务所涉及的知识领域（如全生命周期设计）也比以往任何时期都更为复杂、更为广泛。现代设计理论和方法必须既不同于上述的第一个方向的研究（这类研究受目前计算机能力的限制，在可见的将来很难真正控制实际的设计全过程），也应当不同于上述的第二个方向的研究（仅解决某一个局部的设计问题，而不是统领整个设计，在全局上进行设计指导）。局部问题的解法固然不可或缺，但若缺失了对全局的把握，局部的解决方案往往难以融合，最终集成在一起。现代设计是以知识为基础、以知识获取为中心的设计，设计是知识的物化，新设计是新知识的物化。

二 Finger 和 Dixon 的设计理论和方法研究蓝图

（一）面向设计过程的描述型模型

已有来自不同领域的研究人员都对人类如何进行设计这个问题进行了大量研究，包括设计所使用的流程、战略和解决问题的方法。其中，大多数研究是基于人工智能技术，如系统性收集人体数据的协议分析（Protocol Analysis）。这类研究的思想与早期的研究方法形成了鲜明的对比，早期的研究专注如头脑风暴、反向、类比等技术的发展；而现在的研究旨在强调设计师的创造性，而不是分类、研究或对认知过程本身的建模。

在本部分研究中，讨论的工作可以分成两类：一类是设计师如何设计进行数据收集；另一类是创建认知过程模型。在这里，认知模型被定义为描述、模拟、仿真设计师在创新设计过程中的心理过程模型。

1. 个体设计师的协议研究

大多设计过程都是一个心理过程；草图和图纸形成了设计的可视化记录，但没有将底层过程揭示出来。在一个设计协议（Design Protocol）中，一个人执行设计任务的行为会随着设计的进行而被记录，通常情况下，会鼓励设计师在思考的同时将自己的想法用语言表达出来，特别是当信息缺失或者不完整时。由于没有单独的设计程序和设计策略，所以大多数协议研究都会研究一些定义明确的问题。

然而，在针对设计协议的主要批评中，有一条是一个设计师的语言不能形容出那些固有的非语言的过程，比如几何推理。此外，用语言表达的要求可能会干扰设计过程。最后，所有的协议研究都必须要解决的一个问题是，即使被研究者可能不会因任何理由去遗漏信息，但他们可能已经在下意识中遗漏了。因此，在处理设计协议的结果时，这些因素都必须要加以考虑。

Adelson、Soloway 和 Adelson 共同对软件设计师的知识和技巧进行了研究。通过运用协议研究，他们比较了新手和资深设计师分别在熟悉和陌生领域对自己熟悉和陌生的对象进行设计时的情况。他们所关注的是找出所有设计师所使

用的共同行为以及某些特殊行为，而这些特殊行为来源于领域内的知识或以往的知识。

对软件设计工具的研究应用，其实就是用一系列的工具来帮助和支持设计师的工作。何时工具能发挥作用，往往取决于设计师在设计对象上和设计领域中的经验和水平。例如，如果一个设计师有自己的设计作品，他可能需要一个可以检索他以往设计作品的工具；如果一个设计师只经历了部分而非全部的设计过程，他可能需要一个可以用于模拟检索和收集信息的工具；如果一个设计师在某领域内还没有任何设计经验，他可能需要一个可以推测这类设计限制因素的工具。

Ullman 和 Dietterich 在新手和资深设计师之间已经进行了类似的研究，这些资深设计师对于设计批量生产的产品和一次性生产的产品都比较精通。他们研究的目的是为了更好地理解设计程序，提高设计程序的效率，并且通过人工智能工具支持智能计算机辅助设计系统的开发。他们研究认为，设计师追求单一的设计理念，并且他们不断修复和调整他们最初的想法，而不是产生新的替代品。据观测，这种单一概念的设计策略（Single - Concept Design Strategy）在软件设计师中也被应用，只是并不符合传统的设计过程。

Waldron 等人研究了资深设计师和新人之间的区别，其在视觉回馈上存在差异性。他们总结到，经验丰富的设计师能够更有效率地利用视觉数据，并且能够通过在一个较高的水平将数据符号化来运用数据。Esterline 等人在机械设计领域发起了一项针对问题公式化（Problem Formulation）过程的研究。他们发现问题公式化的过程不能与设计过程分离。根据协议研究的结果，他们提出了一个针对机械设计过程的通用公式。

基于设计师所进行的协议研究，Schon 认为，工作属于基础类型（Underlying Types）的设计师，诸如在展区或新英格兰农舍的设计师，他们的设计都比较普通且具体。他讨论了设计师如何改变这些类型，这些类型又如何改变设计。他探讨了电脑工具的影响，这些电脑工具可以为设计师提供完备的功能类型以及空间形态或背景。Maher 和 Gero 共同创造了表达设计知识的原型，这和Schon 所谓的类型是一样的。他们的系统可以生成并精炼原型，还可对其进行调整产生新设计。

Newsome 和 Spillers 讨论了心理学层面的研究方法，重点是与工程概念设计直接相关的方法和结果。他们对计算机辅助设计工具的研究含义进行了讨论和总结。

2. 认知模型

在认知科学领域，认知模型的研究目标是建立一个以计算机为基础的模型，这个模型可以描述、模拟或效仿人类解决问题时使用的技能。认知模型描述了构成技巧的行为的过程。例如，可以创造一种认知模型来描述记忆名字这种技巧。模型被定义为一系列带有明确功能的机制。每个机制可以描述为一种将输入种类转化成输出种类的过程。模型指定了不同机制间的交互作用关系。因为模型在它的功能层面描绘了一种认知系统，所以它能够解释和预测模型所研究的技能。

Gero 认为，设计系统必须要以人为中心。他提出：基于数学模型的设计范例继承了其数学模型的特性，因此有可能证明一个设计结果的可行性和最佳性。然而，这种设计范例主要在两个领域内存在局限性：一是完成设计采用的过程和人们执行的过程很不一样；二是大部分的设计只是象征性地呈现，没有得到数学性地呈现。

发展支持设计过程的认知模型是近些年才兴起的研究主题，因此，几乎没有多少文章可以被引用。在一篇研究工程设计观点的文章中，Adelson 讨论了用于创建技术模型的方法论，这种技术模型常用来模拟未完成的设计。

3. 设计过程中的案例研究

大多数关于大型设计项目的案例研究都在欧洲进行。Marples、Wallace 和 Hales 给出了两个这种研究类型的范例。Marples 列举了两个基于观察进行研究的设计项目，研究得出的一个有趣的结论，即设计师会重复使用熟悉的解决方法而非探索新想法，除非他们的设计一塌糊涂或者不可救药。

Wallace 和 Hales 主张参与者能够观察设计项目的过程，并且能够分析现场收集的数据。他们报告了对设计项目的观察情况，这个项目持续近 3 年，涉及 37 个人。他们强调了区分设计过程与过程中产生的内容的重要性。

Bucciarelli 认为，设计本质上是一个社会化过程。通过观察参与者，他研究了设计语言以及语言与多种设计呈现形式是如何去塑造一件人工物的。Allen 研究了设计师、设计和环境之间的交互作用关系。

Stults 用视频记录了个体参与设计项目时的情况，并让他们使用这些记录作为参考资料和设计文档。Stults 将设计视为一个碎片式的过程，在这个过程当中设计的每一个阶段都在不同的时间点、不同的细节上持续、重复地进行。

4. 其他描述型模型

许多描述型模型并不是基于对设计过程的观察，而是来自设计师的直觉。围绕着这些描述模型成立了许多设计院校，比如 Ostrofsky、Rzevski、Beitz 和 Hubka 的设计院校。

Rzevski 从哲学、心理学和系统方法中得出五条设计公理。其中一条是，每一个设计方案（每一种人工物都是设计的结果）都不可避免地改变它所处环境的平衡，然后产生一些无法预测的问题。

Warfield 提出并描述了一个通用设计理论。这个通用设计理论的目的是在所有人类设计过程中（包括任何一个特殊领域）找出它们的共同点。通用设计理论基于四种假设提出了设计的三大原则：多样性原则、简约性原则、显著性原则。

Fitzhorn 提出了另外一个相当不同的描述型模型。他认为，设计过程可以被定义为一台图灵机（Turing Machine），设计结果就是依据机器语法计算出的一串代码，设计的规则就是用规范的方法去改变、重组这些代码。

5. 小结

大多数的设计过程研究都是通过更出色的计算机辅助工具的实现得以驱动，而更出色的工具的实现需要设计过程中的相关知识。研究人员在协议研究的过程中采用的实验技术能否得到提高，许多作者对其进行了可能性讨论。迄今为止，大多数工作都是观察设计师得来的假设，而不是通过设计实验检验这些假设。

与对个体设计师的研究数量相比，对于团体设计师的研究则相对很少。仅有一些附加的研究工作在研究设计环境部分时会被提及。与此同时，对计算机支持的协同工作（Cooperative Work）的研究正在展开，这其中大部分是与团体设计相关的工作。

认知领域的相关研究还处在初级阶段。随着认知设计过程研究的发展以及认知模型的成熟，人们对于设计策略和设计技巧的理解会更加深入。基于这些理解，更出色的计算机辅助设计工具将会出现。

（二）面向设计的规范型模型

可以将规范型模型分为两类：一类是规范设计过程应该如何进行；另一类是规范设计人工物应当有什么样的属性。在本部分，每一个规范型模型尽管有共同属性，但都是独立的，很少建立在其他模型之上，大多数表达了一些基本的设计哲学。

关于设计过程的研究，许多研究建立在 Hubka、KoUer、Rodenacker 和 Roth 的研究基础之上。

1. 权威的设计过程

Broadbent 曾在《设计·科学·方法》中谈论过一个有趣的争议。他描述了在英国设计团队中三种互相冲突的学派：一派认为，设计过程是创造性的、无序的；另一派认为，设计过程应当有规划，有据可依；还有一派认为，设计师不应被强加上所谓的设计过程。这个争议之所以有趣，是因为近期美国大部分关于设计过程的研究都关注设计过程是什么，却没有关注设计过程应当是怎么样的。也就是说，这些协议研究关注的是作为个体实践的设计过程，然而本部分讨论的研究关注的是设计师应当遵循的设计过程。本研究的一个潜在假设（偶尔也可能会是明确的）是如果设计师按照规定的设计过程操作，那么就可以得到一个更好的设计结果。目前，还没有任何研究系统地检验过这个假设。

设计著作尤其是设计教材中应当有"设计过程应当再现什么"的标准描述。在未公开发表的文献综述中，Juster 总结了许多相互冲突的观点的共同元素，他给出了以下关于设计过程的内容。

（1）设计师根据不同的设计问题类型而投入不同程度的创意和努力。设计问题分为三类：①原创或新型设计；②过渡或适应型设计；③外延或变形型设计。

（2）在以下阶段设计过程是一个反复前进的过程：①确定需求；②具体化要求；③形成概念；④选择概念；⑤丰富设计细节；⑥制造、销售和售后服务。

（3）设计思想有三个阶段：①分散。这个阶段强调的是拓展设计边界，

在这个阶段，设计是不稳定、不明确的，不进行设计评价；②转化。在这个阶段，问题开始有界限，会对问题进行评判，问题会被分解，设立子目标；③聚合。在这个阶段，次要的不确定性因素将逐渐减少，直到出现一个设计方案。

Juster 引用了一些在实践中研究设计的作者的结果，发现实际的设计过程并不遵循规定过程——这种差别可能是因为设计师本身没有那么系统化，以及关于设计过程的有序性假设不切实际。

2. 形态分析法

在设计过程的一些阶段中发展出了具体的设计方法论。形态分析法是一个成熟的用于产生和选择方案的方法论。形态分析法基于以下几个假设：①任何复杂的工程问题都可以被分解为有限的子问题；②每个子问题都可以独立思考，它与其他子问题的联系暂时被切断；③所有子问题及其解决方案都可以以形态表的方式呈现；④所有工程问题的总体解决方案都可以是独立子问题的解决方案之和；⑤总体解决方案可以以公平的方式通过在形态表中随机组合子问题的解决方式产生。

形态分析法最适合结构设计。它规定了一个高度结构化的过程，每一步都告知了设计师接下去会发生什么。Pugh 讨论了系统设计和概念选择的角色，这些系统设计和概念选择是针对传统和非传统的产品概念。

3. 设计人工物的规范型模型

本部分所讨论的两个公理化系统分别描述了设计人工物应当具备的属性，而不是设计产生的过程。有趣的是，这两个系统都特别关注设计与制造的关系。设计创造与设计有效转换成一个有用的人工物之间的联系，是设计过程的规范型模型中很少会涉及的一个问题。另一个是 Yoshikawa 等人提出的给出设计知识公理的公理化系统。

（1）公理化设计。在 Suh 的公理化设计系统中，有两条公理：①保持功能需求的独立性；②尽可能减少满足功能需求的必要信息。换言之，一个好的设计可以独立地、简单地满足不同的功能需求。在这个公理化系统内，重要的一点是区分功能性独立和物理性独立。嵌入同一部件中的两个功能可能是相互独立的。例如，一个羊角锤既可以敲钉子又可以拔钉子，尽管实现功能的部位都在锤子头上，可是这两个功能是相互独立的。Suh 利用这个公理化系统研究设计和制造之间的关系。他的著作《设计原则》中列举了许多完整的例子。

（2）设计质量损失。Taguchi 认为，一个好的设计应当在设计过程中尽量减少质量损失。质量损失是指与预期表现的偏离程度。Taguchi 提出的设计系统，通常被称为"Taguchi 理论"，运用了统计学技巧，尤其是在针对参数化设计和公差规定的设计实验中。因为这个方法从统计学角度已经被撰写过很多，所以在此不再赘述。相反，人们对 Taguchi 关于设计善意的定义更感兴趣。尽管上面描述的不同方法假定一个好设计能满足明确定义的功能、技术表现和价值目标，但 Taguchi 关心的是设计对制造和使用时的不可控因素的敏感性。那些不合理的、不可控的、昂贵的、引起功能标准偏离目标价值的因素都被称为"干扰因素"（Noise Factors）。那些对干扰因素不敏感的设计才是健康的设计。所以，当一些方法关注功能和成本时，Taguchi 关注的是设计的健康性。应当指出的是，Taguchi 关注的是产品和过程的设计，而不是传统的质量控制，质量控制一般用于控制制造过程以及满足制造环境的规格要求。

4. 小结

设计师在设计实践中并没有完全遵循规定的过程。这个结论是通过上文中的信息观察和协议研究所获得的。然而，据我们所知，目前尚未有研究试图证明遵循规定的设计过程可以获得更好的设计结果。这个暗示对于未来设计很重要。如果设计师不能提供其他的选择，或者其他的选择不能产生可测量的更好的设计，那么就应该努力关注那些可以帮助设计师产生其他选择的方法的研究，如形态分析法。协议研究的结果应当用来丰富和修正基于行为进行描述的模型。Pugh 和 Papalambros 等人利用大学的设计课程对不同的设计方法进行实验，Pugh 总结道："广义上，定性方法在使用和影响上都具有局限性，而定量方法对于最优设计的出现可能是一种限制"。

在规定设计人工物的属性的方法中，难点出现在测量与解释质量损失或设计过程中获得的信息的来源。设计师们对于好设计的量化都很感兴趣，但是关于设计的终身表现（Life-Time Performance）以及设计的创造过程和量化过程目前尚未有人研究。

（三）面向设计过程的计算机模型

"模型"一词在本文中有两种不同的使用形式。一种是作为认知模型，不论是以文字形式还是以计算机代码形式，都是尝试描述、复制或模拟人类的心理过程；另一种就是计算机模型，它表现了计算机如何完成一个特定任务。计算机模型可能部分来源于人在思考任务时的观察。如果计算机模型成功，就反过来推论人类实施的过程，虽然人和计算机的过程间没有必然的联系。总体而言，认知模型关注的是人如何设计，而计算机模型关注的是计算机如何设计或辅助设计。更全面的关于计算机模型设计研究的回顾请参看 Neville。

我们将计算机的设计和分析区分开来，前者是做设计决策，后者是提供设计评估和决策所需的信息。分析是给出设计，根据一个或多维度设计的表现来提供信息的过程。

最优化方法是封闭式程序，这种程序在特定的情况下可以根据具体要求创造设计。尽管我们认为最优化是在恰当时用于设计模型的工具，但我们还是收录了关于最优化的参考文献。

面向设计的计算机模型一般针对定义明确的设计问题，在本文中，涉及如下基本设计问题类型：参数化、结构、概念。下面将给每个类型下定义。

1. 参数化设计

在参数化设计中，人工物的结构和属性被认为是设计过程的第一步。参数化设计就是给属性赋值的过程，被称为参数化设计变量。值得注意的是，那些被赋的值并不总是数字，也可能是一种类型（如材料类型或者马达类型）。

如果设计的优点可以按设计变量的标准函数来描述，并且标准功能和约束都能定量表达，就可以使用最优化模型。大量的最优化模型可以通过赋值来设计最大化或最小化标准函数的变量。那些最优化方法所适用的实际机械设计问题的范围已经相对较小，但新的方法不断出现，从而拓展了它们的实用性。最优化设计很强大，设计师知道何时及如何使用这些方法是很有用的。本文将不具体涉及这些专业的、包含广泛内容的知识。

需要注意两个和设计尤其有关的最优化方法。许多设计问题中包含离散型变量，但最优化离散型变量的计算量很大，因此，绝大多数的最优化模型限制了处理这些变量的能力。相关文献中提出了一个包含离散型设计变量的方法，另一个和设计特别有关的最优化方法是混合整数型、非线性规划。这个技术使得做好结构设计的同时参数最优化，因为整个组件是否存在可以被当成包含离散型设计变量。

本文涉及一些精选的以设计为导向界面的最优化方法。大部分界面是基于知识，即它们在某一领域中使用设计知识公式化地协助表达一个最优化问题。许多基于知识的途径都是为了参数化设计而被研发出来，而参数化设计并不使用现有的最优化方法。这些途径都有一个到它们各自公式和方法的界面；这个界面用于发现解决方案，不论是否是最优方案。其中的一个途径就是 Dominic 使用的基于迭代再设计的方式。Dominic 是一个爬山算法，通过利用多样模糊的性能参数和设计变量之间相关性的知识来引导再设计，这些知识是明确的，但与领域无关。Dominic Ⅱ 有一个元控制系统，能使程序监控它的进程，用以在众多决策中选择更高效能的策略。

DPMED 是另一个参数化设计的爬山算法。它在一个设计领域中，基于目标、设计标准的信息及基于分析方程的依赖关系图来评估它的性能。这个系统在齿轮组、三角皮带、轴承和轴的设计上被运用证明。Engenious 是一个参数化设计模型，用一个特定领域的基于规则的系统来指导再设计。它有一些嵌入式搜索控制知识，以此避免搜索异常，提高局部最优。

一旦决定了设计变量、评估标准和约束，定性分析通常可以在一个参数化设计问题中提供见解、简化，甚至找到解决方案。Agogino 已经成功将单调性分析应用于此目的。另外，Rinderle 降低了设计变量及其系统转换形成的性能参数间的耦合。

Rossignac 等人使用一系列参数化转变，开发了一个系统，用于记录设计师的规范和设计的相关方面。设计师可以通过与设计的代表案例互动来说明他们的意图。同时，Antonsson 和 Wood 的研究也和参数化设计的计算机模型有关。

在普通参数化设计概念的变化中，Ward 和 Seering 以示意图的形式举例说明了机械设计，他们的机械编码器从嵌入它们的程序中的目录信息中选择组

件，因此，会出现程序在选择目录人工物时，执行配置和参数设计两个步骤。

Brown 和 Chandrasekaran 创作了一个任务级语言，被称为设计专家和计划语言（Design Specialists and Plans Language，DSPL），用于模仿常规性设计行为。他们认为，常规设计是自上而下的。因此，他们创建了一个计算机模型，专家可以从中选择现存的方案，指导其他人员来完善方案。他们得出结论是，一个专家系统使用层次化的方法，遵循和人类一样的操作程序，说明计算机可以做常规性设计工作。

2. 结构设计

在结构设计中，物理概念被转化成具有一组已定义属性的结构，但没有赋予特定值。比如，一根梁是一个物理概念，可能具有工字梁的横截面结构。结构设计的研究可以分为两种范畴：一种是标准组件集合的开发（如齿轮、轴、轴承和马达）；另一种是通过再设计或直接从功能需求得到的非标准形式（如挤压、支架、钢梁）的开发。

（1）装配到组件中的零部件结构。Libardi 的研究包括对机械组件设计中的描述问题的综述。配置组件的关键问题之一是零部件几何结构和空间关系之间的描述。这个问题在很多文献中有所涉及，这些文献都针对在设计和修改部件过程中，零部件的相对位置如何描述的问题。边界的表征和 T 矩阵以多种方式被使用，诸如位置图形和虚链路的方法也用于表达装配结构。因此表达空间关系的方法相当发达。尽管一些计算问题仍存在，表示变化的方法也能够被合理地理解，但是表达抽象形式或不完整几何的能力仍不太发达。Struss 和 Shubert 在这个问题上已经做了一些工作。

一些研究解决了组件的连通性和结构表示方法，但并没有表达组件的几何或空间关系。Struss 的研究针对机器问题的诊断，但他的观点是为设计人员提供抽象的层次。虽然他没有解决几何和空间关系的问题，但他解决了组件之间的连通性问题。此外，他还研究了关于组件划分问题的不同观点和方法。Shubert 也研究了关于组件划分问题的不同观点和方法，但是方法不同。他发明了所谓的 P 图（P‐graph），以协助组件关系的形式分析，即他使设计者能够回答类似"a 是 b 的一部分吗？"这样的问题。Hobbs 介绍了粒度的想法来描述抽象层次，尽管他并不将他的理论用于机械构件。

Rinderle 提供了另一个组件装配设计的重要方法。在他的工作中，结构被表示成网络的参数（节点）和约束（链接）。参数包括设计参数和行为，或者说性能或特性。约束表达了物理法则、空间关系、指定条件和材料限制。网络可以用于确定隐含在结构中重要的形式与功能的关系，以此来评估结构。在相关的工作中，Rinderle 等人描述了一个名为机械工程设计助手（Mechanical Engineering Design Assistant）的实验系统，其中从组件的行为角度给组件建模，聚集组件的功能来创建实验结构。这个系统应用于机电系统设计中，其中组件在运动学上相互关联，行为基元存储在一个组件库中。

（2）配置非标准形式。除了从零部件装配的结构之外，结构设计通常还包含非标准形式的开发。到目前为止，关于非标准形式的设计的重点已经转移到相对简单的领域（如梁的横截面图和结构框架）。Nevill 和 Paul 开发了一个名为 MOSAIC 的计算机程序来进行结构的自动化设计。这个程序提供了一套可行的二维机械框架结构，这个结构可以在避开禁止区域的同时连接受力点和载荷。这个程序使用了分层问题的分解、启发式知识和迭代式再设计策略。Nevill 和 Paul 为了有效地推理有关空间关系，已经开始扩展他们的工作，利用特征来包含设计方面的高层次表现。

Shah 提出了一个关于结构配置和在数值优化上的选择问题。相比设计的概念阶段中的任意选择，结构形状上形式合成更需要讨论。他提出了利用代数学里细长的多边形单元生成结构化配置的方法。这些形状是根据算法和启发式知识进行筛选的，如在一个装置里面的加载路径和应力分布图等。

Duffey 为不规则的挤压形状的自动化设计提出了一个系统，起到类似梁的作用。尽管这个系统的使用存在局限性，但它是从问题说明开始的，并自动设计一个结构和实例。目前，横梁的功能只限于弯曲，现时的工作进展也包括扭转和制造考虑。参数实例化已经在动态程序中完成了。在该系统，Duffey 在生产系统中利用结构操手作为规范用以转换结构。Fenves 和 Murthy 也发明了基于转换操作的设计系统。

Maher 在 HI–RISE 程序中开发了一个三维高层建筑物结构设计的专家系统。这个项目生成了不同的由标准结构化子系统组成的结构化配置，这是基于用户所定义的大小和载荷所限制的。这个指导生成的规则是基于启发式知识和

基础物理原则。

Steinberg 等人的 VEXED 的程序开发了用于集成电路的结构设计方案。这个程序使用一个规则交互系统来帮助设计人员开发布局、配置或者集成电路。这个系统具有的另一个重要的特征是能够回溯到设计中的任何前置点。当一个论证导致不良结果的时候，回溯是非常有用的。MEET 是一个基于 VEXED 方法论的程序，开发机械动力传输系统设计，其使用输入/输出参数来选择和安装齿轮、三角带和轴承，利用 DPMED 项目来执行参数实例化。

Mittal 等人开发了一个名为 PRIDE 的程序，是为复印机上的纸张转换机制而设计的。这个程序使用一个知识库来生成、评估和重设计滚轴的结构，通过一个基于设计的平滑的路径来引导纸张。这个系统使用一个基于附属导向性的回溯法的搜索算法和附加特征，这个附加特征是一个指导可能的再设计路径的建议。这个建议来源于评价信息，它非常重要，因为它可以减少设计空间搜索的数量并达到一个可以接受的设计水准。

Suzuki 和 Kimura 致力于研究板料冲压的结构优化。这个研究涉及零件的不同结构如何分类，不管这些零件对于构件的功能是否至关重要。一个基于规则的生产系统，用来填充基于工艺性的非关键配置属性。Suzuki 指出，高级别设计限制不足以指导好的结构生成，其他问题，如工艺性，必须被考虑在其中用以完成该设计。

（3）结构设计中的管理限制。在结构设计中的另一个重要问题是怎么样处理无法避免的矛盾。在 ROSALIE 系统中，Cholvy 和 Foisseau 使用一个相关的数据库和面向对象的程序设计，使得设计师即使已经违反了限制，仍可以在一个提醒后继续工作。Light 和 Gossard 开发了一个系统，当一个二维系统超出或低于限制条件时可以通知设计师。在由 Kitajima 和 Yoshikawa 创建的 HIMADES－1 程序中，一个图形结构被用来识别连通中的循环。一旦一个循环被识别出来，适当地使用 Gauss 迭代或 Newton-Raphson，方程式就可形成和解决；之后设计就会以新的结构再次展现。Popplestone 开发了 EDS（爱丁堡设计系统），能使设计师在最开始忽略细节，再在设计过程中选择性地添加细节。ATMS（自动事实维护系统）在设计被修改和扩展时，通过设计师登录，由 RAPT 系统来计算空间关系，用来管理限制。Gross 等人还创建了一个可以使设计师操控设计的限制的系统。这些基于限制的系统在处理矛盾方面意味着相当大的进步，然而为了便于使用，系统可以持续跟踪矛盾，但也允许设计师继续工作。这方面还有许多工作要做。

3. 概念设计

在概念设计阶段，功能需求转化成一个物理实施或者装置。例如，如果一个需求的功能是提供一个在开放空间可负载的结构，那么可能的实物会是一个梁、一个框架或者一个悬梁结构。一些论文研究了上面所讲的设计的结构，但是在这里强调的重点并不一样。在上面所讲的结构功能一般是隐晦的并且主要用来评估设计成效；在这里，功能部分是非常明确并且用于实现设计的。

Ulrich 和 Seering 从功能性或者行为需求转变为结构描述的角度来定义概念设计；那就是，作为结构来定义。在文献中，Ulrich 和 Seering 描述了一个程序，当用户给出功能性描述，程序将根据现有设计创造出一个全新的机械紧固件。在这项工作中，具体实现是给定的，从某种程度上说，这个系统只能设计包含一个驱动头、身体、尾巴和尖端的物体。这个系统实际上实例化了结构的属性类型（如指定身体部分为螺纹型）。该系统就类似于上文所描述的那个形态学的系统，不过在这里新的设计是由功能需求自动生出的。他们已经扩展了动态系统的途径，并创造了一个生成符合行为规范的功能组件示意图的系统。通过为每个功能部件替换一个设备将示意图转化成一个初始化的物理系统。最后，通过调试来改善设计的物理特性。

物理原则在概念设计中会频繁使用，即使用于外形表现或者来源于功能的结构的发展。例如，Rinderle 认为，机械部件和设备的形式 - 功能特性是存在的，并且可以通过物理原则来识别。此外，他也认为，一些相关形式的基础特性过程可以通过物理原则功能来揭示。Cagan 和 Agogino 也将功能和形式与物理原则联系起来。他们描述了一个叫 IstPRINCE 的设计方法，这是基于创新设计需要从第一原则推理的论断。分析学中的分析通常用来揭示参数中的功能性关系。这项工作是对功能和形式可以通过含有物理原则表达式的操作联系起来的观点的另一个探究。

一些与运动学具有明确联系的概念设计的相关工作已经完成。Joskowicz 描述了一个从功能规格来设计运动对的理论，即使这个规格是定性的或不完整的。

一种表述是利用一种介乎于功能和最终设计的中间步骤的配置空间的概念提出的。Erdman等人已经开发了一个系统，这是为一组给定的功能性需求来选择最好的联系配置的系统。这种具体化在这个情况下，这些联系都是给定的。这个系统是基于另一个广义联系分类和广泛的启发式知识基础的系统。

概念设计中经常涉及创新性和创造力的主题。Coyne提出了一个观点，创造力是基于知识的，并且使用自动设计系统的实例来研究该问题。在不同的抽象层次上，知识需求和知识控制都会表现出高度创造性系统的特性。Goel和Chandrasekaran提出了一个基于案例的推理，这个推理来自可以获得的、有组织的或者经验性的知识，作为推理工程设计功能的一种方法。他们发现对于结构设计，需要因果关系的理解来获得相关性能。

4. 分散式设计问题模型

大部分的产品设计首先包括设计，然后部件整合且子装配体整合成更大的装配体（如自行车、摩托车和空调等）。在这个过程中，子装配体和它们的部件通常会被单独设计，目的在于保持其大小和复杂性在可控水平以内。然而，子部件在很多方面都是相互依赖的。将设计问题分解成子问题，目的之一就是最小化内部依赖性，但完全独立的情况即使有可能也很少发生。子装配体必须共享资源，如空间、重量或者允许范围内的成本；这些装配部件可能会出现固有频率问题、容错性可能重叠等问题。

这类型的问题被称为分散式（Distributed）。一个有效地解决分散式问题的方法是，让若干个通信问题解决中介在不用的分散式问题上进行工作。人工智能方面的研究已经被广泛地用于解决这类分散式问题，但是它们的模型大部分都是从军事用途上推导出的，不易为机械设计所应用（参见Lesser和Corkill的案例）。

Zarefar描述了一个名为PAGES的项目，这个项目是关于设计平行轴齿轮传动系统的，这个系统被分为一个齿轮设计模块、一个轴设计模块和一个润滑剂选择模块。这三个子系统是被同一个系统所控制的。虽然作为控制基础使用的信息并没有说明，但从文中看来系统操作员能够利用特定领域知识设计和选择这三个部件。

Meunier和Verrilli提出了为解决层次化分散式问题的基于迭代再规范的计算

机系统。在这个模型中，系统和子系统都被称为管理员，各自规划一个满足上级管理者下达的规格要求的子系统设计。管理员通过为子系统或者下属的部件设计节点、定制规格来满足他们自己的规格要求，然后将下级的解决方案整合到完整的子系统上。最终的设计结果可以被评估。如果设计结果不可接受，那么管理员必须调整下级的规格，因此，术语"迭代式再规范"（Iterative Respecification）就是指通过子系统解决方案获得一个更好的整合设计。值得一提的是，这个模型不允许在同一层面上相同级别的管理员之间进行直接沟通。

Sriram 提出了一个为根据不同设计原则工作的设计员提供协调的系统，尤其是那些与体系化和结构化相关的设计员。它包括知识模块、控制机制和平台，它对人工智能相关方面的工作有重大的影响。计算机辅助同步工程（Computer Aided Simultaneous Engineering，CASE）是一个基于人机关系的用于解决分散式问题的系统。然而，在本文中，分散式意味着利用多个代理或评论，提供设计或再设计的建议。

Johnson 和 Benson 为设计优化而开发了一个基础二级分解策略。这个策略假设所有子问题都可以通过优化技术解决，且所有子问题都相互独立。Azarm 通过使用单调性概念将优化方法应用于一个已分解的问题。在所有这些方法中，虽然这些子问题被假设相互独立，但在工程实践中这种情况很少发生。Kinoglu 等人描述了一个系统，这个系统是以树状结构图将主体分解成最小部件。设计在树状结构中通过传达限制和设计要求来进行。这些系统也可以处理再设计。

5. 小结

计算机模型被开发出来并用于参数化设计、结构设计及概念或初步设计的研究。在参数化层面的设计最为成熟，但目前尚未发展出理论方法。除了最优化，各种不同的基于知识的方法（如 Dominic、DPMED、Engenious 和 DSPL）对实验设计的优点评估有所不同，对使用评估结果来指导再设计也有不同的方法。然而，有趣的是 Dominic 的相关性、Agogino 的单调性分析的敏感性和 Rinderte 的耦合系数之间的概念相似。所有概念都和设计变量的性能有关。在这些模型能够处理非数值参数前许多研究都将保留。比如，材料选择是对整个一套设计变量的挑选，包括产量优势、弹性模块、花费等。此外，Taguchi 提出的类型评估和容差还没有被归入这个模型。除了通用电气使用的 Engenious

以外，模型都尚未被应用到工程实践中。

对结构设计的模型研究开始出现。这里最重要的问题是给属性赋值时没有先对结构进行评估。识别合适的特征来进行评估重要且困难。当前，未证实的设计只能主观且隐蔽地被评估。当基于计算机模型的结构设计进行时，评估将基于相应的特征和相关性而变得明确。对不完整设计的更好的评估，不仅会使基于计算机的设计更实用，也将使设计师探索更多可选的结构。

面向概念设计的计算机模型相对于结构设计更处于萌芽期。在概念层面，功能成为更明确的问题，但功能和形式间的联系并没有被充分理解。虽然已有所进展，但功能的表示和推理仍然是一个开放的研究领域。

（四）面向设计的语言、表征和环境

在工程领域的某些方面，如电路设计，形式表征是为了被设计过的人工物获得其物理、功能和逻辑属性而存在。关于机械工程设计的一个基本原则是，完整的表征并不是为机械制品而存在。在过去15年中，创造有效、健康的机械设计几何学使用的计算机模型已经有了结果。然而，除了特殊领域，如运动学的连接设计，没有哪种形式表征是为机械设计的物理和功能属性存在的。机械工程设计这一部分的研究已开始解决这个问题。

另一个相关的主题是环境中的设计工作和环境中的设计进化。目前，许多用来创造设计的工具，不论是以电脑还是以纸张为基础，都与另一种不可调和。所以，在设计发展的过程中，它可能数次从一个表征方式转变到另一个表征方式。此外，尽管这些设计工具都使用常见的表征方式，但设计师工具的协调和交互仍然是一个开放的研究问题。

1. 形式表征

自计算机辅助设计系统出现依赖，设计的几何形态表征受到了许多关注。我们讨论不同但又汇聚的两种形式表征的方法。第一种方法是立体几何模型（Constructive Solid Geometry，CSG），用边界表达或者用建造几何立方体表达，目的是创造一个有效的基于计算机的立体物体的表达；另一种方法是形状文法（Shape Grammar）及其延伸部分，目的是创造几何规则（一种文法）使得很多物体可以产生或被描述。

（1）实体几何学模型。Requicha 和 Voelcker 的研究覆盖了完整的进展，从早期仅仅能复制出画在蓝本上线条的 CAD 系统，再到线框模型，最终到可以表达出有效的立体物体的立体模型。这种进展对于这些设计研究很有意义，因为同样的需求，增强了表征的可表达性，驱动了设计表达中更多的研究。Voelcker 也论述了当前几何模型作为设计系统的局限，因为他们的意图是去表达一个完整几何对象的几何结构，而不是一个正在进化的几何对象。在 Nielsen 的论著中可以找到相似论述。

一种为设计创造出几何模型系统的方法是，使用变化的几何结构。Gossard 将 CSG 和边界模型结合于一个对象图表，以至于外形尺寸的改变导致几何结构和拓扑结构的改变。多变的几何结构对再设计、误差分析及综合是非常有用的。

非流形几何学模型系统已经被 Weiler 和 Prinz 等人创造出来。这些非流形系统作为潜在为设计系统服务的几何模型很有前景，因为一维、二维和三维的几何的实体可以由一个统一的样式表达出来。另外，这些模型包括能够描述高级产品特色的拓扑信息。

（2）形状文法。1975 年，Stiny 创造了基于计算机语言学的形式主义的形状文法。使用形状文法，一类物体可以按一系列的生产规则被制造出来。建筑师尤其对外形语法感兴趣，并利用它创造了一类楼层方案或者装饰。例如，Flemming 使用形状文法为新建筑设计了外立面和楼层方案，使它们能够融入历史街区。形状文法的教程可以在 Earl 和 Stiny 处找到。《形式语言伦理》这本教科书对于形式语言的设计研究是一个很好的起点，它融合了形式语言学和计算机语言学。

几个不同地区的研究都对使用语法的形式主义去描述、生产和解析设计产生了兴趣。例如，Woodbury 创造了一种语法结构，它将形状文法扩展到扩建结构，致力于立体的三维语法的工作。Stiny 扩展了其工作的可能性，即使用语法产生设计的属性，而不仅限于简单的外形。

Fitzhorn 证明了语言学和立体模型系统的形式关系。他证明了二维语法是一个可变的图表语法，这个语法可以产生三维实体。他创造了三种语法，第一种产生了构造实体几何的表征；第二种产生了边界表征；第三种制造了平面模型。

基于 Fitzhorn 的成果，Pinilla 创立了一种可以用来解析一个设计几何特点的语法。他使用了非流形拓扑表达，这种表达使得通用的形状特征表征成为可能。

2. 行为表征

Pahl、Crossley 和 Lai 探究了设计的功能和行为的形式表征。他们每个人需要一个清楚的途径去解决问题。Crossley 开发了一个图像系统用于布置设计的机械功能。在他的系统中，诸如"转储"或者"定位"之类的功能都被分配了图像的图标。这些图标接着被安排在图表里来代表设计的综合功能。Crossley 建议每一个图标应当与一列合理的提供功能需求的作用机制相联系。因为图标并没有更深层的结构，无法检测设计草图的功能。此外，他没有解决物理组成中的功能集合问题。与 Crossley 的图像系统相比较，Lai 创立了一种形式——以英语为基础的系统，叫 FDL，用于表达功能和机械设计的结构。在FDL 中，名词和动词常常用于创造表达设计功能的句子，以及在句子中直接操控名词和动词的设计规则。合理的动词（如"fasten"）没有物理或者数学上的表达，因此，它们的意义由使用它们的规则决定。

Ishida 等人描绘了一个系统，这个系统可以检测机器未被预料到的功能，如泄漏或者基于 Takase's 的特征描述（Takase's Feature Description）语言的不可拆卸性。他们的目标是创造一种基于人类设计师解决问题的活动的计算机模拟系统。

Fenves 和 Baker 为结构设计提供了空间和功能的表达语言。他们利用语法的操作者来创建建筑布局、建筑结构和功能结构；但是，他们必须假设如果布局和结构按顺序生产，那么它们就是独立的。

Ulrich 和 Seering 用了一种基于键合图的功能形式表达。他们运用"设计和调试"（Design and Debug）的策略，改变了直接表达设计需求的图表中的每一个部件，使之功能性独立于物理部件。部件被挑选出来之后，针对功能分享的重新构形被执行。Ulrich 和 Seering 在动态系统的概念设计上扩展了这种途径。有一个已经被开发出来的系统，它准备了一个功能组件的系统原理图描述，用于满足一个给定的行为规范。从这个原理图中，一个初始的物理系统由每个功能的替代设备开发。最后，迭代再设计在这个案例中被称为"调试"

（Debugging）被用于初始设计的改进。Rinderie 也使用了基于键合图的功能的表征方式；但他的关注重点是在功能图表怎样转换以及之后怎样映射到不同的物理模型中，首要关注的是物理部件总是显示出他们选择以外的行为。例如，一对齿轮除了提供降低功率，还有它的质量和几何结构。

Joskowicz 提出了一个基于功能规范的设计运动机制的方法。他利用构形空间（Configuration Spaces），创造了能够清楚解释物体结构和功能间关系的方法。然而，这一领域受到运动学联系的限制，这个系统开始解决主要开放问题中的一个，即一个设计的期望功能和它最后的外形间的关系。

Green 和 Brown 为解释设计过程中的外形和配合提出了一个定性的模型。他们关注设计的表面特征是如何成组、定位以及匹配的，直到设计师能够去证实这种配合。Bacon 和 Brown 用类比和认知已知设备行为的方法，提出了一种自上而下的方法用于解释机械设备的行为。他们的目的在于使用电脑建立过程模型，通过这个过程，结合一些结构的形式描述，人类工程师可以发现设备行为。

3. 基于特征的表征

对于"特征"的精确定义并不统一，大部分致力于此领域的研究者认为特征是低级别的设计信息的抽象。设计信息的抽象随着设计系统的进化正在变得越来越重要。这项基于特征的设计系统研究已经被激励，激励它的是比设计师、流程规划师、组装规划师或者为模仿这些行为的基于规则的系统更加详细的几何模型表达。特征的概念开始于形状特征。形状特征与零部件的表面联系在一起，特别是机器零部件，包括小孔、柱子等。在最近的成果里，这个概念变得更加综合。

Wesley 等人在早期的论文中论述了形容装配、工具和装配机的高级别语言的需求。在另一篇论文里，Pratt 论述了实体模型作为设计与制造接口的作用。在这篇论文里他提出在基于特征的流程设计系统中，特征是设计师所创造的几何结构和加工方案之间的桥梁。Pratt 和 Wilson 对支撑形状特征的立体模型系统的需求给出了详细的论述。在后续的论文中，Pratt 为属性提出了具体的建议，即几何建模者应该基于特征。

Dixon 将特征定义为"在任何一个或多个设计或者制造活动中用于推理的几何形态或者实体"，后来又定义为"一个既有形式又有功能的实体"。一个

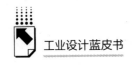

类似的定义出现在"设计与制造中的功能"工作坊中，特征被定义为"设计的一系列元素的关系"。

因此，尽管大部分研究迄今为止是在研究设计和制造的几何特征，特征并不受限于几何实体，也不受限于设计和制造。基于特征的表达可以通过从现有的 CSG、边界表达或者从一开始的设计——特征中抽取来获得。

（1）基于特征的设计系统。Dixon 等人研发出基于特征的设计系统，这个系统提供一系列设计特征给设计师。这些特征来自行为与流程的组合。Dixon 等人发表过分类和描述特征起源的相关论述，涉及用特征进行设计（Design-with-Features）。

Cutkosky 和 Tenenbaum 创建了一个叫 FIRST‐CUT 的系统。在此系统中，一个产品及其生产过程同时被设计。这个系统是基于特征的系统，这一过程从本质上来说是"破坏了实体的几何构造"直到这个部分被去除材料。

（2）特征提取。大部分对于特征提取的研究是为了流程设计，尽管有一些为其他分析形式的研究（如 Woo 的成果模式为了有限元分析）。不论在哪种案例中，这部分工作描述的焦点都是提取来自以前定义的几何模型的特征的制造形式。一旦特征被提取，设计就能够为可制造性进行分析，预先编辑的计划也能够重新恢复来创造特征需求。文献中有一个最近基于特征的流程设计系统的概要。这些基于特征的流程设计师是 Henderson、Choi、Kumar 等人和 Hayes。普渡大学的快速转向单元（QTC）连接了一个基于特征的设计系统、一个自动的流程设计师和一个制造单元。在这个系统中，特征是制造形式的特征，重点在于零部件的快速原型，而不是设计流程本身。Roy 和 Liu 提出的基于特征表达是 CSG 和 B‐Rep 数据结构的混合体，用于表达尺寸标注和公差。

Sakurai 和 Gossard 提出了一个针对在三维实体模型中识别外形特征的程序。他们使用了"特征图表"（边界表达的一个子图）和被他们称为可以控制拓扑和几何的特性组合的因素。使用图表匹配找到特征，然而，他们的特征图表并不由语法给出，而是由列举的示例给出。

Pinilla 描述的特征认知系统最近被扩展至能使得基于特征的设计被生产、被表达和被分析。这种扩展是可能的，因为一个特征潜在的表达是基于被明确定义的语法元素；然而，在生成和搜索中的组合爆发是实际应用中主要的障碍。

在所有特征抽取的模型中，特征交互是一个难题，也就是说，尽管系统能够识别一个小孔或者一个槽，但它可能不能够识别一个在槽中的小孔。正在做的一些基于图表的拓扑语法工作也许能在理论上解决这个问题，但是实际中的解决方案还遥不可及。

4. 产品模型

1981年，Eastman 指出计算机不再仅仅是设计分析的工具，而已经成为设计表达的一种媒介。他预言计算机将最终代替传统媒介如纸、笔，他论述了计算机建立几何模型、完整的语义学和抽取层次结构的优势。这篇论文在众多第一次讨论完整产品模型的想法中，作为反对为机械设计计算机辅助设计的数据库而出现。

自20世纪80年代早期，研究者们致力于创造联合了几何学表达、语义知识和工程模型（也被称为工程数据库或产品模型）的综合模型。在这个领域中从事工作的有 Maryanski、Shaw、Spooner、Su 和 Suzukiet 等人。

产品数据交换规范（Product Data Exchange Specification，PDES/STEP）是一个新的国际标准，为了交换产品信息。PDES/STEP 是一个超越 IGES（Initial Graphic Exchange Specifications，原始图形交换规范）的主要扩展。然而，IGES 标准涉及预期为人类翻译的信息交换（比如，流程规划师、NC 途径的制造者等）。因为这个标准是和国际标准群相协调的，就有可能在行业中在国际范围内被采纳，PDES/STEP 的发展对设计师和设计研究来说是很有前景的。

5. 环境

创造一个设计师能够工作的环境，其问题并不仅限于计算机系统。设计流程中许多规范型模型都指向为设计师组织可用的信息，也包括控制和协调他们所用的模型和工具。当设计系统是基于计算机时，环境变得越发重要。即使设计工具都使用常见的表征方式和数据库，工具之间，以及与设计师之间的协调和交互仍然是一个开放的研究主题。

Shah 和 Wilson 论述了当前计算机辅助设计工具和设计师需求的比例不当的问题。他们声称设计时需要多层级的抽取、几何的概括、产品定义模型以及更好的视觉工具。在类似的论文中，Logan 引用了相同类型计算机辅助建筑设计系统中的比例不当问题和需求。

Habraken 创造了基于类比法的设计环境，设计像一场游戏。用这种类比法，Habraken 创立了一个有限但丰富的世界，在这个世界里，设计概念是可以被探究的。这个游戏的想法提供了可以用于学习设计师如何与设计难题、设计环境和设计师本身相互作用的概念框架。在相关的成果中，Gross 等人创立了限制管理者的设计环境，这个设计环境是基于在限制空间内搜索的设计，这个环境能够使设计师通过对设计的限制来控制方向。

Arbab 致力于智能的计算机辅助设计系统，在这个系统里，一个自动化的问题解决工具盒允许设计师构思、发展和记录他们的设计。Arbab 集中于外显表达和对几何知识的处理，尤其是在一系列智能计算机辅助设计的工作坊。

来自人工智能领域的研究者对设计研究感兴趣，他们开始探索针对设计的系统架构。例如，Fox 和 Millington 解决了在统一的建筑学中整合设计表达和设计工具这个主题。

6. 小结

设计几何学的表达高度发展，尽管有问题，系统或系统组合仍适用于不同的设计任务。然而，如果设计任务需求多于一个的低级几何对象，也就是说，如果它需要特征如何关联、设计如何预期表现、设计如何表现或者材料属性如何影响行为等知识，那么目前尚没有工具可以帮助设计师。

Dixon 和 Cutkosky 的系统都是真正的用特征进行设计的系统，在系统中设计师创作和编辑基于特征表达的设计。然而，两种系统都在极大程度上基于制造流程。但仍有开放的主题，如设计师是否能用制造特征来创造设计、通过制造特征组成的设计能否用于其他模型去解决装配、维修和其他关注点。

由 Fenves 和 Barker，Ulrich 和 Seering，以及 Rinderle 创立的系统，各自都有潜在的形式语法，不论含蓄的还是明显的，它们能使设计师去表达设计行为。然而，设计行为的许多方面不能够被模仿，除非经过大量的分析。另外，从期望的行为到设计描述的过渡时期可以在如机械设计这样一些小领域实现。

用特征进行设计的系统能使设计师从高级别实体中去创造设计；然而，仍然有许多开放的主题。例如，一个普通的基于特征的框架能否从很多不同的角度被设计解读，或者特征是否可以在设计系统中被用于获得一个设计的行为特征，这些问题的答案仍然不清晰。

（五）支持设计的分析

分析是设计的重要组成部分，如果没有分析作为对设计表现的准确评价依据，设计将会是基于猜想和假设的。通常，设计和分析之间的界限是模糊的，分析通常包含设计。实验设计确实是需要评价的，而工程分析提供了评价的一种重要方式。分析可以得到设计表现的定量信息，从而指导设计或重新定位设计。现在广泛认为分析支持设计，而非设计支持分析。现有研究的很多关注重点都放在设计的可制造性和生命周期上，如设计的可靠性、持续性、回收性及其他特性。

1. 最优化方法界面

正如在前文中提到的，寻找合适的判别函数通常成为最优化设计的挑战。这引导了现有最优化项目中以设计师为导向的界面的相关研究。

Brigham Young University 的 OPTDES BYU 项目就是研究设计最优化界面。这个项目提供了强大的以知识为依据的界面帮助设计师系统阐述最优化问题并输出结果。Mistree 等人也在进行类似的研究。他们开发了支持问题的决策技术，这项技术"包含了专家系统帮助学生将问题公式化并找到合适的线性规划方法"，还有许多具体的例子。

Agogino 等人在进行用符号计算降低优化设计问题复杂性的相关研究。在SYMON 项目中，单调性分析被用来定性限制的本质和限制对设计解决方案的影响。结果表明，这种方法实际上缩小了搜索域。SYMON 的结果可以作为其他项目的输入，被称为 SYMFUNE，它可以推导出限制方程进行进一步的边界研究。

Chieng 和 Hoeltzel 设计并实践了设计分析工具 OPTEX（优化设计专家），针对机械部件和装配的设计分析。设计单元被用来支持庞大的设计元素，如轴承和减速器。这个研究提供了集合人工智能、机械设计理论和最优化方法的环境。

Ishii 和 Barkan 描述另外一项为机械设计师优化的界面。他们提出了基于规则的灵敏度分析方法，使用了一套设计变量并表现参数之间的生产规则关系。这种方法提供了关于参数反复迭代设计阶段的关键限制和最优化中的公式问题的交互式建议。

Balachandran 和 Gero 同样进行了为设计师提供最优化方法的工作。在他们

的研究中，基于知识的系统用以帮助公式化和挑选最优化算法。Diaz 描述并演示了基于模糊集合论的方法，与传统的最优化方法相比，这种方法能够提供更加丰富、灵活的准则函数。Haftka 有结构形状优化方法的综述。Thompson 则关注结构优化问题的风险性。

Nakazawa 和 Mackenzie 分别讨论了在复杂性设计环境下的最优化问题，如成本和交易时间。Nakazawa 的工作中有趣的是，作为他的目标，制造过程中要求最小化信息。

2. 有限元分析界面

设计师需要方便、及时地找到合适的分析程序。对于那些太过复杂或新鲜的程序，需要方便甚至自动化的界面。在许多公司里，往往由工程部门的一组分析专家来负责相关问题。在这种情况下，界面往往是人，我们暂时没有设计师和分析师之间沟通的相关研究。因此，针对复杂分析计算机程序，正在开发基于计算机的界面。如果开发出新型实用的工具，设计师更容易做出可靠的分析结果，从而尽早得到可用性更高的方案。

1983 年，Shephard 回顾了有限元网格的阶段成果。最近，Kela 描述了一套实验系统，从计算机辅助设计数据中生成 2D 网格，并重新自动设计这些网格直到得到合适的结果。

3. 设计初期分析

许多工程分析项目都需要完整的设计分析。而完整的设计分析只有在参数化阶段才能得到。如何在更早期的设计阶段来评价设计呢？

Wood 和 Antonsson 利用模糊集合论来帮助初步设计决策，同时使用了模糊参数计算的分析工具。Rinderle 的工作将分析完整地融入配置设计过程。Gelsey 描述了两个有关机械化自动分析的项目，它可以从计算机辅助设计数据库中自动识别并模拟运动部分。

其他有关初期设计分析的论文如下：在 Libardi 的文章中，他描述了这样一种系统的要求，即这个系统要同时支持不完整和抽象的设计分析及在不同功能域下的设计分析。Cline 讨论了建造过程中的系统，通过为设计师提供一系列便捷选择来支持设计过程中的分析。

对设计象征性表示的开发和维护是这种方法的关键。Shephard 讨论了在设计初期的这个问题。Jones 开发了一个小的系统，用于自动挑选和应用分析模型，如悬臂梁、薄板等。这个系统使用了基于特征的设计表现方法，同时考虑了在选择过程中的准确性和目的性。然而，这项工作仅仅是这个领域研究的开始。

4. 小结

一旦设计进入具体细节阶段，分析程序就可以预测和模拟设计在不同尺寸下的情况。如果被设计师使用或者充分地帮助设计师，好界面对于这些程序是必不可少的。然而，更大的需求在于能够有更好的分析工具，帮助在设计初期基于定性信息做出关键性决策，需要方法和工具帮助设计师有效、全面地开发出更多可能性。从概念到具体的细节设计，设计评估和分析都是必需的。目前，具体进行这些工作的仍然较少，但以上提到的工作是鼓舞人心的开始。

（六）可制造设计和生命周期设计

直到最近，设计师一直被认为主要关注功能和装配，而不太关注其他问题。特别是制造的设计含义，即便是制造、工艺规划、可检查性，以及其他的生命周期的问题，如可维修性、可处理性，只有在做出重要的设计决策和承诺后才被考虑到。当考虑一个产品的整个生命周期——从概念设计到废弃处理，这种做法导致许多设计没有达到最优设计。与该做法相关的经济成本意识现在已经产生了越来越大的利益，有各种所谓的"可制造性设计""并行设计""同步工程"或"X 设计"，其中 X 可以代表与产品的整个生命周期价值相关的任何或所有的生命周期问题。

1. 并行设计

传统上，一个新产品从构思到出厂时间都已被安排和划分好。其原因之一，仅仅是全生命周期问题的设计需要这么多知识，没有一个人或小团体可以知道所需的一切。传统的设计流程，伴随着它所蕴涵的所有组织和人的惰性，现在已经形成体制结构。因此，研究生命周期的设计，很有可能在工程设计的实践中产生重大改变。它可以从两个并非完全独立的观点来看生命周期设计的研究：①与知识相关；②与流程相关。第一个观点专注获取、组织和运用生命周期问题的知识，涉及早期的设计决策；第二个观点侧重组织和控制的设计流

程，提早或同时考虑生命周期问题。

Finger 等人描述了一个系统，被称为设计融合（Design Fusion），这是基于三个基本概念：通过多个角度的使用观点集成生命周期问题，其中每个角度代表不同的生命周期问题，如制造、分销、维修等；代表不同层次的抽象和粒度的设计空间，通过使用特性（特性是指这些属性可以从任何角度的观点来描述设计）以及使用限制来指导设计。

在《产品设计的战略方针》一文中，Whitney 等人对并行设计提出了全面的观点。作者提出了一种方法，设计过程的组建专注装配的集成，它可以给所有的不同的生命周期问题带来沟通和互动。制造"过程是设计"或制造过程决策先于许多功能设计决策，其中还介绍了一些案例。

并行设计的一个概念是设计产品（或部件）及其制造工艺。在这种方法中的开创性工作是由 Cutkosky 和 Tenenbaum 提出的。在这些论文的开篇描述了一个被称为第一切割（First – Cut）的系统，这个系统使设计师工作于制造模式成为可能，其中制造操作被定义为一种设计所需的手段。在第二篇文章中，探讨了并行设计的功能作用，得出结论——"特征和过程表示的结合是正确的基础，以建立一个完整的终端到终端的设计工具，用于消除（功能、几何、生产）限制"。虽然第一切割实现的这些想法局限于加工，但作者开始运用这些概念来注塑成型。

运用结合这两种观点的生命周期设计，一种方法就是组织变革。所有的各类专家，从一开始就聚集在一起进行设计，而不是单独和连续行动。当正在设计决策时，该计划把所有的生命周期专家所拥有的知识带到同一个地方。组织变革和行为的研究超出了工程设计研究的范围，但工程文献中已经出现了多次相关报告和讨论。

应该指出的是，召集专家解决生命周期问题，不能确保设计决策和妥协也提供知识。我们必须区分生命周期问题和关于创建修改早期设计理念的专家知识，以解决生命周期问题。Whitney 等人认为，通过关联所有决定和装配问题，包括装配的功能，将会产生所需的重点。然而，不确定的是，一个专家小组会有这样的知识，如装配加工、成型或计算容差，以优化一部分，考虑到功能、可靠性、可维修性、可制造性等。需要早期设计决策对于生命周期问题关系的显性知识，以进行生命周期设计。同样，这直接关系到在配置和概念阶段的评估和分析问题。

2. 可制造性设计

Boothroyd 和 Dewhurst 进行了开拓性研究，积累和组建与设计直接相关的处理和装配知识。此工作是基于一个假设，即在装配中少量的组件抽象功能可用于预测组装所需要的时间，以及有用的精度。手动和自动装配都要考虑。这些功能包括零件大小和对称性的指定方面。处理和组装时间的预测，可用于指出从装配的观点出发所需的设计变更。

在其他可装配性设计的研究中，Poli 和他的同事们已经开发出一种电子制表方法来给设计评分，根据它们是否便于自动装配，结果表明部件和产品的功能往往增加了装配成本。

上述系统要求设计师手工计算并输入所需数据的大小、对称性，以及其他功能。Myers 描述了一种算法，当在几何实体建模器中设计装配组件时，运用 Boothroyd 理论和数据自动计算各种组件的手动处理时间。在这项工作中，从实体建模范围的表述中提取所需的功能。这种与设计相关的手动处理分析的自动化尚未扩展至自动处理或者插入次数。

在其他的可制造性设计中，Poli 已经组编了可锻造性设计的知识。根据 Boothroyd 的装配研究，锻造相对成本和难度的分析是基于识别选定的设计特性，结果指出从锻造过程的观点来看潜在的设计问题。这些研究人员正在进行可注塑性设计的研究工作。

启发式信息可以从与可制造性设计相关的企业和行业协会获得。例如，对于铸造的有挤压、TBR 锻造，以及注塑成型。然而，这种类型的知识还没有嵌入 CAD 和实体建模系统中，在某种程度上使用这些系统的设计师可以获得这些信息。

与 Suh 的设计的公理化方法在思想上类似，Ayers 探讨了制造业物质上的信息浓度。虽然 Ayers 没有讨论设计本身，但他认为最优设计和制造工艺通过减少所需信息以获得最大的经济价值来描述和生产一个产品。Stoll 在文献中给出了可制造性设计的概述。

3. 容差

虽然容差对于功能、性能和制造成本都很关键，但容差相关的理论研究较少。有三方面的研究：①容差和成本之间的关系；②容差和功能性能之间的关系；③在基于计算机的设计系统中容差的代表性。

容差和成本之间的关系几乎没有已公布的数据。Chase 已经使成本公差曲线符合 Jamieson 公布的数据。研究工作正在进行中，分析和发布更多的数据也许可以提供理论基础，或者至少是一些定量的概括。一些研究人员研究了如何合成容差，根据各种容差成本关系的假设模型，最小化制造成本。这些方法采用优化方法，以最小化假定成本函数。对于功能性容差影响的研究更是有限。Evans 介绍了一种可能的理论方法来解决该问题，但这个理论并不成熟。容差的分配可以被看成对属性进行赋值，也就是说，可以作为参数化的设计问题。因此，必须能够分析在复杂装配中容差层的影响。这种分析有几种方法，正如 Greenwood 和 Turner 所描述的。

4. 其他生命周期问题的设计

可制造性设计（当然包括功能），在 X 设计的研究领域中是最活跃的，其他 X 设计的研究成果非常少。Suri 提出并正在研究可分析性设计，即设计产品和制造系统，使它们可以很容易地被分析。他认为，分析是另一个过程，就像制造或装配，这是设计必须经历的。因此，正如可制造性设计或可装配性设计，还应该有可分析性设计。

Brei 等人提出了一个"统一的生命周期工程"（Unified Life-Cycle Engineering，ULCE）环境的详细结构。该报告还建议研究和开展以下的生命周期问题：①设计中的人类互动；②设计的理论、方法和工具；③设计的数据库管理；④用户界面；⑤细节设计变更的自动管理。

其他生命周期问题的研究，如设计的可靠性、可测试性、可维护性，在某些领域比机械设计领域更为先进，如电子和软件设计。Ayers 在一篇论文中，站在有趣的角度，讨论了复杂性、可靠性和可制造性之间的关系。他认为，机械产品的制造必须朝着建立综合的、多用途的庞大体系发展，类似于计算机芯片集成，即使机械产品达到相同水平的可靠性和可重复性。Fiering 和 Villamarin 研究了失败的设计，以令人惊讶的方式揭开导致不可靠设计的因素。

Koen 等人调查了故障树分析法等技术，以开发工具来帮助设计师设计大型复杂的系统。

5. 计算机辅助设计顾问

嵌入知识的计算机辅助设计系统已经被提出并试验，为设计师提供了制造和生命周期问题的早期在线建议。所有这些咨询系统都需要一个正在进行设计的功能方面的表征，不论是通过特征提取还是功能设计来获得。Henderson 描述了加工零件的特征提取系统，提供与工艺规划相关的信息。

Dixon 等人在美国马萨诸塞大学已经开发了实验设计与特征系统。在文献中，设计旋转对称部件是根据特征，如磁盘、锥体和气缸；该系统提供了自动打印审查水平的制造能力建议。根据壁面和相交特征来设计挤压成型部件；该系统提供了有限元束分析的自动接口。根据宏观特征来设计铸件，如箱体、L形支架、U 形管道和厚片；该系统提供了有关制造限制、热点和灌装的问题咨询。Dixon 提出了一个总体架构的特征系统设计，在设计过程中为设计师提供了制造和生命周期的建议和再设计建议。

Turner 和 Anderson 已经为加工零件开发出一种基于特征的设计系统，包括紧固、工艺规划、数控代码生成。该系统用于快速生产零件，而操作员很少干预。这项工作的一个重要方面是包含特征表示的容差信息。

6. 小结

迄今为止，X 设计主要指可制造性设计。可制造性设计的研究是广泛的，尤其是对于装配和加工。对于知识的获取和组织，以及用实际的方法让设计师及时有用地获取信息，仍然需要努力研究。相比之下，仍然缺乏对于容差的基本了解，尽管人们在这方面的研究兴趣越来越大。在生命周期设计所有工作中的一条共同主线是需要更好的机械设计基本表征。基于功能的表征和生命周期设计的研究之间存在明显的依赖关系。

三　设计理论和方法分类

设计是一门学问，一百年来，国内外学者提出了几十种产品设计方法，这些方法对于产品设计会产生各种不同的作用，设计者应该从这些方法中吸取有

用的东西，开展相应的设计工作，以便提高产品的设计质量、降低成本、缩短生产周期，最大限度地满足用户的需求。其中的主要设计方法有功能设计、概念设计、系统设计、创新设计、绿色设计、动态设计、优化设计、智能化设计、数字化设计、多学科融合设计等。

表1列出了国内外学者提出的80多种产品设计理论和方法，这些设计方法对于指导各类产品的设计会发挥一定的作用。几十年来国内外学者未对这么多的方法进行分类，因而对这些方法的共性和特性未能充分了解，对这些方法进行分类有利于这些方法在产品设计中的有效利用。

表1　产品设计理论与方法的种类

1. 普适设计方法	22. 传动系统设计	43. 快速反应设计	64. 详细设计
2. TRIZ 发明解决问题	23. 驱动系统设计	44. 变形设计	65. 施工设计
3. 概念设计	24. 监测系统设计	45. 网络设计	66. 神经网络设计
4. 创新设计	25. 控制系统设计	46. 智能设计	67. 基础设计
5. 顶层设计	26. 诊断系统设计	47. 机电一体化设计	68. 集成设计
6. 系统化设计	27. 动态设计	48. CAE	69. 全生命周期设计
7. QFD 功能质量配置的设计	28. 运动学设计	49. 数字化设计	70. 边界元设计
8. 三次设计	29. 动力学设计	50. 专家系统设计	71. 工装设计
9. 公理化设计	30. 振动设计	51. 虚拟设计	72. 程序设计
10. 综合设计	31. 摩擦学设计	52. 可视化设计	73. 缩短生产周期的设计
11. 绿色设计	32. 疲劳强度设计	53. 人机工程设计	74. 标准化设计
12. 和谐设计	33. 可靠性设计	54. 有限元设计	75. 通用化设计
13. 系统设计	34. 工艺设计	55. 价值工程设计	76. 鲁棒性设计
14. 功能设计	35. 精度设计	56. 并行设计	77. 静强度设计
15. 性能设计	36. 容差设计	57. 协同设计	78. 六西格玛设计
16. 全功能全性能设计	37. 试验设计	58. 相似性设计	79. 分层设计
17. 方案设计	38. 造型设计	59. 柔性化设计	80. 三化设计
18. 初步设计	39. 稳健设计	60. 反求工程设计	81. 品牌设计
19. 参数设计	40. 优化设计	61. 多学科融合设计	82. 服务设计
20. 结构设计	41. 优势设计	62. 控制器设计	83. 全球化设计
21. 机构设计	42. 模块化设计	63. 模糊设计	84. 个性化设计

闻邦椿院士等于2003年在《机械工程学报》创刊50周年时对其中的60多种方法进行了分类（见图1）。

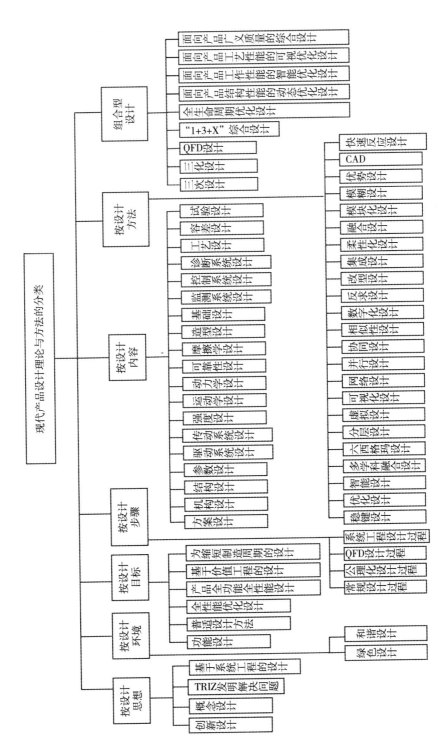

图1 现代产品设计理论与方法的分类

闻邦椿院士等人认为，为了更好地做好产品设计方法的研究，还应该基于科学发展观的基本思想，广泛采用现代科学技术成就，如系统论和系统工程的思想和方法、现代信息技术、各种优化的理论和方法，采用创新的原理和方法，以及预测学的理论和方法等。

参考文献

[1] Cha J. Z. , R. W. Mayne, Optimization with discrete variables via recursive quadratic programming: Part 1—concepts and definitions, ASME, 1989.

[2] Cha J. Z. , R. W. Mayne, Optimization with discrete variables via recursive quadratic programming: Part 2—algorithm and results, ASME, 1989.

[3] Rinderle James, D. Watton John, "Automatic identification of critical design relationships", 1987.

[4] M. Eastman Charles, *The design of assemblies*, Department of Architecture, Carnegie – Mellon University, 1981.

[5] Kitajima Katsuhiro, Yoshikawa Hiroyuki, Himades – 1: "A hierarchical machine design system based on the structure model for a machine", *Computer – Aided Design*, 1984, 16 (6): 299 – 307.

[6] Ko Heedong, Lee Kunwoo, "Automatic assembling procedure generation from mating conditions", *Computer – Aided Design*, 1987, 19 (1): 3 – 10.

[7] Lee Kunwoo, C. Gossard David, "A hierarchical data structure for representing assemblies: part 1", *Computer – Aided Design*, 1985, 17 (1): 15 – 19.

[8] K. Lee, D. C. Gossard, "A Hierarchical Data Structure for Representing Assemblies: Part 2", *CAD*, 1985, 17 (1): 20 – 24.

[9] Light Robert, Gossard David, "Modification of geometric models through variational geometry", *Computer – Aided Design*, 1982, 14 (4): 209 – 214.

[10] H. Takase, N. Nakajima, "A language for describing assembled machines", *Design and Synthesis*, 1985: 471 – 476.

[11] A. Wesley Michael, Lozano-perez Tomas, I. Lieberman Lawrence, et al. , "A geometric modeling system for automated mechanical assembly", *Journal of Research and Development*, 1980, 24 (1): 64 – 74.

[12] Colburner, J. R. Rinderle, "Supporting Design Reasoning with a Constraint – Based Representation", Internal Lab Report CMU – MEDL – 88 – 22, Department of

Mechanical Engineering, Carnegie Mellon University, 1988.

[13] Strawbridge Zeke, A. Mcadams Daniel, Stone B. Robert, "A computational approach to conceptual design", 2002.

[14] K. Ulrich, W. Seering, "Conceptual Design as Novel Combinations of Existing Device Features", *Advances in Design Automation*, 1987, 1987: 27 – 30.

[15] J. J. Cunningham J. R. Dixon, Designing with features: the origin of features, 1988: 237 – 243.

[16] R. Dixon John, J. Cunningham John, K. Simmons Melvin, "Research in designing with features", 1987: 137 – 148.

[17] B. Unger Mark, R. Ray Steven, "Feature – based process planning in the AMRF", *Computers in Engineering*, 1988: 563 – 569.

[18] Mehta Si, U. P. Korde, An Expert System to Choose the Right Optimization Strategy The American Society of Mechanical Engineers, 1988: 483.

[19] E. Polak, P. Siegel, T. Wuu, et al., "Delight. MIMO: An interactive, optimization-based multivariable control system design package", *Control Systems Magazine*, IEEE, 1982, 2 (4): 9 – 14.

[20] L. Rogers James, M. Barthelemy Jean – francois, "An expert system for choosing the best combination of options in a general purpose program for automated design synthesis", *Engineering with Computers*, 1986, 1 (4): 217 – 227.

[21] J. S. Arora, P. B. Thanedar, "Computational methods for optimum design of large complex systems", *Computational Mechanics*, 1986, 1 (3): 221 – 242.

[22] W. L. Brei, W. E. Cralley, D. Dierolf, et al., "Architecture and Integration Requirements for an ULCE Design Environment", IDA Paper P-2063, Institute for Defense Analyses, Alexandria, Virginia, 1988.

[23] Newman John, Krakinowski Morris, "Case study: Matrix printer: No pulleys, belts, or screw", *Spectrum*, IEEE, 1987, 24 (5): 50 – 51.

[24] W. Stoll Henry, "Design for manufacture: an overview", *Applied Mechanics Reviews*, 1986, 39: 1356.

[25] M. Vaghul, J. R. Dixon, G. E. Zinsmeister, et al., Expert systems in a CAD environment: injection molding part design as an example 1985: 4 – 8.

[26] C. Libardi Eugene, *Designing with features: Design and analysis of extrusions as an example*, University of Massachusetts at Amherst, 1986.

[27] C. Luby Steven, J. R. Dixon, M. K. Simmons, *Designing with features: creating and using a features data base for evaluation of manufacturability of castings*, University of Massachusetts at Amherst, 1986.

[28] 闻邦椿、周知承、韩清凯等：《现代机械产品设计在新产品开发中的重要作用——兼论面向产品总体质量的"动态优化、智能化和可视化"三化综合设计

法》，《机械工程学报》2003 年第 10 期。

[29] 谢友柏：《现代设计理论和方法的研究》，《机械工程学报》2004 年第 4 期。

[30] Dixon, John R. , "On research methodology towards a scientific theory of engineering design", *Artificial Intelligence for Engineering*, *Design*, *Analysis and Manufacturing* 1. 03 (1987): 145 – 157.

[31] Cha, J. Z. and Mayne, R. W. , "Optimization with Discrete Variables via recursive Quadratic Programming", Advances in Design Automation, American Society of Mechanical Engineers, September 1987.

[32] Joskowicz, L. and Addanki, S. , "From Kinematics to Shape：An Approach to Innovative Design", 7th National Conference on Artificial Intelligence, AAAI – 88, Minneapolis, MN, August 21 – 26, 1988.

[33] Poli, C. , "A Design for Assembly Spreadsheet", *Design and Synthesis*, Elsevier Science Publishers B. V (North – Holland), 1985.

中国老龄化社会的福祉服务设计

宗明明　王永志　李辰*

摘　要:

人口老龄化是 21 世纪不可逆转的全球化趋势。中国作为一个人口大国、一个发展中国家,面临的老龄化问题格外严峻。积极应对人口老龄化问题不仅是政府机构的职责,更应该成为全体社会力量的共同责任。设计人应该发挥专业特长,承担起相应的社会责任,尽心竭力为应对人口老龄化问题提供有效的解决方案,以展现设计学科本身蕴涵的人文关怀。应用设计手段解决中国老龄化和老年福祉问题需要基于当前国情及新兴设计领域的比较研究而得出理性思考。本文通过洞悉老年群体的福祉文化需求层次和特点,结合服务设计理念,协调各级社会力量,构建老年福祉服务系统,以便及时整合反馈老年人福祉文化需求动态,有效地统筹各领域的研究成果,将其渗透到养老环境、生活服务、福祉产品开发等老年福祉文化的各个方面,满足老年人福祉文化需求,进而展现老年福祉服务设计的安全性、互动性、灵活性与人性化等特点,以设计领域的创新研究推进中国老龄化社会福祉的发展。

关键词:

老龄化　福祉需求　服务设计

---

* 宗明明,北京理工大学教授;王永志,齐齐哈尔大学讲师;李辰,北京理工大学硕士研究生。

一　中国老龄化社会的现状

（一）老龄化社会的标准

老龄化社会是指老年人口占总人口达到或超过一定比例的人口结构模型。按照联合国的传统标准是一个地区 60 岁及以上老人达到总人口的 10%，新标准是 65 岁及以上老人占总人口的 7%，即该地区进入老龄化社会。

（二）我国已经进入老龄化社会

我国在 1999 年达到老龄化社会标准，60 岁及以上老年人口占全国总人口的 10%，我国正式进入了老龄社会，同时我国也是较早进入老龄社会的发展中国家之一。2009 年 10 月 26 日，中国传统节日重阳节到来之际，中国正式启动了应对人口老龄化战略研究，以积极应对持续加剧的人口老龄化危机。

据 2010 年第六次全国人口普查主要数据公报（第 1 号）显示，65 岁及以上人口占总人口的 8.87%。与 2000 年第五次全国人口普查相比，60 岁及以上人口的比重上升 2.93 个百分点，65 岁及以上人口的比重上升 1.91 个百分点。与此同时，据联合国预测，1990～2020 年，世界老龄人口平均年增速为 2.5%，同期我国老龄人口的递增速度为 3.3%，世界老龄人口占总人口的比重从 1995 年的 6.6% 上升至 2020 年 9.3%，同期我国由 6.1% 上升至 11.5%，无论是增长速度还是比重都超过了世界老龄化的平均值。这些数据说明我国不仅是老年人口最多而且是世界上老龄化速度最快的国家，人口老龄化问题严峻，成为影响我国经济社会协调与可持续发展的重要因素。

二　如何应对人口老龄化

（一）他山之石——美国、日本等国家应对人口老龄化的做法

我国的人口老龄化处在世界性的人口老龄化的大背景之下，所以，在应对

老龄化问题上，我们可以借鉴国际上的经验。美国、日本等发达国家先于我国进入老龄化社会，在应对老龄化的问题上，它们依据各自的文化渊源与国情，采取了不同的应对模式。

美国早在 20 世纪 40 年代，就开始进入人口老龄化社会，现在 65 岁及以上老龄人口占总人口的 17.4%，是典型的老龄化社会。由于老龄化问题严重影响了经济和社会发展，美国政府高度关注老龄化问题，设立了管理老龄问题的机构，包括老人问题管理署、政府老龄问题顾问委员会和社会保障总署。1935 年通过了以养老保险为主体的《社会保障法案》；《社会保障法案》实施后，又经过多次修改与完善，目前已经形成了比较完整的养老保障制度，包括养老保险制度、医疗保险与救助制度等，美国老人在职时按月从本人工资中扣取一定数额的养老金，所在单位再配套一定比例，各州规定不尽相同，为老年人构筑了社会保障安全网。1999 年，美国政府强调 21 世纪社会保障制度建设的重要性，主张把大部分财政预算盈余投入到社会保障事业。美国与其他西方国家的区别，就在于实行的是投保资助型社会保障制度，即"受益人同时也是缴费人"。

日本在 20 世纪 70 年代初，65 岁及以上的老人占总体人口比例达到 7.1%，开始正式步入老龄化社会。时至今日，日本已经成为全世界老龄化程度最严重的国家。与此同时，老龄化不断加深令日本政府在社保支出上的财政负担连年加大，也对日本的社会与经济发展构成了障碍。因此，日本在应对老龄化问题上也进行了很多尝试。日本国立社会保障与人口问题研究所是日本厚生劳动省于 1996 年设立的政策研究机构，主要负责就人口老龄化所伴随的社会保障负担加大等问题进行宏观政策研究，以探寻解决问题的良方。满足老龄化人口的福祉需求，是日本应对老龄化的一个很突出的做法。

通过研究美国、日本等国家应对老龄化问题的措施，不难发现，各国的做法主要集中在两个方面：一方面，"缩短老龄化的过程"（如美国的放宽工作年龄、日本的刺激人口增长）；另一方面，"适应老龄化的进程"（如美国的养老保险制度、医疗保险与救助制度，日本的社会福祉制度）。

（二）设计能够为老龄化社会做什么？

在设计领域对设计的定义一直没有一个明确统一的定论，它可以是一种规划、一种设想，也可以是一种问题的解决方法，它的职能与范畴具有多样性和不确定性的特点。设计涉及的方面非常广泛，狭义的设计是设计学的范畴，一种微观上的物质行为，它包含了对社会生活细节的体察与考量，涵盖产品设计、平面设计、交互设计、广告设计、服装设计、品牌设计、建筑设计等诸多子领域的内容，小到日常生活层面衣、食、住、行相关用品的加工与制作，大到建筑与空间设施的规划与建设，几乎充斥了社会生活中的每个侧面；广义的设计是社会学的延伸，是一种宏观的社会行为，是一种设想、规划与整合的创造性手段，它能够优化配置有限资源、统筹规划未来。

设计领域近几十年在中国蓬勃迅速发展，拓展出诸多细致的门类与设计理念，也涌现出异彩纷呈的设计成果。在应对老龄化社会的诸多问题上，设计领域进行了诸多设计尝试。"福祉车"，也被称为"福利车"或"无障碍车"，在欧美普遍的叫法则为"Wheelchair Accessible Vehicle"（轮椅可通行车辆，即"无障碍车辆"）。2007 年，日本车商共开发了 3.5 万辆福祉车。2014 年 2 月 18 日，以"科技，为老年人创造幸福"为主题的第三届中国老年福祉产品设计大赛正式启动。研究现有的成果，可以发现设计领域对老年福祉的探究侧重设计的狭义定义与职能，大部分案例从产品领域、环境领域、视觉领域入手，对老年群体衣、食、住、行、医、护、娱、教、游的软硬物质载体给予创新设计，研究过程将理论分析与实践案例相结合，其中不乏优秀的研究，既具有新颖独特的切入角度，又有有效、富有创意的解决方式。例如，在服装设计方面，有的案例分别针对健康型、久坐型、久卧型三类老年群体，从生理特征、心理特征两方面深入研究分析老年服装人性化设计的款式、结构、面料、色彩、装饰特点及其成因；在产品设计方面，有的案例着眼于未来中国老年人从"安度晚年"向"欢度晚年"的生活理念转变，通过对人 - 机 - 环境的系统分析，探讨老年人电子玩具的不安全因素和相应解决方法；在环境设计方面，有的案例以残疾人、老年人的行为特征、技术规范和已有无障碍产品作为改造依据，从室内和室外两个方面对现代文化设施与历史遗留文化设施中的环境障碍有针对性地提出改造的方法，使文化设施在保持原有完整性不变的前提下达到无障碍改造的可行性和实用性。诸如此类的新颖独到的设计在研究领域层出不穷，它们从生活细节的角度对老龄化社会中已出现或将出现的问题进行剖析和解读，提供出了科学有效的解决方案。

不可否认，尽管设计研究在老龄化社会特定课题细节上的研究深入而独到，但从系统整体的角度来分析，现有的设计和成果未能表现出设计应对老龄化社会的宏观把握。具体包括相关设计研究课题缺乏宏观上的设计导向，致使研究成果分布零散、不成体系；设计课题内缺乏对老龄群体的社会形态、生活模式、福祉需求等核心层面的深入调查研究；设计领域内相关老龄群体的数据与信息不足，已有的数据没有规范化和标准化，难以为后续研究提供权威的依据。

三　中国老龄化社会需求福祉服务设计

随着老龄化问题的研究不断深入，我们发现了满足老年人的福祉需求的必要性。我国的发展处于从重视经济发展到经济社会协调和可持续发展的转折时期。社会的转型与市场经济的快速发展导致社会分化明显和贫富差距拉大，人民呼唤社会福利和追求社会福祉的愿望已成当今的热点。单纯依靠社会养老保险、社会保障制度已不能满足中国老年人的福祉需求。

我国人口老龄化同时伴随着老年人口基数大（截至 2010 年 11 月 1 日，60岁及以上的老年人达 1.78 亿人；老年人口增长快，2014 年我国老年人口将超过 2 亿人，2025 年将达 3 亿人，2042 年老年人口比例将超过 30%）、困难老人数量多（2010 年城乡空巢家庭接近 50%，失能半失能老年人达 3300 多万人）、老龄化先于工业化，以及老龄化与家庭小型化相伴随、老年抚养比快速攀升（2010 年大约 5 个劳动年龄人口负担 1 个老人，而据预测，2030 年每 2.5 个劳动年龄人口将负担 1 个老人）等诸多特点，所以，我国应对老龄化问题在借鉴发达国家经验和教训的基础上，不能忽略中国传统文化和中国的国情需要。在此社会环境影响下，老年福祉政策作为社会福祉政策的重点，其理念面临由"社会福利"向"社会福祉"的过渡和转变。

"社会福利"与"社会福祉"词义相互关联，但不可等同。"社会福利"（英文为 welfare）大多指利益和照顾，侧重满足人民社会生活的基本需要而提

供的物质援助。而"社会福祉"（英文为 well-being）更多地意味着眷顾和幸福，强调的是让人们感到幸福的一种状态。在老龄化社会中，与老年社会福利相比，老年社会福祉具有更高层次的目标和追求，它的目标是通过国家的权力或公共权力，使老年群体在物质得到保障的同时，更能在精神上发挥参与社会生活的能力，享受生活上的安心感、满足感，拥有自由、独立、参与、尊严的保障权利。老年人社会福祉可以说是未来社会的理想和目标，它要求国家的整体经济实力与人均收入水平的提高，同时需要政府对公共资源的整合与再分配的合理机制与多元化的监督体系、机制的建立。这预示达到此目标必须经过全体成员的共同努力，同时通过国家或者公共权力的介入才能实现。此过程将是一个漫长的过程，但它的实现的确是一个国家在政治、经济、社会等领域不断成熟的综合体现。

推进老年福祉是一个漫长艰辛的过程，我国老龄事业仍处于探索与成长的阶段。纵观社会环境、政策、福祉目标人群和养老服务发展与研究的状况，从整体上看，中国的福祉事业有了较快的进步和发展，但是局部仍存在养老需求供不应求、养老公共资源差别大、提供主体不足等诸多不良问题。具体分析，首先，老年化不断加速，社会保障医疗支出的压力日益加剧，老年福祉需求迅速膨胀。其次，我国养老服务的主体虽然向多元化的方向发展，但其客体依然受政府供给的影响，没能达到真正的覆盖。作为辅助主体的市场机制未能良好地运行，造成养老服务供给不足以及老年人在自由选择适合自身情况的养老模式上的诸多障碍。与此同时，养老行业还缺乏统一的行业标准，并且需要完善的监管和约束机制，造成养老公共资源差别大、养老资源不能优化配置等问题，养老服务措施分散化、分层化的现象亟待解决。最后，我国养老服务的人力资源缺乏，从业人员素质不高，服务质量难以提升。近年来，空巢老人、高龄老人、病患老人也在老龄化加速过程中同步快速增长，几千万此类老人亟须专业的社会养老和社会服务，专业化服务设施不健全，无法满足对此类老人的基本服务条件。以上这些问题均是中国社会福祉发展过程中必须要跨过的障碍，亦向我国现有的养老服务和养老方式提出了巨大的挑战。从宏观的角度，对中国老龄化社会福祉服务做全局的设计，应成为目前设计学界努力的目标。

四 中国的福祉服务设计观念定位

（一）从限定主义福祉模式转向多样化的福祉模式

漫长的封建社会积累下来的血缘集团的福祉理念造成了我国最初的限定主义的福祉模式（见图1），家庭养老是当时主要的养老模式，社会保障制度也未能覆盖全体人民。改革开放以后，随着市场经济体制的不断深入与家庭养老功能的弱化，我国福利模式呈现具有中国特色的社会福利社会化趋势。2000年2月，各部委联合发布了《关于加快实现社会福利社会化的意见》，明确提出推进社会福利社会化的福利政策，主张在供养方面坚持以居家为基础、以社区为依托、以社会福利机构为补充的发展导向，具体包括主体多元化、服务对象公众化、服务样式多样化和服务队伍专业化。老年人社会福利社会化导致的结果将是产生社区养老、机构养老、居家养老等多样化的老年福祉模式（见图2）。这种趋势体现了随着经济发展，社会福利保障范围不断扩展的社会福祉发展的一般趋势，是应对人口快速老龄化、不断满足广大老年人日益增长的养老服务需求的必然选择。

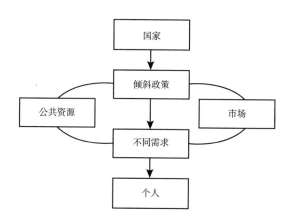

图1 中国限定性福祉模式

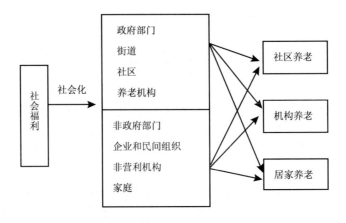

图 2　中国福利社会化构成

2013 年 8 月 17 日，中国新闻网以"中国政府加强顶层设计应对人口老龄化挑战"为标题，报道了"中国国务院总理李克强 2013 年 8 月 16 日主持召开国务院常务会议，确定深化改革加快发展养老服务业的任务措施"。分析认为，这表明中国政府希望通过加强顶层设计以应对人口老龄化所带来的挑战。在具体部署中，官方拟定了五大举措，包括加强养老服务能力建设；分层分类提供养老服务；创新养老服务模式；切实加强农村养老服务；推动医养融合发展。

（二）社会化的老年福祉服务

我国的社会化老年福祉服务正在逐步进行，以老年福祉、生活照料、医疗保健、体育健身、文化教育、法律服务为主要内容的社区老年人福祉发展迅猛。据民政部门统计，2002 年，城镇服务设施达 19.9 万处，便民服务网点有62.3 万处，社区服务中心 7898 个，每百万城镇人口拥有 15.7 个，农村社会保障网络的覆盖率已达 50%，以上服务设施都方便了老年人。2006 年，中国民政部启动了全国"社区养老福利服务星光计划"，以应对老龄化挑战。该计划的主要目的是将最为贴近老人生活、老年人服务量最大的社区居委会缺少的设施补齐、补好，逐渐形成城市社区居委会有站点、街道有服务中心、农村乡镇有敬（养）老院，县市有服务中心的老年人服务设施网络。服务内容逐步覆盖住养、入户服务、紧急救援、日间照料、保健康复、文体娱乐等多种项目，以便为老年人提供生活方便。

五 建立老年福祉服务设计体系

基于设计多样性与不确定性的特征与老龄化课题研究的现状的综合考量，在应对与解决老龄化社会中已出现和将出现的具体问题时，设计领域给予设计更为系统化和具体化的战略目标和定位，确定和建立老龄化社会设计发展的方向与研究重点。

2006 年，《中国人口老龄化发展趋势预测研究报告》指出，我国人口老龄化挑战将越来越严峻，并将很快进入 2030～2050 年的最严峻时期。从时间表上看，留给我们的准备时间只有短短不足 20 年。在这宝贵而有限的时间里，设计领域寻找有效的解决途径是当务之急。在此种情况下，设计将在研究方式上，借用服务设计理念，发展老年福祉服务设计，建立基于老年真实福祉需求的设计服务体系，协调与整合设计领域与其他社会领域之间的关系与任务分配，收集和采集相关数据和信息，统筹规划未来设计研究方向，充分发挥其优化配置有限资源、解决实际问题的职能与作用。

服务设计是设计领域兴起的新兴理念，它是一种跨学科的实践，它在错综复杂的设计过程中着眼于整体，致力于系统中各个部分紧密有效的配合，强调用户的需求与体验过程。在老年福祉的问题中，运用服务设计理念，研究构建一个人性化、高效率兼具灵活互动性的养老服务系统将是解决当前与未来老年福祉问题的有效尝试。在"福利理念"转向"福祉理念"的国家福祉政策指导下，经济和社会快速发展的成果将成为保障老年福祉服务系统设计的基本物质基础，各级社会力量的广泛参与将为其提供多层面的支持，老年人多层面的需求也为其提供了主观条件。

（一）老年福祉服务设计的具体概念及特点

老年福祉服务设计是基于我国现阶段的国情，以探索我国老年人的需求层次为基础，通过分析研究老年人的福祉文化需求层次和特点，结合服务设计理念与各级社会力量，整合养老服务中的物质与非物质资源，构建老年福祉服务系统的创造性过程。其目的是及时整合反馈老年人福祉文化需求动态，有效统筹各领域的研究成果并将其渗透到养老环境、生活服务、福祉产品开发等老年福祉文化的各个方面，最终保障老年人的社会权利，满足老年人多层次的福祉文化需求。它具有时间性、健康性、安全性、互动性、高效性与灵活性等特点（见表1）。

表1 老年福祉服务设计的特性与具体内容

特 性	具体内容
时间属性	依据我国当先的老龄社会国情，老年福祉服务任重而道远，它是关于过程的，需要很长时间来完成，老年福祉服务设计会随着福祉进程的推进对出现的问题不断进行分析和改进
健康属性	老年福祉服务设计的健康属性涵盖老年人的生理健康和心理健康：生理方面最主要的目标是在老年生理机能日益下降的情况下有效维护老年人的生理健康；心理方面是促进老年的心理健康，创造老年人自信、自尊、幸福的心理空间，让老年人能够适应社会的发展
安全属性	老年福祉服务设计的安全属性是指老年福祉环境、福祉服务与福祉产品的安全，它直接关乎老年群体晚年的生活质量。它的安全层面体现在老年群体的生理安全方面，致力于创造一种使老年人处于安全稳定的状态
互动属性	老年福祉服务设计的过程是动态互动的过程，其中老年人与服务提供方是福祉服务设计中的重要参与者，他们和设计师之间的磨合会在一定程度上决定设计质量的好坏
高效属性	老年福祉服务系统是一个庞大的社会性系统工程。在宏观层面，服务设计通过对服务的过程进行梳理分析，进行合理的资源优化配置，使系统高效运作；在微观层面，服务设计在福祉产品、福祉环境、视觉信息等方面的设计过程中，以老年人的生理特征为依据，通过设计整合的思想与宏观系统中的信息反馈，从效率的角度提高老年产品的可用性，快速有效地消解使用障碍，从而提升老年生活品质
灵活属性	老年福祉服务设计具有信息收集和信息反馈的运行机制，在面对突发问题与意外时能够及时提出合理的应对方案，对其进行有效解决

（二）建立老年人福祉需求层次模型

中共十六届四中全会做出的《中共中央关于加强党的执政能力建设的决定》，首次完整地提出"坚持以人为本，构建社会主义和谐社会"的概念，其发展目标给老年福祉服务设计提供了最好的基础。老年福祉服务设计的对象是老年人，以当代老年人为本，满足他们的福祉文化需求是设计的核心目标。对老年人来说，他们最需要的服务可以不是最高级的服务，但一定要是他们最想要的服务。因此，正确解读老年人的福祉需求层次对于设计适合老年人的养老服务、建立老年服务系统、完成我国向社会福祉的过渡具有至关重要的意义。

1. 老年福祉需求的起点和基础

老年群体的福祉需求是在特定条件下，老年人能够通过特定的手段实现的有可能满足的需要。老年群体有很多需要，但是只有那些有望在现实条件下得到满足的需要才能对设计领域产生实际的影响。因此，老年社会形态和老年生活模式是老年福祉需求研究的起点和基础。

（1）老年社会形态。老年人的社会形态包括老年经济形态、老年政治形态和老年文化形态。

老年经济形态是对老年经济活动及其结构和特点一种抽象表述，主要包括老年人的消费、收入和积蓄。老年人消费是老年人通过对产品和服务的购买满足其消费欲望的经济行为。老年人的收入主要由离退休金、劳动收入和子女供给三大部分共同构成，当前中国大部分城市老人有固定的经济收入，具有较高的消费购买能力。由于中国老年群体整体上传统节俭意识强，缺乏理财信心、医疗养老保障储备等因素，老年人的积蓄以放入银行的存款为主。

老年政治形态是由老年意识形态、老年相关法律法规等构成的。老年福祉需求能否得到实际的满足，离不开国家相关法律法规的逐步完善。2013 年 7 月 1 日施行的《中华人民共和国老年人权益保障法》单列"社会服务""社会优待""宜居环境"三章，以突出老年人优待与帮助，完善敬老与养老，以充分实现老年人的"老有所养、老有所依、老有所为、老有所学、老有所乐"，保障老年人获得经济上的供养、生活上的照料、精神上的慰藉的福祉需求。

中国传统的"家文化""孝文化""根文化"组成了老年文化形态的核心，它们构筑了中国家庭的传统伦理文化，深刻影响社会的变迁，具有道德伦理层面强烈的凝聚力和约束力，深刻影响老年群体的归宿感与幸福感。

（2）老年生活模式。老年生活模式是老年人活动形式和行为特征的总和，具体由老年人日常生活中的"衣、食、住、行、医护、娱乐和教育"等构成。"衣"主要是指老年人服装的设计、制作、搭配、购买、运送以及护理等；"食"主要是指老年人饮食习惯、饮食器具、饮食场所、饮食方式等；"住"主要是老年人居住生活的内外环境、居住方式；"行"主要指老年人的移动方式、移动辅助器具系统等；"医护"指老年人医疗和护理条件、医疗和护理环

境、医疗和护理设施与技术；"娱乐"主要指老年人娱乐和锻炼，包括娱乐设施和娱乐环境；"教育"主要指老年人再教育、再学习，能进一步丰富老年人业余生活，培养老年人需要的各项技能，给予老年人更多社会参与的可能，让老年人更有意义地度过晚年。

（3）老年福祉需求。2013年8月16日，国务院总理李克强主持召开国务院常务会议指出，到2020年全面建成以居家为基础、社区为依托、机构为支持的覆盖城乡的多样化养老服务体系，催生了老年群体多样化的养老模式，不同养老模式下的老年群体具有不同的福祉需求（见表2）。

表2　养老模式的具体内容

居家养老	居家养老是指老年人依靠家庭力量以及社会的专业化养老上门服务，是一种经济的养老模式，能充分利用有限的社会养老资源，集中体现中国传统的"家文化""孝文化""根文化"。近年来，随着城市生活节奏加快，受独生子女政策的影响，居家养老的障碍日趋明显，呈现明显且不可逆转的下行走势
社区养老	社区养老是居家养老的重要支撑，它具有社区照料和居家养老支持两类功能：一方面，使老年人能够继续在熟悉的环境中生活，接受相应的服务；另一方面，充分利用老年人家庭原有的各种资源，使老年人得到生活上和精神上的照顾，免除后顾之忧
机构养老	机构养老是将老年人集中安排在专门的养老机构，由专业护理人员予以照料。机构养老集中式的管理能使老年人得到全方位的专业照顾以及完善的医疗服务，但极易造成老年人与子女之间的感情缺失、亲朋好友之间的疏远，并且养老成本很高

2. 老年福祉需求内容研究

老年福祉需求的内容一直没有明确的定义。在各领域的研究中，有关人类需求的研究较多，与福利相关的需求分类大体有两种形式。第一种是采取社会行政的观点，侧重对需求状态进行系统的分类，以协助社会决策过程与方案的执行。例如，斯拉克（Slack）根据蒂特马斯的论点，将需求分为短期需求与长期需求；弗斯特（Foster）将需求分为供给者需求和需求者需求。第二种是将需求进行归纳分类，这里既有布莱德萧（Johathan Bradshaw）提出的四种需求类型，包括规范性需求、感觉到需求、表达需求、比较需求，又有福德（Anthory Forder）提出的五种需求，包括健康需求、经济需求、居住需求、心理需求以及社会需求。针对老年人需求的问题在1969年召开的第24届联合国代表大会上首次被提出后，引起了与会各国代表的广泛关注。1991年，第46届联合国大会通过了《联合国老年人原则》，规定老年人原则包括独立、照顾、自我充实和尊严四个方面。在相关的研究中，福德教授认为，老年人需求主要包括健康需求、经济需求、居住需求、心理需求、社会需求五个方面；格拉斯曼（J. J. Glassman）等人的研究指出，老人年龄、性别、收入、居住安排、身体功能以及家庭支持情况对老人对社会福利的需求有影响；而查理斯（D. J. Challis）更多地关注社会隔离与寂寞感对老年人需求的影响。我国学者陈立行、柳中权教授，则强调老年人需求的复杂性与多层面化，至少包括物质生活、精神文化生活、生命质量、自身素质、享有的权益和权利、生活环境等。

3. 老年福祉需求层次模型的探索

最著名的普遍性需求层次理论是马斯洛需求层次理论（Maslow's Hierarchy of Needs），它是由美国心理学家亚伯拉罕·马斯洛于1943年在《人类激励理论》（*A Theory of Human Motivation*）中提出的，是行为科学的重要理论。马斯洛需求层次理论（Maslow, 1943）将人类的需求划分为五个层次，即生理需求（The physiological needs）、安全需求（The safety needs）、情感需求（The love needs）、尊重需求（The esteem needs）和自我实现需求（The need for self-actualization），此需求层次理论已经得到广泛的认可，是各项行为科学研究的基础理论之一。套用马斯洛的普遍性需求模型探索当代老年人的需求，可以在一定程度上预测老年人的基本福祉需求的大体方向，具体如图3所示。

通过演绎和真实情况的总结，可以发现老年人的需求呈现多样化和复杂性，但可以归结为三个基本层面。

（1）安全健康的需求。此类着重生理需求，包括身体健康，具有衣、食、住、行、医疗、保健等生活中基本物质保障，生活在安全环境中，可以获得安全、便捷的福祉产品与福祉服务。

（2）自理自立的需求。此类侧重主观的情感需求，包括亲情、友情、爱情、沟通交流、文化娱乐等有助于老人自信自强、安定愉悦，以及增强安全感和归属感等的需求。

（3）价值实现的需求。此类强调社会与家庭的人文关怀支持，为老年人

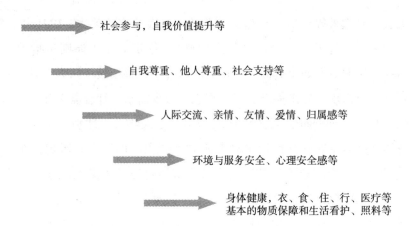

社会参与，自我价值提升等

自我尊重、他人尊重、社会支持等

人际交流、亲情、友情、爱情、归属感等

环境与服务安全、心理安全感等

身体健康，衣、食、住、行、医疗等
基本的物质保障和生活看护、照料等

图3　马斯洛需求层次理论下老年人的基本福祉需求

提供社会活动、公益活动、再就业等机会，满足老年人受人尊重与重新投入社会发挥余热的渴望（见图4）。

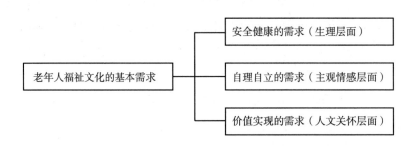

老年人福祉文化的基本需求

安全健康的需求（生理层面）

自理自立的需求（主观情感层面）

价值实现的需求（人文关怀层面）

图4　老年人基本福祉需求的三个层面

　　在现实生活中，除此三类老年人基本需求特性外，由于生理、心理的变化和生活环境不同，老年人在此三类基本层面的需求细节上还具有相当程度的差异，导致需求层次呈现时间波动性和显著的需求细节的差异性。以年龄和性别两个变量影响需求层次的差异为例，从表3中可以看出，不同年龄阶段的老年人的生活自理能力呈现显著的差异，低龄老年人需要的服务不同于高龄老年人，健康老年人需要的服务将不同于生活不能自理的老年人，可以推断出老年人的需求层次不是一成不变的，会随着时间呈现波动性。同时，相同年龄不同性别的老年人在自理能力上也存在较大的不同，体现在具体需求上可能是衣、食、住、行及药品等物质消费需求的不同，也可能是参加老年教育、老年旅游等各种文体活动等精神需求程度的不同，这些均反映出不同老人在相同时间点上需求细节的显著的差异性。因此，要按照以老年人为本的理念，想老年人之所想，提供体贴入微的老年人专用产品和服务，使他们也能和其他年龄段的人群一样享受经济发展的成果。老年人的福祉文化需求层次的模型必然不是一成不变的静态模型，而是依据具体老年人实际的状况与个人选择，三个基本需求的层次随着时间不断波动，各项需求的细节逐步更新变化的个性化动态模型。

表3　60岁及以上老人生活是否能够自理

年龄		60 +	60 ~ 64	65 ~ 69	70 ~ 74	75 ~ 79	80 ~ 84	85 ~ 89	90 ~ 94	95 +
人口数 （千人）	男	75735	24266	20110	16095	9111	4386	1348	355	63
	女	79167	23333	19952	16442	10048	6082	2379	760	170
	总	154902	47599	40062	32537	19159	10468	3727	1115	233
生活自理 （千人）	男	70117	23584	19226	14812	7881	3420	953	207	33
	女	71140	22587	18906	14844	8555	4389	1424	362	72
	总	141257	46171	38132	29656	16436	7809	2377	569	105
生活不能 自理 （千人）	男	5618	682	884	1283	1230	966	395	148	30
	女	8027	746	1046	1598	1493	1693	955	398	98
	总	13645	1428	1930	2881	2723	2659	1350	546	128

注：抽样比为 0.966‰。

资料来源：《中国统计年鉴 2005》。

（三）老年福祉服务设计体系职能设计

老年福祉服务系统的职能分为横向和纵向两个层次的职能，横向的职能致力于福祉服务体系的支持和构建；纵向的职能侧重于从产品、环境、视觉等设计课题入手，对老年群体的衣、食、住、行等生活物质载体进行深入设计。

1. 老年福祉服务系统的横向职能设计

（1）沟通和协调福祉主体，整合物质与非物质资源。我国有多样化的福祉服务提供主体，其中包括各级政府、非政府组织和机构、社区、市场、家庭等。多样性的主体在设置上具有零散化和地方化的特点，必然导致产品性质和服务界定不明确、服务无缝转接等方面的统筹规划的欠缺。特别值得一提的是学术界近些年来对老年福祉的研究具有一定的成果，但由于缺乏沟通与适当孵化手段等原因，众多切入点独特且具有创意性、实用性的研究成果仍停留在理论阶段，未能付诸实践并发挥它们真正的效用。在未来福利社会化的进程中，这些问题会随着时间日益加剧。老年福祉服务系统就是要从设计的角度解决这些主体之间复杂的协调问题。借助系统设计的理念，重新整合服务过程中的物质资源和非物质资源，辅助各环节的设计程序与服务的无缝衔接，缓解由于条块分割造成的一定程度的资源浪费与服务供给的不足（见图5）。

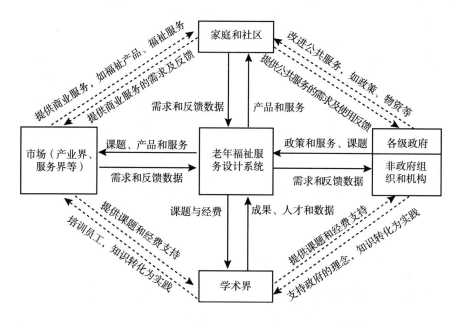

图5 老年福祉服务系统介入下各主体之间的互动关系

（2）构建老年福祉需求的支持网络。老年福祉服务系统在集合和沟通多样化老年福祉主体提供的物质与非物质资源，对其进行重新分配整合之后，需要设计并构建支持服务系统运行的支持网络。依照老年人福祉文化需求层次的模型，老年人的三大基本福祉需求分别有安全健康需求、自理自立需求、价值实现需求三个层面。系统将对照这三种基本需求，分别设计支持此需求的三个基本服务网络——基础物资与服务需求支持网、精神文化需求支持网、社会参与需求支持网。每个基础支持网络之下都包含更为细致的服务设计子集：基础物资与服务需求支持网包括老年人日常护理服务设计，经济援助、法律咨询等信息服务设计，衣、食、住、行及医疗产品设计；精神文化需求支持网包括文化娱乐活动设计、老年人教育服务设计等；社会参与需求支持网包括老人间互助服务设计、老年人志愿者服务设计、老年人再就业服务设计等。支持网络下的服务设计子集不是固定的，会按照老年人的具体需求进行修改和变更，以这种动态的层级关系，逐步设计渗透到老年人需求的方方面面（见图6）。

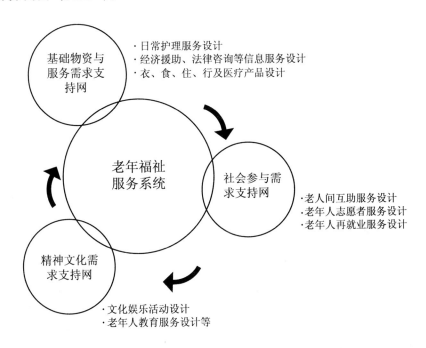

图6　老年福祉服务系统中的三大基本需求支持网络

（3）收集用户信息，建立个性化用户信息档案。老年福祉服务系统致力于充分保障老年人的自我决定权，就要给他们提供多样化的服务。老年人的需求细节是复杂而多样化的，同时需求层次又会随着时间推移产生波动。因此，在设计落实的过程中需要采集更多的老年用户细节，建立个性化的用户档案。需要了解我们在为什么样的老年人服务？他们的生活形态怎样？他们的喜好有哪些？他们具体需要什么？他们要怎么接受和评价服务？同时，对特别的老年人用户的研究还要进行生理研究、心理研究和行为研究。生理研究要了解老年人的健康状况变化；心理研究从本能、行为和反思几个层面出发，从情感方面挖掘老年人用户的内心需求；行为研究通过服务设计师渗透到老年用户的生活，和他们一起完成与生活和服务相关的任务，尤其在这个过程中需要多人合作的时候，服务设计师需要尽可能地发现他们之间完整的互动方式（见图7）。

用户档案		
李×× **基本信息** 年　　龄:71 周岁 住　　址:振兴小区 文化水平:大学 家庭成员:老伴、儿子、女儿 职　　业:退休前是教师 养老方式:居家养老 经济来源:退休金 业余爱好:看书,写作,散步	**生活作息** 5:30　　　　　起床 6:00　　　　　吃早饭 6:30　　　　　散步 7:00 ~ 12:00　在书房看书、写作 12:00　　　　吃午饭 12:00~14:00　睡午觉 14:00~15:30　出门散步 15:00~17:30　看书、写作 17:30~19:30　散步或看电视 20:30　　　　睡觉	**生活细节** 每天定时服用治疗高血压药物倍他乐克 **服务需求与使用反馈记录** 2013 年 1 月 20 日,报名参加老年读书交流 反馈:基本满意,希望此活动定期举行 2013 年 4 月 20 日,申请送水服务 反馈:送水时间较慢 2013 年 5 月 17 日,购买助行器 反馈:助行器支脚容易损坏

图7　老年福祉服务系统中简单用户档案样本

让老年人得到满意的服务是老年福祉服务系统的最终目标，通过用户研究的手段，创建用户档案，对档案中的信息进行实时更新，并且根据相同老年人的需求模式进行适当的预测，可以正确有效地指导资源的分配，引导正确的设计，创造良好的福祉服务环境。

（4）以养老模式为基础建立核心服务接触点。服务设计强调一个互动的过程，优秀的福祉服务是福祉服务提供者与老年人共同创造的，接触点位置的设置对服务质量起着重要作用。社区、家庭、养老机构分别是三种对应养老模式下老年人永远回避不了的生存环境。它们的优势在于：为老年人就近服务，最能了解老年人的需求，为保证多样化的服务提供得天独厚的条件。同时，这三处位置地域覆盖广，几乎可以遍布各个街道，对老年人来说很方便，避免了奔波劳累和时间浪费，这也是老年人都熟悉的交流环境。以此基础作为服务接触点为老年人提供服务，会使老年人感到亲切、方便、放心，老年人心理会有一种安全踏实的感觉。服务接触点建立完成后将连接福祉服务主体和老年人：服务主体通过服务接触点能够及时按照需求为老年人提供最适合他们的服务；相反，老年人的需求、使用服务后的反馈也将通过服务接触点及时传达给福祉提供主体，让他们及时调整对应的福祉政策，改变相关福祉产品设计方向，重新考虑具体福祉服务过程的实施，最终达到便捷、高效、灵活与人性化的服务效果（见图8）。

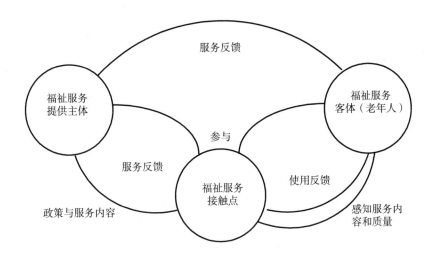

图8　福祉服务接触点、服务提供主体和客体之间的设计模型

（5）维持服务系统（前台和后台）中用户良好的满意度。服务具有主动性，服务人员提供服务的态度和行为决定了服务的成败。在和老年人直接接触的过程中，主动周到、耐心细致的服务是福祉服务系统取得成功的关键，而这些需要进行提前规划、设计和培训，优化服务人员的专业素质和专业技能。

福祉服务行为是与老年用户直接接触的服务者在提供服务的过程中发生的行为。对于老年福祉服务设计而言，需要从服务的形式和内容出发。福祉服务行为设计的宗旨是服务系统在内部协调和对外交往中有一种规范性准则。这种准则体现在全体服务人员在理解老年福祉服务设计理念的基础上，把它变成发自内心的自觉行动，只有这样，才能使统一理念在不同场合、不同服务层面落实到管理行为、销售行为、服务行为和公共关系沟通行为中

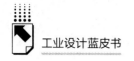

去。前台的服务行为设计，应该从老年人出发，考虑到老年人的生理特点、行为习惯、交往方式，使交流的过程充满人情味和亲和感。后台的服务行为设计，要高度专业化、系统化，确保与福祉提供主体之间形成高效和谐的公共关系。

2. 老年福祉服务系统的纵向职能设计

老年福祉服务系统的纵向职能侧重于狭义设计领域的深入，它从产品、环境、视觉等设计课题入手，对老年群体的衣、食、住、行等生活物质与信息载体进行深入设计。服务系统横向职能的顺利运行为纵向系统提供了物质与信息资源的保证。横向职能为纵向职能中的产品、环境、视觉等设计角度提供急需的课题方向、相关的政策理念与物质资源支持，以及所需的用户数据与资料。在此运行机制下，具体的课题方向会更具代表性与针对性，课题内容会更加充实、准确，课题的研究结构也会更具深度，更适合老龄化社会老年群体的福祉需求。

六　结论

在全球老龄化的社会背景下，中国老年福祉文化研究实际上是探讨"全球化""社会转型""中国老年福祉制度的创新"。作为诸多福祉研究中的一环，通过设计的理念探究老年人福祉文化需求并构筑老年福祉服务系统，是基于中国国情的跨文化、新兴学科比较研究得出的理性思考，是真实、必要的有效尝试。随着时间的推进，设计领域在老年福祉文化层面的研究将对我国老年福祉发展起到不可估量的作用。前景是美好而乐观的，任务是现实且艰巨的。目前，老年福祉服务设计仍于探索的阶段，针对相关问题的研究还不够成熟，局部仍有欠缺与不足。相信随着社会经济的发展与福祉体系相关制度的不断完善，更多的社会力量将投入老年福祉服务体系的建设中，使它提供的服务能够更加专业化、优质化，真正做到保障老龄人群的权利，关爱他们的生活和需求，最终消解老年福祉发展进程中的障碍和矛盾，达到合理运用和整合社会各种资源来发展我国福利事业的目的。

参考文献

[1] 陈立行、柳中权主编《向社会福祉跨越》，社会科学文献出版社，2007。

[2] 〔美〕唐纳德·A. 诺曼：《设计心理学 2：如何管理复杂》，张磊译，中信出版社，2011。

[3] 罗任鉴、朱上上：《服务设计》，机械工业出版社，2011。

[4] 张忠诚、吕屏主编《设计心理学》，北京大学出版社，2007。

[5] 范斌：《福利社会学》，社会科学文献出版社，2006。

[6] 国家统计局：《中国统计年鉴 2005》，中国统计出版社，2006。

[7] 民政部：《中国人口老龄化发展趋势预测研究报告》，2006。

[8] 陈英姿、满海霞：《中国养老公共服务供给研究》，《人口学刊》2013 年第 1 期。

[9] 肖云、王秀花：《我国老龄福祉服务机构多元化体系建设研究》，《河北科技大学学报》2013 年第 6 期。

[10] 李亚军、周明、姜斌：《老年福祉服务体系创新设计的支持与实践》，《设计》2013 年第 12 期。

[11] 杨善华、贺常梅：《责任伦理与城市居民的家庭养老》，《北京大学学报》2004 年第 1 期。

[12] 左美云、刘勃勃、刘方：《老年人信息需求模型的构建与应用》，《管理评论》2009 年第 10 期。

[13] 谢金勇：《老年人居家用品潜在风险的设计阻断探究》，《大众文艺》2010 年第 5 期。

[14] 李晖：《老年人玩具安全性设计》，《大众文艺》2010 年第 8 期。

[15] 李晖：《老年服装的人性化设计研究》，齐齐哈尔大学硕士学位论文，2013。

[16] 陶澈：《我国城市混合老年社区规划研究》，华南理工大学硕士学位论文，2012。

[17] 梅玉萍：《关于社会工作介入城市社区居家养老问题的调查报告》，安徽大学硕士学位论文，2012。

[19] 王威：《对现有文化设施的无障碍改造研究》，齐齐哈尔大学硕士学位论文，2010。

区域发展研究

Regional Development Research

B.10

北京工业设计发展研究

宋慰祖*

摘 要：

本文基于工业设计的基本理念，对北京地区作为全国文化中心在发展设计产业方面所开展的工作、采取的措施、制定的政策、发展的历程进行了总结，对产业发展的现状和未来发展目标进行了归纳，提出了设计产业发展的"北京模式"：组建专业促进工作机构，构建产业发展公共服务平台，扶持产业成长，强化人才教育培养，建立激励扶持机制，出台产业发展政策，加快普及推广，打造具有国际影响力的世界设计之都。

关键词：

北京 工业设计 发展 研究

---

* 宋慰祖，中国民主同盟北京市委员会专职副主委，北京市人大常委，北京工业设计促进会秘书长，工业设计高级工程师。

工业设计（设计）是集成科学、技术、文化、艺术、社会、经济等要素，以人为本，以创造满足使用者需求的商品为目的的科学创新方法，是实现科技成果转化为现实生产力、提升产品的商业价值、提高企业的品牌知名度、增强市场竞争力的核心引擎。

作为全国文化中心，北京在设计和设计产业发展中，始终居于全国的引领地位。2012 年，北京正式加入联合国教科文组织（UNESCO）创意城市网络——设计之都，将有助于北京吸引更多的海内外著名设计人才和机构，加快设计产业发展，提升北京设计的国际地位，为北京市推动文化大发展、大繁荣提供更加广阔的空间，推动北京世界城市的建设。

一　北京工业设计发展概况

在发展设计服务业、促进企业以设计创新带动自主创新工作方面，在市委、市政府的指导下，自 1992 年北京市科委从工业企业科技进步的角度出发，以工业设计为切入点，加强企业自主品牌和自主产品的科技研发，至今已开展了 20 年的工作。经过不懈的努力，在构建产业发展平台，扶持产业成长，强化人才教育培养，建立激励扶持机制，出台产业发展政策等方面，北京市在全国处于领先地位。北京制订了第一个区域工业设计中长期发展规划——"北京'九五'工业设计发展计划和 2010 年中长期发展规划"；北京有全国唯一的设计服务业促进机构——北京工业设计促进中心以及产业协会——北京工业设计促进会；北京拥有中国第一个设计图书馆、第一个设计企业孵化器、第一本城市工业设计发展报告；以设计资源协作理念建设的"北京 DRC 工业设计创意产业基地"，以搭建社会化公共服务平台为核心，提供技术支持服务，提出设计创意产业园区建设"八要素"概念，在全国是独创的，已成为各地学习的榜样。北京市创办的中国创新设计红星奖，打造了中国设计标准，成为最具国际影响力的中国设计大奖；首创的中国设计交易市场理念，为设计服务与人才交易搭建了平台，推动设计人才辈出，其经验对全国设计服务业的发展与推动管理工作具有较高的示范价值。

（一）北京设计服务需求

北京工业制造企业，以高新技术企业为主，占制造业数量的80%以上。由于这些企业多掌握一项至数项核心技术，对设计创意的需求较高，这些企业90%以上是中小企业，基本没有自己独立的设计部门，依赖外部社会设计资源的服务与支持。在北京规模以上（年产值5000万元）的企业拥有独立工业设计部门的有：联想集团、三一重工集团、工美集团、北广科技、恒实基业、谊安科技、北京珐琅厂、北汽福田、维克多服装、爱慕内衣、菜百黄金等企业。这些企业以工业设计为核心创新方法，带动了企业运行结构的调整和经济增长方式的变化，产业结构逐步转型成为工业设计型企业，使企业在产品参与国际市场竞争、促进高新技术成果转化、传承和弘扬非物质文化遗产、推动制造业升级方面取得了很好的经济效益和业绩。

（二）北京设计服务业规模

北京设计服务业正在稳步发展，北京现代设计服务业的划分标准，包括工程勘察、园林规划和其他设计（工业设计、平面设计、形象设计、环境、包装、服装等）。应当看到，设计服务业是一个跨行业、跨领域的产业，所属企业量大、面广，分散于不同领域。

北京市政府对工业设计的发展高度重视，1995年由北京市人民政府科学技术委员会组建了北京工业设计促进中心，并发起成立了北京工业设计促进会；20年来，开展了大量的工作，建设了北京DRC工业设计创意产业基地，创办了中国创新设计红星奖，实施了工业设计示范工程和首都设计产业提升计划；促进了产业孵化、人才培养、设计服务贸易和促进制造业的自主创新，培养了华新意创、洛可可、正邦、东道、易造、立方、光彩无限、嘉兰图、灏域等一批工业设计公司。联想集团、小米手机、三一重工等一批设计主导型企业落户北京。北京已形成了具有国际影响力的设计产业集聚区群落——DRC基地、798艺术区、751时尚设计广场、尚八创意园等。

北京作为全国文化中心，同时也是中国创意产业发展最活跃的地区，其现代服务业发展已经进入一个新的阶段。2012年，北京市服务业比重超过

76.4%，领先全国水平近30个百分点，已达到发达国家的平均水平。全社会研发强度达5.8%，技术合同成交额占全国的38.2%。服务业对首都经济社会发展的贡献度不断提升，在创造增加值、吸纳从业人员等方面，占北京市总量的比重超过七成，在经济贡献率、地方财政收入、固定资产投资、利用外资等方面超过八成。服务企业实现利润总额超万亿元，成为首都经济最主要的支撑。其中，以金融服务、信息服务、科技服务、商务服务、流通（批发、物流）服务五大行业为主体的生产性服务业，具有产业渗透力强、服务半径广、市场潜力大等特点，对北京地区生产总值的贡献率接近六成，是拉动地方财政和居民收入增长的关键力量。2012年，北京文化创意产业资产总额突破万亿元，实现增加值2189.2亿元，比上年增长10%；占地区生产总值的比重为12.3%，比上年提高0.1个百分点。生产性服务业实现增加值8994亿元，比2011年增长10.7%；占地区生产总值的比重为50.5%，比上年提高0.5个百分点。根据北京市统计局的统计，从2007年到2012年，北京市设计服务全行业年度增长均呈递增态势，年均递增20%以上，设计服务行业已经成为北京市经济增长速度最快的领域之一。

北京的首都区位优势明显，国家专业设计院所大多集中在北京。全市拥有各类设计院所、公司2万余家，其中国家及北京市级的航空航天、船舶、汽车、轻工、服装、钢铁、建筑、数字艺术等大型设计院所达到1000余家。从业人员25万人；拥有68所本科类设计院校，开办设计专业的在京大专院校达到112所，是全国各省份（除北京外）拥有设计类院校的2倍以上，是上海的近3倍，这说明北京确实是全国文化中心，是培养人才的摇篮。北京已奠定了设计产业发展的坚实基础。

（三）北京设计服务业区域集聚明显

设计服务业的集聚和分布是有其历史特定的条件与发展环境的，建筑设计和规划设计院所集中在以西城区南礼士路为核心的区域，包括海淀区建设部周边；平面、广告设计、企业形象策划公司多集中在从建外地区到国贸地区包括SOHO现代城和建外SOHO，这里原来是中央工艺美院（现清华美院）的所在地；还有大山子、酒仙桥地区，这里现在是中央美术学院所在地；而软件、动漫设计公司多驻扎在海淀中关村地区，因为它们多是与高新技术企业共同成长起来的。同时，北京的规模化设计院所传统的布局主要集中在北京的海淀区、朝阳区的北部。北京的设计产业正在形成逐步向制造业的集聚区汇集的格局，即西部的丰台总部基地、东部的顺义空港工业区、南部的大兴亦庄地区等正在形成设计产业集聚地。坐落于西城区的北京DRC工业设计创意产业基地和中国设计交易市场，形成了工业设计产业发展的旗帜，成为设计产业发展的核心。这充分说明一个问题：工业设计公司基本是相对集聚绝对分散的，以所服务的行业为集聚地，自身集聚需求不高。因此，在打造设计公共技术基础平台时，要考虑制造企业和服务业的集聚特色，打造企业的设计服务业集聚区，如服务设计、软件设计、包装设计、工艺美术设计、汽车建材设计等技术条件平台和集聚孵化基地，要顺水推舟，不能硬性建造。

（四）北京设计企业构成分析

丰富的人才与科技资源为北京市设计创意产业发展创造了有利条件，"十一五"期间，北京市专利申请量和授权量分别达21万件和10万件，均比"十五"时期增长1.5倍，已经率先在全国构建起以服务经济为主导的产业结构。在北京市的"十二五"时期服务业发展规划中，更是把文化创意产业作为服务业发展的首要任务——积极培育文化创意产业集群，做大做强文艺演出、出版、广播电影电视、广告等优势产业，不断壮大创意设计、动漫、网络传媒、网络游戏等新兴产业。

对从事专业设计服务的2万余家企业中的857家（其中包括25家设计院和规划院，分别涵盖IT、电子、工业产品、建装、园林等领域）进行了调研，从业人数为36215人，营业总额约为213.5亿元。

从业人员基本情况：接受调查的企业共有36215名从业人员，其中女性14372人，占总体的39.7%；拥有北京市城镇居民户口的有13167人，只占总体的36.4%；人均年劳动报酬约为50685元。其中，25家设计院、规划院等单位的从业人员为5166人，女性1970人，占38.1%，接近总体水平；拥有北京市城镇居民户口的有4330人，占总体的83.8%，远高于总体水平。

从年龄分布来看，有近73%的从业者年龄在35岁以下，占总体的绝大多数，这充分说明设计服务是一个朝阳行业。而大型规划院、设计院从业人员的年龄层次则偏大，35岁以下人员的比例尚未过半，比其他所有领域都低。

从学历状况来看，规划院、设计院的从业人员中，硕士及以上学历的比例超过43%；若以六大领域划分，硕士及以上学历的最高比例是建筑装饰，但也只有20.9%。

从职称评定状况来看，36215名从业者中，有55.4%的人没有参加过职称评定，这说明专业技术服务行业的从业资质管理尚不规范，人事管理相对落后。进行过职称评定的从业人员中，具备初级、中级、高级资质的从业者比例相当，其中具有高级职称的占10.5%。规划院、设计院的从业人员中，进行过职称评定的比例超过90%，有29.8%的人拥有高级职称，均远高于其他领域。

从岗位构成状况来看，专职的设计人员只占全部从业人数的30%，市场人员和工程人员所占比重相对较高，除此之外，还有23%的所属岗位难以划定人员。在这些人员构成中，设计人员无疑是行业的核心力量。而在规划院、设计院中，设计人员的比例占72%，也远高于其他领域。

从企业负责人情况来看，857家受调查企业中，有830家企业全部或部分透露了企业负责人的情况。在830名负责人中，男性有684名，占总数的82.4%，男性企业负责人在行业中占绝大多数，这也是大多数处于上升期行业的共同特点。女性负责人中，30岁以下所占的比例较男性负责人高；41~50岁的男性负责人的比例高于相应女性负责人所占比例。企业负责人的学历以本科、专科为主，拥有硕士学历的仅占26%。男性负责人中博士学历的比例明显高于女性负责人。透露职称情况的249名负责人中，有接近2/3的负责人具有高级职称。在男性负责人中，高级职称所占比例相对较大。

从设计项目情况来看，接受调研企业年度共完成设计项目25529个，项目构成如图1所示。其中，平面设计所占的比例最大，占总量的25%。另外，展览展示设计达到总体的12%，其他项目数量较多的还有产品设计、建筑装饰和室内装饰。这与北京市的产业结构也有关系。

从各领域从业人数来看，平面设计领域的从业人员最多，占到总体的38%，其次是建筑装饰领域，也有29%。从35岁以下从业人员比例情况来看，平面设计的从业人员中，35岁以下比例超过80%，IT行业的这一数字也

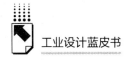

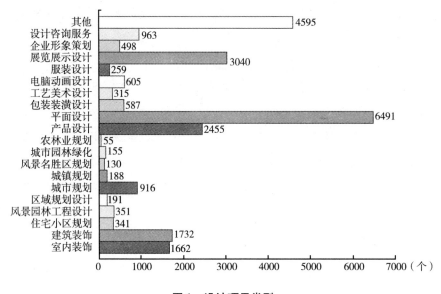

图1 设计项目类型

达到了78%。比例较小的是建筑装饰和服装设计领域。

从设计人员所占比例情况来看,建筑装饰领域中的设计人员比例最高,超过40%;其次是园林,也超过1/3,为35.4%。这一数字在工业产品设计领域达到30.9%,其他的平面设计、IT行业和服装设计分别为23.9%、17.3%和12.4%。

从上述数据分析,北京的设计产业集聚程度为全国最高;设计产业的主力是大型设计院所,无论是人员素质、人才结构、管理水平和经济效益都领先于新兴的设计企业;新兴设计企业的人员年轻化程度优于大型设计院所,这说明它们活力更强,也说明设计产业是一个朝阳产业;设计产业作为服务业拉动相关产业的作用很强,在它的牵动下,衍生出工程服务、售后服务、咨询服务等一系列就业岗位,这充分说明设计服务能够显著地拉动就业。从业务领域分析,平面设计和装饰设计业务量最大,其次是产品设计,而服装、工艺美术等领域则主要由企业内部的设计师来完成,这也可以看出不同领域对设计服务需求的差异,这个差异决定了设计服务业未来的发展方向和领域。工业设计发展未来会异化为两个方向:设计服务提供商向大型设计院发展,而工业设计在企业中的应用越来越多地将依托企业内的工业设计中心来完成。

二 北京促进工业设计发展举措

从 1992 年起北京市科委依托工业科技振兴计划，实施了工业设计推进工作，到 2012 年依托科技创新服务体系建设，强化设计之都全面建设。20 年的历程中，北京工业设计的促进工作形成了如下重大举措和工作模式，被称为工业设计发展的"北京模式"。

（一）规划先行

北京早在 20 世纪 90 年代，国家"九五"时期就制订了《北京市工业设计"九五"计划及 2010 年发展规划纲要》，提出：力争通过 5 年的时间，以"工业设计示范工程"为中心，在科技优势领域选择企业，通过开发创名牌产品、树立企业新形象等设计实务，培育企业的设计创新能力，使其逐步成为以设计创新为核心的企业集团生长点；以此带动工业设计人才队伍的建设、研究开发基地建设，以及工业设计事业发展公共平台的建设，为实现 21 世纪工业设计的腾飞建立优势。

1999 年北京市再次制订了《"十五"北京工业设计发展规划方案》，提出：集合北京的技术信息、人才、装备等优势，引进、吸收国际先进的设计理论和思想，吸引国外著名设计企业来京投资。大力促进工业设计产业的形成，培育建造工业设计企业群，编译出版与设计相关的理论和研究论著，组织设计理论研究系统，形成设计服务体系。服务于发展首都经济，服务于高新技术产业化，服务于企业形象现代化并提升企业的产品竞争力，服务于工业设计教育和人才培养，服务于北京城市环境建设，也为我国工业设计事业发展做出应有的贡献。

2007 年《"十一五"北京文化创意产业发展规划》提出：积极占据全国设计创意产业高端，重点发展工业设计、软件设计，大力发展建筑环境设计、工程设计、平面设计、工艺美术设计，积极培育服饰设计、咨询策划，壮大设计创意产业规模，大幅提升创意能力和水平，使北京成为创意之都、时尚之都、软件之都。支持共性技术和关键技术研发，加快设计创意产业公共平台建

设，打造软件产业公共技术支撑平台、工业设计条件平台、平面设计支撑服务平台、数字版权保护平台。规划建设一批创意设计产业集聚区，促进设计资源分工协作体系的建立。促进一批有影响力的设计企业和机构聚集，引进和培育一批具有国际影响力的知名设计大师。大力推进设计创意产业活动。创办中国创新设计红星奖、北京设计创意展，举办 2009 年世界设计大会。利用跨国公司设计机构向中国转移设计外包业务，开展市场推广和设计交流活动。

2010 年北京市政府制订了《全面推进北京设计产业发展的工作方案》，提出：切实发挥设计产业作为高端生产性服务业的引领作用，加快推进产业结构调整升级与经济发展方式转变，以中关村国家自主创新示范区为龙头和载体，通过实施"首都设计产业提升计划"，努力将北京建设成为世界设计之都，使之成为首都世界城市的显著标志。工作目标为：一是申报"世界设计之都"。二是建设中国设计交易市场。三是实施"设计振兴工业专项行动"。四是培育一批设计企业做大做强。五是组建设计产业技术创新联盟。六是实施高端设计人才聚集工程。七是举办北京设计品牌推介活动。八是推进设计产业集聚区建设。

《北京"设计之都"建设发展规划纲要》已完成制订工作，包括以下内容：实施国际化工程，融入全球创新设计网络，开展设计招商引资，大力吸引国际设计组织、跨国公司和境外著名设计机构来京设立设计中心或分支机构。吸引国际设计人才落户北京设计企业，鼓励联合开展项目研究与人才交流，推动北京设计企业与国外企业开展合作；吸引国际知名的创意设计活动和商业活动在京举办。吸引德国红点奖、iF 奖以及美国 IDEA 大奖等一批奖项在京举办颁奖、获奖产品展示等活动。实施产业振兴工程，推动创新型经济发展；实施设计提升产业计划，提升重点设计行业创新能力，促进设计产业集聚发展。开展北京市设计创新中心认定工作，通过建设和认定，支持和引导企事业单位建设，完善设计服务功能，形成高水平设计创新成果，形成从项目立项、基础设施建设、配套服务、成果落地、设计交易的全链条体系。积极开展北京国际设计周、中国北京科技产业博览会等重点活动，普及设计理念，推动高端设计交流，推广设计精品。实施城市品质提升工程，增强市民幸福感；实施品牌塑造工程，提高"北京设计"认知度，通过实施将进一步塑造"北京设计"品牌，吸引国际优秀设计资源集聚北京。进一步优化包括外资总部企业在内的全市总部企业发展环境，落实相关优惠政策，建立健全发展总部经济联系会议制度等。出台包括《关于促进总部企业在京发展的若干规定》等鼓励总部企业发展的新的政策措施。实施人才助推工程，构建多层次人才梯队，建立相关评审制度，推出一批具有国际影响力的设计行业拔尖人才，鼓励其参与国际交流活动、开展国际合作项目、加入国际行业组织。实施实用型设计人才培养计划。支持重点高等院校开展设计实践项目，通过开展不同领域、不同学科之间的思想交流，活跃创新思维，增进跨界设计创新合作。到2020年，北京基本建成全国设计核心引领区和具有全球影响力的设计创新中心，"设计之都"成为首都世界城市的重要标志。

（二）政策支持

2006年北京市"十一五"规划纲要提出要发展网络游戏、电影电视、广告设计、工业设计、时尚设计、出版发行等文化创意产业。出台了《北京市促进文化创意产业发展的若干政策》，放宽市场准入，完善准入机制；支持创意研发，鼓励自主创新；保护知识产权，营造创意环境；加大资金支持，拓宽融资渠道；拉动市场需求，促进内外贸易；优化资源配置，推动产业升级；实施人才兴业，强化智力支撑；完善统筹机制，加强组织协调。

2010年《北京市促进设计产业发展的指导意见》正式制定完成并实施，指出设计产业是生产性服务业的重要组成部分，大力发展设计产业是推动生产性服务业与国际接轨的重要途径。北京正处在科技、文化与经济深度融合发展的关键时期，加快推进设计产业发展，是推动传统产业升级、拓展现代服务业发展领域、提升自主创新能力、推动产业结构调整、实现经济发展方式转变的重要举措。所提出的目标是：坚持设计创新与科技创新相结合，提高设计产业自主创新能力；坚持发展大型企业与培育中小企业相结合，扩大设计产业规模；坚持"走出去"与"引进来"相结合，提升设计产业国际化水平；坚持政府引导和市场调节相结合，营造产业发展良好环境。政策措施包括提高认识，明确目标定位；实施企业成长工程，提升产业竞争力；实施市场建设工程，扩大产业规模；实施人才建设工程，推进产业持续发展；实施国际对接工

程，拓展产业发展空间；实施品牌塑造工程，增强产业辐射能力；实施产业融合工程，增强产业支撑能力；完善政策体系，优化产业发展环境；健全工作机制，完善组织保障。

2011年，《北京市国民经济和社会发展第十二个五年规划纲要》首次将设计产业发展纳入北京重点发展的产业，做了全面阐述："以加大技术开发、培育产业链条、促进产业联盟为着力点，培育壮大设计创意、动漫游戏、数字出版、新媒体等新兴文化产业。实施设计产业提升计划，大力发展工业设计、建筑设计、时尚设计。发展设计产业集聚区，努力打造设计之都。"具体的工作包括成立北京文化产权交易中心、国家版权交易所和中国设计交易市场。

（三）体系建设

1. 构建平台

发展设计产业，促进设计应用，提升设计水平。要构建有系统的公共服务创新平台；要有决策的大脑，联系产业的社会组织，贯彻执行的工作机构，理论思想的研究部门，企业培育的孵化器，知识传播的图书馆，产业集聚的基地，人才教育的举措，服务交易的市场，展示推广的空间；形成目标明确、体系完整、服务到位的设计促进体系。这是北京能够保持设计促进工作有序发展的关键。自1992年起至2012年，随着设计促进工作的不断深化，把握发展中的阶段性特征，先后组建了北京市人民政府工业设计专家顾问组；建立了北京工业设计促进会、北京工业设计促进中心；筹建北京工业设计研究室；创建北京时代创新设计企业孵化器（现北京工业大学艺术设计学院设计大厦）；建立设计图书馆；建设北京DRC工业设计创意产业基地；建立北京市校外工业设计实训基地、设计实训教育中心；建设中国设计交易市场；建立首都创意设计博物馆。

2. 宣传引领

设计产业作为战略性新兴产业，宣传、推广、普及是关键。工作成效的核心是活动内容。轰轰烈烈、沸沸扬扬、大起大落的搞运动方式的活动无法切实推动设计的发展。北京的设计活动始终要做到目的性强、目标明确，不以小而不为，聚焦重点，点上突破，以点带面；坚持不断，持续发展，扎实培育。同时，注重媒体的传播作用，创办刊物，建立网站，让设计的声音不断传扬。因此，形成了一批品牌活动，不仅促进了首都设计的发展，而且发挥了北京作为全国文化中心的示范带动作用。1995年举办"北京国际工业设计周"；1996年创办"北京优秀工业设计竞赛"，1997年起转为"北京旅游商品设计大赛"，2009年起发展成为"'北京礼物'旅游商品大赛"，至今已连续举办10届，为全国旅游商品大赛奠定了基础，提供了支撑，也为各地旅游商品的发展提供了经验；1997年举办首届中国设计艺术大展，这是经文化部批准的首次全国性设计大展；2000年举办北京国际设计展和国际设计论坛，2002年起活动纳入中国（北京）国际科技博览会，已连续举办6届，2006年起在中国（北京）文化创意产业博览会上举行；2006年起组织创办中国创新设计红星奖，红星奖目前已成为在国内外最具知名度的中国设计奖项；2009年举办世界设计大会，创办"北京国际设计周"，奠定了北京作为全国设计中心和国际化"设计之都"的地位；2012年北京被联合国教科文组织授予创意网络城市"设计之都"，北京工业设计通讯《趋势》自1996年创刊已连续出版17年，共100余期；2000年编写了《北京工业设计发展报告》《21世纪国际百名设计专家建议》，2012年出版了《设计的真相》科普图书。奥运会是推动北京设计发展的助推剂，奥林匹克设计大会，奥运景观设计，会徽、火炬、奖牌、吉祥物、官方海报、颁奖礼服设计，奥运特许纪念品的设计，以及鸟巢、水立方等场馆和开闭幕式的设计等，极大地推动了北京设计意识和理念的提高，严格的设计标准和规范的监督管理，目标清晰的设计方向，都对首都北京的设计形成了巨大的影响。北京作为首都享有得天独厚的信息和工作优势，使北京的设计团队得到了锻炼。国庆六十周年的彩车设计、民政部的中国社区标志设计等都为北京的设计产业提供了机会，提升了其水平和能力。

3. 促进举措

1995年起北京市科委实施了"九五"工业设计示范工程，在全市范围内五年立项30项，政府投入科技研发经费1600万元，带动企业设计投入4500万元，支持了联想天琴台式计算机、手术器械厂牙科椅、万东医疗设备公司C型臂介入式治疗机、14兆直线加速器、王致和企业形象、百花蜂产品品牌设计、天坛家具设计等项目。培育北京一批企业建立了工业设计团队，提升了一批企业的品牌形象，产生了一批具有示范带动作用的行业领军企业。该项工作被列入国家"九五"重大科技攻关课题，形成了对全国工业设计发展的示范作用。2007～2009年实施"设计提升计划"，开展了"设计对接示范工程"和"设计咨询服务工程"，共支持电子信息、IT、通信、装备制造、都市工业等领域研发设计77项，财政资金支持研发设计费1600万元，企业设计合同额达1亿元，企业研发设计经费投入达到5亿元，所创产品销售收入超过98亿元，使财政经费投入、研发设计合同额、企业研发设计经费投入、设计产品销售收入比例达到1:5:33:577。产生了一批具有示范带动作用的设计创新企业和典型成果，如观典航空防灾减灾无人机、浪潮超高速小型服务器、依文民族服装、红星酒业产品、北广科技数字电视发射机、普华污水净化装置、恒实基业氩气保护电刀、兆维场馆自助售检票机、幻响神州高科技音响、金锚360度园林剪、九安电子血压计、欧博紫禁城高保真唱机等，北京洛可可工业设计公司、东成新维设计公司、灏域设计、光彩无限、新觉工业设计、易造工业设计、立方工业设计、华新意创工业设计公司脱颖而出。2010年起实施了"首都设计产业提升计划"，每年投入2000万元研发经费，支持全领域的设计创新，撬动企业研发设计投入超过20亿元。形成了全市设计创新的氛围，夯实了首都设计产业的基础，提升了设计企业的服务水平和能力，培育了一批如清尚建筑设计、宏高装饰设计、凤凰工业炉设计、玫瑰坊服装设计、小米手机等高端、规模设计企业。发展设计产业，促进设计创新，已经上升到北京市产业发展的战略层面，形成了全市性的共识。各相关政府部门和机构都为设计发展提供了支持。北京市科委会同北京市统计局制订了"北京设计产业的统计规范"，开展设计产业全域统计；北京市经信委开展了"北京工业设计调研"，以工艺美术为切入点，大力推进都市工业产品的工业设计。配合工信部开展了"首届中国优秀工业设计大奖"的评审，北京送选的"防灾减灾无人侦察飞机"获大奖。北京市文化创意产业发展资金每年投入5亿元，设计是其中的专项，"首都创意设计博物馆"、"尚八设计产业园区建设"、红都中山装设计等项目都得到了扶持资金的支持。北京市文资办成立后开展了"首都文化产业30强和30佳的评选"，一批优秀的设计企业入选。中关村通过"十百千工程""瞪羚计划""中关村现代服务业试点"等重大措施,支持了一批设计服务企业,并将研发设计、工业设计等设计服务业作为科技创新与文化创新"双轮驱动"战略实施的重点任务,加强设计企业与其他领域企业的对接与合作。

三　未来北京设计发展的趋势

(一)高端、大型、专业化的设计院所是北京发展独立设计机构的核心方向

北京是中国的首都、全国文化中心、全球资源的集聚地,依托新中国60余年形成的独一无二的专业设计院所体系,从传统的以功能结构、技术应用设计为主,逐步转向集成科技、文化、艺术、人文、生态、社会、经济等人类知识,创造满足使用者需求的商品与服务的高端、综合性的设计的"凤凰涅槃",形成设计创新产业的龙头,形成规模化效益。

(二)大中型品牌企业从加工制造型向设计创新型转化

从以制造业为核心向高端服务业转型,这是产业结构调整的关键内容。鼓励并支持大中型企业建立工业设计中心,面向市场需求研发设计产品,使企业成为提供专业服务和产品的服务型企业,而非工业时代以成本、技术为优势的生产型企业。在设计引领下,企业以创新满足需求为导向,提供客户满意的商品,从而实现制造业向服务业的转型升级和产业结构性调整,创造更大的附加值。

(三)以中小设计公司为补充

社会化的分工,中小企业的发展,需要广泛的社会独立服务机构,提供专门化的设计服务。设计人才的储备、培训、创业、就业,大企业引入"外脑",都需要中小设计公司专业化、专门化、广泛性的发展。培育中小设计企业的成长,政府应积极搭建公共平台,创造环境给予扶持,中小设计公司是最

具创意性、创新性和创造力的鲜活企业；对设计产业和设计人才的培养具有重要意义，也是设计产业结构性、阶梯性发展的关键环节。

（四）设计产业发展的公共服务平台建设是北京设计产业发展的基础

设计产业园区，以及设计交易市场、设计金融、设计图书馆、设计博物馆的建立，是建设世界设计之都、发展设计产业的必备条件，立足北京、辐射全国、服务世界，是北京设计产业未来发展的核心目标。

（五）设计产业的国际化是北京特有的优势

充分利用科技研发、文化集聚、信息发达、政治文明领先的优势，发挥好中国市场广阔的吸引力，吸引国际组织、优秀设计企业落户北京，吸纳国内外的优质企业资源、总部集聚北京，是北京设计产业发展的根本方向。

通过以上各方面的发展，设计产业必将成为北京发展的支柱型产业，真正将北京建设成为高端服务业发达、经济效益丰厚的"设计之都"。

B.11

广东工业设计发展研究

胡启志*

摘 要：

设计是现代产业发展的内生动力，是衡量一个国家和地区竞争力的重要标志之一。广东围绕产业结构调整与转型升级的主线，确立了"设计强省"的发展理念，制定了"产业设计化、设计产业化、设计人才职业化"的发展战略，初步形成以企业发展为主体，以市场竞争为动力，以信息技术为支撑，以人才培养为着力点，以粤港合作、省市共建为依托的发展思路，通过设立"省长杯"优良工业设计奖和工业设计大赛等举措，发挥工业设计对产业的"撬动"作用，有力地推动了广东工业设计从伴随产业发展到成为先导性产业的角色转变，进而推动"广东制造"转向"广东创造"。

关键词：

广东 工业设计 "三化"战略 设计产业生态

今天，我们正处于一个急速发展、迅猛变革的时代，正处于计划经济向市场经济、传统社会向可持续发展社会转型的关键时期。转变经济发展方式、推动产业转型升级是广东省近年来经济工作的重中之重，也是我们建设创新型广东战略的重要基石。在这个转变过程中，设计创新的作用日益显现。随着广东进入工业化中后期，人均 GDP 突破 5000 美元，工业设计将逐步作为一个先导性产业引领广东的产业转型升级和经济发展方式的转变，设计创新、技术创新与品牌建设成为构建创新型广东的三大支柱和重要创新机制。

---

* 胡启志，高级工业设计师，中国工业设计协会副秘书长，广东省工业设计协会秘书长。

一 广东工业设计发展情况

（一）发展历程

广东是中国工业设计创新事业的发源地之一，领风气之先，于 20 世纪 70 年代末开始改革开放，在计划经济的大环境中启动了以出口贸易为导向的第一阶段经济转型探索：由桑基鱼塘的农副渔业向"三来一补"的工业化转型，在珠江三角洲地区初步形成了以"来料""来样""来件"为特征、"代工制造"（OEM）为主体的发展模式，奠定了广东经济以制造业为主的基石，决定了广东省在导入发达国家先进的工业设计思想、率先展开工业设计实践、推动产业自主创新能力提升等方面担当了中国的排头兵。

30 多年来，依托国家"改革开放实验区"的天时、地利、人和先决条件，广东工业设计创新观念经历了萌芽、发展与繁荣的成长过程。

1. 萌芽（1980～1990 年）

20 世纪 80 年代初，市场经济开始萌芽，"洗脚上田"的乡镇企业家关注的焦点是如何从港台引进办厂的资金、设备与生产技术，当时以完成订单为主要目标的制造业界尚不知晓"工业设计"。广东对工业设计的认知，一是来自回乡探亲的港澳同胞所带回来的欧美产品；二是来自 1979 年香港的石汉瑞、靳埭强等一批设计师到广东传播西方现代工业设计知识。就此广东工业设计便步入萌芽阶段。

在国际产业转移和短缺经济下旺盛的内需等因素作用下，广东制造业得以迅速发展。广东的工业设计便开始以"传译者"和"差异制造者"的角色起步，开始与产业结合（见图 1）。

2. 发展（1991～2000 年）

1987 年末，广州大学与广州万宝集团合作创立了"万宝工业设计研究院"，珠三角工业设计迈出了发展的第一步；1988 年夏，几位广州美术学院青年教师、研究生与校外企业家联合创办了国内首家民营设计机构——"南方工业设计事务所"；深圳 1988 年也诞生了"蜻蜓工业设计公司"，这是 20 世纪 80 年代末至

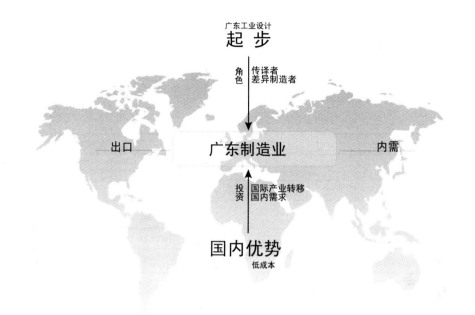

图1　广东工业设计起步阶段

90年代初中国工业设计实践探索的三块实验田。自1991年开始，"南方所"成为整个广东工业设计实体机构的"孵化器"与"黄埔军校"。"南方所"不断发展，成为广东工业设计行业的"南方之树"（见图2）。

随着20世纪90年代初市场经济的快速发展，工业设计作为重要的创新手段开始被企业认知。深圳康佳电子集团（1991年）、惠州德赛集团有限公司（1993年）、顺德科龙电器有限公司（1995年）、顺德美的电器有限公司（1995年）、惠州TCL电器有限公司（1998年）等珠三角家电与电子企业先后创建自己的设计部门。以上述工业设计机构以及1990年创立的"广州美术学院雷鸟产品设计中心"为代表，一批以工业设计创新为主业的专业公司崭露头角，在为制造型企业提供设计服务的过程中，积累了大量实践经验，也为中国的工业设计发展提供了运作模式与新鲜案例。工业设计行业协会组织先后成立，广东省工业设计协会（1991年）、广州市工业设计促进会（1998年）等设计行业协会有力地推动珠三角地区的工业设计在20世纪90年代中后期驶入快车道，并实现了从个体行为到形成行业的转变。

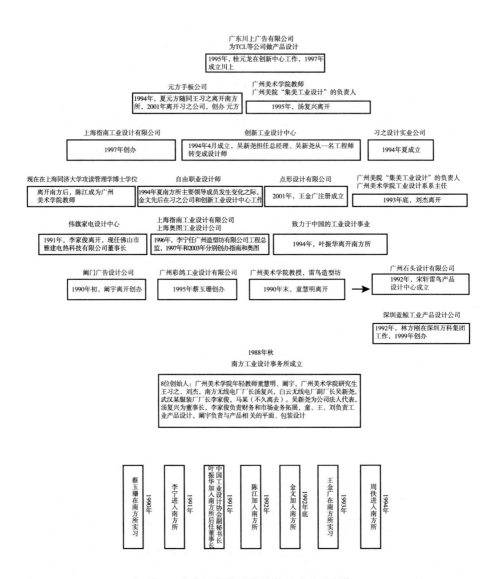

图2 广东工业设计发展的"南方之树"

3. 繁荣（2001 年至今）

21 世纪以来，在各级政府与设计组织的合力推动下，广东工业设计发展呈现日益繁荣的景象。各类设计周、设计展、设计竞赛、设计奖、设计研讨会、国际论坛等活动逐年频密，成为支撑设计活动的专业平台，直接促进了社会与企业对创新设计价值的广泛认知。在省市各级政府的大力推动下，每年均有若干个大型设计活动同步或交替在珠三角地区举行，使之成为中国工业设计活动最活跃的地区之一（见表1）。

表1　近年来广东省工业设计行业重大活动一览

序号	时间	主办单位	重大活动内容
1	2006年10月	广东省工业设计协会	2006中国（深圳）–欧洲设计艺术高峰论坛暨2006国际品牌设计商年展（第二届）
2	2006年11月	广东省经济贸易委员会	广东省"十五"技术进步成果展，设工业设计专区
3	2007年1月	广东省工业设计协会	起草《从广东制造到广东设计制造——采纳省政府顾问关于发展工业设计建议的工作方案》
4	2007年11月	广东省工业设计协会	注册工业设计师评选制度，评选出第一批广东省注册工业设计师
5	2008年3月	广东省经济贸易委员会	"省长杯"工业设计奖评选和工业设计竞赛正式开展。省内唯一具有官方性质的省级工业设计评选奖项，在国内首开先河
6	2008年7月	广东省经济贸易委员会和广东省信息产业厅	第四届广东工业设计活动周于广州锦汉展览中心成功举办，其中有"创新30年暨广东工业设计展"
7	2008年7月	广东省工业设计协会	首次评出工业设计领域的广东"十大青年设计师"
8	2008年9月	国家知识产权局和广东省人民政府	中国国际专利与名牌博览会暨首届中国（顺德）国际工业设计创意博览会
9	2008年9月	韩国知识经济部和中华人民共和国商务部	2008韩国设计展（广州）
10	2008年11月	中国工业设计协会	广东省工业设计协会获中国创新设计红星奖委员会颁发"2008中国创新设计红星奖——最佳组织奖"
11	2008年12月	广东省经济贸易委员会	评选出首批"广东工业设计示范基地（企业）"
12	2009年1月	广东省劳动和社会保障厅、广东省经济贸易委员会、广东省人事厅和广东省总工会	广东省首届工业设计职业技能大赛暨首批工业设计师评定
13	2009年3月	广东省工业设计协会	"朗能杯"广东省外观专利大赛在中山小榄镇举行
14	2010年3~12月	广东省经济和信息化委员会	第五届"省长杯"工业设计大赛、广东"省长杯"优良工业设计奖的评选
15	2010年3~7月	广东省教育厅、广东省经济和信息化委员会、广东省科技厅	广东省高等学校工业设计大赛

伴随"创意产业"产业概念的导入与政府"三旧改造""退二进三"的政策性鼓励，一批工业设计园区、创意产业园区在此阶段纷纷涌现，成为集聚

工业设计专业机构、打造集团化创新平台的新事物。其中，专注推进工业设计发展、已在国内外产生较大影响的有深圳"设计之都"田面创意产业园、深圳设计产业园和广东工业设计城等。并且，由设计院校、行业协会、地方政府与企业联合打造的工业设计研究机构陆续成立，推动工业设计产业化向纵深发展（见表2）。

表2　珠三角主要创意产业园区一览

序号	园区名称	地址	开园时间	园区类型
1	广州设计港	广州荔湾区周门路	2005 年 4 月	工业设计
2	信义·国际会馆	广州荔湾区芳村大道下市直街 1 号	2005 年 11 月	综合
3	羊城创意产业园	广州黄埔大道中 309 号、311 号	2007 年 3 月	综合
4	广州开发区创意产业园	广州开发区创意大厦 B2～B3	2007 年 7 月 16 日	综合
5	太古仓	广州市海珠区革新路 124 号	2008 年底	综合
6	广州创意大道	广州市先烈东路	2009 年 7 月	综合
7	"1850"创意园	广州市荔湾区芳村大道东 200 号	2009 年 11 月 28 日	综合
8	海珠创意产业园	广州市海珠区工业大道南瑞宝路（大干围)38 号	2009 年 12 月	综合
9	广州红专厂艺术创意区	广州市天河区员村四横路 128 号	2010 年 1 月 29 日	综合
10	T.I.T 创意园	广州市海珠区新港中路 397 号	2010 年 8 月 6 日	综合
11	中国（深圳）设计之都创意产业园	深圳市福田区田面	2007 年 5 月 16 日	工业设计
12	F518 时尚创意园	深圳市宝安区	2007 年 12 月 7 日	综合
13	深圳设计产业园	深圳市南山区南山大道南头城工业区 8 栋 1 楼	2009 年 12 月 7 日	工业设计
14	东莞创意产业中心园区	东莞市莞太路 36 号	2007 年 12 月 30 日	综合
15	东莞大朗信息服务创意产业园	东莞市大朗镇碧水天源大道	2009 年 3 月 18 日	综合
16	东莞松山湖国际文化创意产业园	东莞市松山湖南区	2010 年初	综合
17	中山工业设计产业园	中山市小榄镇龙山公园内	2011 年 4 月 22 日	工业设计
18	佛山创意产业园	佛山季华路	2007 年 3 月 29 日	综合
19	顺德创意产业园	佛山市顺德区大良镇凤翔路	2008 年 9 月	综合
20	广东工业设计城	佛山市顺德区北滘镇	2009 年 1 月 17 日	工业设计

注：设计综合类 15 个，工业设计类 5 个。

（二）发展格局

1. 政府成为工业设计有力推动者

近年来，广东省委、省政府高度重视设计创新工作，先后出台了《广东省建设创新型广东行动纲要》《广东省建设文化强省规划纲要（2011～2020年)》《关于促进我省工业设计发展的意见》等重要文件，率先在全国推动设计创新相关工作的开展，尤其是工业设计走在了全国前列。

2. 工业设计产业化格局形成

广东工业设计行业依靠本地区制造业优势，行业规模居全国前列。经过30多年的发展，广东工业设计产业已经呈现以企业、设计公司为主体，以政府为引导的各类公共服务体系、园区或基地等为平台，以各级协会组织为桥梁，以各类院校、研究培训机构为人才培养后盾的产业结构布局。在各级政府的大力推进下，广东的工业设计发展呈现日益"产业化"的集聚趋势，并初步形成了以广州、深圳、佛山、东莞、中山等珠三角腹地城市为核心的新格局。

目前全省专业工业设计机构近1000家，占全国总数一半以上，工业设计从业人员近10万，占全国1/5强；文化产业增加值占全国的25%，居全国第一位；全省设计研发年投入超过800亿元，投入规模全国领先；2011年，全省设计专利申请量、授权量分别达到15.29万件、11.93万件，居全国前列；全省已有创意产业园46个，省级工业设计示范基地（企业）53个，全国仅有的两家以工业设计为主题的国家新型工业化产业示范基地全部落户广东，设计产业基地建设和产业集聚走在全国前列，总投资超过20亿元的位于顺德的广东工业设计城和总投资超过10亿元的位于南海的广东工业设计培训学院共同构成了广东工业设计的"双子星"，成为推动区域经济发展的新引擎；一大批优秀设计企业茁壮成长，奥飞动漫、毅昌科技、东菱电器、嘉兰图、浪尖等企业成为全国设计界"领头羊"，其中毅昌科技成为全国第一家以工业设计为题材的上市公司（见图3）。

工业设计创新的主战场已由专业设计公司转移到制造企业，形成了大型品牌企业自主设计、中小企业外包并购买设计成果、专业设计公司提供设计服务的工业设计产业化架构。工业设计公司以提供专业化的设计服务为主旨，出现

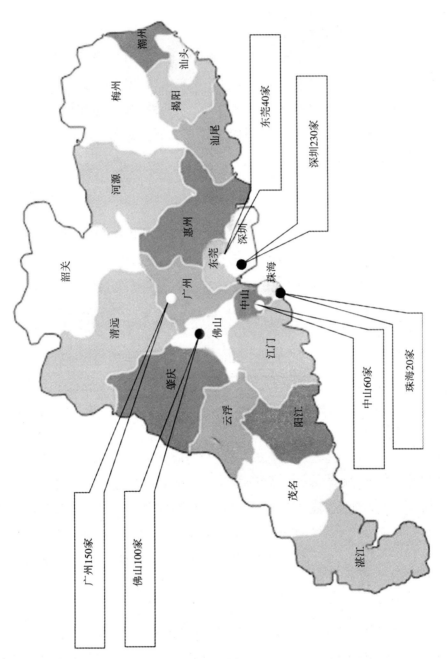

图3 "十一五"后期广东省工业设计公司分区域分布

了明显的规模扩张以及承担国际设计外包服务的趋势，伴随对"原创设计"呼声的日益高涨，深圳"嘉蓝图""浪尖"以及广州"大业"等颇具代表性的设计公司已走上自创品牌、自主设计、自主营销的"三自一体"新模式与设计服务并举的新阶段。

3. 设计教育规模化发展

至 2010 年，全省 115 所高校中已有 44 所开设了工业设计类的专业、系科，招生人数达 3769 人，形成由硕士研究生、学士本科生、高职大专生构成的人才培训体系，其中广州美术学院、广东工业大学、华南理工大学、汕头大学、深圳大学和中山大学 6 所院校（全国 133 所）拥有"设计艺术学"硕士点。

2010 年由广东省人力资源与社会保障厅主导创立的"广东工业设计培训学院"，以培训和提升设计实践能力为目标，建设一个面向全国的工业设计人才培训基地，计划达到在校生总量 3000 人/年的规模，形成对现有高校办学模式的补充（见表3）。

表3 2010 年广东省高等学校工业设计类专业招生一览
（本表数据统计依据为广东省教育厅高校招生目录）

序号	学校名称	专业名称	招生数	所在地
01	广州美术学院	工业设计、设计艺术学、家具设计（本科）	165	
02	广州大学	工业设计（本科）	50	
03	广东工业大学	工业设计（本科）	70	
04	华南理工大学	工业设计（本科）	36	
05	华南理工大学广州汽车学院	工业设计（本科）	100	
06	华南农业大学	工业设计（本科）	60	
07	仲恺农业工程学院	工业设计（本科）	75	广州
		工业设计（高职）	110	
08	广东白云学院	工业设计（本科）	40	
		产品造型（高职）	40	
09	广东技术师范学院	工业设计（本科）	61	
10	广东轻工职业技术学院	产品造型（高职）	198	
11	广东纺织职业技术学院	工业设计（高职）	125	
12	广东科学技术职业学院	工业设计、产品造型（高职）	195	
13	广州番禺职业技术学院	产品造型、玩具设计与制造（高职）	150	

续表

序号	学校名称	专业名称	招生数	所在地
14	广东交通职业技术学院	工业设计、玩具设计与制造（高职）	138	广州
15	广东岭南职业技术学院	工业设计（高职）	80	
16	广东理工职业学院	产品造型（高职）	80	
17	广东工贸职业技术学院	工业设计（高职）	50	
18	广东建设职业技术学院	雕刻艺术与家具设计（高职）	43	
19	广东农工商职业技术学院	产品造型（高职）	35	
20	广州工程技术职业学院	产品造型（高职）	30	
21	深圳大学	工业设计（本科）	60	深圳
22	深圳职业技术学院	工业设计（高职）	86	
23	深圳信息职业技术学院	玩具设计与制造（高职）	40	
24	北京理工大学珠海学院	工业设计（本科）	140	珠海
25	北京师范大学珠海分校	工业设计（本科）	178	
26	电子科技大学中山学院	工业设计（本科）	82	中山
27	中山火炬职业技术学院	产品造型（高职）	50	
28	中山职业技术学院	雕刻艺术与家具设计、灯具设计与工艺（高职）	120	
29	顺德职业技术学院	工业设计、雕刻艺术与家具设计（高职）	182	佛山
30	佛山科学技术学院	工业设计（本科）	40	
31	东莞理工学院	工业设计（本科）	50	东莞
32	广东海洋大学	工业设计（本科）	136	湛江
33	广东海洋大学寸金学院	工业设计（本科）	100	
34	湛江师范学院	工业设计（本科）	50	
35	广东石油化工学院	工业设计（本科）	90	茂名
36	肇庆学院	工业设计（本科）	40	肇庆
37	肇庆工商职业技术学院	产品造型（高职）	70	
38	肇庆科技职业技术学院	产品造型（高职）	90	
39	汕头大学	工业设计（本科）	30	汕头
40	汕头职业技术学院	产品造型（高职）	34	
41	五邑大学	工业设计（本科）	90	江门
42	河源职业技术学院	工业设计（高职）	80	河源

注：招生总数 3769 人，其中本科类院校 22 所，招生 1743 人（占 46.25%）；高职类院校 22 所，招生 2026 人（占 53.75%）。

（三）发展成效

近年来，通过一系列相关工作的开展，广东在营造工业设计发展良好的社会氛围，提升企业、政府、社会各界对设计创新的正确认识等方面，取得了较好的效果，行业规模和影响力居全国前列，对产业的撬动作用凸显。工业设计的产业生态已基本建立，形成了以政府为指导，以企业与设计公司为主体，以产业园区与基地为依托，以各类公共服务体系与平台为支撑，以各级协会等社会组织为桥梁，以各类院校、研究培训机构为人才培养后盾的综合体系。广东工业设计发展的成效总体上可以概括为"六个率先""六个持续"。

1. "六个率先"

（1）率先在全国开展了国家认可的工业设计师职业资格评定工作，并对贡献突出者授予"劳动模范""青年五四奖章""三八红旗手"等荣誉。

（2）率先在全国开展了工业设计示范基地（企业）的评定工作，引导工业企业加大工业设计投入，推动广东省产业设计化进程。

（3）率先在全国建立了工业设计成果评价制度——"省长杯"工业设计奖制度，开展了"省长杯"工业设计大赛和工业设计奖评选，使工业设计成为推动广东省产业转型升级的重要抓手。

（4）率先在全国以省区共建方式建设广东工业设计城，开创了以工业设计园区为载体集聚工业设计产业资源、推动设计产业化发展的新模式。

（5）率先在全国开展工业设计教育改革尝试，以粤港合作方式建设国内第一所工业设计学院——广东工业设计培训学院。

（6）率先在全国进行设计、制造产业空间布局，建设"粤港工业设计走廊"，促进工业设计产业生态的优化。

2. "六个持续"

（1）企业主体作用持续加强。以华为、中兴、TCL、美的、广汽等为代表的一批设计创新型企业成为引领广东产业转型升级的生力军；维尚模式、东菱模式、毅昌模式等创新模式成为产业设计化的典范；嘉兰图、浪尖、艾万和六维空间等一批工业设计龙头企业快速发展，成为引领全省工业设计产业发展的引擎。

（2）企业设计创新能力持续提升。2008～2010年，广东省大型企业从事工业设计的技术人员数占总员工人数的比例平均由3.2%提升到4.8%，与工业设计相关的专利申报的平均数由60件增加到79件，批准专利平均数由42

件增加到59件；通过组建设计部门、单项或年度外包设计项目等途径研发具有自主知识产权的新产品的中小型家电、电子通信企业数量比例由15%上升到23%。

（3）设计创意产业园区数量持续增加。2006年广东省设计创意园不足10家，2010年上规模的设计创意产业园快速增加到46家，广东工业设计城、深圳田面设计之都、深圳设计产业园、深圳F518创意园和广州设计港等以工业设计为主导的园区取得了快速发展，加速了工业设计资源聚集。

（4）工业设计产业支撑体系持续巩固。全省各类、各级设计创新公共服务平台由2005年的8个快速增加到32个，出现了一批为工业设计提供支撑服务的专业机构，广东工业设计网等公共服务平台促进了全省工业设计产业生态的形成。

（5）设计人才培养工作持续发展。广东省开设工业设计类专业的院校和招生人数连年增长，至2010年，全省115所高校中已有45所开设了工业设计类的专业、系科，招生人数达3973人。2009年，广东省成立了国内第一家工业设计培训学院；2011年，广东工业设计研究生联合培养基地在顺德启动。

（6）工业设计的投入持续增长。以美的、TCL、康佳、创维为代表的年销售额逾百亿元的大型制造业企业平均年设计研发投入已达销售额的2.5%；全省共有近千家专业工业设计公司与4000多家制造业工业设计部门，在工业设计方面的投入预计达到50亿元/年。

二 广东工业设计发展举措

近年来，广东在推动工业设计发展的政策环境、产业环境、人才环境建设三个方面持续投入，做了以下几个方面的工作。

（一）政策环境建设

近年来，推动工业设计发展的措施不断融入广东省各级政府的相关政策和文件中。《珠江三角洲地区改革发展规划纲要（2008~2020年）》提出，支持开展工业设计人员等职业能力评价认证体系试点；省委、省政府《关于争当实践科学发展观排头兵的决定》，提出促使现代工业设计在产业升级中发挥"加速器"作用；省委、省政府《广东省关于实施扩大内需战略的决定》提出，工业设计成为战略工作的重要抓手；《粤港合作框架协议》提出要加强工业设计产业合作，联合开展教育培训、成果推广、项目建设等，工业设计更是列入广东省"实施粤港合作框架协议 2010 年重点工作"。地市政府也开始加大工业设计资金扶持力度，2009 年度深圳首批文化产业发展专项资金支持了工业设计等相关产业；顺德区出台了《顺德区促进工业设计创意产业发展实施办法》，重点设计创新产品项目最高可获 100 万元经费扶持；东莞市政府划拨 1500 万元成立华南工业设计院并举办每年一届的东莞工业设计大赛。

2011 年，广东在全国率先以省政府名义出台了《关于促进我省工业设计发展的意见》，组织编制了工业设计发展"十二五"规划，提出了"产业设计化、设计产业化、设计人才职业化"的发展思路，明确了广东省工业设计发展目标，确定了创建工业设计产业基地、构建工业设计创新体系、完善工业设计支撑平台、培育工业设计人才队伍、积极推进粤港工业设计合作等重点任务，提出包括财政扶持、政策氛围、人才支撑、组织协调等措施，为推进广东工业设计加快发展奠定了基础。

（二）产业环境建设

1. 推动工业设计基地（企业）的建设，促进设计产业化发展

按照以点带面、全面推进的原则，广东重点抓好工业设计示范基地（企业）建设，根据广东实际情况，组织专家制订了《工业设计示范基地（企业）评定管理办法》，组织评定了三批共 53 家工业设计示范基地和企业，树立了行业标杆。同时，不断总结和创新发展模式，省市区共建、粤港澳联动已经成为政府支持工业设计发展新模式。广东省经济和信息化委员会与佛山市顺德区共建广东工业设计城，省科技厅和东莞市共建华南工业设计院，广东省人力资源和社会保障厅、香港职业训练局与佛山市南海区共建广东工业设计培训学院等都取得了飞速发展。

2. 举办工业设计活动，营造良好氛围

两年一届的广东工业设计活动周为广东工业设计发展创造了良好的氛围，

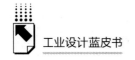
"省长杯"工业设计大赛和优良工业设计奖评选活动，极大地推动了"广东制造"迈向"广东创造"的创新热潮。中国国际工业设计博览会、中国（深圳）国际工业设计节和深圳设计月等活动的举行，激活了深圳工业设计产业；第五届文博会更是首次开辟了工业设计展区。深圳市在全国率先设立的"市长杯"工业设计奖，鼓励培育了一大批设计人才；广州国际设计周、红棉设计奖等活动的影响力不断扩大，在国内外的知名度不断提升；中国（顺德）国际工业设计创意博览会确立了"设计与制造之约"的办展理念，已连续成功举办三届；连续成功举办六届的"东莞杯"国际工业设计大赛，紧扣产业化设计主题，使大赛成为促进工业设计发展的公共服务平台。

3. 加强粤港合作和对外交流

结合区域产业转型升级，广东提出了打造"粤港工业设计走廊"，促进香港设计教育、人才、机构、配套产业等工业设计资源在粤港工业设计走廊有效分布和流动。目前已初步形成了以香港、深圳、东莞、广州、佛山（顺德）、中山、珠海等珠三角地区为主线的工业设计产业带。粤港的工业设计合作已经走向纵深阶段，粤港产业创新设计中心、粤港合作开办工业设计培训学院、粤港知识产权保护和成果转化平台等成果不断涌现。

4. 推进信息技术应用，打造工业设计公共服务平台

省财政设立工业设计专项资金，推动建立了十多个由政府主导的工业设计公共服务平台，为工业设计发展提供了有力支撑，通过对全省乃至全国工业设计资源的整合，为企业提供设计研究、设计验证、设计培训、设计技术开发、设计信息等公共服务。

（三）人才环境建设

1. 建立人才评价体系，搭建人才成长舞台

按照设计人才职业化的发展思路，广东初步建立起工业设计人才评价体系，经人力资源和社会保障部批准，广东在全国率先试点建立工业设计人才评价体系，从职业技能和专业水平两个维度对工业设计人员开展评价。职业技能鉴定选择了设计创意能力、设计表达能力、设计研究能力和设计管理能力几个评价点，对工业设计师综合评价，经考试合格后分别授予"高级工业设计师"

"工业设计师""助理工业设计师"国家职业资格证书。目前，已有250多人通过竞赛、300多人通过考试取得了工业设计职称资格，并在全国率先评出了31名高级工业设计师。

在人力资源支撑方面，广东不少地区出台了相应的政策措施，如设计师再培训学费补贴、设计师资格或职称奖励。另外，通过定期评比广东十大青年工业设计师等活动，打造广东工业设计未来的领军人物。

2. 改变工业设计人才培养模式，拓宽人才培养渠道

按照设计人才职业化的发展思路，近年来，广东培养工业设计人才的速度加快、渠道变宽，培养了一批工业设计专业人才。目前，在广东127所各类院校中，有30.7%开设了工业设计专业，其中有22所是本科类院校，中山大学、华南理工大学、广州美院等高校先后设立工业设计专业，这些知名高校与其他高校、职业技术院校一道，每年培养2000多名工业设计专业人才。

省市共建、粤港合作的广东工业设计培训学院，定位于建设世界先进的工业设计培训基地，探索设计师的终身培养模式，为人才职业化培养提供了全新的尝试；广州美院、清华美院、中央美院和中国美院的学研合作，广州大学南海设计研究所和广东工业大学华南工业设计院等机构的建立，为高校工业设计产、学、研合作以及人才培育提供了经验借鉴。

三 未来发展趋势及思考

（一）面临的挑战

当前广东省情已经并正在发生全面的、深刻的、重大的变化，呈现一系列新的阶段性特征。这种全面的结构性变化的省情新特征，表明广东经济社会已经步入转型期，突出表现为过去支撑我们快速发展的经济技术和社会条件已经或正在发生重大改变，广东省发展已经从高速增长期转入平稳增长期，我们正处于新旧发展模式交替的关键时期。

长期以来，我国过度依赖外需市场，这在广东尤其严重。据统计，2007年，广东外贸依存度为155%，比全国高89个百分点，其中出口依存度为

90%，比全国高 53 个百分点。长期以来，这种"两头在外"的经济结构，导致两个结果：一是广东省大部分出口导向型企业，都停留在一个缺乏自主市场意识的阶段。只需要被动接单，不需要主动研发，也不需要对消费者和市场进行分析。这种依赖令其丧失自主创新的能力，缺少自主品牌，只能通过不断扩大规模，以高耗能、低环保、低福利为代价展开恶性竞争。二是在过去的经济增长模式中，跨国企业带着品牌和技术，以合资或者独资的方式争夺国内消费市场，又因其开拓市场的投入巨大，技术优势明显，使得我国即使掌握自主品牌的内销企业也在竞争中处于劣势，被迫展开价格大战。

过去 30 多年我们主要是依靠比较充裕的土地资源、环境承载能力和大量廉价的劳动力发展起来的。但目前这些条件已经基本不复存在，资源环境约束日益凸显，劳动力短缺成为常态，综合成本上升趋势不可逆转。尤其是金融危机爆发以来，广东省工业发展既受到发达国家"再工业化"和贸易保护的挑战，也受到周边发展中国家低成本的挑战；既受到外需疲软、内需不足的挑战，也受到生产经营成本持续上涨而我们消化成本上涨能力不强的挑战。因此，当前经济运行所表现出来的增速放缓、效益下降等问题，都被过去我们的外延扩张发展模式所掩盖。

（二）新形势下工业设计是创新、促进转型升级的重要抓手

越来越多的国家、地区的企业发展的成功经验已经证明，设计创新的重要性比肩于技术创新，设计创新是产业高端化发展的必然路径，也是催生新兴产业的重要力量，技术创新与设计创新的协同效应将极大地推动产业转型升级的进程。加快推进设计产业发展，既是改造广东省传统制造业和培育发展战略性新兴产业的重要内容，也是实现"广东制造"向"广东创造"转变的重要标志。

广东省第十一次党代会上率先提出发展幸福导向型产业，这是广东坚持以人为本，体现发展目的，为加快转型升级、建设幸福广东提供坚实物质基础的重要部署。发展幸福导向型产业，就是使发展既能满足人们日益增长的物质需求，也使消费者在产品使用中得到愉悦、得到"幸福"体验。发展幸福导向型产业，设计创新不可或缺，应该而且可以大有作为。站在宏观的角度来看，

设计创新是科技创新能力、文化软实力、经济实力等的集中体现，是衡量一个国家和地区竞争力的重要标志，设计强则综合实力强。从微观角度来看，设计创新是企业高端化发展的必然路径，也是催生新兴产业的重要力量，设计强则竞争力强。

吴敬琏认为，转变经济发展方式的核心和基础，是摈弃靠自然资源和资本投入支撑的传统经济发展模式，采用靠效率提高驱动的发展模式。因此，我们在当前转变经济发展方式、推进产业转型升级中，必须把设计创新作为核心推动力，摆上更加重要的位置。

（三）工业设计的加快发展需要良好的产业生态环境

工业设计产业的起源和核心在于满足以制造产业为主体形成的有效设计需求，产业转型升级衍生出的工业设计需求促进了广东省工业设计的发展，工业设计的良好基础和快速发展又促进了广东产业转型升级，初步形成了广东工业设计产业生态。由于工业设计对转型升级的推动作用的发挥会受到产业生态内其他因素的影响，而且，工业设计面临持续发展的问题，因此，如何优化广东省工业设计产业生态显得非常重要。在工业设计的产业生态中，至少包括制造业、设计业界、教育培训和政府四个主要角色，理想的工业设计产业生态应该是这四个角色相互依存、彼此满足、动态调整。

对广东制造业来说，由于设计需求所涵盖和面对的产业类型十分广泛、企业规模大小不一，如何以产业转型升级为契机，引导制造业需求与设计业供给的基于市场化的互动双赢，推动"广东制造"转向"广东创造"，是广东省工业设计发展的最大瓶颈；对广东工业设计产业来说，当务之急是不断提升设计视野和产业服务能力，完善服务功能，创新服务机制，汇聚设计资源，推动广东省设计产业化不断走向成熟和完善；对于政府职能部门，则要刺激制造业的有效需求，充分发挥对设计业的协调、引导、规范发展的作用。

（四）未来发展的工作重点：推动广东设计中心建设，统领全省设计产业生态建设全局

近年来，广东已成长为中国内地最富有设计活力的区域之一，但是仍缺乏

战略层面的统筹，也无法规划创立一个跨城市、跨专业的"联动"系统设计推广活动平台。伴随省委、省政府对进入21世纪第二个十年所提出的有关"由广东制造转向广东创造"，打造"创新大省""文化大省"等一系列战略发展目标，创建"广东设计中心"这样一个统筹全省设计发展的大平台已成为极其重要的战略举措。借鉴相关国家和地区的先进经验和成熟做法，成立广东设计中心，可以使之成为政府主导广东省工业设计深入全面发展的工作平台，加强宏观引导和协调，解决广东省工业设计发展中遇到的突出矛盾和问题，统筹、管理广东省设计创新体系建设，为工业设计发展创造有利的环境，推进广东省工业设计加快发展，使广东的设计发展跃上一个全新的台阶并保持自身在全国设计发展中的优势地位。

在现阶段，以建设设计创新为核心的产业创新扶持、孵化和投资平台为工作重心，整合省内外相关设计资源，全面开展设计提升、设计培训、设计推广工作，使"设计中心"成为广东省产业的设计创新力的促进中心。

四　结论

清华大学柳冠中教授说过，设计是无言的服务，是创造更合理、更健康的生存方式，是人类未来不被毁灭的第三种智慧。为推动广东设计产业健康快速发展，就要以加快转变经济发展方式为主线，以建设幸福导向型产业为切入点，坚持政府引导和企业主体相结合，设计创新和技术创新相结合，自主发展与开发合作相结合，大力实施产业设计化、设计产业化和设计人才职业化。

广东工业设计正处于快速发展的战略机遇期，习近平总书记视察广东工业设计城并高度肯定其实践成就，为广东乃至中国工业设计的发展增添了新的动力。在工业化时代向知识经济、网络时代转变的今天，设计驱动创新将成为社会、经济转型的主流，坚持面向产业、与科技和文化相互融合，形成"创造力"，这是广东工业设计实现从"推动"到"引领"角色转换的必经之路。如果说过去的30年，与产业同步发展、面向产业是广东工业设计发展的最大特色，那么在新的形势下，推动工业设计融入产业发展、引领产业转型升级，将成为我们最大的机遇与挑战。

国际比较研究

International Comparative studies

B.12

美国工业设计的发展现状和趋势

于 炜　姜鑫玉　马婉秋　吕 阳*

摘　要：

美国是世界现代设计产业规模、设计出口和设计创新第一大国，其设计追求实用性质的商业主义，设计风格多元化。本文主要从美国工业设计发展情况、政策导向、设计教育、行业协会、知名设计公司等方面概述美国工业设计现状；从战略性角度出发，论述美国工业设计发展趋势。

关键词：

美国　工业设计　现状　发展趋势

一　美国工业设计发展现状

美国是世界设计创新、设计产业规模、设计出口强国，长期以来，美国采

---

* 于炜，华东理工大学副教授，华东理工大学艺术设计系主任，上海交通大学城市科学研究院研究员；姜鑫玉，东华大学讲师；马婉秋，华东理工大学硕士研究生；吕阳，华东理工大学硕士研究生。

用一系列措施建立设计创新的体制、机制，促进工业设计的良性发展。例如，制定联邦设计促进计划等国家政策，支持全美设计业的发展；充分发挥行业协会作用，通过全国性的艺术基金会和协会组织管理设计；注重设计教育创新，建立独立的艺术学院，在高等院校广泛设立艺术与设计相关课程和学科，注重产、学、研相结合的教学方式。除此之外，美国还设立了 IDEA 工业设计大奖，促进了全球各国工业设计界的交流与沟通，极具国际影响力。

（一）美国工业设计的发展

与英、德等欧洲国家相比，美国的现代设计起步较晚。然而，正因为缺乏传统文化的束缚，在机械化大生产开始走向繁荣的时代，美国作为新兴的资本主义国家能够很快地适应社会潮流，首先进入了消费型社会形态，并迅速发展了与机械化生产相适应的工业产品设计领域，形成了国际主义风格，对全球工业设计的发展产生了深远的影响。

20 世纪 20 年代后期，经济危机席卷美国，为了增加产品销售，美国多家大型企业相继成立设计部门，独立的设计事务所应运而生，随之而来的是美国第一代工业设计师的诞生。第二次世界大战后的世界经济复苏使得美国成为经济强国，商品的生产销售规模也随之扩大，商业和市场竞争机制令美国的工业设计得到更为广泛、更加具体的发展，设计成为美国商业社会服务的重要工具。随着第三次科技革命的到来，美国成为最早进入信息时代的国家，也成为信息技术最为发达的国家，在此背景下的美国工业设计产业发生了巨大变革。

（二）美国工业设计的现状

美国工业设计的精髓源于包豪斯、赫伯特·迈耶、沃尔特·格罗皮乌斯、米斯·凡·德罗等杰出设计师第二次世界大战后移居美国，促进了美国的工业设计向多元化、国际化方向发展。然而，与当时欧洲普遍盛行的功能主义理念不同的是，美国的工业设计更注重通过设计生产令人愉悦的产品以达到增加销量的目的，商业化、以市场为导向是其最显著的特征。时至今日，商业性设计仍发挥着重要的作用，工业设计在满足消费者需求的同时，也帮助企业获得更多的市场份额。随着现代消费观念的逐渐变化，美国现代工业设计界已经不再盲目推崇"有计划地废止制"，设计与商业的战略结合与产品服务化日益受到广泛的重视。以服务为导向的公司将与消费者建立并维护密切关系放在首位，提供更多"非物质化"商品以赢得消费者。例如，苹果的 iTunes 音乐商店就是一个最佳的实例。这一服务占据整个音乐下载市场 75% 的份额，其音乐销量高于美国其他任何一家公司，而且它提供的服务也不止音乐一方面。

美国是工业技术最为发达的国家之一，其在高技术产品设计领域首屈一指，互联网、电子通信、办公设备、医疗服务等新型技术领域，成为现代工业设计的主要服务对象。工业设计师将许多内部集成电路、控制面板等部分按照最合理的布局置于拥有良好视觉效果的整体外壳中，便携化的高科技电子设备成为人们日常生活中的重要组成部分。

（三）美国工业设计的政策

1. 美国"再工业化"政策

2010 年 8 月，随着美国总统奥巴马签署制造业促进法案，美国的"再工业化"得到实质性的推进。重振制造业将为美国创造更多的就业机会，增强其制造业在全球的竞争力，相比于其他虚拟经济，对美国的经济复苏产生不可替代的推动作用。

2011 年 6 月，奥巴马总统又推出了"先进制造伙伴"（AMP）计划：建设国家级安全关键产业的国内制造能力；缩短先进材料从开发到应用的时间；投资新一代机器应用；开发创新型的节能制造工艺。随后的 2012 年 1 月初，在美国麻省理工学院召开了一场主题为"美国的高新技术发展产业如何能为社会创造更多的经济价值并提供更多的就业机会"的会议。

正在发展的人工智能、数字制造技术等高、精、尖新型产业，将重新构筑制造业的竞争格局，使制造业更具创造力、更加本土化和个性化。同时，制造业的再次崛起，也带动了工业设计技术的创新，美国工业设计将在更加有力的技术支持下，与实体制造业特别是高科技产品制造业有机结合，以达到不同科技领域的协同创新。

2. 美国产、学、研政策

近年来，产、学、研教学模式被越来越多的人所熟知，其中美国的产、

学、研合作成就尤为突出。为创造产、学、研结合的良好环境，美国政府建立和完善了一系列相应政策。1950 年，美国设立"国家科学基金"推动产、学、研在国家层面的发展。美国的产、学、研合作计划强调以项目、资金为纽带，促进若干大学与企业、科研院所组成新的研究实体，通过扶持、培育形成坚实的研发力量，在竞争环境下良性循环，取得了大量合作成果。美国的产、学、研合作有以下特点：大学与政府合作，大学与企业合作，各方给予大学资金支持，组建产、学、研联合管理机制等。此外，美国政府、大学、企业以及社会组织积极参与全球范围的产、学、研合作，设计项目国际化特征日益突出。

3. 美国工业设计师协会

美国工业设计师协会（IDSA）是美国工业设计的权威组织，是产品设计、交互设计、人机工程学、设计研究、设计管理以及相关领域的权威代表，旨在通过教育、培训、信息共享和宣传活动等方式促进工业设计的发展。美国工业设计师协会通过组织国际杰出设计奖等竞赛，评选年度优秀设计案例，并为这些案例出版季刊。此外，通过举办五年一次的国际会议等一系列项目，向企业和社会宣传设计的重要价值，从而促进设计服务和设计教育的不断进步和发展。其开设的慈善机构，即设计基金会，每年都赞助并颁发本科和研究生奖学金以促进工业设计教育事业。

（四）美国工业设计公司

1. 苹果

苹果是目前最具影响力的公司，它重塑了人们的产品审美概念。苹果非常重视工业设计，其创新的 iMac、iPhone、iPod 和 iPad，影响了电子设计的历史发展。苹果工业设计高级副总裁乔纳森·伊夫在过去的十几年中和他的设计师团队创造了用户友好的设计，其在许多方面投射的光环深化了当代对工业设计的理解，苹果是现代工业设计界的风向标。

苹果设计成功的关键在于其设计团队的凝聚力和纪律观念，苹果具有创造功能简单产品的独特能力，其信奉的极简主义设计法则要求把一切非必需的细节删除，是在 100% 的设计内容中只留下 5% 的精华。在优雅的硬件里面安装优秀的软件是对其科技美学主义的完美诠释，较好地体现了苹果内外兼修的特点。同时，苹果的设计尤其关注用户感受，用户至上的苹果式体验改变了人们的生活方式，体现了其设计的人文主义。苹果不仅将设计带入数字化时代，而且使设计深入大众生活，充分体现了技术与人文的完美统一。

2. IDEO

IDEO 是世界领先的商业创新咨询公司之一，现在，IDEO 正在将服务重心从为用户提供产品设计服务向为用户提供感受设计服务转变。

IDEO 的设计过程主要为：①强调跨领域跨专业人才的合作创新，吸纳不同背景的人才，组成多变的创新团队，充分发挥各类人才的才能；②邀请客户与其专家团队一起了解市场、技术以及相关问题，观察现实生活中的人们，站在顾客的角度体会消费者的感受，以发现消费者的实际或潜在需求，进而发现解决问题的创新方法；③将创意概念快速可视化，并反复修正、评估创意概念，最后提炼成模型，再将模型调整为适合的商业化方案。IDEO 产品设计强调人机互动关系，将设计上升到创造、重塑消费体验的层次。

总之，IDEO 的设计和创新有其坚实的基础，即团队与整合，采用综合方法实现、评估和精炼设计开发，同时考虑用户需求、技术可行性以及成果的市场生存能力，最终为用户提供完美的体验。

3. ZIBA

ZIBA 是一家全方位的产品设计顾问公司，被《商业周刊》推崇为全球最杰出的设计公司之一，其总裁梭罗·凡史杰本人被《国际设计》杂志评选为美国最具影响力的 40 位设计师之一。

ZIBA 的设计理念为：①简洁，即创造简洁，以简洁取胜，以少胜多。由于资源稀缺的压力，消费者正在试图找出如何以较少的资源做更多、享受更多。②细节，即追求米斯·凡·德洛的"魔鬼在细节"的精益求精，敢于挑战自身。③人性，即在表达使用者和客户的需求时，应当具有创造性和价值性。首先实现最终用户的价值，其次是客户，最后才是表现自我风格。④趣味，即通过造型、色彩、细节等使产品亲切宜人、可爱幽默、雅俗共赏。

ZIBA 的设计团队包括设计战略家、设计师和社会学家。社会学家揭示消费者在行为、感官以及情感等方面的需求；设计战略家向设计团队提出消费分

析，强调对竞争产品的差异化处理以及与品牌的相关性；设计师通过与战略家的合作，描绘新产品的发展前景，以确保消费者的需求在新产品设计中得到体现。其最终目标不仅是为消费者提供产品设计，而且帮助客户发掘自己的DNA，将其转化为品牌体验。

（五）美国工业设计的教育

1. 美国工业设计教育的特色

美国在工业设计教育上注重多学科交叉，重视案例教学，实行工作室制度，强调创新实践能力，积极推进校企合作。专业课程贯穿于来自企业委托的项目当中，大部分专业教师有多年的设计实践经验，学校甚至直接聘请公司设计师负责某些课程的教学。

2. 美国艺术设计中心学院

美国艺术设计中心学院秉承务实的教育理念，为各个年龄段的人士开设设计教育公共课程，其设计教育在世界处于先导地位，其交通工具设计是全美声望最高的科系。学校硬件设施完善，提供众多可视化学习观摩资料，拥有目前全世界设计院校中最先进的电脑设计中心。

美国艺术设计中心学院一直注重培养学生的技能，努力让学生与行业紧密接触，使之将来更好地适应工作。艺术设计中心学院"职业与专业发展"办公室为学生和校友提供各种资源和服务，帮助学生规划与发展自己的职业生涯，促进学生与专业领域进行有意义的连接。

3. 美国斯坦福大学

斯坦福大学在办学理念、教学管理、学术　技术　生产力的转化上独树一帜，与美国典型的商业主义、实用主义以及高科技、开拓精神建立密切联系，是21世纪科技精神的象征。斯坦福大学在集产、学、研于一体的同时，也将自己的科研成果奉献于促进社会进步和经济发展的服务中。斯坦福研究园区的研究活动包括基础项目研究、应用研究和开发活动。基础项目研究不仅在大学中进行，也在工厂和研究室内进行。应用研究通常由大学教师与工业研究人员共同协作完成。开发活动集中在工业实验室，主要方式有两种：一是教师充当企业顾问；二是企业吸收具有研究经验和才能的学生。教授和学生参与集成工作，同时吸纳工业界公司进行合作研究，促成大学和工业界的互动关系，这也是斯坦福研究园区和硅谷根深叶茂的原因所在。

（六）美国工业设计园区

美国斯坦福工业园经历一系列发展和演变，成为如今科技精英云集的硅谷，成为美国高新技术和设计创意的诞生地。斯坦福大学开明的校风融合美国西部文化和高科技的精髓，使其具有浓厚的创业氛围，其创新精神就是对校训"自由之风永远吹拂"的传承。硅谷的发展与壮大得益于斯坦福大学的影响，该校设立基础研究科学与应用科学，并将科研成果应用于实际生产，为硅谷的产业发展提供了科技与人才支持，使硅谷成为产、学、研一体化的高新技术产业区。硅谷产业园区是新技术和新产品的发展中心和诞生地，园区建设层次分明，分工明确，经营范围呈现多元化局面，经营形式灵活多样。

硅谷产业园区的成功发展得益于政府、产业界、研究教育机构、社会团体的全面协作与大力支持，发展硅谷型高新技术工业园区已成为一种促进工业设计产、学、研一体化进程推进的强有力手段。

二　美国工业设计发展趋势

（一）体验设计

在美国，感性经济正在取代"理性经济"，技术制胜时代已经过时，世界已经进入"与消费者情感共鸣"的时代。苹果走"使用者友好"路线，特别推崇设计的简单易用，在产品设计中把技术简单到生活，体会用户内心认知与情感价值，使消费者很容易掌握使用方法。苹果设计是技术美学的优秀典范，从内到外、从主体到周边的高度统一性超越视觉，让用户从内心深处与之产生共鸣。

在感性消费逐渐占据市场的浪潮下，工业设计的目的与宗旨不仅要实现产品的功能与外观造型的美观，而且要强调情感附加值的体现，充分研究消费者的喜好与生活方式，将体验设计融入产品设计中。

（二）共享设计

地球的资源是有限的，如何通过共享设计整合资源、优化资源，让有限的资源得到最充分的利用是值得人们深思的。设计师应发掘消费者的共同需求，整合交通、环境等各方面的信息和资源，通过系统的设计使社会资源得到优化配置；从工业设计的角度出发，优化个人生活方式，创造符合绿色设计需求的产品，促进生态环境良性循环系统的建立。

（三）整合设计

整合设计是改进产业链、改变能源消费方式的有效途径。将低碳概念融入设计，就是在满足产品功能、质量和成本的前提下，在产品生命周期中优先考虑环境、资源以及能源属性，使产品在整个生命周期中对环境的负面影响和能源消耗最小化、资源利用率最大化。基于低碳理念的整合设计，有利于实现产品生命的生态化目标。

（四）设计服务化

工业设计综合性与多元化的特征决定了其服务对象不是简单的产品形态设计，而是以定位为核心的产品－品牌整合设计服务，对制造业的发展起着重要的作用。以定位为核心的产品－品牌整合设计模式为客户提供市场调研分析、品牌战略设计、产品规划设计以及终端形象设计与定制等一系列系统而全面的服务，为企业在转型升级过程中提供创新理念。在产品开发设计领域，人们更需要以问题解决为导向的整合设计服务，设计师要提供以产品为核心的"设计链"服务，综合考虑开发、设计、生产、物流、销售、服务、回收等各环节。

（五）设计民主化

随着信息时代的到来，网络技术、数字技术等先进科技正深刻地改变着人类社会的方方面面。多元化的信息、思想、智慧在网络虚拟环境中共享、碰撞，同时，新技术使产品制造所需的重资产低成本地复制和使用。知识的分享、数字化设计方法的使用，尤其是以3D打印为代表的桌面化生产方式将影响产品的生产模式。企业向大众提供专业的设计参与平台，帮助他们探索、表达和发现真正的价值，实现设计民主化。今后，越来越多的消费者将利用网络参与设计过程，提供自己的意见，越来越多的民间意见将决定设计的走向，未来的"公众参与设计"将使设计走向民主化。

（六）设计集成产业化

硅谷型高新技术园区已成为一种新的设计产业发展趋势。硅谷的先进技术和多元文化吸引大批设计机构，使硅谷成为全球最具影响力的工业设计聚集地。硅谷模式的特征是将大学以及科研机构作为设计产业链的发展中心，促进科研与生产协同创新，使科学研究的成果迅速转化为生产要素，从而形成高新技术的综合体。这种集成式设计产业链为企业提供更为系统、全面的设计服务，服务范围不仅限于产品的外观设计和工程设计，更涉及市场和消费者调查研究、人机工程学、公关策划甚至企业形象设计等各方面服务。设计公司将不同专业背景的人员联系在一起，以达到多元化设计服务的目的，同时建立起全球范围内的设计服务网络，以应对经济全球化的趋势。美国工业设计更加注重整合优势资源，建立集聚整合研究型设计机制，打造集成式设计产业链机构，以创造完整的产业链品牌。

（七）产品"再工业化"

2009年4月，奥巴马总统首次提出重振制造业的战略构想，自此，美国制造业回归的目标、措施逐渐清晰，"再工业化"进程逐步推进，美国实体制造业已经出现积极的发展势头。美国倡导回归的是高端制造业，高科技和家用电器尤其是实体数码产品将成为制造业回归的主力军。苹果CEO蒂姆·库克在接受美国全国广播公司和《彭博商业周刊》专访时表示，苹果公司准备将一条iMac电脑生产线的制造业务迁回美国，这是10年来苹果的电脑生产线第一次重回美国。苹果将部分iMac制造业务迁回美国本土只是一种尝试，距离实体数码产品回归主体的实现仍需时日。

三　结论

从美国工业设计发展历程可以看出，工业设计给美国带来的巨大商业效益和社会发展。美国在世界高新技术领域独占鳌头，然而其工业设计也面临巨大的挑战。用户体验设计、以人为中心的设计反映了人们对于人性化设计回归的诉求；生态环境的逐渐恶化、资源的持续短缺等一系列问题迫在眉睫，美国必须关注人与自然可持续发展方面的设计探索。

参考文献

［1］〔美〕Nathan Shedroff：《超物质化》，《设计反思：可持续设计策略与实践》，刘新、覃京燕译，清华大学出版社，2011。
［2］张婷：《美国制造业谋求振兴》，《中国科技投资》2012 年第 11 期。
［3］段卫斌：《美国产学研合作模式》，《工业设计产学研实践》，上海科学技术出版社，2011。
［4］刘月林：《关于设计的三个取向：以苹果设计为案例》，《设计艺术》2010 年第 5期。
［5］徐涵：《IT 制造业现新趋势：苹果部分生产线搬回美国》，《IT 时代周刊》2012 年第 24 期。

B.13

欧洲：英国、德国、意大利的
工业设计现状、趋势

于炜　姜鑫玉　郭明月　杨文鹏*

摘　要:

本文主要概述了欧洲工业设计现状和发展趋势，以英国、德国、意大利为主进行论述。欧洲工业设计起步早，发展缓慢，目前处在转型期。欧洲设计的情感化、个性化特征对全球设计产生了深远影响。作为工业设计发祥地的英国，影响了美国以及欧洲其他国家的设计发展。另一个工业设计的发源地是德国，其中包豪斯的影响举足轻重。拥有很强的艺术和手工艺传统的意大利在设计领域也位高权重。从洲际层面和国家层面阐述工业设计的发展现状和趋势是本文的主要内容。

关键词:

欧洲工业设计　英国　德国　意大利　现状和趋势

一　欧洲工业设计的现状和趋势

（一）欧洲工业设计现状

欧洲的工业设计呈现双重性或两极性特征：欧洲具有悠久的历史、灿烂的文化，并且革命没有破坏其历史，战争没有整合其阶层，现在欧洲仍有很多实行

---

* 于炜，华东理工大学副教授，华东理工大学艺术设计系主任，上海交通大学城市科学研究院研究员；姜鑫玉，东华大学讲师；郭明月，华东理工大学硕士研究生；杨文鹏，华东理工大学硕士研究生。

君主立宪制的国家。在英国、挪威、瑞典、丹麦、荷兰、比利时、卢森堡、西班牙，皇室被视为国家的精神象征，皇室的领导者被认为是国家的精神领袖，而欧洲的皇室及贵族现在也仍然是奢侈品牌的消费者和引领者。虽然中国现在是"世界工厂"，生产成本极其廉价，但是全球第二大奢侈品集团——古奇的现任总裁明尼科·迪梭斩钉截铁地说："中国消费者不会去买中国制造或中国品牌的古奇类产品。"中国的消费者使用欧洲奢侈品时幻想着异域的生活方式。欧洲有十分广泛的奢侈品设计领域，设计也演变成体验式的设计以及个性化、人性化的设计。

同时，欧洲在保持豪华奢侈设计的同时，也不断关注与百姓设计密切相关的大众化、平民化设计。特别是北欧的"优良设计"，其特点就是坚持为日常生活设计，通过优秀的设计为平凡人们创造舒适便利的生活。早在19世纪末，当北欧国家的机械化产品还是粗制滥造时，北欧社会学家埃伦·凯就出版了题为"大众化的美"的著述，明确表述设计师应为普通人的生活而设计方为好的设计。北欧人用设计中的审美品位来提高日常生活的质量，用平凡而精致的家居用品构筑舒服的环境。今天，许多受人尊敬的经典设计作品，以及许多著名的博物馆，如纽约现代艺术博物馆、伦敦维多利亚艾伯特博物馆等收藏的展品，都是为大众化的超级市场而设计的，以提高公众的生活品质，培养公众的审美趣味，并保证其价格的易接受性。北欧设计，无论在过去还是现在，经济收入、社会地位都不是设计中的决定性因素。

北欧设计的目标非常明确："不制作不实用的东西，如果它实用又必需，那就一定要把它做得完美。"北欧现代设计始终是为了提高普通大众的艺术趣味，满足他们的日常生活需要，其本质在于揭示日常生活之美，即"普遍美"，为社会上大多数人服务。因此，在设计的指导下生产出的工业产品折射出的是一种精致的生活态度，既不铺张炫耀又不粗鄙简陋。如今，北欧的设计基础仍然建立在为大多数人服务的理念之上，不嘲弄枯燥的生活情调，也不刻意迎合时尚精英，那些欣赏时尚、乐于休闲的庞大的新生代中产阶级依然是北欧设计的消费主体。

（二）欧洲工业设计趋势

1. 独特性

在追求设计创新和创意产业开发的全球趋势下，欧洲工业设计既紧随时代潮流也保留着其情感化、理性化以及功能主义的独特性。北欧的优良设计以及西欧的奢侈品设计趋势与大众平民设计并重。

2. 个性化

欧洲设计的感性设计理念是追求以人为本。基于情感和认知的大规模个性化设计是大势所趋。设计流程中有与消费者共同创造的过程，如图 1 所示。

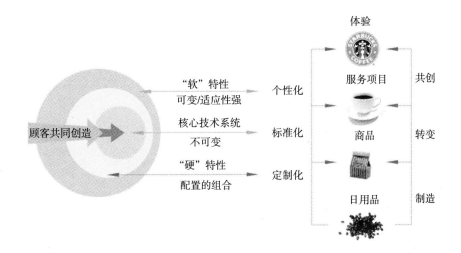

图1　设计流程中有与消费者共同创造的过程

注：笔者根据原图改绘。

3. 标志化

标志化是欧洲设计注重品牌内涵的进一步展现。

二　英国工业设计现状和趋势

（一）英国工业设计现状

作为欧洲国家中最注重设计的国家之一，英国在 20 世纪 80 年代，开始利用传播媒体着重宣传与鼓励设计，报道了设计的观念，也报道了产品的支持者与设计师，如设计评论家、博物馆馆长、权威人士、设计师等，并极力

赞誉设计。

1. 英国工业设计协会的推广和教育

作为世界上工业设计的发祥地，早在 1944 年，英国就创立独立、非营利的公众机构——英国设计协会。该设计协会是推广商业、教育以及政府本身有效地运用设计以及设计思考的组织。协会深入校园推广设计技能，为产业建立良好的人才供应链，协助英国的科技产业用设计把创新的科技改造为成功的商品和服务。更有甚者，传统制造业的生产线创新，发展更好的产品，开拓更好的市场也是协会的作用。协会以区域经济自治的方式协助各区推广设计，同时提供高价值设计方面信息和服务给企业管理阶层以及设计师，协助他们进行更好的设计判断。前首相撒切尔夫人，在分析英国经济状况和发展战略时指出，英国经济的振兴必须依靠设计创新，甚至提出"英国可以没有首相，但是不能没有设计"。1997 年时任英国首相布莱尔成立创意产业特别工作小组，把创意产业作为国家产业政策和战略规划之一。布莱尔更是多次为知名品牌代言广告。

2. 政府扶持下的英国工业设计教育和发展

与欧洲大多数国家不同的是，英国的工业设计拥有政府的直接扶持。英国政府扶持型的发展促进了英国设计教育体系的完善，英国设计教育具有从本科、硕士到博士的多层次的教育结构体系，培养了许多优秀的设计人才，这使得英国工业设计水准很高。英国设计咨询服务公司在世界工业设计界异常活跃，它们不仅为本国企业提供设计服务，而且为欧美、日本等国家提供设计服务，英国已成为工业设计出口国，每年获近 210 亿英镑的产值，是欧洲工业设计的中心之一。

3. 英国顶尖设计企业对工业设计的影响

英国最具国内外影响的室内设计集团是康兰（The Conran Design Group），从事商业室内设计和企业形象设计，为英国高档零售业的中心"High Street"设计了大量成功作品，被称为"高街风格"。康兰的设计确定了英国商业室内设计和展示设计在国际上的优势地位。

Pentagram 是英国著名设计公司之一，从事产品设计、环境设计和平面设计，设计了建伍电器公司的家电产品、日本大阪燃气具公司的电暖器具、

B&W 公司的音响等，这些产品都成为有影响力的国际品牌，"尼桑"汽车公司的著名标志也是由该公司设计的。

此外著名的设计公司还有欧构设计公司（Ogle）和 DCA 等。欧构设计公司以汽车设计为主，除了设计小汽车和大型集装箱运输车外，还从事小型飞机的内部装修及产品设计工作。DCA 设计咨询公司则为伦敦地铁公司设计了地铁车厢内部，其最有影响力的作品是为欧洲海峡隧道公司设计了机车等产品，受到交口称赞。

英国的广告行业由于具有促销的传统而异常发达，世界最大的几个广告公司有不少来自英国，如 1995～1996 年世界排名第一位的广告公司 WPP 和世界排名第二位的广告公司 Saatchi & Saatchi，都是英国公司。这些大型广告公司的世界性活动扩大了英国工业设计的国际影响力。

时至今日，英国，特别是首都伦敦，有当今最顶尖的设计企业（如 Fitch、IDEO、Pentagram 以及 Seymour & Powell 等）与设计师，并已经形成了其特殊的文化，吸引着全世界的设计师们。21 世纪初的伦敦，整个国民生产总值的 1/10 将由与设计相关的产品和服务产生。

（二）英国工业设计趋势

1. 设计与未来

未来是网络时代，传统企业面对挑战，网络影响顾客的消费行为和消费方式，与之相联系的企业服务也要相应改变，网络还影响企业的设计以及企业的销售方式。设计公司不断发展出新型产品来吸引消费者网上购物。

未来的产品以维护经济持久发展为长期目标，要找到影响经济持久发展的关键因素。持久性与经济发展的一致性通过实践可以证明，人们不断认识到，影响消费行为是取得经济持久发展目标的关键因素。

未来的工作地点有很大的弹性，一份 RCA 研究报告说，有 1/10 的英国职员在家工作，估计全天或部分时间在家工作的有 200 万人，他们用电脑和电话工作。估计有 80 万人是隐藏的劳动力，他们主要从事牧师、议员和手工劳动等工作。可见，未来的工作地点和时间都可以打破常规。

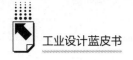
2. 设计趋势

市场的合并、分化及多元化的现状带来了残酷的竞争。设计压力不断增加，当然这也可能通过新的方式增加价值，如通过电子商务、网络以及手机等新的通信工具来进行。在产品设计中将更加注重以下方面：①品牌、质量、效益；②优秀的使用功能，包含先进的技术与简捷的使用方式；③创造能与人沟通的具有精神影响力的产品。

设计创造市场是经济发展的大趋势也是时代飞速发展的必然。面对琳琅满目、设计精良的产品，面对新领域的机遇与挑战，各国的工业设计师都在用自身设计的力量向人们展示他们独特的设计风采，"几乎没有任何东西可以像设计一样具有国际性"。不论是一个企业，还是一个国家，忽视今日的设计，势必失去明日的市场，这绝不是危言耸听，而是事实。

三　德国工业设计现状和趋势

（一）德国工业设计现状

德国是现代设计的诞生地之一，在世界范围内拥有举足轻重的地位，对全球工业设计发展产生了深刻的影响，促进世界设计理论的形成与设计教育的发展。德国对于设计拥有理性的态度、强烈的社会目的性和责任感，这使得德国的现代设计拥有完整的思想内涵和技术。

1. 德国工业设计在全球工业设计中的地位以及对全球工业设计界的影响

（1）工业设计的发源地。第二次世界大战后成立的乌尔姆造型学院，对德国工业设计产业产生了广泛而持续的影响，它培养的大批设计人才在德国设计领域"开枝散叶"，到处传达乌尔姆学院的理性设计思想和准则。

（2）超强的设计意识。德国的产品拥有先进的技术、严谨的设计、规范的工艺，设计公司和企业不仅注重产品的造型以及视觉效果，更注重产品的质量与功能。同时，德国是一个拥有强烈设计意识的国家，前联邦部长格罗斯曾说："14 岁以上的人群中有 2/3 的人理解设计，包括基本日用品的设计。"关于对设计的理解，有 18% 的人认为它是对新潮的设计，16% 的人将普通设计看成给予造型和形态，另有 15% 的人认为设计包含对于产品的创造性开发。

（3）功能主义、理性主义设计风格。在多元化、全球化的设计浪潮中，德国长期以来保持其理性主义的设计理念。1923 年包豪斯提出"艺术与技术的新统一"这一新的设计理念，指出技术不依赖艺术，而艺术却离不开技术。德国的工业设计基本摈弃了传统而烦琐的装饰，从造型的简约和功能的严谨中获取美感，严格保证产品质量，因此，"德国制造"也就意味着品质保证。

2. 德国的政策导向

（1）德国工业设计教育和发展。工业设计教育在德国已很普及。在初级教育阶段，学校依据每个学生的特点，合理安排相应的艺术基础知识和艺术技能训练；而在大学，创新意识更是成为共识。工业设计学科除开设一些必要的基础科目外，还围绕设计开设一些与之相关的新学科，如人体工程学、数学建模、生产管理、设计心理学、设计趋势等。

（2）工业设计大奖——红点奖（Red Dot Award）。红点奖源自德国，被公认是具有国际性与权威性的创意设计大奖，获得该奖项意味着获奖作品外观功能及品质获得了最具权威的认可，同时，该作品还将获得最大范围的认知与推广。

3. 企业/设计机构/设计事务所

（1）德国博朗（Braun）工业设计公司。法兰克福的博朗公司的设计至今仍被看成优良产品造型的代表和德国文化成就之一。博朗的产品关注制造技术和实用性，摈弃了商业运作和淘汰原则，在实用性设计手法的基础上强调的是历久弥新的形式，使产品形成了独特的审美效果。

（2）青蛙设计公司。德国青蛙公司的设计与博朗的设计一样，成了德国工业设计的杰出代表。青蛙公司的设计既保持了乌尔姆造型学院和博朗的严谨简练，又带有后现代主义的新奇、怪诞、艳丽，甚至嬉戏般的特色，在设计界独树一帜，在很大程度上改变了 20 世纪末的设计潮流。

（3）德国的汽车公司，诸如通用、福特、克莱斯勒、奔驰等。受到包豪斯和乌尔姆造型学院的影响，德国的工业设计不仅注重产品外观的视觉效果，更强调内在功能和质量。因此，德国能够拥有众多设计一流的汽车品

牌，如大众（VW）、奥迪（Audi）、奔驰（Benz）、宝马（BMW）、欧宝（Opel）等。

（4）德国 Khdesign 设计机构。Khdesign 是一家位于德国的独立设计机构，30 多年来一直致力于品牌研发、产品与包装设计，客户主要为协会与机构，以及中型企业和大型国际品牌，包括瑞士莲（Lindt）、德国药妆连锁店（dm-drogerie markt）、葛兰素史克、Rhine-Ruhr 运输协会、箭牌、Pfungstadter 啤酒厂等。

Khdesign 的理念如下：①成功的品牌应该是有生命力和活力的，是机动的，是富有吸引力的，同时拥有可变化和恒定的特质。②高度竞争和快速变化的市场与不断变化的消费者结构需要积极的、前瞻性的品牌管理。③随着社会的发展，设计的价值日益受到人们的关注，在技术差距、产品性能差异逐渐缩小的今天，设计的优劣正逐渐成为品牌与产品价值的衡量砝码。

4. 德国的设计院校

（1）柏林艺术大学。柏林艺术大学（Universitaet der Künste Berlin）具有超过 300 年的历史，它不仅是德国著名的、规模最大的高等艺术学府，也是欧洲排名靠前、学科门类最为齐全的艺术院校之一，在欧洲艺术界地位显赫。其艺术创作的原则和追求的目标之一就是开放。创新能力，是其衡量事物的标准。

（2）包豪斯设计学院。包豪斯设计学院（Bauhaus）也是德国享有盛名的艺术设计院校，是现代设计的鼻祖。包豪斯也是世界上第一所完全为发展现代设计教育而建立的学院。它的宗旨和授课方向是艺术与技术统一，其影响了世界现代设计的发展。

（3）乌尔姆造型学院。1953 成立的乌尔姆设计学院，通过理性主义设计培养教育出新一代工业、平面、建筑设计师，促进并提高了德国总体设计水平。所谓的"乌尔姆哲学"就是利用理性设计的原则，与企业联系，产生了系统的设计方法，其影响也和包豪斯一样，为世界设计推波助澜。

（二）德国工业设计趋势

21 世纪的工业设计呈现崭新的发展趋势。在业界享有盛名的戴维斯报告，在 2008 年 10 月份发表的工业设计趋势报告中提到了五个关键词：清新的文化（Cooltural）、理性的复兴（Rationaissance）、责任（Responsibiz）、感性（Sensuctive）和打破边界（Breaking Boundaries），这或许就是对未来工业设计发展趋势的一个很好的诠释。

1. 德国工业设计发展面临的两个选择

随着设计的国际化、商业化，德国的工业设计面临两难选择：一是面对欧洲和德国市场的德国理性主义；二是面对国际市场的国际主义前卫设计。坚持理性的实用主义固然有自己的特色，但为了发展，更要注重"以人为本"的前卫性、大众化、商业化设计。

2. 信息时代下德国的工业设计

随着信息时代的不断发展，德国的工业设计也面临巨大的挑战。从人性化设计、绿色设计、可持续性设计和着重用户体验的信息时代的工业设计到情感化设计，新的潮流反映了信息时代人们对冷冰冰的、机械式、理性的工业产品的反思和对人性化回归的诉求，这也是当代工业设计的典型特征。德国未来的设计趋势不仅要以科技水平作为基础，更要注重对人性化回归的反思，当今以及未来若干年都要着重用户体验和情感化设计，打造属于自己的品牌。

四 意大利的工业设计现状和趋势

（一）意大利工业设计现状

意大利的设计文化具有特色鲜明的统一性、系统性，它融入工业产品、服装、汽车、家具产品等诸多的设计领域之中。这种根植于意大利悠久、丰富多彩的艺术传统之中的设计文化，体现了意大利民族热情、奔放的特性。

1. 意大利工业设计在全球工业设计中的地位以及对全球工业设计的影响

（1）意大利拥有较强的艺术与手工艺传统。欧洲中世纪的文艺复兴起于意大利，这也使意大利在艺术上拥有先觉的优势，达·芬奇、米开朗基罗等著名艺术家已使得意大利在艺术方面闻名世界。意大利设计师最大的优势文化，具有特有的始终反对仿古运作模式，正是这些文化、人文、前卫性，推动一个

又一个世界设计新潮流。

（2）意大利设计的两个主要体现。意大利设计主要有两方面特征：一是制造业的创意规模，产品成为有形和无形的财富，这是意大利真正的"文化生态体系"；二是中间地带以及都灵、罗马、博洛尼亚等大城市第三产业创意的迅速发展，形成创意产业联手发展。

2. 意大利的政策导向

（1）米兰国际家具博览会。作为世界家具与家居设计的顶尖展会的米兰国际家具博览会与"米兰设计周"，是全世界家居、建筑、服饰、灯具等方面设计专业人士每年一度"朝圣"的设计圣地。它不仅加强了各国之间的设计以及众多设计师之间的相互交流，同时引领了设计的趋势和潮流，为以后的设计（特别是在家居、建筑等方面）指引了方向，这对自己国家以至整个世界的设计都有着非常重要的影响。

（2）意大利高度重视设计大师。意大利设计大师层出不穷，而且具有真正的明星效应，从庞蒂到索特萨斯、乔治亚罗，都享有很高的社会地位和国际声誉。

（3）意大利政府和各行各业都尊重意大利设计的艺术性、生命力和影响力。

（4）意大利有一套有力的设计批评体系——能够公开在各种媒体上讨论各种观念，以使其保持活力。

3. 企业/设计机构/设计事务所

（1）以情感设计著称的阿莱西（Alessi）公司。阿莱西公司的设计内涵是生动、有趣，形成丰富的产品设计和高品质，几乎成为 20 世纪下半叶设计的代表，它拥有一大批世界级的设计大师，以及世界一流设计的全球声誉，极具个性和情感关怀的设计使得他们的产品能够走进普通人的家。

（2）意大利设计公司（Ital Design）。1968 年创立的意大利设计公司，是目前全球效益最好、规模最大的汽车造型设计室之一，公司的硬件设施也相当完备，也许每一个汽车设计师的终生理想是在这样一个设计工作室工作。

4. 设计院校和设计大师

（1）米兰理工大学设计学院。从 20 世纪 50 年代的建筑设计师 Gio Ponti

开始，米兰理工大学就成为孕育大师的摇篮。米兰理工大学的综合性跨领域，从建筑到室内再到产品与传播，米兰理工大学的学员具备面对全球化经济竞争的实力。"米兰理工毕业"已经成为国际设计领域公认的个人品牌。

（2）Domus 设计学院。多莫斯设计学院（Domus Academy）被称为后工业化时代欧洲最著名的设计学院，由 Pierre Restany 联手 Gianfranco Ferré 等设计领军人物于 1983 年创立。2006 年，多莫斯设计学院被美国《商业周刊》（*Business Week*）评为全球十佳设计高等学府之一；2009 年，学院第三次被美国《商业周刊》评为全球十佳设计高等学府之一。

（3）设计大师。吉奥·庞蒂是意大利倡导"艺术的生产"的伟大现代主义设计大师，他提倡意大利设计要"实用美观"。他还创办了著名的设计杂志《多姆斯》和《风格》，发起并组织了意大利蒙扎设计双年展和米兰设计三年展。吉奥·庞蒂的设计思想影响了与他同时代的和年青一代的设计师们，也极大地推动了意大利现代设计风格的形成。

乔治亚罗也是意大利当代负有盛名的工业设计师之一。1968 年，他和曼托瓦尼共同创建意大利设计公司（Italdesign）。乔治亚罗本人的设计将技术与对风格的理解融合在一起，产生了许多成功的产品品牌，其中包括菲亚特"潘达"、大众"高尔夫"、BMW-MI、奥迪 80 等驰名世界的小汽车。

5. 意大利的时尚创意产业

时尚创意经济在发达国家具有极其重要的地位，国家给予高度的重视和政策扶持，尤其是意大利政府对于米兰的时尚创意产业给予国家最高规格的支持和待遇。意大利政府的支持使得高端产业打入国际市场并享有盛誉。古琦（Gucci）、华伦天奴（Valentino）、普拉达（Prada）、法拉利（Ferrari）、兰博基尼（Lamborghini）、莫斯奇诺（Moschino）、贝纳通（Benetton）等，都是意大利著名的奢侈品牌。

（二）意大利工业设计趋势

1. 创意产业始终注重观念革新

意大利的资本运作模式和设计理念使其非常适合全球化后的知识经济的发展。为保持竞争力，意大利不能只停留于过去的辉煌而停滞发展，更需要发现

和培养新的人才，制定相应的战略，取得新市场。为实现这一目标，需要各行各业人员系统的统一合作。

2. 开发"意大利制造"品牌形象

2015 年将在意大利米兰举办世博会，在面对世界性的环境问题、人类生存问题、人口老龄化等诸多问题时，未来设计的趋势会发生一次重大转变。"滋养地球，为生命加油"被确定为 2015 年世博会的主题。由于人口增长、全球变暖、资源需求增长等多种因素，发展中国家受到农业原料价格上涨的困扰。在物质和技术不断膨胀的现代社会，人们更需要人性化、情感化设计带来心理慰藉，意大利的设计非常注重情感设计、多功能、实用性，这一点可以很好地缓解现代人在繁忙生活中的心理压力。

五　结论

从欧洲的工业设计现状和趋势分析来看，英国注重整体性和设计管理，德国注重简洁、直接以及可读性，而意大利注重艺术的表现以及个性、情感。"一方水土养一方人"在这里同样适用，不同的文化背景和生活环境中产生了不同的精神思想、性格特征。如何让自己民族的设计打开国门走上国际舞台，被世人接受、欣赏，不能只是一味模仿成功范例，也不能将传统元素生硬地堆砌。由"中国制造"到"中国创造"是中国未来工业设计的发展前景和目标。从以上对比来看，找准我们自己的理念是关键。

参考文献

[1] Design Council, *Design in Britain*, UK：London，2000.

[2] 朱孝岳等：《工业设计简史》，中国轻工出版社，1999。

[3] 汤重熹、曹瑞忻：《设计力就是竞争力》，（台湾）淑馨出版社，1999。

[4]《新世纪英国产品展》，广东美术馆印（资料集），1999。

[5] 柳冠中：《设计文化论》，黑龙江科学技术出版社，1995。

[6] 叶剑：《德国现代主义设计的现状》，《中国科技财富》2010 年第 1 期。

［7］布尔克哈斯·福克斯：《产品·形态·历史——德国设计150年》，对外关系学会，1985。

［8］米歇尔·克林斯：《阿莱西》，李德庚译，中国轻工业出版社，2002。

［9］唐·诺曼：《情感化设计》，付秋芳等译，电子工业出版社，2005。

［10］《米兰设计周》，《包装与设计》2004年第1期。

［11］Bellati, Nally, *New Italian Design*, New York：Rizzoli, 1990.

［12］邓中原：《关于法国、意大利时尚创意产业访问考察报告》，中国恒天集团恒天时尚创意投资发展有限公司，2011。

B.14

亚洲工业设计发展现状、趋势

姜鑫玉　陈　欣*

摘　要：

亚洲工业设计发展的历史形象地反映了亚洲地区社会文明、商品经济发展的进化过程。日本最先发展并得益于工业设计产业给国家带来的巨大经济推动；韩国紧随其后，以其发展迅猛的数码信息产业迅速在世界工业设计发展史上占得一席之地；中国台湾地区的工业设计发展通过"官、产、学、研一体化"政策的大力推广，迎头猛追，逐渐在世界设计舞台上绽放光芒。

关键词：

亚洲　工业设计　发展现状　设计趋势

一　日本工业设计发展现状、趋势

（一）日本工业设计发展现状

第二次世界大战后，日本经济迅速腾飞，附属的各类产品在国际市场上拥有较大份额，以此跻身于世界大国的行列。日本的设计产业起着重要的推动作用，设计发展成为世界潮流中最具特色的一股活力。

1. 日本工业设计的政策法规

日本工业设计产业发展至今的成就，与日本政府的大力扶持密切相关，日本政府在整个设计产业的发展进程中起到了非常重要的作用。20 世纪 50 年代

---

* 姜鑫玉，东华大学讲师；陈欣，华东理工大学硕士研究生。

伊始，工业设计现代化成为日本政府制定并执行的国家经济发展的战略导向和基本国策。随着商品经济全球化趋势不断加深，日本政府清楚地认识到，优秀设计和过硬质量是日本产品赢得国际商业竞争优势的必由之路。

明治维新时代，日本政府开始为后期发展工业设计产业铺设道路，日本近代工业得以发展，为工业设计奠定了物质基础。那时，日本政府在全国范围内大力推行"殖产兴业"政策，发展现代工业，而日本的现代工业设计恰是建立在现代工业发展基础之上的。日本不仅走上了科技强国、教育兴国之路，也为工业设计的长期发展提供了技术支持、经济发展动力以及国民素质保证，依托对设计的坚持和理解，合理地融合了东西方文化，并集成和发展了本民族历史文化特色，兼容并蓄，博众家之长，形成了日本特有的设计风格。随后，20世纪50年代时期，西欧国家工业设计发展所收获的璀璨光芒照耀日本的设计界。日本政府紧紧抓住发展先机，不仅制定了一系列奖励制度和发展政策，还大力支持设计人员赴欧洲国家研习，邀请国外设计师到日讲学，举办国外优秀产品展览以激发国内设计热潮，引导设计产业转型。1993年，日本政府发表《时代变化对设计政策的影响》，对设计师提出新要求，将设计产业转型提升到国家发展战略层面。

日本政府对工业设计产业的大力推动，促进了日本产品迅速在几十年时间内占领世界商品市场，日本工业设计从起步到成功的背后，是政府制定的独特经济贸易政策与科技发展方针的影响。

2. 日本工业设计的教育

第二次世界大战结束后，日本现代设计产业发展迅猛，相关设计院校、科系纷纷建立，促进工业设计的概念在全国范围内普及。1945年，日本工艺协会和金漆美术公益大学应时成立，随后创办了多种设计类杂志，其中影响力最大的是《工艺新闻》。1949年日本东京教育大学首先举行工艺建筑讲座，宣传现代建筑理论与设计思想；日本大学成立了艺术学部，日本女子美术大学成立，并且都开设了平面设计课程。

日本工业设计的开展伴随着国内经济水平的提高。1951年，日本千叶大学、艺术大学先后成立了工业设计系，从理论知识层面提高了工业设计的层次与实用性。1950~1955年，日本设计教育在全国范围内蓬勃发展，大量不同

方向的艺术院校先后成立。后期，随着企业对工业设计人才需求的扩大，一般的设计院校按正常教育模式培养出的学生数量供不应求，因此，千叶大学通过设立短期速成班来快速培养更多设计人员。大量设计院校及科系的设立，确保了培养设计人才的环境，为迅猛发展的经济提供了后备军。

早期日本开始在全国范围内推广工业设计理念时，政府就直接支持并派遣留学生前往欧美国家学习先进的设计方法和理念，因此，在后期的日本工业设计教育中，不可避免地吸收了一些欧美的教学方式。

3. 日本工业设计发展

从20世纪中期起，日本政府邀请美国著名设计师雷蒙德·罗维在内的众多欧美优秀设计师到日本讲学，并将工业设计确立为国家经济发展的核心方略。在此阶段，日本的很多产品设计模仿欧美设计的痕迹明显。1953年后，日本提出产业振兴的三年计划，通过经济产业省、通产省等多方共同努力，实现工业设计产业环境勘查、发展标准制订和设计培训，以及通过对比研究优化工业设计产业政策推广并达到广泛的国际合作的目的。G-Mark、东京六本木的Design Hub中的艺术文化中心等相关机构的运行在很大程度上刺激了日本国内设计产业的发展。

20世纪60年代，日本设计开始在国际设计舞台上频频亮相，借助举办一系列产品出口展览会、国际设计会议等活动将其产品设计推向全世界。日本设计生产的电器、汽车和相机凭借低价位、高品质、精设计迅速占领国际市场。70年代，西欧国家的设计师和制造商明显察觉到日本设计产业发展势头的威胁，在此期间，日本加快工业生产结构转型，逐渐趋向高科技、精加工产业。80年代，日本政府成立了设计基金会，举办了国际设计双年大赛等设计赛事，日本设计逐渐形成了自己特有的风格。

日本在极短的时间内跻身于世界设计强国之列，不仅日用产品设计、包装设计、耐用消费品设计水平国际一流，而且家用电器、汽车这类需要投入大量精力的复杂设计也逐渐在世界同类设计中大展拳脚。

4. 日本工业设计现状

历史证明，日本设计所体现的"现代与传统双轨并行"特征成功地将历史文化遗留与现代产品设计相融合，既没有因博大精深的传统文化而阻碍现代设计发展，也没有因现代设计而破坏历史文化的沉淀。日本在 20 世纪顺利完成了内部产业与现代国际文化的融合，既保留本土文化精髓，又紧随现代发展。日本产品设计逐渐划分为两类趋势：一类是以传统手工艺品为代表的木制家具、竹器、漆器等造型典雅、简素的产品；另一类是以家用电器、汽车等工业化批量生产的精密技术产品为代表。传统文化与现代科技的完美融合是日本设计的闪光点。

现代日本工业设计的产品有一个颇具吸引力的特点——个人电子产品的小型化、个性化，使得这些产品带有实现自我价值的特点。家用电器是日本工业设计的一个主要内容，著名公司包括索尼（SONY）、松下（Panasonic）、三洋（Sanyo）等。它们在电视机、音响、照相机等家电产品设施上各擅所长，但同样都具备精良的造型和高品质的质量。日本的照相机制造技术和设计水平处于领先地位，它们造型精致，使用方便，价位低廉，广销全球，著名品牌有理光、佳能、奥林巴斯等。与电子产品的高技术企业不同，日本设计的另一个发展方向可以从无印良品（MUJI）的案例中看出。无印良品的产品极具日本传统手工艺风格，公司的设计理念是"无品牌的优秀作品"。这个理念是当下年轻人的一种生活状态和保护自然思想的代表，相对那些引领时尚潮流的产品，无印良品以其简约的产品设计风格，在功能与审美上更具有时代魅力。

（二）日本未来工业设计的发展趋势

亚洲金融危机后，面对 21 世纪，日本政府再次将"提高设计竞争力"作为经济策略调整的制胜点。日本设计界敏锐把握国际设计趋势，适时提出领先设计理念，通过致力于开发设计智能建筑、地下城市、空间城市等全新设计领域项目，为日本工业设计今后在国际市场竞争中重新树立权威。

就日本工业设计发展的趋势而言，日本经济由外需主导转向内需主导，社会已发展到服务型社会，服务型设计产业、信息时代的新型产业——IT 产业将是日本未来经济的新增长点。节能化、人性化、无障碍设计等设计方式将是日本未来设计的发展趋势。

二 韩国工业设计发展现状、趋势

（一）韩国工业设计发展现状

1997年的亚洲金融风暴早已成为从人类历史中淡去的一场灾难，却成就了如今的韩国。近20年来，韩国的服装、影视、包装、消费电子产品、汽车等方面的设计脱颖而出、大放异彩。"韩国设计"早已成为新一代时尚界的宠儿。

1. 韩国工业设计的政策法规

20世纪60年代，韩国政府先后制订实施了3个"五年计划"以促进经济的产业化发展，先以轻工产业为突破口，后期通过扩大重化工业出口实现了国家经济迅猛增长，对设计的认知程度不断提高。同许多国家一样，韩国的工业设计发展初期就获得了政府和企业的大力扶持，并适时制定了一系列新政策，旨在激励产品设计发展，如丰富产品设计基础设施，强化技术支持并予以推广；奖励技术出口，保障设计原创新；加快教育建设脚步，提高授课质量，培养理论、专业创新型设计人才；增强产品设计研发的政策支持力度；加强具有产品设计能力的中小型企业的资金、技术援助；大力开展全球范围的产品设计开发活动等。

1965年，韩国议会成立了韩国公益设计研究中心，于1970年更名为"韩国设计中心"，主要负责督促设计理论研究，提高产业创新力，推进出口产业，并通过建立产业与设计师之间的良好联系，促使韩国工业设计步入正轨。此外，政府还建设了永久性的"优秀设计"展览大厅，举办国际设计展览和交流活动。1986年，韩国政府确立GD标记为"优秀设计"标志。1997年，在亚洲金融危机冲击下，韩国政府提出了"以文化设计为竞争力，以科技经济发展为核心"的口号，并颁布了设计振兴法案，韩国工业设计振兴委员会同时成立，其战略目标是在2005年将韩国设计推向国际。这一系列国家政策法规促使韩国不断向世界设计强国迈进，"韩国设计"这个词越来越响亮。

2. 韩国工业设计的教育

韩国的工业设计取得如此成就，与其国内设计教育息息相关。从20世纪70年代起，韩国相关设计院校的产业设计专业开始分化为产品设计专业和视觉设计专业。产品设计的主要专业是照明器具、家具、电子产品、汽车等三维产品设计领域。韩国的工业设计专业课程以产品设计、搬运机械设计、空间设计、公共设计、电脑软件应用和理论研讨课程为主，软件应用教育占据相当大的比例。其中，产品设计教育是关于二维和三维软件程序和用户界面设计、人机工程学、材料工程学、设计经营学和市场营销学等相关学科的综合教育。综合的课程教育使在校学生拥有突出的专业技能，加上丰富的课外实践活动，让学生拥有更多的实战经验。

韩国工业设计教学多采用不同的课程同时进行授课的方式，更多注重教学目的的达成，而非局限于特定的教学过程。入学后学生会选择研究自己感兴趣的设计领域的教授作为年级导师，年级结束后可以自由调整和更换专业的指导教授，针对自己关心的设计方向而选择研究该方向的教授作为导师，这样有针对性的选择方式，会增加学生对设计的新鲜感、趣味性、选择性，在培养、学习的过程中向感兴趣的方向进行调整，发挥学生的自主性并且经过本科阶段的学习和对所感兴趣的设计领域的研究，最后选择相对擅长且最感兴趣的方向作为自己今后的研究方向和就业方向，按年度更换导师的非强制性教育制度优化了教学体制。韩国的学校很重视国内外院校、设计公司等组织的相互合作和交流，并积极与当地的企业合作，强化实践教育，韩国政府则在企业和大学之间扮演积极的协调人角色。从某种意义上来讲，国际商品的竞争就是设计和技术的竞争，归根结底是创新人才的竞争，因此，韩国在设计发展初期就大力推进设计教育的宣传和推广。

3. 韩国工业设计发展

韩国工业设计萌芽于20世纪50年代，发展过程与时俱进，设计产业于90年代末进入鼎盛时期。据韩国的工业设计史记载，无论是20世纪50～60年代的劳动密集型产业，还是90年代的IT通信业，抑或是21世纪盛行的创意型产业，在整个社会转型过程中设计理念贯穿始终。因此，韩国的工业史换个角度来讲就是韩国工业设计的发展史。

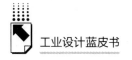

从 20 世纪 50 年代起，韩国经济逐渐出现转机，韩国的工业设计也由此拉开序幕。设计的重要性被突出，现代设计产业开始繁荣发展。1970 年成立的"韩国设计包装中心"（现韩国设计振兴院）由政府直隶管辖，致力于韩国设计产业的振兴。1985 年设立了"优秀工业设计评价制度"（GD 标志）。同时，在企业的重视和专业设计公司的努力下，韩国设计业短期内取得了令人瞩目的成就。1988 年举行的汉城奥运会可以说是韩国迈向现代化经济繁荣的跳板，更是韩国设计腾飞的一个重要转折点，奥运会上的相关设计完美地展示了韩国人的生活和特点。设计振兴法案于 1997 年颁布，韩国政府还成立了韩国工业设计振兴委员会。1998 ~ 2002 年，政府再次启动工业设计振兴计划，以提升设计师创新力和产品设计水平。2001 年，国际工业设计协会会议召开，韩国设计中心建立，韩国全国经济人联合会也相应设立了产业设计特别委员会，开始大规模激励设计活动开展。韩国官、产、学相结合，以提高韩国的国际竞争力为共同奋斗目标，力图将传统的 OEM 经营模式顺利转向 ODM 模式。

4. 韩国工业设计现状

20 世纪末期，韩国政府与产业界协商共进，促进产业设计发展带动经济进步。韩国产品和品牌在短期内从技术方面赶超日本和欧洲企业难度较大，因此，要想确保国家产品竞争力，对设计部门进行集中投资是最有效的办法。一系列变革起始于对企业和设计部门的大量投资，政府投资进行基础设施建设、健全消费文化、增加本国设计价值、品牌输出等措施，带动了一批具有世界级竞争力的企业，继而带动整个产业的发展。

通过韩国独有的设计模式和特色，在全球范围形成了"韩国设计"风潮。在政府的支持下，LG、三星、现代等中心企业开始从制造型向创新型企业转型。设计模式也由以前的传统工业型转向多元化发展，最初主要依靠改良甚至模仿外国精良产品的设计方法被韩国文化原创型产品设计所代替，韩国设计也在国际市场竞争中渐渐赢得一席之地，特别是新兴高科技产品设计，以其创新性和时代性显示出非凡的竞争力。以三星公司为例，企业对设计不懈的追求和坚持促使其在工业设计界勇往直前，在各项国际相关赛事中屡获殊荣，潜力不可估量，深受国际设计界的关注。在 21 世纪，韩国的三星、LG 手机、数码相机、笔记本电脑等数码产品设备及小家电以高品质广销国内外，因其较高的市场占有率使韩国成为全球数码强国。

如今的韩国，已经走在数码信息社会发展的前沿，韩国的文化、技术、设计等知识产品也逐渐引起世界的关注。进入 21 世纪，韩国政府就把未来设计的发展趋势定位在文化层面上，更是将其作为国家未来发展的重点。韩国人希望通过在设计中加强自身的文化特征，为实现其设计大国的目标而努力，其设计文化最根本的特点是"包装后"的东方文化，并结合了亚洲文化和西欧文化。韩国的设计特点是既传承东方儒家文化、体现文化的本真，并将附有中国元素的文化汇合韩国自己独有的形式呈现。如韩纸文化，中国发明了造纸术，韩国却在既定的模式和方法上加以改良和再造。韩国包容性地引进西方国家的设计思维和方式，除具有自己民族特色的设计形式外不失简约和时代感。

（二）韩国未来工业设计的发展趋势

纵观韩国工业设计的发展历程，其仍然处于成长阶段，距离设计大国尚有路程，真正实现设计国际化需要的不仅仅是政府的扶持，最重要的还是真正实现设计的本土化。以前，亚洲设计中日本独占鳌头，而今，韩国设计在许多方面大有赶超日本之势。韩国设计产业发展速度之快令人咂舌，中国目前设计市场最需要从中探析的，或许正是如何能够在较短的时间内克服企业无设计价值、专业设计人才缺乏、设计人员发展前景狭窄、社会整体对设计价值的定位不明等问题。

三 中国台湾工业设计发展现状、趋势

（一）中国台湾工业设计发展现状

近年来，台湾工业设计产业势如破竹般飞速成长，其发展速度及成就令世界瞩目，多元的文化氛围，设计人才的涌现，促进了设计能力的快速提升。人们逐渐意识到，台湾产业不再是依赖来样加工的劳动密集型产业，而是正处于蓬勃发展中的技术密集型产业。

1. 台湾工业设计的相关政策法规

20 世纪 60 年代中期，随着工业现代化的发展，台湾地区的产品结构发生了根本性的变化，逐渐开始了从来样加工（OED）转向自主设计（ODM），形成了从"台湾制造"转向"台湾设计"的初步格局。在这一过程中，工业设计产业在台湾经济发展中扮演了越来越重要的角色，地区政府在推动设计产业发展方面发挥了重要的指引作用。为了推进由代客加工到代客设计的转变，促成未来设计产业的蓬勃发展，"台湾行政院"经济部门在 20 世纪 80 年代后期就提出了《全面提升产品质量计划（1988～2003）》《全面提升工业设计能力计划（1988～2004）》《全面提升产品形象计划（1988～2005）》三项计划。《挑战 2008：国家发展重点计划书》一书指出：地区政府将台湾设计发展重点定为创意家居设计、创意生活设计、商业设计、时尚设计、建筑设计。在《设计产业发展旗舰计划 2009～2013》中，地区政府计划在五年内投入新台币 11.62 亿元，从运用设计资源协助产业发展、协助设计服务业开发市场、强化设计人才与研发能力及加速台湾优良设计与国际接轨四个方向落实计划。于 2003 年成立的台湾创意设计中心是地区政府为推动台湾设计产业的发展而建立的，并为台湾工业设计走向国际化起到了巨大的推动作用。

2. 台湾工业设计的教育

20 世纪 70 年代，台湾产业市场对设计人才的需求激增。"台湾教育部"制订了"校企合作实施方案"的教育方针，鼓励并支持开展"官、产、学、研一体化"的教育模式，加强企业与高校间的产学合作，专科教育对当时台湾工业的起步发挥了重要作用。台湾地区产业形式转变，技术密集型产业占领产业重心，地区政府根据市场发展趋势提出设计教育拓展政策，并新成立一批技术学院，重点培育台湾工业设计创新技术人才。

大同工学院最早开始了台湾工业与产品造型设计，早期是为了帮助产品外形修改，与现代设计相比，当时的设计差强人意。后来，台湾 3C 产业的盛行触发产品设计的热潮，各所大学应时代趋势纷纷成立工业设计专业。成功大学是工业设计系资历最久的大学之一，该校依靠南部地理特征和优势，促使传统产业成为其学区发展特色。台湾科技大学与台北科技大学通过理论与实践并进，提高学生实战经验，向企业、社会输送综合设计能力人才。台湾实践大学以聘用专业人士的教学方式培养学生的创新思维。台湾设计教育特色之一是高校的毕业作品和参赛作品呈现方式，并非基于设计理论分析或者制作的模型，而均是产生实体产品。

台湾工业设计教育十分注重外来设计文化与传统本土设计文化的结合，多元化开放办学，以及多学科、多领域的跨界型融合，并且十分注重实践和务实，同时建构与国际全面接轨的现代设计教育体系。正是"官、产、学、研一体化"的教育模式，使各学府的工业设计毕业生不仅掌握了牢固的专业知识，同时能将理论完美地与实践相结合，更能敏锐地嗅到当代设计前沿趋向，从近年来台湾在世界设计大赛中屡获佳绩可见，台湾工业设计人才辈出，逐渐在国际舞台上崭露头角。

3. 台湾工业设计的发展

自 20 世纪 60 年代以来，由于产业模式的转换，台湾作为亚洲新型的工业化地区之一，在经济上有了很大的发展，相对于依赖来样加工的劳动密集型产业而言，台湾的工业产业逐渐意识到，要在国际市场中站稳脚跟，靠的不只是制造业的支撑。台湾拥有深厚的制造业基础和坚实的科技产业基石，这为工业设计产业提供了有效的支撑。地区多元的文化氛围、设计人才的涌现，促进了设计能力的快速提升。在这个特定的历史时期，台湾设计产业面临经济转型的历史机遇。两岸文化创意产业的交流与合作的不断拓展，必将形成优势互补，实现经济模式的优化和提升。

提及台湾近年来工业设计产业发展的迅猛速度，政府的大力扶持不可或缺。台湾正式发展工业设计相对其他欧美国家较晚，1961 年，在"台湾生产力及贸易中心"机构中设立了产品改善组，并邀请了众多国际优秀设计师到台讲学，促进设计理念的传播。日本千叶大学的吉岗道隆教授在台湾设计产业发展初期多次到台举办工业设计训练班，培养了许多优秀设计人才，为台湾设计界注入一股新力量。明志工专创校于 1964 年，开设工业设计科系（五年制），为发掘设计人才发行《工业设计》杂志，严谨的理论依据由此提出。1967 年，台湾工业设计协会成立，各院校培养设计人才的力度增强。1979 年，台湾外贸协会中设立的产品设计处接替了原工业设计及包装中心的任务。外贸协会产品设计处成立后，主要通过研讨会、展览会、咨询服务、技术协助及出版技术资料等形式来促进产品和包装设计发展。1981 年 7 月举办了外销产品

与包装优良设计选拔及展览，政府鼓励企业提升自身设计包装能力，激励设计产业创新，促进形成台湾地区高品质产品新形象。2003 年成立的"台湾设计创意中心"推进台湾工业设计国际化，主要任务包括制定台湾设计产业发展策略、提升产业设计能力、推进设计理念传播等事项，是地区政府为推动台湾设计产业发展而成立的专门机构。

除了设立了大量的研究机构外，台湾当局大力加强工业设计的教育力度，尤其是实行了"官、产、学、研一体化"的创新教育模式，促使台湾工业设计教育朝着多元化、国际化发展，为地区培养了一批优秀的工业设计师。此外，还成功举办了多届"世界华人工业设计论坛"大会，在与 13 个国家和地区、19 个城市同场竞争下，终于拿下 2011 年首届"世界设计大会"主办权，这是中国台湾设计走向国际的重要里程碑。台湾工业设计产业凭借得天独厚的成长环境，获得了众多国际设计大奖，包括德国 iF 奖、德国红点奖等，正逐渐在国际设计舞台上绽放光芒。

4. 台湾工业设计的现状

台湾制造业的全球化发展逐渐奠定了台湾设计产业的基石，自由开放的社会氛围和多元的文化资源为创意设计提供了广阔的空间和灵感。台湾近年来设计产业不断突破，陆续吸引了米兰 3M 设计中心、意大利宾尼法利纳（Pininfarina）研发与设计公司、德国 iF 工业设计奖、德国保时捷汽车公司、香港设计师协会等业界著名研究者的造访。在不断向国外学习的过程中，台湾本地也涌现了一批著名的当代工业设计大师。随着台湾产业形式的转变，工业设计师成为台湾各行业迅速崛起的职业新贵。随着产业发展趋势向高、精、尖的转型，近年来，明基、光宝、华硕等公司均增加了工业设计师的编制，而仁宝、广达也进行人员扩容以增强企业自身竞争力。其中，台湾浩汉工业设计公司（Nova Design）以稳定的设计水平为基础，以强大的企业支撑为后盾，成为台湾地区工业设计行业的佼佼者，在全球拥有欧洲、北美洲、亚洲的 15 个策略伙伴，提供系统化设计，持续获得国际重量级品牌的委托。

中国台湾的工业设计产业正在蓬勃发展，虽然在国际设计领域开始崭露头角，并占有一席之地，但是曾经创造台湾产业经济奇迹的 OEM（代工模式）却成为今日阻碍台湾阔步前进的先天障碍。台湾工业设计产业存在的主要问题是：产业核心外移后的设计市场规模萎缩，而不成熟的服务系统内的创新设计不能支撑整个设计产业的发展，造成同业竞争日趋激烈；设计服务业从业者的经营管理水平尤其是国际营销能力需要提高；设计产业资金来源不足，缺乏足够的资金支持；缺乏深度的设计品牌传达及内容，缺乏世界知名品牌和世界顶级的设计大师。这些都制约了台湾设计业的进一步发展，此外，台湾设计产业面临来自外界的激烈竞争。

（二）中国台湾未来工业设计的发展趋势

不论是欣欣向荣的发展势头，还是隐隐存在的发展瓶颈，台湾工业设计产业未来发展的趋势总体而言是令世人期待的。现如今，台湾的工业设计已摆脱模仿优秀设计的尴尬境地，在未来发展中逐渐树立自己的本土品牌特色是必然趋势。同时，需要注意的是，要走出为设计而设计的死胡同，热爱自己的本土文化，在设计中注入更多的文化底蕴，寻找新的制胜点。

四 结论

通过对亚洲工业设计发展的回顾，我们可以清楚地看到工业设计给亚洲国家带来的巨大的经济利益。虽然亚洲国家的工业设计发展史远远短于欧美国家的发展史，底蕴也不及欧美国家深厚，但能在短短几十年时间里大放光彩，令世界瞩目，特别是日本、韩国及中国台湾地区。政府的大力支持、欧美国家的扶助、教育及企业的紧密结合、国民高度的认知等都是一个国家（地区）设计产业发展的必然前提，但最重要的是本土文化的传承、与时俱进的创新。只有敢于吸收，才能发展；只有敢于传承，才能延展；只有敢于创造，才有机会站在时代发展的前列。

参考文献

［1］汪海波、赵英新：《明治维新对日本工业设计的影响》，《安徽工业大学学报》2006 年第 5 期。

［2］滦典：《论工业设计对日本经济的决定性作用》，《艺术研究》2009 年第 4 期。

［3］朱和平、朱小尧：《日本现代设计的发展及特征》，《河南科技大学学报》（社会科学版）2007 年第 2 期。

［4］雷芳：《日本经济强国兴起中的工业设计角色研究》，湖南大学硕士学位论文，2007。

［5］何景浩：《充满生机的韩国设计——设计在韩国的辗转》，《科技资讯导报》2007 年第 21 期。

［6］黄哲雄：《中韩高校工业设计专业教育现状对比分析》，《美术大观》2010 年第 1 期。

［7］张慧：《台湾设计产业的觉醒》，《中国社会科学报》2012 年 5 月 7 日。

［8］任晓军：《台湾艺术设计教育融合与承接》，《文艺争鸣》（艺术版）2010 年 12 月号（下半月）。

［9］陈庆佑：《台湾设计借助 3C 产业走向国际》，《中国企业报》2010 年 5 月 26 日。

［10］何人可：《工业设计史》，高等教育出版社，2007。

B.15 BLUE BOOK

世界设计之都建设与发展研究

张立群　汪萌萌　梁琦惟　杨　顺　吴彩虹　朱海蛟*

摘　要：

自20世纪90年代后期开始，设计之都在世界范围内获得了迅速发展，它一直是创意城市的主要形式。本文在深入考察各地的设计大都会和被联合国教科文组织授予"设计之都"称号的城市的资源建设活动与创意设计能力的基础上，提出了在设计之都发展过程中呈现的两种模式和六个重点建设因素，并基于国家设计系统建设的观点，对我国当前设计之都建设情况提出了主要关注点，对相关理论研究与政策制定具有一定的参考价值。

关键词：

创意城市　设计之都　创意设计

一　导言

创意产业成为关注的焦点，是在20世纪90年代后期的欧洲及其他发达国家。与这些国家和地区的总体经济增长率相比，现代创意产业的增长速度尤为显著。近年来，一些发展中国家和地区对文化资源、设计、艺术的关注，也带来了创意产业方面的显著成就。自2002年开始，全球创意产品和服务已经成为世界经济最具活力的产业之一，6年来年均增长率达到14%。设计产品在创意服务分类与创意产品中占42.93%，其贡献率接近一半。

---

* 张立群，上海交通大学副教授，上海交通大学设计管理研究所所长；汪萌萌，上海交通大学硕士研究生；梁琦惟，上海交通大学硕士研究生；杨顺，上海交通大学硕士研究生；吴彩虹，上海交通大学硕士研究生；朱海蛟，上海交通大学硕士研究生。

这反映出设计对于创意产业的重要意义：首先，创意产业的主要动力来源和发展起源是设计，个人创造性、艺术品位和手工艺作为设计的主要对象与内容，是当今文化创意产业蓬勃发展的重要潜在因素；其次，文化创意产品的视觉性、体验性和多元性，只能通过设计来实现，而不是单纯依靠技术手段与资本。

随着大众对生活品质、质量水平需求的提升，消费市场已经步入美学和体验经济时代。在全球化竞争中，基于各地传统文化与生活形态而实施的设计，可以提升产品的独特识别性，增加独特的消费体验。另外，为应对全球化变革，各个国家与地区已经广泛采用了通过设计来推动创新、实施产业转型及经济发展这一有效途径。

联合国全球创意城市网络，旨在寻求以文化和创意作为经济发展最重要元素的城市并将它们结合在一起形成一个网络。在这个创意城市网络的平台上，城市之间相互支持、彼此交流，帮助其他城市的政府和企业推广多元文化产品的国内和国际市场。目前已经有 30 多个城市加入了联合国全球创意城市网络，并分别被授予了 7 个称号，其中的 1/3 以上获得了"设计之都"称号。目前，已经被授予"设计之都"称号的城市是：圣达菲、柏林、蒙特利尔、布宜诺斯艾利斯、名古屋、神户、深圳、上海、首尔、圣埃蒂安、格拉茨、北京。

在联合国全球创意城市网络中，作为主体的设计之都通常具备如下特征：具备相当规模的设计业；具备以现代建筑和设计为主要组成元素的文化景观；具备典型的城市设计；具备前卫的设计流派；具备设计者团体和相关人员；具备专门的设计博览会、活动和设计展览；具备提供给当地设计师和城市规划师的机会和条件，使他们拥有能够从事创造性活动的当地自然条件和材料；具备专门的为设计行业的收藏家创建的市场；具备在详细的城市发展规划和设计基础上建立起来的城市；具备以设计作为主要驱动力的创意型产业，如室内装饰、家具、服装、珠宝等产业。

二　世界设计之都产生与发展的两种主要模式

（一）世界设计之都的构成

在联合国教科文组织提出"设计之都"创意城市网络项目之前，已经有许多城市沿着设计之都和创意城市的形成脉络发展了很多年。从某种意义上看，这些设计大都会是世界创意设计活动发生的主要舞台。像伦敦、东京、纽约、米兰、巴黎这些建立在独特的经济与文化内容之上的国际化大都市，在成为著名创意城市和设计大都会的发展过程中积累了丰富的经验，在设计创意领域极具影响力。它们在科技、商业、社会、经济及人文的互动过程中不仅逐步具有成熟的造物理念、设计体系与机制、设计文化，同时散发着这些资源聚合所引发的创意产品所独有的魅力。联合国"设计之都"称号的提出与授予，则进一步推动了地域乃至国际设计创意活动的互动与发展。

（二）世界设计之都形成与发展模式

观察与研究表明，设计之都具有原发型和催发型两种主要模式，而且在这两种模式之间，也分布着一些城市。

1. 原发型设计之都

现代设计所经历的几个发展阶段，如从为实现生产制造而进行的以生产为导向的设计，为形成竞争优势而进行的以市场为导向的设计，到面向人类价值实现的以用户为中心的设计，都是在与产业的互动中自然完成的。而创意设计始终保持着与其他产业之间密切互动的关联性，在这一过程中，作为城市和区域发展自然选择的结果，许多城市自然转型成为设计大都会，这样的发展模式即为原发型。伦敦、纽约、东京、巴黎、米兰，以及某种程度上包括深圳这类设计资源与设计能力伴随城市的经济文化发展而发展的城市，都是原发型的代表。原发型设计之都大都呈现一种自下而上的发展模式，即政府在创意经济或产业已经发展到一定程度后，开始积极发挥领导、指导和支持的作用。在这些城市中，伦敦、深圳属于政府介入较多的城市，政府在设计产业发展与推进上推行了许多政策，而纽约几乎没有政府的推动，在原有的设计资源基础上以及经济、文化与技术的互动中自然转型为设计大都会。

2. 催发型设计之都

一些城市是在意识到创意设计对于城市改造的重要意义或创意城市建设的巨大经济效益和社会效益之后，便将创意城市建设作为手段实现城市的转型，这类城市的发展模式属于催发型。蒙特利尔、布宜诺斯艾利斯、神户、名古

屋、首尔和上海都属于催发型模式。催发型设计之都通过创意城市建设这样一种手段，通过得到国际认可，提高城市的知名度，并努力取得更多的经济效益和社会效益。催发型设计之都大都是自上而下的发展路径，政府在建设过程中起主导作用，通过多层次的政策实施，积极推动设计之都建设，韩国的首尔是政府主导设计之都建设的典型代表。

三　世界设计之都建设的主要经验

从对国际设计大都会及联合国教科文组织"创意城市网络"中的柏林、名古屋、首尔、深圳、上海等设计之都的建设与发展过程的联合观察中可以发现，世界设计之都发展的主要经验反映在以下方面。

（一）注重创意设计人力资源要素的建设

推动创意设计产业发展的关键是人才资源。设计之都视人才资源建设为不可或缺的措施，对创意设计人才的培育与吸引不遗余力。人才教育培养和引进是设计之都建设人才资源的主要途径，而教育培训是可持续的创意设计人才获取的重要途径。

1. 重视基础教育阶段的艺术教育

人类的一些思维品质如想象力、直觉和自发的好奇心是创意能力的关键，将学习者带入艺术过程中，以及在教育中引入学习者自身的文化元素，都有助于培育个体的创意与原动力、丰富的想象力、道义取向与情商、自主性、批判性反思能力与行动、自由思考的感觉。

许多欧美国家的创意设计人才培养已经提前到少儿阶段，并且一直持续到高中、大学或职业阶段，以此形成长期的培育和引导。英国对于美术与设计的性质和价值的态度已经清晰地表述在其于 2000 年 9 月开始实施的新的国家课程中。

2. 重视专业能力与跨学科合作能力的培养

国际设计之都大多分布着多所设计学院，它们是支撑城市及地区创意设计能力建构的重要因素，带动了设计教育与设计实践的共同进步，建立了与城市的创意设计产业的良好的产、学、研合作关系，不仅为所在城市创意设计产业提供知识服务，同时带动了城市创意产业的可持续发展。美国《商业周刊》2007年全球60所最佳设计学院排名中的多数设计学院分布在纽约、伦敦、巴黎、东京、首尔、上海、北京等创意城市及其周边。

结合技术、商业和社会因素的设计教育是近年来全球各大设计学院在人才培养方面的一个新变化，通过跨学科方式培养的设计师更能应对新经济时代创意创新挑战。如赫尔辛基在2009年将赫尔辛基经济学院、赫尔辛基理工大学和赫尔辛基艺术设计大学合并为阿尔托大学，以应对新经济时代创意设计面临的挑战，为创意设计产业提供知识与人才资源。2006年英国设计理事会（Design Council）的工作也值得关注，其联合多方机构建立了多学科设计网络，以促进设计与技术、商业和社会文化之间的互动合作。

3. 重视对优质创意设计人才凝聚力的建设

设计之都本身的地理位置、前景广阔的设计消费市场、对多元文化的认同与理解程度，以及拥有在知识产权制度保障下的自由、开放的氛围，吸引了创意设计人才，如纽约、柏林、东京；一些城市通过鼓励创新和创造力，致力于创造宽松和开放的氛围，实施创意人才培育措施，如名古屋、神户、深圳和上海。

纽约集中了全美8.3%的从事创意产业的工作人员；上海汇聚了来自全球30多个国家和地区的6110家设计企业，拥有数量众多的设计大师工作室和75个创意产业园区。

（二）注重城市开放与多样性的文化要素建设

研究表明，社会的开放多样性与创意能力之间存在密切的联系。简·雅各布斯（1993）首先提出多样性和思想交流是一个重要的创新来源，在建设一个强大和充满活力的城市建设中发挥了重要的作用。理查德·佛罗里达（2002）提出创意只能在以开放与多样性文化为特点的氛围之下才能得以繁荣。一些设计之都的多元化文化的交流、共存、融合氛围的形成都与其优越的地理位置、历史发展、对外来文化的认可程度、开放政策等密切相关。

纽约拥有来自全球180多个国家和地区的大量移民，是美国少数民族最为

集中的地区，世界文化与民族文化在这里交融，形成了高度创新、创造性的土壤以及开放、自由的氛围。

（三）注重丰富的创意文化环境要素建设

文化环境为创意设计过程中的概念开发、交流和讨论，以及思维碰撞和跨领域交流提供了场所。文化参与有助于启发人们的创意天赋、直觉及美学判断的观点已经被许多研究证实。博物馆和美术馆等场所鼓励人们进行差异化思考、表述和传递概念、在已有的创意之上产生新的创意成果，是创意生发与繁荣之所在。

通常情况下，人们可以从一个城市的基础教育设施、城市文化以及文化活动中判断该城市的文化环境和氛围。世界设计之都在国家博物馆和文化节质量与数量方面的表现非同寻常。以柏林为例，除拥有高度国际化的设计合作网络外，还具有优秀的设计文化遗产，包括包豪斯藏品博物馆在内的许多著名设计博物馆收藏了无数的设计与手工艺产品，这些都成为大众学习、认知设计文化的重要公共场所。

（四）注重设计与技术的密切融合

设计产业的发展得益于信息技术等高科技的支撑、革命性和创造性产品的实现，凭借的是独特的灵感创意与有形而先进的技术支持的结合。数字技术的快速发展也带动了设计产业的变革：以人为中心的、多样化的价值创新因高科技而得以实现；设计创新的流程与方法因高科技而改变；创意设计资源的可及性及高效性因高科技而达到前所未有的高度；设计和信息技术等高新技术的融合，带给社会巨大的创意资源和新的创意模式，成为当今创新活动的主要驱动力。

（五）注重多元的政策要素建设

各地城市发展的经验已经表明，各级政府在推动创意设计产业发展的过程中起到了重要作用，但相比来说，每个设计之都的推动方式各不相同。亚洲和欧洲的新兴国家，更多地强调政府的推动作用，如英国专门成立了创意产业特别工作组；北欧国家的联合创新中心则站在地区的立场上针对相关创意产业发展制订总体规划；而美国更强调市场的自由导向，作为政府，其主要职能是搭建健康、良好的成长环境。

（六）注重品牌化要素和创意设计产业集群化建设

设计与区域产业集群具有密切的关联性，如数字内容创意设计之于首尔、时尚设计之于伦敦、家具创意设计之于米兰等，设计与优势产业资源的构成、分布以及地域产业结构紧密相关。应运而生的具有品牌效应的城市创意设计节、时尚设计周等文化创意设计活动又进一步提升和强化了这些城市创意设计的向心力、凝聚力和影响力。

四　世界设计之都发展的新趋势

（一）设计系统成为国家和城市构建设计创新能力的着力点

国家设计系统的意义在于呈现设计产业创新发展过程中各类主体及其活动，通过系统性研究，为产业创新发展过程中由系统所引发的各类问题的解决提供依据。欧盟国家、美国、芬兰、丹麦、韩国等面向长远，将国家设计系统及在此基础之上的城市设计子系统的建设视为支持地方的正常设计活动和设计能力可持续发展的必然举措。各级政府机构也视设计系统为制定政策、推进设计资源建设和能力提升的着力点，建设与完善国家设计系统的举措也已经纳入我国国家与设计之都的建设工作规划中。以上海为例，上海近几年在设计创新能力方面的提升得益于上海市文化创意产业推进领导小组办公室指导之下的设计体系建设。

（二）设计驱动的创新正在成为创新体系的一部分

几年来，把设计作为获得竞争优势的资源、将设计纳入创新政策的覆盖范围成为越来越多的国家和城市的共识。创新与设计之间的联系一直都存在，设计与创新都能为系统、服务和产品带来竞争优势，创新工具组合的一个重要部

分就是设计。当前的创新越来越多地涉及服务、用户体验和社会创新，设计需要在创新中担当重要的角色。以用户为中心的创新过程是设计的核心，设计是架设在技术、服务、社会创新之间的桥梁。

设计已经成为世界各国国家政策的重要因素。从芬兰、瑞典、丹麦到中国、韩国，创新设计已经成为应对创新型经济时代挑战的一个重要战略要素，各国大量投资于设计研究、设计应用、设计专业化层面，将设计元素纳入国家创新体系之中。赫尔辛基、柏林、斯德哥尔摩、米兰等城市已经开始在创新政策方面纳入设计要素，使其成为都市创新体系规划的构成内容。

（三）设计从工业产品创新向高端服务业拓展成为趋势

丹麦设计中心于2003年提出了评价企业设计能力发展成熟度的设计阶梯模型。设计成熟度在这一阶梯模型中被划分为四个层级：无设计层级——设计在产品与服务开发中没有得到运用；设计成为提供美学品质的实施工具；设计成为服务创新和产品的流程和手段；设计成为一种策略工具，用于开发企业的创新战略，形成持久竞争优势。

哥本哈根作为优质设计资源的聚集地，已经成为丹麦企业实现设计创新升级转型的主要承担者和实施平台。相关数据表明，到2007年，进入设计阶梯模型第三、四层级的企业占比已达66%，第一层级的企业降幅明显，显示了企业对设计价值的深入理解和高度重视，企业借助设计的转型升级效果明显。

在认识到工业设计必须顺应我国在建设创新型国家的过程中的多层次创新需求之后，"十二五"规划纲要已经明确地提出了工业设计由外观向设计服务的转变要求，对设计创新能力分级发展提出了明确要求。从总体资源结构与设计意识现状看，我国尚处于从第一阶段向第二阶段的过渡时期，北京、上海及深圳的设计呈现从第二阶段向第三阶段升级的发展趋势，已有部分设计创新型企业开始将设计作为一种策略工具，用于开发企业的创新战略。

（四）城市设计品牌化理念进入政策制定议程

许多国家近年来已经开始着手编制设计发展长远计划，制定蓝图以促进设计之都的设计创新能力建设，如 *Design 2020*（英国）、*Queensland Design Strategy 2020*（澳大利亚）等。以 *Design Danish 2020*（丹麦）规划为例，除针对设计价值定位、设计能力目标、设计知识管理制定蓝图之外，其特别提出的"Design from Denmark"品牌及以哥本哈根为核心的设计型社会建设的总体规划的建设目标与实施线路图具有特殊的意义。具体内容包括提出"Design from Denmark"的概念、现有城市设计资源整合、面向全球对设计品牌的推广、将社会创新与设计相融合、应对社会挑战的设计等。英国的 *Design 2020* 计划从设计能力建设的角度，以大伦敦区为中心，围绕作为英国六大国际竞争优势之一的创意产业面向未来的机会与挑战，对设计政策、设计商业、设计人力资源进行规划展望，试图在国际竞争环境下延续英国设计品牌的持久优势，为"Design in London"和"UK Design"品牌的建立规划线路图。

（五）UCD 理论与方法系统将成为设计实现多层次创新的重要途径

21 世纪初，以用户为中心的设计（UCD）开始获得广泛认同。这种方法认为，产品开发应该从对于用户需要的深入分析着手，通过对用户使用现有产品的情景和在消费过程中的行为进行观察，以及询问用户与产品有关的需要，为产品创新提供指导。目前，UCD 理论与方法已经在如银行、医疗系统等的创新中得到运用，呈现向服务设计领域扩散的态势，是一种更高层次的设计活动。

在认识到 UCD 的重要意义和设计将成为至关重要的创新政策的构成要素之后，欧洲委员会委托 SEE 平台作为欧洲设计创新倡议（EDII）活动的实施机构，展开知识服务工作，帮助欧盟成员在政府政策和企业策略方面嵌入以用户为中心的创新设计思想，向管理层与公众传播设计对于产品、服务、社会和公共机构创新的潜在价值。UCD 已经被芝加哥用于进行市政管理创新、教育创新和慈善公益活动规划，UCD 也开始被中国工商银行用于开发银行储蓄产品，以及被用于上海地铁系统改善逃生支持子系统的设计。

五 国际设计之都建设与发展对我国的启示

（一）完善我国国家设计系统需加强设计之都设计系统建设

设计系统建设需要建立在国家总体的规划和各方面的资源支持的基础上。我国设计系统当前面临的主要问题包括国家层面上的主体缺失、社会服务机构能力方面的缺陷，以及教育系统不能满足设计行业人才需求、设计支持与资助依然相对缺乏等。在我国三大设计之都，这些缺陷与不足也各有具体表现，是完善设计之都创新能力、健全设计系统必须解决的问题。

（二）设计创新研究与知识转化需要进一步加强

在设计产业发展的各阶段，设计创新理论、方法及工具明显不同。原发型设计之都在产业发展过程中完成了从理论到实践的自然过渡与转型，而我国的设计活动直至改革开放才开始接触市场，同时，由于技术发展滞后，以至于现有的设计创新知识体系无力推动创新向更高层次发展。

建议推进设计领域的博士学位研究，以国际视野为立足点，以国家需求为导向，加速设计知识的生产与整合；建立在先进设计理念基础上，实施产、学、研合作，加速设计产业中以用户为中心的设计理念的渗透与深入；面向设计研究与教育建设专门的质量评价系统，推动设计研究机构的品质提升；在设计创新领域展开跨学科协同研究，尤其要加快设计研究与心理学、认知科学等人文社会科学的融合，建设设计学学术高地；在国家自然科学和社会科学基金资助计划中设置设计创新相关研究项目类别，以鼓励与引导高层次设计学研究活动的展开。

（三）促进设计教育与整合性设计创新人才培养

2010 年中国工程院"创新人才"项目组的研究报告中明确提出了培养创新型人才必须加强对中小学生创新理念、创新方法与创新文化的教育，加大对中小学生进行设计理念、工程、艺术、科学与文化的熏陶。高等教育层面的创意设计人才培养应该加强交叉学科的培养路径的探索。

建议在中小学开设设计相关课程,建立设计创新与科学、技术、工程之间的知识关联;提高教师实施设计教学的能力,加强学校对设计创新重要性的认识;高中阶段的设计教育应嵌入创业能力方面的训练内容;支持管理科学学生选修设计管理课程;鼓励其他专业学生与设计专业学生之间的交流与合作;鼓励企业和设计咨询机构面向设计专业学生提供实习机会,参与课程管理;鼓励与培养设计专业学生的终身学习意识。

(四)促进设计创新生态建设以及包容性、多样性文化建设

1. 加强设计创新生态系统建设

为促进一个可持续的设计创新环境的形成,必须开展设计消费市场的培育,保持创意产出与消费、分解得以持续与均衡发展。鼓励群众参与各项创意类活动,开展设计品收藏工作,建设、完善知识产权保护体系,提高公众的设计认知,促进公众对创意设计价值的认同,促进设计意识的普及,培育创意产品消费市场。

2. 实施多样性和包容性创意文化建设

依靠开放的人才政策吸引多层次的创意设计人才、创新管理和工程技术人员;面向创意阶层建设符合其生活方式的社会文化设施与环境,带动创意设计思想的交流与互动;借助多种形式,加强多元文化形态之间的互动与交流,在差异化文化的互动中探索设计创新的机会。

(五)促进设计创新文化资源要素建设

1. 促进设计中心与行业协会、设计网络与设计集群建设

加强商业协会、设计网络和设计集群对设计师的吸纳;确保设计中心与行业协会、设计网络与集群的活动能够对应设计机构和小型公司的需求;加强对行业数据的采集与管理;面向设计领域内的具体分支领域,建立专业标准,鼓励设计师在一些新的领域(如服务设计)拓展设计实践活动;鼓励设计师通过多种途径不断提升专业能力、商业及创业能力。

2. 促进设计环境资源建设

通过对现代设计博物馆、艺术与科学展示馆、新材料新技术展示馆等资源型展馆的建设，提升设计创新意识、设计创新知识推送与服务能力；加强新型设计技术、方法和工具的研发；组织各种主题的论坛、研讨会和工作坊，促进设计知识的交流，促进设计与相关资源之间的互动与合作。

（六）促进设计创新与科学技术之间的紧密融合

近年来，在设计过程、运作方式和创新活动者构成等方面的变化来自以互联网、物联网和桌面制造为代表的数字技术的发展的推动。创意阶层的集体智慧与潜能因数字化设计与制造技术的发展而被激发和释放，新的创造性活动将会引发未来生活形态的改变。因此，加强设计创新活动在知识、方法、工具、形式方面与新兴技术的融合，是提升设计创新竞争优势的当务之急。

建议加快设计计算思想、方法与工具，如人工智能设计、生成式设计、参数化设计等在设计创新活动中的应用；展开引发社会生活方式巨大变化的技术变革，如大数据、物联网和环境智能技术与设计的整合。

（七）促进对设计产业的引导，加快城市设计品牌化建设

1. 在国家创意设计产业的总体框架中进行设计之都建设

在未来相当长的一段时间内，"中低端"加工制造活动还将在我国许多地区存在，创意产业只有在那些真正有条件、有潜力的地区才能得以发展。这涉及两个方面的内容：一是在资源优势、区位优势、环境优势，特别是人才资源方面的准备；二是要根据建设创新型城市的实际发展需要，规划创意产业的发展蓝图，建设和谐社会，努力增强城市的吸引力和凝聚力。

2. 确立创意设计产业的切入点和重点发展领域，加强城市设计品牌化建设

差异化发展的思维理念是创意产业发展的根本，这意味着创意产业要有独特的定位。根据各地的不同优势，有些适合以 ICT 为基础发展设计产业，有些则更适合以内容为中心来发展设计产业，创意设计产业切入点的选择必须以比较优势为原则。

参考文献

[1] UNCTAD and the UNDP, "Creative Economy Report 2010", United Nations, 2010.

[2] 联合国教科文组织 - 设计之都网站, http：//www. unesco. org/new/en/culture/themes/creativity/creative - industries/creative - cities - network/design/。

[3] 张立群：《世界设计之都建设与发展：经验与启示》,《全球化》2013 年第 9 期。

[4] Design Seoul, http：//design. seoul. go. kr/eng/index. php? MenuID = 495&pgID = 111.

[5] Guy Claxton, "Cultivating positive learning dispositions", H. Daniels, H. Lauder and J. Porter (eds), *Routledge Companion to Education*, London：Routledge, 2008.

[6] 蒋念祖：《艺术课程改革的国际背景——世界艺术教育的现状和改革》, http：//jiangnianzu. blog. zhyww. cn/archives/2011/201122410192. html, 2011 年 2 月 24 日。

[7] The Best Design Schools in the World, http：//images. businessweek. com/ss/07/10/1005_ dschools/index_ 01. htm? chan = innovation_ special + report + - - + d - schools_ special + report + - - + d - schools.

[8] 阿尔托大学, http：//zh. wikipedia. org/wiki/% E9% 98% BF% E5% B0% 94% E6% 89% 98% E5% A4% A7% E5% AD% A6。

[9] "Multi - disciplinary design education in the UK", Design Council, http：//www. designcouncil. org. uk/publications/Multi - disciplinary - design - education - in - the - UK/.

[10]《纽约创意产业系列》, 山东文化产业网, http：//www. sdci. coil1. cn, 2007 年 9 月 5 日。

[11] UNESCO, "10 things to know about Shanghai", UNESCO City of Design, March 2011.

[12] Jane Jacobs, *The Death and Life of Great American Cities*, New York：Random House Publishing Group, 1993.

[13] Richard Florida, *The Rise of the Creative Class：And How It's Transforming Work, Leisure, Community and Everyday Life*, New York：Basic Books, 2004.

[14] Hooper - Greenhill, E. , Dodd, J. , Gibson, L. , Phillips, M. , Jones C. , Sullivan, E. , "What did you learn at the museum today?" Second Study：Evaluation of the Outcome and Impact of Learning Through Implementation of Education Programme Delivery Plans across Nine Regional Hubs (2005), Leicester：Research Centre for Museums and Galleries Citation (RCMG), 2006.

［15］Create Berlin，http：∥www. create – berlin. de∕Home_ en. html.

［16］Design Council UK，http：∥www. designcouncil. org. uk∕.

［17］http：∥www. seeplatform. eu∕casestudies∕Design% 20Ladder.

［18］Peter Dröll，"European Commission"，speaking at the SEE conference，29 March，2011.

［19］郭雯、张宏云：《国家设计系统的对比研究及启示》，《科研管理》2012 年第 10 期。

［20］《中国工程院"创新人才"项目组走向创新——创新型工程科技人才培养研究》，《高等工程教育研究》2010 年第 1 期。

案 例 研 究

Case Studies

·企业案例研究·

B.16
海尔集团案例研究

于炜　姜鑫玉　刘艺*

摘　要：

　　随着时代的进步和发展，工业设计的发展有了长足的进步。与此同时，工业设计也受到了越来越多企业的重视。本文首先介绍了海尔集团的概况、企业文化和现有的产业，阐述了海尔集团合作开发和自主开发的创新之路。其次，通过对海尔冰箱和空调中两款经典产品的研究，本文分析了工业设计在海尔产品中的重要性。最后，分析总结海尔未来的设计和发展趋势。

关键词：

　　海尔　工业设计　创新之路

* 于炜，华东理工大学副教授，华东理工大学艺术设计系主任，上海交通大学城市科学研究院研究员；姜鑫玉，东华大学讲师；刘艺，华东理工大学硕士研究生。

一 海尔集团简介

（一）公司简介

作为中国最具价值的品牌，海尔也是全球大型家电第一品牌，在世界500强企业中位列前50名。自1984年创立以来，海尔集团拥有5家全球研发中心（其中1家在中国，另外4家分别在日本、德国、新西兰和美国），在全球建立了21个工业园区、61家贸易公司、143330个销售网点，拥有超过8万名员工。截至2012年底，海尔累计申请专利13000余项，其中9000余项专利获得授权，在提报的80余项国际标准提案中，有30余项得到了发布实施，是提报国际标准最多的中国家电企业。同时，高达1631亿元的全球销售额和962.8亿元的品牌价值，使其连续12年稳坐国内最有价值品牌第一的宝座。

（二）企业文化

成为行业内的领导品牌是海尔集团一直想要达成的目标，与此同时，其努力成为用户首选的美好住居生活解决方案服务商。

"海尔之道"即创新之道，其内涵是：通过科学的管理机制和优越的平台，不断为客户创造科技价值，最终形成人单合一、速战速决的双赢文化。同时，海尔以"没有成功的企业，只有时代的企业"的观念，致力于打造传承优秀企业文化、诚信经营，产品服务独有特色，并备受客户信赖和欢迎的百年企业。

（三）海尔产业

1. 白电产品

海尔集团拥有空调、冰箱、洗衣机、厨电等产品，为全球消费者创造最舒适的生活体验与崭新的生活方式，已为全球第一大白色家电集团。

2. 数字及个人产品集团

为实现全球化品牌战略，海尔集团着重开发数字及个人产品，使其成为实现战略目标的支柱产业。目前，海尔的数字及个人产品已成为家电、计算机和移动通信终端领域"三栖"产品，海尔集团亦成为国内唯一能覆盖大、中、小三类显示屏的厂商。

3. 整体厨房

海尔整体厨房于1996年10月开始研发，1997年9月投产成立青岛海尔厨房设施有限公司，地处青岛市，以整体橱柜的研制、生产制作和市场销售为主。青岛海尔厨房设施有限公司现已建设成为亚洲领先乃至世界一流的数字化生产基地，并在国内率先提出了"橱柜家电一体、服务一站满意"的销售理念。

4. 住宅

海尔地产秉承海尔一贯的企业精神和发展模式，通过"创新产品、创造价值、创建系统"这一战略途径，着眼"夯实基础、集成创新，倍速崛起"这一战略目标，2009年起开始飞跃式发展，2011年在中国房地产百强企业中排第36位，2010~2013年均荣获"中国房地产百强企业"称号。

5. 生活家电

海尔生活家电紧紧围绕"海尔在你身边"这一发展核心，其经营范围横跨环境、厨房及个人护理三大领域，其产品包括厨房小家电、环境小家电、个人小家电、母婴小家电等14个品种200余款产品，目前已成为生活家电高端领域领军企业。

二　海尔创新之路

海尔产品技术和设计创新，已然成为中国民族工业的一面旗帜，其创新之路也是合作开发和自主研发相结合的道路。

（一）合作开发路线

1. 同国外公司的合作开发

（1）与日本著名设计公司GK合作。海尔集团首席执行官张瑞敏渐渐意识到工业设计对一家企业的发展极为重要。他于1994年前往日本，与当时世界最大的工业设计集团——日本 GK 设计集团达成合资协议，并在青岛海尔工业园成立了当时国内第一家工业设计合资公司——海高设计公司（海尔创新设计中心）。这标志着中国家电企业正式导入工业设计，以设计用户需求的角度去面对市场。1996 年，海尔推出的"小小神童"洗衣机，细分了世界洗衣机市场，并填补了小型智能洗衣机市场的空白。

从 2006 年起，海尔产品已获 24 项 iF 大奖，涉及冰箱、空调、洗衣机、电视、厨电等多个产品领域，这与海高设计公司是密不可分的。

（2）与日本三菱重工业株式会社合作。三菱重工海尔（青岛）空调机有限公司是海尔集团和日本三菱重工业株式会社于 1993 年合资建立的一家大型家用电器集团，主要针对空调技术研发进行攻关研究。二者的合作促成海尔具备了超低温制冷和环境舒建专利技术，并拥有了国际领先水平的空调生产线。这对海尔自身技术优势的巩固和进一步提高起到了重要作用，为海尔大力拓展空调市场奠定了坚实基础。

（3）与爱立信合作。2001 年为开拓蓝牙网络家电市场，海尔集团与爱立信达成合作协议。蓝牙网络家电可实现通过蓝牙系统对家电进行集中管控。作为跨界合作的典型代表，海尔与爱立信的合作为加快推进蓝牙技术在家电领域的发展和应用提供了用之不竭的动力。

2. 同国内机构的合作开发

（1）与中国科学院合作。海尔科化工程塑料研究中心有限公司是海尔与中国科学研究院于 1998 年合资共建的，主要从事塑料技术的研发和相关产品开发。同年就自主开发出新一代抗菌剂和抗菌母料，均达到国际领先水平，并成功运用，生产出了国内第一台抗菌冰箱，激发了家电领域关于"产品健康"的认真思考，极大地促进了国内抗菌材料制品的发展。

（2）与北广电合作。1998 年，海尔广科数字技术开发有限公司由海尔与国家广电总局科学研究院共同成立，主要关注数字媒体技术和网络技术的开发和应用。先后推出了全平面高清晰彩电、全媒体数字彩电、数字全平彩电和美高美等多款产品，特别是"美高美"系列产品，以其前卫的设计风格、大胆的色彩搭配，引领了彩电产品的设计新趋势、开创了电视外观新纪元。

（3）与精成电子合作。"海尔电脑"于 2003 年成立，是海尔集团向计算机研发销售领域进发的重要一步，该公司由海尔和台湾宝成集团旗下的精成电子科技集团联合成立，选择以先进的技术、差异化的产品作为突破口进入 PC 市场，以世界级规模的台式电脑、笔记本电脑生产线为基础，通过开发并细分市场，以差异化产品迎合用户的深层需求，先后开发了润眼电脑、农村家家乐电脑、润清笔记本、军用笔记本、导航笔记本等产品，受到用户的追捧和好评。

（二）海尔的自主研发

1998 年成立的海尔中央研究院，是海尔集团的核心技术机构，标志着海尔集团开始迈向自主研发创新的道路。研究院主要进行环保节能技术、网络家电技术、智能家居集成技术等技术领域的研究和开发，同时也与国内 25 所知名院校共建联合开发平台。这一系列保持与全球领先技术同步的举措，目的是拓展具有强大竞争力的世界级高新技术产业，持续不断地为海尔发展为全球知名品牌提供强大技术动力。

海尔自主研发创新道路的过程中所面临的问题是：起步较晚，技术相对于国外的企业存在明显的差距，这也是国内大多数企业的共有特征。但笔者相信，只要一直怀着企业的责任感和使命感，从长远发展的角度考虑，坚定不移地走自主创新道路，民族品牌一定会具备全球领先的先进技术。

三 工业设计在海尔产品创新中的应用

海尔产品品种多、种类齐全，不仅在国内深受消费者喜爱，在欧洲和美国各地，海尔的产品也越来越受到当地用户的欢迎。

（一）产品案例一：海尔卡萨帝法式对开门冰箱

海尔卡萨帝被定义为高端家电品牌，目标人群是国内一线城市的高端人群，截至 2009 年 12 月，IPSOS 品牌资产调查报告显示，近百万个高端家庭已经开始使用卡萨帝产品。

2007 年 9 月 20 日，由来自全球的 10 个研发中心、28 个合作研发机构的

300多位不同国家的产品设计师共同设计，经过来自29个制造基地的200多位工程人员长达5年的努力，海尔卡萨帝于中国正式面世，其品牌定位为"创艺家电、格调生活"。卡萨帝BCD-536WBCV法式对开门冰箱在对市场进行充分调研的基础上，采用大气典雅的外观设计，其金属材质的外观让产品看起来更具质感（见图1）。75厘米全宽横向存储空间，冷冻和冷藏的上下分区，搁物架可上下任意调节或拆卸，更方便用户存放和取用食用。

冷冻室原创的超大抽屉式设计，终结了传统冰箱拉门取物的方式，既节省了冰箱空间又便于操作，充分满足了消费者对时尚、舒适使用体验的追求。承重力更强的三截滑轨抽屉设计，在方便存取食物的同时也确保冷冻抽屉完全拉出。通透式LED灯照明为冷光源技术，自身不会产生热辐射，更有利于食物保鲜。

图1　海尔卡萨帝法式对开门冰箱

（二）产品案例二：海尔帝樽空调

在中国空调生产制造领域，海尔集团创造过多个"第一"：第一台分体式空调；第一台变频空调；第一个中国空调业的国家科技进步奖。海尔现在已经成长为中国空调行业中具有影响力的品牌之一。

通常，我们所见的立柜式空调都是方方正正的，随着制作工艺和工业设计的飞速发展，这个刻板的印象将被打破。2013年，海尔帝樽空调面世，该系列产品采用新颖的圆形柜式机箱（见图2），并且在节能和降噪方面达到了更高的水平，是海尔集团以用户为中心的人性化设计的充分体现。

海尔帝樽空调的设计灵感源于玛姆香槟酒极具创意的圆柱形设计，是目前空调产品设计中最具颠覆性的创新，完全改变了人们对立柜空调传统外观的印象。在工业设计方面，产品的机身采用褐紫色金属质感的材质，线条圆润而流畅，使用户仿佛置身于梦幻的世界，再配搭绚丽的LED显示屏，更彰显大气、神秘之感。在节能技术方面，采用全球领先的0.1～160赫兹超宽无氟变频技术，省电效果比普通变频空调高出约60%，被公认为最省电的空调。RCD催化分解技术（将空气中甲醛污染物分解成水和二氧化碳技术）也被应用到产品中，以达到去除甲醛的效果，在送风状态下即可轻松完成无须启动制冷或制热系统。同时，有强力模式和安静模式等多种人性化运行模式可供选择。启动安静模式，空调风速缓慢平稳，噪声低，满足用户对安静睡眠的需求；转换为强力模式后，温度可短时间内迅速变换。另外，还有温暖的小细节设计——停电补偿，在断电瞬间，空调微电脑可保存当前运转状态，待下次供电时自动恢复该状态。

图2　海尔帝樽空调

四　海尔产品的未来设计趋势

（一）智能家电

首先，良好、独立、智能的操作系统、用户界面，将会在以后的家电产品

中越来越普及。智能操作系统打破了家电产品的功能局限性，并使家电产品逐步迈向数字化和智能化。

其次，物联网是家电产品发展的主要趋势。通过网络的接入，使家电产品拥有数据信息的接收和发送能力，能够有效实现用户与家电产品、家电产品与家电产品之间的信息共享。但目前物联网技术还处在起步阶段，仅少部分消费者可以体验到物联网的力量，随着物联网技术的普及和发展，在不久的将来，这项技术终会走进千家万户。

（二）人机交互设计

人在自然状态下所发出指令，家电就能知道应该做什么，这应该就是人机交互最理想的状态。良好的人机交互方式能够实现使用者和产品间的无缝沟通。

1. 手势识别

通过对人体动作信息的捕捉和视觉识别技术，人们在机器面前进行任意的手势、肢体变化就可以完成对机器的操作。手势识别改变了现有的人机交互方式，以后定将成为人机交互的主要方式之一，在智能家电中的应用也会变得更加广泛。

2. 语音交互

语音交互方式是继触控交互模式后的另一新的交互走向，并且被认为将会成为未来最符合人的行为和生活习惯的人机交互方式。Apple 公司的 Siri 识别系统大大推动了人机语音交互的高速发展，语音识别操控技术也成为企业投资的热点。

语音传递信息是人类互相传递信息的基本方式，用于人机交互是一种极其自然的技术。随着科学技术的发展，语音交互的延展性和兼容性会逐步提高，语音技术的发展将会延伸到各种设备中去，成为人机交互的主流方式之一，并成为人们生活中不可或缺的一部分。

（三）艺术化

家电艺术化是指通过设计的艺术性，将艺术感融入家电设计中，使家电成为一件艺术品，从视觉和触觉上带给用户美的享受，使其从创新工业设计中体验全新的生活。家电艺术化强调的是面向用户的产品设计，致力于工业设计与艺术美学的完美结合。此外，家电艺术化还为消费者提供全方位的人性化、艺术化关怀，从材料选取、工艺制造、功能设置、性能提升等各个环节完全服务于设计品质和用户的需求。

五　结论

海尔集团的案例中，凸显了他们的创新精神及其对工业设计的重视。可以说，创新精神是海尔的灵魂，是海尔集团成功最根本的原因，而对工业设计的重视是使海尔产品深受消费者和市场欢迎的最重要因素。海尔产品的一流质量，"高标准、精细化、零缺陷"的追求，海尔人精益求精的精神，以及海尔最真诚、最优质的服务，均提升了消费者的美誉度和忠诚度。

参考文献

[1] 参见 http：//www. haier. com/cn/？ hides = 1。

[2] 参见 http：//wenku. baidu. com/view/83e656ca0508763231121250. html。

[3] 杨碧玲：《手势和语音识别——智能家电人机交互新趋势》，《集成电路应用》2013 年第 3 期。

[4] 姜雅丽：《未来家电产品用户体验设计展望》，《中国高新技术企业》（中旬刊）2012 年第 25 卷第 2 期。

[5] 张路、王志强：《家电产品未来设计趋势研究》，《北方文学》2012 年 7 月。

[6] 陈莉：《海尔发布卡萨帝高端家电产品》，《电器》2010 年第 4 期。

[7] 参见 http：//www. casarte. cn/portal. php？ mod = view&aid = 49。

B.17

联想公司案例分析

姜鑫玉　汪文娟　王　琳*

摘　要：
在过去300多年的发展中，人们对工业设计的研究已经逐步成熟。在全球化的今天，企业之所以能够在激烈的竞争中快速发展，完全是因为工业设计受到了更多企业的重视。企业希望通过设计创新改善现有产品，为企业注入新鲜的血液，因此，工业设计在产品开发设计中的地位逐步提升，这提高了企业在市场中的竞争力。本文以联想创新设计中心在企业产品中的设计为研究线索，介绍该公司发展情况及其文化。通过对经典产品的案例分析，对工业设计在产品外观上的创新进行阐述，以绿色和人性化的设计趋势，分析未来工业设计发展的动向，总结创新设计的重要性。

关键词：
工业设计　联想　协同式创新　设计发展

一　联想公司简介

（一）公司简介

联想控股有限公司（简称"联想控股"），由柳传志在1984年带领10名研究人员创办，启动资金20万元。现在，联想集团已成为一家个人科技产品

---

* 姜鑫玉，东华大学讲师；汪文娟，华东理工大学硕士研究生；王琳，华东理工大学硕士研究生。

有限公司，营业额达 300 亿美元，客户遍及 160 多个国家和地区。联想是全球最大的个人电脑厂商，产品覆盖范围极广。其产品系列包括 Think 品牌商用个人电脑，Idea 品牌笔记本电脑、服务器、工作站，以及平板电脑、智能手机和智能电视等移动互联网终端产品。

2000 年，联想成立了自己的设计部门，凭借创新的产品、先进的技术、高效的供应体系以及强大的战略执行，致力于打造最优秀的 PC 产品。

（二）企业文化

联想企业始终坚持统一的文化：统一思想、统一行动、统一形象，始终将以人为本、客户至上、尊重他人作为企业文化的重要内容。联想高度重视人员的选拔，尊重每一个员工的需求，为员工的发展创造了有利的条件。在企业内部，每个员工对设计都有发言权，吸取别人的意见成为每个人进步的原则。联想的企业精神可概括为四个字：求实进取。求实，就是实事求是，不欺骗、不隐瞒，诚信负责，把求实作为一种态度；进取就是志存高远，超越自我局限。

二 联想创新设计中心

（一）工业设计中心的建立

2000 年，联想成立了工业设计中心，经过几年的发展，于 2004 年更名为"创新设计中心"。联想创新设计中心应用先进的技术和工艺，不断探索和发展，为联想的产品设计提供有力的保障，主要是为产品工业设计制定发展战略和推广战略等。联想创新设计中心是一个国际化的团队，不断引入高素质人才，现已拥有 80 多位国际设计精英，涉及十多个专业，并设立了 14 个创新实验室。

联想创新设计中心在台式电脑、笔记本、平板电脑、外设产品等方面的设计创新主要表现为：首先，从形式到文化，20 世纪 90 年代初期，联想创新设计中心设计的产品在形式上缺乏创新，主要模仿国际一线主流品牌。现在，他

们已经能够独立地设计出具有中国文化、深受国内外用户好评的高品质的作品。其次，从个人到团队。早期设计闭门造车，缺乏创新与多元化。现在，联想注重团队合作，在 PC＋的开发设计中，积极吸取各部门员工意见。在企业外部，举办各类设计大赛，让设计真正融入人们的日常生活中。最后，从作坊到产业。早期由于受到资源和工艺的限制，设计水平薄弱，并且没有形成系统。现在，联想在研发和资源发展上实现了重大跨越，随着规范化管理机制的实行，一切与国际接轨，设计俨然已成为联想最具竞争力的部分。

（二）并购 IBM，注入新基因

2004 年 12 月，联想集团宣布收购 IBM，这对全球 PC 业具有深远的影响。美国 TCW 集团的分析师詹森·麦克斯韦（Jason Maxwell）认为，中国在世界上的地位正不断攀升。中国的企业通过不断地扩大自身的生产力，使其能加速进入国际市场。

在并购中，文化的融合显得尤为重要并具有深远的意义。联想致力于营造"联想全球新文化"，建立"全球融合及多元化办公室"，组织和推动企业文化融合，推出了"文化鸡尾酒"活动，既促进员工之间的沟通，也实现了不同企业文化的相互交流。文化融合产生了新的基因，给 IBM 团队注入了更快的速度和效率，而联想之前的团队也把高质量、高创新纳入自己的文化中。

（三）设计成就

联想创新设计中心成立后，经过不断地积累与发展，这支具有独特眼光和原创精神的高素质国际化团队设计的产品获得了全球所有极具盛名的设计奖励，包括 IDEA 金奖、红点至尊奖、日本 G-Mark 国际工业设计大奖、Intel 创新 PC 奖、亚洲 iF 设计中国优胜者奖、香港亚洲最具影响力优秀中国设计奖等。2005 年，联想获得了国际最著名的三大奖项——IDEA 设计奖、iF 设计奖以及红点概念设计至尊奖，是中国第一个获得三大国际设计奖项的本土企业，并凭借其卓越的表现获得了"企业之星"称号。2006 年，联想又获得 IDEA 设计竞赛两项金奖，向全世界展示了中国企业的创新实力。2013 年，联想设计团队获得了全球设计团队都追求的最高荣誉——"年度设计团队"。经过不断地实践与创新，联想创新设计中心从成立至今，已获得超过 80 个国际、国内设计奖励，以及 600 多项专利。

三　工业设计对联想产品创新的推动作用

（一）联想产品的设计理念

联想创新设计中心在实践中逐渐形成了具有自己风格的理论体系，最终总结出了四大设计理论。第一，用户需求源头论：重视研究和引导用户需求，满足用户需求，只有建立在此基础之上的产品才会有市场前景。第二，果核理论：注重用户体验，着重把无情的技术价值转变成富于情感的事物，引起人们的共鸣，从而满足用户的需要和创造新的价值。第三，SET 理论：用户需求（Social-culture）、市场竞争（Economics）、新技术（New Technology），即 SET 模型，应将三者融为一体形成产品创新的空间，从而实现市场和技术的有效沟通。第四，"设计似水"理论：设计似水，永无止境地流动，设计只有在不停的流动和交换中才能永葆青春活力，才会碰撞出创新的浪花。

（二）联想产品中的设计体现

联想创新设计结合了先进的技术和人性化设计，从视觉到功能给用户带去不同凡响的体验。联想将自己的设计创新模式归纳为渐进式创新之路，即在设计领域不断地积累实践经验，不断创新。如今联想的创新设计已达到了国际一流水平，在国际上得到了一致肯定，并成为消费者喜爱和信赖的品牌。

1. 产品案例一

2006 年联想公司为了纪念 2008 年北京奥运会而特别推出了一款笔记本——联想天逸 F20。它不仅是技术上的创新，同时是设计上的创新，将技术与设计完美地融为一体，因而获得了 iF 奖和红点奖两项设计大奖。

首先，材质与工艺的完美结合：天逸 F20 笔记本以轻薄设计为主线，最薄处只有 22 毫米，外骨架采用铝镁合金，即使加上电池，这款笔记本也仅有

1.4千克。笔记本正面材质是磨砂铝镁合金，触感更加轻柔，但具有较高的承重力，能承受60千克的压力。其次，色彩与材料的完美结合：配置了可乐红、商务黑和典雅银三种颜色。键盘四周包裹的金属套件为屏幕与机身做了完美的过渡，使笔记本不失整体性，同时还起到了散热的作用。再次，满足用户需求的人性化设计：天逸F20笔记本以客户为中心，人性化地配备容量不同的两款电池，用户可根据自身需求选择相应的电池。一款电池让笔记本显得更加轻薄时尚，可以像一本书一样放在掌中；另一款电池使笔记本与桌面呈15°的使用角度，相对于传统的贴合桌面的笔记本，这个角度符合人机工程学原理，用户可以更加舒适、便捷地使用电脑。最后，合理的布局设计：此款笔记本左右两侧有轻盈的弧线，设计师将所有的电脑端口都设计在弧线周边，使笔记本更加完整与协调（见图1）。

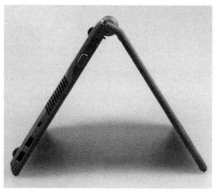

图1　联想天逸 F20

综上所述，联想运用先进的技术，使天逸F20笔记本的外观造型、色彩、材质、舒适度有机地结合在一起。通过工业设计，让用户得到最舒适的用户体验、最便捷的服务，这也是联想创新设计战略发展方向的最好体现：强调技术创新的地位，将技术创新视为重中之重，通过技术创新实现用户价值的最优化。

2. 产品案例二

联想 ThinkPad X300 笔记本是由中国、美国、日本三国联合开发的笔记本。三大强国的合作，注定了它的不平凡，它将"超轻薄"与"高性能"融于一体，犹如"鱼和熊掌兼得"，是世界同类产品中重量最轻、功能最全的优质机型。

首先，超轻薄设计。中国设计师提出了超薄的概念，并将概念具体化，美国设计师对其进行优化，最终由日本工程师设计出来。笔记本显示屏为13寸，由于超薄的设计，最薄处仅为18.6毫米，重量仅有1.33千克，轻于同类产品（见图2）。其次，高性能设计。此款笔记本采用最先进的SSD固态硬盘、LED背光显示屏以及低压处理器等绿色环保技术。由于其优异的环保特性，联想ThinkPad X300笔记本被美国电池产品环境影响评估工具EPEAT（Electronic Product Environmental Assessment Tool）评定为金牌等级。

图2　联想 ThinkPad X300 笔记本电脑

ThinkPad X300 笔记本是一款近乎完美的笔记本，它不仅是 ThinkPad 历史上的里程碑式产品，而且在全球计算机行业具有深远的意义，影响着之后笔记本的设计趋势。联想集团董事会主席杨元庆认为，ThinkPad X300 的设计是极具影响力的，并对其进行了高度的赞扬："ThinkPad X300 让轻薄笔记本有了新的定义，为移动计算的发展开启了新的征程。它的诞生向世人证明了，联想是一家具有国际化水平的企业，有整合全球最优资源的能力，在计算机产品的研发、设计等领域不断创新，不断树立新的标准，不断打破传统，打破经典，不断走向辉煌！"

（三）协同式创新

传统的产品概念设计目标以客户需求为主，以满足客户需求为标准，其设计过程是提出功能、创造行为和满足需求；而在协同创新过程中，创新目标不仅是全面掌握客户需求，在此基础上，还要不断地探索发现，从而得到未知的客户需求。联想在 1996 年就把工业设计引入产品开发环节中，成为中国首个将创新设计作为手段，并提升到战略层面的企业。在产品协同创新设计的概念中，最主要的是将知识创新、实践创新以及平台创新最大限度地共享，将组织创新与资源创新融为一体，充分发挥其作用，从而提出极具创新意义的解决方案，最终实现不同层次、不同需求的创新目标。

四　联想对设计的诠释

（一）联想设计大赛

联想不仅重视企业内部的产品设计与研发，而且发起了很多设计比赛，推动工业设计的发展，如联想电脑设计大赛、联想手机 UI 主题设计大赛等。奥斯本头脑风暴法告诉我们，当你有一个想法，我也有一个想法，我把我的想法告诉了你，你把你的想法告诉了我，我和你都拥有了两个想法。工业设计已经融入了我们的日常生活中，在联想的创新能力得到全球认可的同时，联想设计大赛应运而生。通过联想设计大赛的平台，更多优秀的创新理念和优秀设计作品得到了认可。

（二）新技术的应用与创新设计

自成立以来，联想集团一直以创新为动力源，通过实践创新从而增强企业的核心竞争力，将我国信息产业整体的飞速发展作为联想集团不懈的追求。"追求高品质和高性价比，在计算机领域成为领先的创新者"是联想集团技术创新的宗旨。通过 20 多年的努力奋斗、辛勤耕耘，联想的技术创新成果已经颇为丰富。

联想集团 2013 年之前的设计创新成果如图 3 所示。

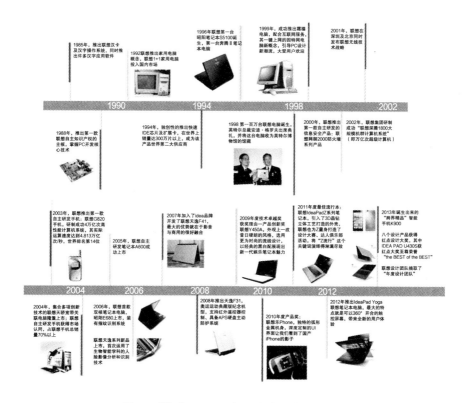

图 3 联想集团 2013 年之前的设计创新成果

（三）消费者的需求与商业化设计

通过多年的设计实践，联想创新团队认识到，用户需求在设计中占有极其重要的基础地位，而且设计是改善生活的重要方式，是企业在激烈的竞争中博得一席之地的重要竞争手段。设计往往不单纯是设计，而是需要综合考虑企业利益的。因此，产品创新设计必须遵从消费者的需求，满足消费者的要求，但不能盲目地追随消费者的需求，而是需要设计者合理引导消费者的需求，从而达到"消费需求促进创新设计，创新设计指引消费需求"的良性循环。

在开发新产品时，联想前期注重研究用户的需求，总是全面地研究不同层次消费者的不同需求，从产品开发到设计完成，在这一过程中，设计一套完整的测试系统。消费者的需求在设计过程中占有重要的地位，而设计师也将更加

重视这一需求因素，通过合理的引导，使设计的产品对消费者生活方式产生影响。在这种环境下，设计师只有了解产品创新设计，了解消费者的想法，才能设计出满足消费者需求的产品，从而达到最优的市场效益。

五　联想未来产品的设计趋势

（一）多模式转换设计创造全新体验

2012年10月，联想集团发布了全新的平板笔记本类别，与以往不同，此次设计彻底颠覆了传统笔记本的使用模式，其中包含了360°自由翻转的IdeaPad Yoga、旋转折叠的ThinkPad Twist以及分体式的ThinkPad Helix和IdeaTab Lynx。该品类产品创新性地运用多模式转换设计，将平板电脑和笔记本电脑合二为一并且实现自由切换，开创了笔记本电脑的未来，创造了更为丰富的用户体验。

这是一个PC＋的时代，在各种新型终端产品蓬勃发展的时候，传统个人电脑也迎来了革命性的新时代。将翻盖式笔记本电脑和平板电脑的优势集于一体的平板笔记本，具有非凡的影响，为用户带来了前所未有的精彩体验。未来的世界在创新的设计下被改变着，多模式转换设计虽然并不是很成熟，但是技术会随着科技的发展渐渐被弥补，这只是时间问题。

（二）绿色设计与人性化设计

绿色设计是将产品环境属性作为设计目标，不仅要避免对环境造成破坏，同时产品必须具有应有的功能、质量。产品设计的初级阶段，为保障产品的环境属性，应充分考虑材料的回收利用率、回收价值、回收处理方法等一系列问题，最终实现资源的利用率高、能源损耗小、环境污染程度低的最优化设计。目前绿色设计研究的新方向是可拆卸设计，产品设计不仅应具有良好的装配性能，在使用周期结束后，还必须具有良好的拆卸性能，在产品使用寿命结束后，将材料充分有效地回收再利用，从而达到保护环境的目的。

为了达到绿色环保的目的，设计师起着尤为重要的作用。设计师应对产品的环保性能进行改善，因此，就要对材料的成分有较深入的了解，这就对设计师提出了更高的要求，需要对科技有更深入的了解，同时需要创造性思维。

老子在《道德经》中说："故道大，天大，地大，人亦大。域中有四大，而人居其一焉。"老子认为，人为宇宙中四大之一，人是伟大而独立的，强调了人的自主性和独立性。中国一直讲究儒学精神，儒、道都主张"天人合一"的观念，认为自然与人本来就是不可分离的统一体，更多地追求和体验人与自然的契合无间是一种人生境界和精神状态。而使用者的需求，不断地推动着设计的发展，使"以人为本"的设计理念上升到了精神层面。比如，从电脑诞生的那一刻到当今发达的社会，电脑一直在演变，从键盘输入变为手写输入，从笨重的"大箱子"转变为便于携带的可折叠的平板电脑，正是人性化设计改变了人们的生活方式，高科技让产品贴近人们的日常生活，设计越来越人性化，对消费者的关心转移到心理层面，这也肯定与完善了"以人为本"的设计理念。

（三）人机交互设计拟人化

电子产品为人类提供某种工具性的便利，服务于人们的日常生活，已成为每个家庭中的一员并肩负类似于生活助理的角色。因此，人们需要电子产品在冷冰冰的躯体内融入情感，融入生命特征，完成从工具到助理的生命化进化过程。电子产品生命化的过程，不仅需要智能化高性能的硬件基础，更需要以拟人化的人机交互方式实现使用者与产品之间的无障碍或者说无缝沟通——这种沟通方式类似于人与人之间的沟通，包含丰富的感情色彩。当然新的人机交互方式也在不断地被研究和推出，如多点触摸、三维传感技术等，这些交互方式无疑都是为了实现人与机器间的完美互动，使得产品能像人类中的一员一样与人们更好地、无障碍地沟通和互动。随着科技的发展和时代的进步，电子产品越来越智能化和人性化，智能的人机交互技术使得电子产品能更清晰准确地辨别人们的意图，使用户能更加高效、便利地使用电子产品。通过拟人化的人机交互的沟通方式，使得产品能更好地融入以人为

本的环境中而不显得那么另类和突兀，人与物之间的隔阂会越来越小，人们将得到更好的生活和工作体验。

六 结论

中共十七大报告中指出，提高自主创新能力，建设创新型国家。这是国家发展战略的核心，是提高综合国力的关键。由此可见，创新不仅是设计的发展核心，更是一个企业赖以生存的发展核心。在竞争激烈的市场环境中，从创立到崛起，设计创新是联想发展的重要动力。企业想要让自己的产品在市场竞争中脱颖而出，必须重视对产品的设计和研发，增强企业产品的模块化设计，通过深入研究企业的核心价值观、品牌定位、发展战略、企业文化等方面，将先进的技术与产品的个性充分融合，将产品质量的提升与用户的需求相关联，使企业的形象与人们的审美认知相结合，而这一切都必须依赖设计的力量。

在完整的产品生命周期中，工业设计促进了企业的技术进步和技术创新。在未来的工业设计发展中，联想创新设计中心必然重视对新材料、新技术和新工艺的创新，还需要对用户体验进行更加深入的研究，体现情感化设计、人性化设计、绿色设计，将用户体验的价值最大化，通过先进的技术，让用户感受全新的体验。

参考文献

[1] 刘欢、吴利进、陈雅纯、杜倩、李潇：《联想集团的企业文化落地探究》，《现代商贸工业》2012 年第 3 期。

[2] 苏大军：《Lenovo——联想世界》，《中外企业文化》2008 年第 9 期。

[3] 赵江洪：《人机工程学》，高等教育出版社，2006。

[4] 杨育、王小磊、曾强、杨洁、邢青松：《协同产品创新设计优化中的多主体冲突协调》，《计算机集成制造系统》2011 年第 1 期。

[5] 徐力行、高伟凯：《产业创新与产业协同——基于部门间产品嵌入式创新流的系统分析》，《中国软科学》2007 年第 6 期。

[6] 线文瑾：《从市场消费者需求谈产品研发设计》，2008 年国际工业设计年会会议记录。

［7］ 王梅艳：《虚拟现实技术的历史与未来》，《中国现代教育装备》2007 年第 1 期。

［8］ 李公法、孔建益、杨金堂、黄孝、成侯宇、刘怀广：《机电产品的绿色设计与制造及其发展趋势》，《机械设计与制造》2006 年第 6 期。

［9］ 易晓蜜：《电子产品的人性化设计思潮初探》，《设计》2012 年第 2 期。

［10］ 李宏汀、陈柏鸿、葛列众：《触觉交互研究的回顾与展望》，《人类工效学》2008 年第 3 期。

B.18
美的集团设计管理发展案例研究

郑宇菲　戴力农*

摘　要：

美的集团是国内首个在企业内部成立工业设计中心的企业，也是第一个将工业设计作为一个战略手段运用于市场竞争的家电企业，其在设计管理上的探索之路对于民营企业设计竞争力的构建有很好的参考价值。本文结合行业和市场大环境，总结了美的集团设计管理的发展历程：初创阶段成立工业设计中心，对工业设计在竞争中的价值进行创新性探索；分散阶段引入独立经营的工业设计公司模式，适应事业部制改革需求；整合阶段大量引入人才，细化设计分工，并成立工业设计协会统筹设计管理和品牌建设。

关键词：

美的集团　工业设计　设计管理

一　美的产品设计管理概述

美的集团成立于1968年，经过40多年的发展，已成长为一家大型综合性企业，在家电制造领域尤为突出。立足于家电业，该集团同时涉足物流、房地产等领域，在国内白色家电生产与出口基地中有着重要的地位。从新生需求市场到充分竞争市场，从组装型企业到拥有自主知识产权的生产研发龙头企业，在应对行业激烈竞争的过程中，美的集团不断探索最佳的发展模式。而在工业设计团队力量

* 郑宇菲，上海交通大学硕士研究生；戴力农，上海交通大学副教授。

的构建和管理上，美的集团的实践是民营企业设计管理探索的典型范本。

早在1995年，美的集团成立了工业设计中心，这是国内首个在企业内部成立的工业设计中心。当时国内大多数家电企业还停留在组装生产与单纯抄袭国外设计的阶段，美的在工业设计上的这一尝试，可以说是行业内设计管理探索的里程碑。随着业务多样化和集团体制改革，美的于1998年成立了独立核算的工业设计公司，这是国内首家由企业投资的专业设计公司。此后至2005年，美的陆续成立了多家为集团产品提供服务的独立设计公司。2008年，美的将工业设计中心调整至微波电器事业部，并于次年成立美的工业设计协会，以促进各事业部设计水平的全面提高，以及统筹品牌战略的推进。此后，美的更加重视集团工业设计力量的建设。2010年，美的微波炉产品FullBuilt-inMWO参与国外设计大奖角逐，首次为美的集团斩获红点奖殊荣。其后，美的设计的产品在国内外权威大赛中屡获大奖。美的对设计人才的挖掘十分重视，自2010年起，美的通过每年举办大学生工业设计大赛吸纳设计领域新鲜血液。可以说，美的对于工业设计在企业发展中发挥作用的探索几乎贯穿了集团成长的各个阶段。

在企业发展的不同时期，设计管理发挥着不同的作用。与此同时，设计管理的策略需要根据发展的不同阶段进行调整，以达到适应并推进发展的目标。纵观美的不同时期的设计管理，对照集团的发展历程，我们可以从中得到启发。由于家电行业发展与经济周期紧密相关，研究美的设计管理发展脉络离不开对企业和经济大环境的了解。因此，本文以美的集团作为案例，从美的集团的发展历程出发，结合内部与外部环境，对美的集团不同时期的设计管理策略及其发挥的作用进行分析。希望通过该案例，对设计管理如何在企业发展中发挥更大效用这一问题进行探讨。

二 美的设计管理发展历程

（一）初创时期（1968～1996年）

1. 环境与机遇

20世纪80年代以前，国内仍处于计划经济时期，受生产水平所限，国内

需求长期得不到满足。此时的美的仍处于创业初期的探索阶段，并未将太多精力投入产品设计。美的集团于 1980 年开始使用"美的"商标，并通过电风扇等产品进军家电行业。

进入 80 年代，国内开始引进国外技术，生产电风扇等家用电器。由于社会物质匮乏，市场对于家用电器的需求持续旺盛。在旺盛需求的推动下，家电企业只需依靠大量生产满足消费需求，即可获得丰厚的利润。因此，这时的家电企业基本上是组装型企业，在技术和设计上的投入几乎为零。相对于能直接带来收益的组装和销售环节，工业设计的投资回报是比较低的。由于单纯地照搬发达国家的技术和设计用以生产即可带来丰厚回报，家电企业自然没有在工业设计上关注太多。

20 世纪 90 年代初，由于房地产升温、市场需求强劲等因素影响，家电业出现井喷，市场容量上升。在更多市场追随者进入家电业的同时，美的等业内佼佼者开始进行大规模产能扩张并开展多元化生产。然而，产能持续扩张以及更多竞争者的加入，带来的是市场竞争的日渐激烈。以空调市场为例，1994年开始供过于求，行业大打价格战，增长放缓。随着竞争加剧，技术、品牌等因素渐渐成为竞争中制胜的利器。想要在激烈竞争中脱颖而出，不能单靠大规模生产和加强销售力度，企业必须提高产品本身的竞争力。工业设计正是其中的重要一环。

2. 设计管理策略

如果说市场大环境使工业设计的重要性日渐显现，那么日本三洋侵权事件就是美的重新审视企业设计管理的催化剂。1995 年，日本三洋向上海法院控告美的集团生产的立柜式空调在外观上几乎完全仿造日本三洋产品，构成侵权。虽然美的和日本三洋此前合作关系良好，但在此次的知识产权纠纷中，日本三洋还是将美的告上了法庭。最终，美的选择通过庭外谈判和解，需要向日本三洋支付 100 多万元作为继续生产该型号柜式空调的代价。这一事件让美的深刻体会到知识产权的重要性，间接促成了美的工业设计中心的建立。

1995 年夏天，美的成立工业设计中心，这是国内首个企业工业设计中心，美的也因此成为国内第一个将工业设计作为一个战略手段运用于市场竞争的家电企业。与美的集团该时期高度集权的直线型管理模式相适应，工业设计中心是直接为集团主要产品提供设计服务的小型团队。工业设计中心在组建之初只有两个人，至2004年发展为拥有40多名工业设计师的设计团队。工业设计中心的使命是使美的产品告别模仿，使集团的产品拥有自主知识产权。在创立初期，工业设计中心相当于美的在工业设计领域的试验田。由于当时美的集团直线型的管理模式以及中心本身的实验性质，工业设计中心得以在实践中进行大胆的尝试，同时急需通过成绩确立自身在组织中的话语权。

工业设计中心其后的表现使美的意识到设计团队为集团带来的价值不仅仅是告别模仿而已。1996年，美的电器三大领域的产品有了自己的知识产权。同年，美的两款电风扇产品从设计上进行创新，创下了1.8亿元的销售奇迹，它们都是工业设计中心的手笔。工业设计所带来的高附加值不仅使美的产品与竞争对手形成差异，也为美的抢占了在市场中树立品牌形象的先机。至此，工业设计的价值在美的内部得到了普遍认可。

美的工业设计团队从无到有，从可有可无到制胜关键——纵观美的集团设计团队初期的发展脉络，我们可以发现企业意识的改变，而这些改变产生的原因很大程度可以追溯到市场格局的变化。在市场竞争并非十分激烈的阶段，在工业设计上的投入由于不像在生产、销售等方面投入那么立竿见影，常常不能得到足够的重视。随着市场的进一步发展，企业间竞争加剧，品牌、设计在竞争中的作用开始显现。设计的作用是拉开与竞争对手的差异，增加产品附加值。美的较快意识到工业设计之于企业竞争的战略意义，为以后集团设计力量的发展打下了良好的根基。

（二）分散阶段（1997～2007年）

1. 企业大环境

20世纪90年代后期，国内家电业的竞争开始升温。尤其是在1997年东南亚金融危机后，经济大环境的不稳定与家电业内的激烈竞争，让家电行业呈现两极分化的势态。这个时期国内家电业主要呈现经营项目多元化、产业并购重组盛行、价格战愈演愈烈的特点。在激烈竞争的催化下，为了获得更大的市场机会，至2000年国内大型家电上市公司基本上改为多元化经营。所谓多元化经营，即同一品牌经营多个种类的家电产品。多元化经营带来的必然结果是

各品牌之间产品相互渗透严重，反过来使竞争更加激烈。于是业内的并购浪潮风起云涌，企业纷纷加快自身结构调整和资产重组的步伐以适应竞争。1997年，美的进行第二轮大规模的多元化和异地扩张。1998年，东芝万家乐被美的收购，美的集团从此挺进空调压缩机领域。与此同时，国外家电品牌步步紧逼，国内大部分家电企业不得不利用低价战略守住市场，但其代价是牺牲利润率。美的在这场家电业的行业洗牌中无疑是赢家，但产品线的快速扩张却为管理带来了新的问题。通过扩张和并购等方式，美的产品已延伸到空调、压缩机、家用电器、厨具等多个领域。然而，多元化和大规模扩张却为集团的管理带来了挑战。1997年，美的主营产品——空调排名从国内第三位下滑至第七位。利润率连年下降，进入了增产不增利的怪圈。这是美的创业以来最困难的一年。

根本的问题是，高度集权的直线型管理模式已经不能适应越来越庞大的事业体和产品线。"一刀切"的管理不能满足不同产品的生产和销售需求，高度集权的架构使最高管理者疲于应付细枝末节却无暇顾及发展策略，底层管理人浮于事。为了解决这一问题，1997年美的集团进行事业部改制，划分出空调、压缩机、家庭电器、厨具、电机五大事业部。大集团负责战略制定、整体资金运营和品牌建设；事业部负责该领域产品实体经营，独立核算收益，自行负责盈亏。最终事业部制改革获得成功，美的逆境反弹，迎来了喜人的业绩增长。

2. 设计管理策略

在事业部制改革的大背景下，美的在设计管理上进行了与此适应的调整。美的集团于1998年成立了独立核算的工业设计公司，这也是国内第一家由企业投资的专业设计公司。工业设计公司的业务来源包括为集团产品提供设计服务以及对外接单，具有独立的赢利能力。有关数据显示，工业设计公司2000年的对外营业额已超过800万元；2001年则超过了2000万元。另外，在美的各公司内部仍保留自身的设计部，部分公司设计团队隶属于公司策划部门，主要负责设计管理。设计部门需要对产品设计的方向进行评估，决定是采取与外部工业设计公司合作完成设计还是独立设计。这种内部设计部门与外部工业设计公司双轨运行的方式，高效地消化了由事业部改制带来的分散设计需求。工业设计公司模式的成功让美的再接再厉，于2001~2005年，相继成立了朗玛工业设计有限公司、天朗工业设计有限公司、古今工业设计有限公司等9家既服务于集团又独立经营的设计公司。

美的之所以采取成立工业设计公司的战略，与当时的企业大环境息息相关，其主要影响因素是管理成本。如上所述，美的着手进行事业部制改革的时候，正面临内忧外患的境况，改革必然会使集团面临巨大的成本和管理压力。成立工业设计公司实际上是一种渐变一体化策略，即通过内部的力量消费一部分产品，同时依靠独立经营消费其余产品。事实上，在事业部制改革期间，除工业设计外，压缩机和电机事业部的产品生产也采用了类似模式。这一策略的优点如下：①集团内部可以较少支出获得高质量的设计服务，减轻成本压力；②美的集团内部消费的支持为工业设计公司的对外业务谈判提供了口碑支持和筹码；③独立经营的市场和赢利压力对设计公司形成有效的激励，保障设计品质的稳定，这样便有效地降低了集团各事业部的成本和管理压力。

除此之外，工业设计公司也是对事业部制有效的适应。随着事业部的成立，工业设计中心的规模已难以满足一对多的设计工作压力。事业部独立核算，自负盈亏，工业设计中心则要对集团各产品设计统筹负责，难免分身乏术，存在纰漏。工业设计公司的模式使集团工业设计力量能以最高效的方式被迅速强化，适应事业部制改革带来的设计需求扩张。

总的来说，这一时期的设计管理是分散式的，有独立性强的特点。工业设计公司的引入在当时的背景下无疑是成功的设计管理实践，它适应了当时事业部制的发展模式。然而，这也存在弊端。公司化分散式的设计管理迎合事业部产品多样化的经营，也使设计管理更为分散。统筹协调的力度不足，容易造成各自为政，不利于整体设计水平的提高和品牌形象的一致性。

（三）整合阶段（2008 年至今）

1. 企业大环境

2008 年，美国次贷危机最终发展成为席卷全球的特大金融危机，中国经济不可避免地受到波及。在金融危机的影响下，国外需求急剧下降，影响家电业出口；国内市场需求不振，消费能力疲软，家电业面临巨大的挑战。与此同时，为了应对危机，中国政府出台了"家电下乡""惠民补贴"等一系列拉动内需的政策。这些政策带动了国内的消费，尤其是农村地区市场的家电需求，

不仅帮助家电行业渡过了难关，更掀起了短暂的家电业发展高潮。直至2011年，家电业在政策的推动下发展迅猛，实现了爆发式增长。可惜好景不长，随着2012年政策落幕，失去了政策拉动的市场疲态再现。国内外市场萎缩、品牌竞争同质化、国外竞争高端化、原材料和用工成本高涨等一系列问题，使劳动密集型的家电业不可避免地面对行业转型的问题。

美的集团在2008年便富有前瞻性地提出改变赢利模式。在金融危机等不安定的市场经济环境下，美的对营销体系进行了更深入的改革，并优化集团产品结构，对自主生产技术和品牌建设更加重视。"技术驱动、卓越营运、全球化"是2008年的战略主线。尤其在技术驱动方面，对包括工业设计在内的技术领域加大投入使美的集团掌握的专利技术大为增加。据美的2009年年报显示，美的在该年申报发明专利170项，实用新型专利485项，外观专利474项，其对技术专利的重视程度可见一斑。这是美的为了应对环境的变化而采取的积极技术投入战略，以此加快转型。2011年，美的营业收入达931亿元，同比增长25%，一度创造了业界奇迹。然而，随着2012年鼓励政策的落幕，美的销售增长放缓，发展再次面临挑战，亟待深化转型。在这起伏的市场大潮中，美的集团的关注点始终是核心竞争力的构建。

2. 设计管理策略

在集团积极谋求转型、加大技术发展力度的大背景下，工业设计作为技术衡量的重要指标，受到了极大的重视。其中，人才战略和组织架构调整是这一时期的两大亮点。

在人才战略方面，美的积极引入国外设计专家，同时加大力度挖掘国内优秀设计人才。2008年，美的微波电器事业部总裁朱凤涛礼贤下士，力邀韩国知名工业设计专家金在壎出任微波电器工业设计总监。在金在壎的带动下，其他事业部的工业设计团队得到完善，集团设计团队人员增加了近2倍。除了巩固集团内的设计力量，美的十分重视设计新鲜血液的输入。2010年，第一届"美的杯"大学生工业设计大赛拉开序幕，这是美的集团首次举办面向学生的设计大赛。这场全国范围的大学生工业设计大赛在此后的每年定期举办。集团通过大赛挖掘年轻的设计人才，也提供了一个让高校和社会了解美的设计的窗口。

在组织架构调整方面，美的集团采取的是逐步优化团队力量最终形成合力的策略。2008年，金在墈出任微波电器工业设计总监，随后工业设计中心即调整至微波电器事业部。美的希望通过设计专家的带动，提高工业设计中心的整体实力。事实上，由于微波电器事业部工业设计中心的带动，集团内其他事业部也陆续完善了工业设计队伍。例如，2010年美的冰箱事业部成立了工业设计中心，专门设计冰箱造型。通过将独立的工业设计中心调整至具体事业部之下，再逐渐完善其他事业部的设计力量，设计团队的分工变得更有针对性。与将设计工作完全交给外部独立的工业设计公司相比，工业设计中心向事业部下移相当于提高了工业设计团队在产品研发中的活跃度和话语权。

美的设计管理的调整并未止步于事业部内设计力量的优化，此后更着眼于整体合力的形成。2009年，董事局主席何享健在美的集团科技奖励大会上宣读《关于全面提升工业设计能力的决定》，同年成立美的工业设计协会。成立工业设计协会的目的是改变各事业部工业设计团队各自为政的局面，统筹品牌形象。协会由美的聘请的7名外籍设计专家主持，由每个事业部的专家或负责人担任副会长，各个事业部工业设计团队的设计师作为会员。通过双月开会、举办内部创新大赛等活动，协会成为各部门沟通的平台，有利于整体设计水平的提高。同时，协会编制了各种手册、执行标准及监督机制，对各事业部产品设计语言的统一起到了促进作用，从而统筹品牌形象的维护。可以说，工业设计协会是一个优化设计管理的途径，肩负提高集团设计水平以及推动美的走向高端化、国际化的重任。

集团对工业设计的重视带来了明显的成效。2009年美的集团申请外观专利达500多项，对比往年有明显的提升（见图1）。自2010年起，美的产品更是多次获得国内外设计大奖。例如，2010年，微波炉产品"Full Built-in MWO"首次获得红点奖；2011年，美的变频空调荣智薄系列荣获iF产品设计奖；2012年，美的变频空调荣获红星奖，这是中国工业设计界的"奥斯卡"。这些成绩证明了美的集团设计实力的增强。

在经济环境不明朗、竞争激烈的情况下，美的选择了通过提高自身核心竞争力谋求发展之路。工业设计已经成为企业争夺市场的武器，肩负着越来越重要的责任。技术、人才、管理和品牌在竞争中的重要性更加凸显。持续的人才

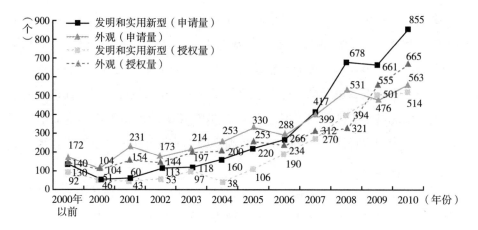

图1　历年专利申请与授权情况

输入、与体制相匹配的团队配置方式、权威有力的品牌形象统筹机构，都是使工业设计团队充分发挥其作用的必要基础。

发展至此，美的集团构建了设计部门及工业设计中心、外部工业设计公司、工业设计协会三股设计核心力量。设计部门分布于美的各子公司内部，负责部分日常设计和设计管理，其中工业设计中心分布在微波技术、制冷技术等研究院所，是技术创新体系的一部分。工业设计公司作为独立的盈利机构承接部分集团设计项目。工业设计协会统筹集团设计管理和品牌形象统一工作。集团的设计管理体系正逐渐完善。

三　结论

通过梳理美的集团设计管理发展的脉络，并对其中的背景、条件及作用进行分析，我们不难发现，设计管理的策略常常需要依据企业发展大环境进行调整。当企业处于发展的起步阶段，市场需求大且竞争不充分，工业设计的作用并不明显。而当市场竞争逐渐激烈时，工业设计则是提高核心竞争力、塑造品牌形象的重要一环。

纵观美的集团设计管理发展，是从集中到分散再到形成合力的过程。在工业设计团队成立之初，与企业的直线型管理模式相适应，工业设计中心作为一个独立部门服务于集团主要产品，规模小而精。随着产品日渐多元化，受成本压力的影响，工业设计公司的模式应运而生，以独立经营的方式为多个事业部门提供服务。而在工业设计被摆上更重要的战略高度后，其品质更加受到关注。因此，需要在提高各部门设计水平的基础上对设计品质进行管理。工业设计协会正是对设计质量和品牌形象进行把关的管理媒介，肩负着使集团内各个设计小团队形成合力的重任。

从美的集团的案例中，我们可以清楚地看到大型企业设计力量的构建脉络，这为民营企业设计力量的构建提供了参考。

参考文献

［1］陈洪波：《美的集团组织架构及流程优化的案例分析》，西安交通大学硕士学位论文，2007。

［2］龚嘉明：《广东美的集团股份有限公司现行战略分析和今后战略思考》，暨南大学硕士学位论文，2001。

［3］陈勇儒：《中洋专利大战该怎么打》，《南方日报》2004 年 7 月 16 日。

［4］樊荣强：《顺德制造——破解顺德制造业成功发展之谜》，广东经济出版社，2002。

［5］唐敏：《2001 年家电行业竞争将更激烈》，《瞭望新闻周刊》2001 年第 9 期。

［6］徐东生、陈鉴：《危机中增速放缓——2008 年中国家电行业发展回顾》，《电器》2009 年第 5 期。

［7］中国家用电器协会信息部：《突出重围，稳中求进——2012 年中国家电行业发展形势展望》，《电器》2012 年第 2 期。

［8］美的集团：《广东美的电器股份有限公司 2007 年年报》，2007。

［9］美的集团：《广东美的电器股份有限公司 2009 年年报》，2009。

［10］邵海波：《美的集团技术创新战略研究》，华南理工大学硕士学位论文，2012。

［11］小丙：《美的获国际工业设计红点奖》，《珠江商报》2010 年 7 月 11 日。

［12］美的集团：《广东美的电器股份有限公司 2008 年年报》，2008。

［13］美的集团：《广东美的电器股份有限公司 2010 年年报》，2010。

［14］美的集团：《广东美的电器股份有限公司 2011 年年报》，2011。

［15］美的集团：《广东美的电器股份有限公司 2012 年年报》，2012。

B.19 乐高公司案例研究

王树 张帆*

摘 要：

乐高公司的发展经历了近80年的漫长历程，经过了初创阶段、发展阶段、扩张阶段和稳定阶段，每个阶段的发展都伴随着设计方法和策略上的转折，其中产生了系统设计、服务设计等方法以及D4B的创新管理流程。乐高公司在改变自身策略、顺应环境变化的同时，也积极与新事物保持接触，以使这个传统玩具的制造商不断保持创新，一直处于玩具行业的领先地位。

关键词：

乐高 服务设计 D4B 可持续性

一 乐高公司简介

乐高公司创办于丹麦，经历了近80年的漫长发展历程，从木匠小作坊一步步成为现代化、全球化的企业，产品销售覆盖全球，是最大的玩具制造商之一。"乐高"（LEGO）是两个丹麦词"leg""godt"的缩写，意思是"玩得好"。这是乐高公司的名字，也表达了他们的企业愿景。

二 乐高公司的发展历程

乐高公司的发展经历了近80年的漫长历程，通过数代继承人的努力，经

---

* 王树，上海交通大学硕士研究生；张帆，上海交通大学副教授。

历了蓬勃发展与低谷，而在互联网和电子游戏的多重冲击之下，这家传统的玩具公司仍散发着新鲜的活力。乐高公司的发展主要经历了以下几个阶段。

（一）初创阶段——乐高的诞生（20世纪30~50年代）

乐高玩具产生于20世纪30年代的经济危机之中，创始人奥利（Ole Kirk Christiansen）出于生计考虑，开始手工制作木头玩具。20世纪60年代之前的乐高主要关注玩具质量、标准化生产技术和产品信誉，人们印象里的乐高产品是低龄儿童的小玩具。

（二）发展阶段——系统设计（20世纪50~80年代）

20世纪50年代末，第二代乐高继承人戈弗雷德（Godtfred Kirk Christiansen）反思了传统玩具产品的弱点，开始关注消费者的心理、行为与娱乐环境，大范围地改变了公司的产品策略。

1955年"乐高系统系列"（LEGO System）问世，由此，乐高玩具被设计成各种特定的组件，LEGO发布了它的第一个玩具"系统"市镇计划。1958年乐高特有的"凸起管"（stud-and-tube）获得专利，几乎奠定了乐高积木后来的一切规则。1968年建立起了第一座乐高乐园，专门为孩子打造"儿童的天堂"。1977年乐高技术组合震撼问世。

在这个发展阶段，乐高公司的产品策略有了转折性的变化，从传统的、一般的玩具制造走向娱乐设计，即从设计杂乱无章的、各种各样的玩具，走向更为系统的玩具创造。从此产生了由一块小砖块而引发的无穷变化，也正是在这种系统化和模块化的基础上，成就了乐高公司之后的无限创意。

（三）扩张阶段——网络冲击下的应对（20世纪80年代至21世纪初）

1979年，第三代继承人克伊尔德（Kjeld Kirk Kristiansen）上任，将乐高玩具重新定位为"带来成就感、实现梦想、表达自我"，并在全球范围内建立了乐高探索中心，其开发的产品兼具优秀的故事情景以及创新的信息交互方式。20世纪90年代，消费者的需求开始发生转变，同时传统的企业设计流程

亟待改变，而乐高也从产品设计转向服务设计。

乐高艺术家、乐高亚文化、乐高效应开始产生。1989 年"乐高集团教育部"成立；1996 年乐高官网建立，与全球的网友产生了良性互动；1998 年，乐高集团支持的机器人大赛在全球拉开了帷幕。

这一阶段的主要变化在于，公司将产品设计转向服务设计。乐高公司从单纯的关注产品的设计，开始转向以产品为载体，关注产品与消费者接触之中的服务设计。这种转变体现在很多公司身上，如苹果公司的应用商店（App Store）就是以苹果产品为载体的服务，而著名的设计公司 IDEO 自 2002 年开始导入服务设计的理念。乐高公司的服务设计转变主要体现在以下两个方面。

1. 由设计玩具转向以玩具为载体，提供教育和娱乐服务

乐高将业务延伸至教育领域，在 1989 年成立了"乐高集团教育部"。这个部门主要的合作对象是学校，包括早教机构和幼儿园，乐高集团教育部的教材会指导老师如何根据正式课程安排最具创意的教学系统，而通过这样的系统可以最大化地激发学生的创造力和好奇心，并且将其应用于多种不同科目的学习中。产品的开发建立在多种研究基础之上，孩子们好奇心的养成、认知事物的能力等都是基础研究的范畴。

从 1998 年开始，在全球 44 个国家相继推出了乐高集团支持的机器人大赛，鼓励 9~16 岁的孩子用科学的方式展开调查研究，并且设计属于自己的机器人。比赛的开展对学生和学校产生了良好的影响，设计游戏比玩游戏更有乐趣，孩子们在比赛中找到了他们自己的职业发展方向，并且学会了如何以己之力解决问题、贡献社会。

乐高举办"LEGO 世界杯"，并依托信息技术特点，设计出一系列智能拼贴玩具，如"乐高：开天辟地"游戏能搭建各种智能化运动的人物、交通工具、建筑等；1998 年推出的头脑风暴"RCX 课堂机器人"和 2006 年推出的"NXT 蓝牙机械人"，融合了积木搭建和电脑编程，让孩子有了发挥想象力、自己动手设计"机器人"的机会。

从这个阶段可以看到，乐高的产品不只限于产品本身，而是以产品为中心向周边进行软扩散，在教育和娱乐方面的延伸，从产品到服务的转变，使得产品本身的生命周期更长、产品的可用性更好。

2. 检视客户关系，提供共享交流平台

21 世纪初，互联网的崛起改变了人们的生活方式，特别是在欧美国家这种变化逐渐凸显，借助网络，乐高粉丝大量聚集起来，他们一起讨论产品的玩法创意，也在网络上进行买卖。乐高及时反应，推出了"乐高大使"项目来反馈强大的粉丝团。乐高从全球征集了 40 名 19～65 岁的粉丝作为乐高热爱者的代表，代表们与公司内部的创意团队每天进行创意的沟通交流，乐高的设计者从中吸纳产品设计的意见。这种协同合作的模式给乐高带来了可观的效益，乐高也成为利用社交媒体与消费者建立沟通的先驱，2010 年乐高官方社区平台（LEGO Click）正式上线，这使公司与玩家的交流和互动更加完善。乐高重新审视了公司与消费者的关系，主要体现在以下方面。

（1）检视顾客关系，顾客人群细分。根据不同的客户分类整合不同的资讯，另外通过对社区的经营和了解，与客户维持长期的关系，持续不断地创造和挖掘顾客对产品的需求，进而探求产品的获利渠道，将客户进行分类：破坏规则者（trickster）、信徒（believer）、会员（member）、乐用者（user）。破坏规则者这个顾客群体是乐高顾客中最专业也最具有探索精神的群体，当时乐高与麻省理工学院合作开发的"头脑风暴"（mindstorm）机器人玩具，推出后不久就被这类型的顾客攻破。起初乐高公司对这种现象很愤怒，但是之后其选择开放平台，利用这个类型的顾客开展合作，进行新点子与机会的探索，将爱好者变成乐高设计师并将其列为"乐高认证专家"，辅助乐高的设计发展，这样果然创造出了更多的点子。

（2）开放式创新——顾客共创。除了乐高总部的设计师之外，乐高也在世界各地派驻设计师搜集各国趋势，积极拥抱顾客，让顾客参与产品开发。乐高建立了"design by me"的设计平台，让顾客下载软件，将自己的创意上传到乐高平台中，经过顾客的票选，胜出的理念可以被融入乐高的新产品开发当中，最后进行商品化。"design by me"让每一个人都变成乐高的产品设计师。乐高运用开放式的顾客共创平台，成功缩短了产品开发的时间，由原先的 24 个月减少到 9 个月，与此同时，大大提高了顾客满意度，乐高也借助利润共享、知识产权保护等配套措施完善了开放式创新。

乐高与消费者接触的平台随着时间的积累从玩具店拓展到了更加全面的多

种渠道，如乐高零售渠道、乐高官网、乐高家庭购、乐高乐园、乐高俱乐部、乐高客服等，这些构成了乐高与消费者沟通的多样化平台。而这些平台让乐高的品牌不断延伸，品牌的形象日趋饱满，不仅让公司更全面地接触消费者，也使得乐高在全球的知名度稳步上升。

（四）稳定阶段——创新流程化（21世纪初至今）

在信息时代的强烈冲击下，人们的生活方式和习惯在高科技的迅猛发展中发生了巨大的变化，传统的玩具商——乐高接受了这个挑战。在20世纪90年代中期，乐高公司开始尝试转型，实施多样化策略，以创新产品推动市场，然而事与愿违，乐高公司的销售额在1998年开始下滑，赤字连年。过于多样化的乐高公司制作了电子游戏，参与了电视剧，在全球多个地区建造了主题公园，其野心庞大，涉及的领域越来越多，也因此而失去了主战场，丢失了核心竞争力。随后公司改变策略，采用了被乐高称为"为商业而设计"（D4B）的创新管理流程。

1. D4B（Design for Business）——"为商业而设计"的创新管理流程

乐高的问题始于20世纪90年代末，公司管理人员想要拓展品牌，开拓新的产品，每个设计师都被给予了足够的空间，利用自己的独立性来创造作品，设计的作品也因此越来越复杂。7年间，各种各样零部件的数量从7000种爆炸性地增长至12400种，生产成本也因此急速升高。这样的放纵式设计将乐高公司推向了悬崖。

2004年，新的首席执行官姚恩（Jørgen Vig Knudstorp）开始掌舵乐高，他采取了一系列举措把财力集中在以往的优势项目上，使项目得以精简并轻量运行。他重新制定了乐高公司的经营方向，强化核心产品，和以往给设计师们充分想象力的自由不同，过分的自由可能带来不必要的消耗，乐高采取的策略是约束。公司改变了以往简单申请零部件的做法，将程序复杂化，最简单的零件的投产都需要得到设计师的全面投票，只有得票最多的部件才能投入生产。同时，停止生产那些很少用到的零部件，这样将零部件总数削减到7000种，使得乐高集团实现了年营业额和利润的稳定、持续增长。

与此同时，乐高的管理人员意识到他们产品设计方法的弊端，灵光闪现是靠不住的，规范化的程序才能保证设计质量的一致性，设计师的创意一定要同时符合顾客的需求以及供应链的承受能力。他们改变了之前广泛发展的设计战略，开始推出 D4B，选择精简的产品战略，使优势项目回归。将商业策略与设计策略并行，使得产品能更大限度地适应消费者的需求，提出更恰当的创新点，使设计更专注、更人性化，从而推动获利。

D4B 包括 4 个独立的步骤。

"阶段 0"——搜集。在乐高公司，不仅仅是设计师、营销人员、财务人员，还包括其他工作人员也会一同在了解消费趋势的前提下，寻找潜在的机会，为公司提供和收集好点子，每一个人都可以成为创意的提供者。

"阶段 1"——构思。产品设计团队展开头脑风暴，从上一阶段的想法开始萌生和延伸整体的概念，并思考如何实现目标。

"阶段 2"——提炼。创作团队对前两个阶段筛选出来的创意进一步展开讨论，研究有关的商业案例，并制作可测试的产品原型。

"阶段 3"——核算。乐高公司核算财务现状和生产成本，根据数据决定推广哪些产品进入市场。全球各个区域都会参与评估产品的发展前景，并通过评估结果判断和建立未来目标市场的忠诚度。各个区域会根据评估的不同结果分别决定推出的产品，这些产品是各区域中最具潜力的。

D4B 是一个经典的设计思考结合策略管理的系统。在策略的执行与拟定过程中，重视资源与市场机会的匹配。设计不单指产品本身，而是一种策略思考，拟定解决企业问题的方法。D4B 包括几个特点和转变。

（1）从放任思维到积极的创意管理。不仅给予设计团队很高的自由度，同时给予一定的限制。因为好的创意不一定是商业上成功的商品，所以将财务评估导入设计的过程中，并将创意的管理过程流程化，以便保持产品的稳定性，并确保创意商业化的可行性。

（2）从单一的产品导向到企业组织导向的创新。之前的创新概念只存在于产品开发与设计过程中，而 D4B 将创意植根于各个组织，不仅是产品的创新，从调查研究到产品设计，从市场营销到策略部门，所有的流程都投入创新。将非创意部门也融入创新过程。先定义产品的目标，评估市场后，再进行实际的设计工作。

（3）标准化的共享文件管理。由于 D4B 需要所有部门的联合创新，所有资源共享的重要性便凸显出来，对于管理文件的熟悉，让所有组织结构能做到快速反应，这样可以缩短产品开发时间，使得乐高的产品开发周期从两年缩短至 12 个月以内。

从 2004 年开始这个模式被乐高公司启用，直到 2007 年这个模式下的全新的产品线才完整更新。在应用的过程中，公司在设计方面的投资逐年下降，产品的导入时间缩短为原有的一半，销售额却有大幅度的增长。D4B 使创新制度化。创新不仅体现为新产品的推出，也体现在产品开发的细节中，比如，如何评估消费者的消费态度，如何将消费者的反馈转化为设计等。乐高在全球范围内建立了多个实验室，通过收集全球的信息趋势来捕捉消费者的实时需求，这些信息的汇聚成为乐高设计的依据以及创意来源。在乐高的产品开发过程中，已经实现了制度化与规范化。

三　乐高公司的最新动态与策略

一次性的消费习惯给环境带来压力，人们要求设计和产品具有社会意义，承担社会责任。乐高集团的本质是为周围的环境带来积极的影响，所以，可持续性越来越多地被提及，具有社会意识的设计是乐高公司的目标。

（一）乐高的四项承诺

乐高公司在行为层面制定了乐高行为守则，加入"全球契约"倡议，提出了四项主要承诺。

1. 游戏承诺

为拼砌而喜悦，为创造而骄傲。希望做到在儿童使用乐高产品和服务的过程中，探索创造的潜力，感受喜悦和骄傲。而对于父母，乐高保证努力为孩子提供寓教于乐的机会，提供知识的同时开发儿童的技巧和信心。

2. 人员承诺

共同成功，希望公司的理念使每个员工都能感受到强烈的目的感、精神与合作，创造性冒险和执行的卓越，这些也是乐高集团最显著的特点。

3. 合作伙伴的承诺

相互创造价值，希望确保乐高集团的工作为合作的每一个个人和组织带来有益的经验，不论他们是客户、业务伙伴还是供应商。

4. 对地球的承诺

积极影响，希望乐高从事的一切活动留下积极的影响，承诺关注儿童将要继承的社会，承诺激励和鼓励儿童在未来社会的话语权。

（二）乐高的目标

在乐高最新的年度报告里，看到的最多的一个词就是"可持续性"，而乐高也站在越来越高的高度，希望不仅给消费者（不论是孩子或是家长），给员工，并且给地球带来积极的影响，希望设计可以传达出强烈的社会意识。而乐高也在实现这样的理想，以下是乐高公司的目标。

零产品召回：零产品召回是乐高集团多年以来的目标，也是其进行经营的前提条件。

员工安全十强：由于我们的抱负是倡导员工安全，所以，我们已进入该领域全球十强公司。我们在 2015 年受伤率目标为每百万工时 0.6 人受伤（2009 年的目标为每百万工时 6.0 人受伤）。

支持 1.01 亿名儿童学习：支持儿童的发展权是乐高集团全部宗旨的核心。在努力量化目标的过程中，为买不起乐高产品的贫穷儿童提供有意义的福利捐助。

至少 100% 的可再生能源：乐高公司已经为再生能源制订了 2020 年计划。2015 年目标是采用至少 50% 的可再生能源，2020 年的目标是增加至 100%，继续增加能源效率。

零浪费：乐高已经定义了零浪费目标。该目标是创造更加环保的产品并回收废弃物这一愿景的组成部分。

四　结论

乐高公司的发展历程和转变，如单一转向系统、产品转向服务、商业化的设计流程化，以及社会意识的出现，这些转变顺应时代发展，其实在很多公司

的发展过程中都有所体现，而乐高无疑是乐于探索、走在前沿、勇于改变的。在这些转变中产生的设计策略和方法，仍可以适应性地被运用到各个行业。

参考文献

[1] 刘军：《从乐高的产品转型看设计在"后工业"情境中的特点》，《装饰》2012 年第 8 期。

[2] 王如玉：《乐高公司的转型之道》，CPC 顾问专栏，http：//www. cpc. org. tw/consultancy/article/264，2012 年 5 月。

[3] 钱丽娜：《乐高：平台维系亲密感》，《商学院》2012 年第 9 期。

[4] 杰伊·格林：《设计的创造力》，封帆译，中信出版社，2011。

[5] 吴翰中：《全球品牌的设计管理：乐高（Lego），创新半世纪》，http：//www. aestheticeconomy. com/blog/？ p＝29，2008。

[6] 王琛元、胡媛：《乐高：创新不仅仅是造件新玩具》，《商业价值》，http：//content. businessvalue. com. cn/post/1925. html，2011 年 1 月 3 日。

[7] 乐高集团：《2012 年度进度报告》，2012。

三星电子集团案例研究

吴彩虹　张立群 *

摘　要：

本文以三星电子为例，运用设计管理相关知识，分析了三星电子作为世界一流跨国公司在品牌发展的各个阶段所采用的不同设计策略。从租用设计师到组成第一支设计团队，最终成立自己的工业设计部门，三星电子在设计的推动下，逐步占领韩国国内的市场。在设计部门的管理上，三星开创性启用设计师作为部门主管，这也是设计和策略的初次碰撞。通过对三星企业战略的研究，总结其设计策略管理在三星电子成功背后的作用，为我国企业发展提供指导。

关键词：

三星电子　设计战略　新经营　本土化　以人为本

一　关于三星电子

韩国三星电子公司（Samsung Electronics Company，以下简称"三星电子"）成立于1969年，是韩国三星集团的成员公司。三星最初生产的产品是黑白电视机，从简单的家用电器不断扩大到复杂尖端的信息和通信设备，三星电子的技术能力在发展中迅速得到提高。直至2009年，三星一度超越惠普（HP），成为全球最大的IT企业。

---

* 吴彩虹，上海交通大学硕士研究生；张立群，上海交通大学副教授，上海交通大学设计管理研究所所长。

凭借其突破性的设计管理策略，三星在以设计为核心的理念指导下，成功由一个以量取胜的二流公司蜕变为一个兼具成功品牌形象和综合竞争实力的国际领先企业。

二 三星电子在不同时期的设计战略

三星在成立之初，充分利用其自身的成本优势，采取总成本领先的产品战略，在同国际电子企业的竞争中取得了一定的成绩。然而，这并不能让其取得实质性的竞争优势。

从本土企业到跨国公司的转变，三星的成功得益于两大因素：一方面，在产品规划上，始终坚持"第一原则"，集中投资有潜力发展成为行业第一的产品，对成长性不强的产品果断放弃；另一方面，在国际化路线上，采用本土化的设计战略、长远的战略规划，以及对本土市场趋势的把握，促使三星在近十年的时间里成为世界顶级公司。

（一）从产业时代迈上世界舞台

20 世纪 70 年代，随着经济全球化的大规模渗透，国际化分工日益明确，电子产业也形成了高度垄断。三星当时的成就主要集中在重工业方面，对于电子行业，只是一知半解，由于缺乏从业经验，也没有人力和技术积累，从 1971 年起，三星开始采用租用设计师的策略，仿照日本电视进行生产设计。1972 年，三星的黑白电视机在本国销售。1984 年，三星的电子部门从集团中独立，并组建了三星电子有限公司。20 世纪 80 年代中期，三星成立了一个 10 人的设计团队，设计开始在集团内部发挥作用。

（二）"新经营"时代

1. 第一次设计革命

20 世纪 90 年代初期，高技术产业迎来了第一场寒流。兼并、收购以及合资经营等商业行为普遍出现，竞争与并购之风愈演愈烈。企业不得不重新审视自己的产品技术与服务定位。1993 年，在各大公司纷纷开始迈出跨界合作甚至跨国合作的步伐时，三星及时做出反应，提出"新经营"规划，通过产业结构与组织结构的调整，大力开展自主研发、人才培养与发展、流程变更等一系列变革措施，三星电子成功由一个以数量占领市场的企业转变为以品质占领市场的先进企业，进一步巩固了三星在全球市场中的地位。

1990 年，三星成立了自己的工业设计部门，首次任命设计师为部门的最高管理者，并建立"产品计划"和"设计中心"。在人员方面，聘请了 160 名设计师，并且大力投入设计教育。从最初的靠租用设计师到组建自己的设计团队，最终建立了工业设计部门，设计在三星的战略地位逐步得到肯定。

2. 设计战略

1996 年，三星会长李健熙指出，一个企业最重要的，是它的设计创新能力。因此，作为未来投资的重点，三星战略目标的竞争优势直指设计。从此，"设计"被定义为三星的核心战略，开始了三星的第一次设计革命。在短短的两年时间里，三星迅速从一个以工程技术为核心的生产制造商，成功转型为一个以市场和设计为主导的领先型企业。

为了进一步弘扬这种竞争优势，三星开始在全球范围内成立设计工作室，并组建了"三星创新设计实验室"，专门聘请国际知名的设计专家，对企业内部的设计师进行培训。此外，三星还成立了自己的技术院校（即"三星技术高级学院"），用于长期研究新技术，开发新产品。同时，三星开始邀请高校专家和外籍顾问进行合作，进一步扩大设计部门在国内外的规模和影响。

（三）Digital Frontier 三星

1. 设计与文化相结合

1998 年，在汤姆·哈迪（Tom Hardy，曾任 IBM 首席设计师）的指导下，三星开始将设计与文化相结合，深入挖掘传统道教文化的特征，将其融入产品设计的格调和原理（见图 1）当中，通过设计语言的表达，将三星的企业文化传达给每一个消费者，三星由此开始初步建立自己的品牌形象。

1999 年底，在设计师的主动要求下，三星对设计师在产品开发中所做的贡献进行了一次全面的评审。这次评审工作进一步明确了设计师的角色定位，也使设计任务更加合理，为企业内部创建了一个新的环境。同年，三星针对产品设计

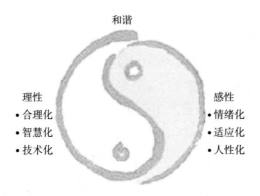

和谐

理性
- 合理化
- 智慧化
- 技术化

感性
- 情绪化
- 适应化
- 人性化

图1　三星设计的格调和原理

的功能分散化所带来的设计需求增加，特增加了175名设计师，使三星的设计水平得到重大提升。2004年11月，李健熙凭借三星出色的设计管理模式获得香港设计中心颁发的"设计领导奖"，由此三星的设计管理能力得到了大众的肯定。

三星开始通过设计语言来表现和弘扬企业文化和企业精神，在其品牌形成过程中又上了一个新台阶。在这次设计革命中，设计师们主动请缨，了解自己的价值，也充分表现出设计师在商业上的新要求。

2. "高档数码"战略

1999年，数字化开始逐步渗透到整个消费电子行业，为此，三星做出了史上最大的一次战略调整，即以数字技术为中心，从制造型企业向自主品牌型企业转变。这次调整赋予了三星电子独特的技术属性，促使其从模拟时代进入数字时代。在此次调整中，三星将品牌定位为"高档数码"，将其与模拟技术的电子品牌划清界限。

1999年，在经历了亚洲金融危机之后，三星相继在旧金山、伦敦、上海成立了设计中心，迅速重组了自己的全球设计网络。利用设计网络的全球化优势，三星在进一步完善自己的设计体系的同时，也扩大了三星设计在全球的影响。美国设计中心主管杰夫·麦克法兰（Jeff McFarland）根据其过去在汽车行业的经验，提出了一系列新的设计战略，对三星设计的发展和设计观念的审视起到了指导作用，丰富了三星"理智与情感平衡"的根本设计原则。欧洲设计中心主管马克·德莱尼（Mark Delaney）和克莱夫·古德温（Clive

Goodwin）在三星的欧洲战场率先实施统一外观的策略，并通过公司的设计网络，将该成果推广到各大设计中心，在设计管理上取得了新的胜利。

（四）引领数字时代

数字时代是一个机遇与挑战并存的时代。为了更好地满足变化中的产品需求，时刻保持产品的信息优势，三星在这次变革中对产品结构、经营理念以及企业文化等采用实时更新策略，紧紧抓住了数字时代所带来的新机遇。

2006年，李健熙开始将创意作为管理的指导思想，聘请了大批海外创新人才。为了解决本土设计师资源有限的问题，三星在海外特设了5个设计中心。三星对设计的重视让设计师开始从产品设计的执行者变成了主导者，在设计推动的管理下，三星成功地从一个低端产品的生产商蜕变成了全球知名的创新型企业。

1. 设计合作中心

2001年，三星成立了设计合作中心（CDC），如图2所示，设计委员会直属于最高行政总监与董事会，并直接领导其他的商业模块，这就意味着设计委员会提出的任何设计决策，各部门都必须直接给予支持。这种以设计为中心的管理模式对设计师来说，是一次重大的考验，设计师不仅需要具有更高的设计水平，还要具备一定的商业管理知识。总之，CDC的成立，对于三星在未来的竞争中起到了关键性作用。

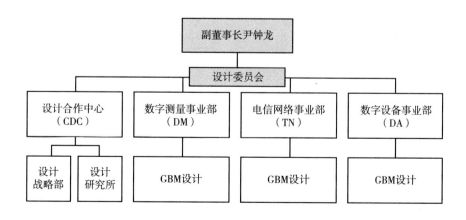

图2　三星设计合作中心组织结构

资料来源：三星企业内部资料。

2. 第二次设计革命

2005 年 4 月，李健熙在米兰召开第六次对外设计会议，同时宣布了三星的第二次设计革命。他提出了三星要创造惊人的设计，提高自己的品牌识别度，在人才资源上，要引进世界上最优秀的设计师，培养企业的创新环境；在技术资源上，积极研发新技术，巩固已成型的工业基础。此次设计革命迅速得到了三星内部人员的拥护和支持，各单元也积极做出回应：数字媒体商业单元表示要用最好的设计师，全力打造三星的企业形象；电信商业单元决定通过UI设计，全面改进用户的使用体验，将三星手机打造成世界顶级的手机品牌；数字应用单元则决定扩大设计队伍，利用各方优势，建立最优的企业品牌。

在第二次设计革命中，为了深入挖掘市场中隐藏的产品设计机会，三星成立了专门的消费者实验室，结合线下调研与市场反馈信息，对消费者进行全方位的调查研究。此外，面对不断变化的市场环境，三星及时做出反应，采取适当的设计策略，成功把握产品发展方向。为了提高设计师的商业素养，三星开始在企业内部进行设计管理培训，让设计师对商业知识有更好的认识，并进一步明确了自己在产品开发中的位置和作用，为管理者与设计师之间的沟通提供了便利，缩小双方在产品开发中的沟通成本。

在两次设计革命的推动下，三星真正成为一个由设计主导的企业。三星采用以设计为中心的新型管理模式，在市场经济的大背景下，充分、有效地发挥了设计的商业价值，进一步提高了企业竞争力。由于设计的成果是直接面向消费者的，如何处理好用户与设计的关系，让设计师第一时间了解用户的真实想法，从而更好地满足用户需求，成为三星在未来设计中的重要突破口。

3. "本土化"战略

三星电子的"本土化"战略包括产品的本土化、运作体系的本土化、人才的本土化，以及自有产品与本土产业及文化的融入。

在产品的本土化方面，金荣夏（三星电子大中华区总裁）指出，各个国家和地区的消费习惯均存在差异，所以，在产品设计上，需要充分考虑到本土的用户需求，将全球化的技术更好地融入本土产品开发中。

智能电视（Smart TV）是三星电子产品本土化的代表作。为了满足消费者不同层次的需求，三星电子坚持高、中、低全线布局，全方位覆盖用户需求，在同档次产品中保证绝对的质量优势。三星智能电视根据用户对不同客户端产品网络共享的需求，推出了无线共享功能（All share），对电脑、手机等 Wi-Fi 连接设备进行内容共享；为了带给用户更开阔的视觉体验，在外观上设计上，Smart TV 采用了全新的超窄边框设计，让画面更大更宽。

人才本土化是三星"本土化"战略中的重要环节。据了解，三星电子会定期在企业内部选派一些青年骨干到全球各地进行实地考察，学习当地语言，了解当地习俗和文化，为产品设计的本土化打基础。这些人就是三星内部的"地域专家"。

除了产品和人才以外，企业品牌也应该充分融入本土文化。在这方面，三星会根据当地经济发展的特点，适时调整产品结构。有资料显示，三星冰箱等家电产品在中国成立了专门的设计中心，从开发阶段就开始充分考虑中国消费者的使用习惯，因此才能设计出更符合本土使用需求的产品。

在本土化的过程中，为了贴近全球各地消费者的需求，三星充分发挥国际化优势，在全球设立了 13 家研发中心，专门从事面向当地市场的研究开发，从设计到生产，全面考虑用户的需求变化，紧跟市场潮流。

4. 以人为本，全套系"智慧"理念

自 1993 年起，三星就开始研究终端用户需求，设计符合用户需求的高质量产品，建立自主品牌。三星的工业设计之所以能赢得广大用户的掌声，关键在于三星在设计中对用户的尊重，站在用户的角度，聆听用户的心声，并及时做出反应。比如，三星最早推出珍珠白系列手机，最先采用双旋盖手机设计，最先倡导"手机也可以做装饰品"的设计理念等。每隔一段时间，三星会根据目标用户需求，适时推出新产品，时刻掌握潮流动向。

2006 年，"波尔多"液晶电视让三星电子荣登全球液晶电视行业榜首。大量人性化的设计细节赋予了一个传统的产品更多的想象空间。"波尔多"删掉了用户不会使用到的功能，提升了画面质量，并在外观造型上反复推敲，让大尺寸电视成为家居摆设中的一道风景线。

2011 年，三星提出了"智慧生活"的发展战略。"智慧生活"理念囊括电视、手机、家电等一系列智能产品，其核心包括智能设计，旨在为用户提供更直观、更强大的功能，让高科技更好地融入生活，为生活提供便利；智能体

验，旨在为用户提供更丰富的应用，优化屏幕展示体验；智能连接，旨在实现各种终端产品之间的连接和共享。

三星电子映像显示器事业部总裁尹富根表示，"人性化数字技术"作为三星电子的一个长远目标，其中主要包括信息交流与信息共享，提供让人惊叹的数字体验。以人为本的数字技术将通过先进的智能技术为用户构建一个更大的分享平台，此外，三星将联合最好的内容供应商，建立新的体验系统，形成良性循环的发展局势。

三　结论

设计与策略的充分结合，是三星成功的关键，也是现代设计中对于设计管理的研究重点之一。企业在制定一个产品策略时，需要对市场环境和用户需求做出准确的判断，这对决策者是一个挑战。而在策略执行的过程中，需要和设计进行衔接和沟通，制定符合预期的设计概念，并进一步明确设计任务。对于设计与策略之间关系的把握，是产品设计成功的关键，也是设计管理中的一个难点。三星在设计管理上的突破和创新给了我们很大的启示，国内企业对于设计管理的认知度还比较低，但在产品开发过程中，所涉及的设计与策略的协调问题值得我们思考。

在本案例中，通过对三星电子的产品设计战略演变过程的分析，结合我国的具体国情，可以归纳出一些有借鉴意义的设计战略。

一是企业的产品设计战略应积极贯彻品牌战略，深入挖掘企业文化，赋予产品个性化的元素。但是，文化不是元素的滥用和叠加，而是要寻找文化的根源，深入探究文化的表现机制，真正将企业所要传达的文化和精神通过设计表达出来，实现真正的产品创新。

二是企业应提升设计水平和自主产品创新能力。随着体验时代的到来，人们对设计和创新的要求越来越高，因此，提高企业的设计创新能力是企业参与未来竞争的前提。

三是设计"本土化"，善于利用当地资源，在产品设计中充分考虑当地的需求，培养本土化人才，将产品与当地产业生态、文化相融合。

四是紧跟时代潮流，以人为本。在用户至上的时代，谁赢得了用户的支持，谁就拥有产品的话语权。三星电子在消费者研究方面，成立了专门的消费者实验室，全面、深入实际地对用户进行调研，根据用户需求反馈，适时推出新产品，时刻把握潮流动向。

参考文献

［1］韩宏明、蔡祖炼：《三星电子的品牌战略》，《经营与管理》2004 年第 8 期。

［2］桑赓陶：《把握市场、产品和技术的动态匹配——韩国三星电子公司产品开发战略演变的基本原则及其对中国企业的启示》，《研究与发展管理》2004 年第 6 期。

［3］〔英〕马克·德莱尼、叶可可：《设计管理改变三星未来》，《IT 经理世界》2007 年第 5 期。

［4］喻中华：《设计战略与企业经营》，《艺术与设计》（理论），2007 年第 8 期。

［5］侯丽萍、郭志明：《看三星电子如何把洋品牌做"土"——三星电子大中华区总裁金荣夏专访》，《消费电子》2011 年第 6 期。

［6］李晓婷：《三星凭什么》，《商务旅行》2012 年第 12 期。

［7］宋佳楠：《三星的"智"造计划》，《家用电器》2011 年 5 月，第 415 期。

［8］夏翔：《设计与策略的成功案例——三星电子发展诠释成功的设计管理》，《南京艺术学院学报》（美术与设计版）2011 年第 4 期。

［9］谢德苏：《三星的流创新》，《品牌》2012 年第 12 期。

［10］赵亿、王勇：《品牌定位过程中的影响因素分析——基于三星电子品牌定位策略的个案研究》，《湖北师范学院学报》（哲学社会科学版）2012 年第 3 期。

［11］张旻：《爱国者品牌管理与营销策略研究》，华中科技大学硕士学位论文，2012。

B.21

平衡、高效的设计哲学：
解读浪尖"大设计"

罗 成[*]

摘　要：

　　"浪尖"——寓意站在行业发展的潮头浪尖。自1999年成立以来，浪尖一直致力于工业设计与研究，在与诸多国际知名企业的合作中不断进步和发展。公司在将设计理念付诸实践的同时，也与国内外的设计机构及院校进行交流，探索设计发展模式，并首次提出了"平衡"与"高效"的"大设计"理念，为客户在市场上赢得更高的附加值和竞争优势做出了卓有成效的贡献，为国内工业设计的发展指明了方向。

关键词：

　　设计创新　服务模式　大设计　全产业链

一　天之道，损有余而补不足

　　设计之道，在于平衡。平衡在于周全地考虑"事、理、人"之缘由，并创新管理同一系统之相关元素，务求不偏不倚。此为浪尖全产业链设计之思想渊源，也是公司整合行业资源、找到最佳解决方案的重要手段。因此，设计有价值。

---

　　* 罗成，深圳市浪尖设计有限公司，董事长兼总裁，高级工业设计师，高级工艺美术师。

ARTOP · 浪尖

图1 浪尖设计有限公司 LOGO

二 浪尖，做最尖端的设计

1999 年 5 月，各自在行业中历练了近 10 年的罗成和陈汉良，在中国改革开放前沿和产业集群重地——深圳，共同创立深圳市浪尖工业产品造型设计有限公司（浪尖设计前身）。成立初期，公司只有两个人、两台电脑、28 平方米的办公场地。虽然只有两个人，但这两位创始人，一位专门搞设计创新，另一位则熟悉技术工艺。正是这种创业组合，对产品创新设计的实现及浪尖企业文化的形成有着重大的现实意义。

"浪尖要做，就和行业中最好的企业合作。"这是浪尖一直以来坚持的原则，尽管起步艰难，但这种坚持也让浪尖受益良多。公司第一个真正意义上的订单，是为一个随身听（Walkman）机芯生产厂家进行整机产品设计。当时，浪尖设计在了解客户的科研、生产和资金实力之后，决定"不仅仅是画两张产品设计图纸"，而是大胆地为客户做出了一份基于现实和未来发展的产品规划书。这份随设计草图附送的产品规划报告受到客户的高度认可，并接下了随后的数个订单。此举无疑为浪尖未来的发展指明了一条极其清晰的道路，浪尖设计迅速在行业里树立了极好的口碑。随后，公司参与了日本三洋南通分厂的设计竞标，提案获得了三洋日本总部的充分肯定，进而获得超过 20 个产品设计委托。得到国际品牌的肯定，推动了浪尖向更高端发展，也让企业在成长的过程中学到更多的东西。"酒香不怕巷子深"，浪尖坚持选择只和制造行业中的佼佼者合作，尽管起步艰难，却是站在高起点上，这也是浪尖日后能够成为工业设计行业佼佼者的根本原因。如今，与浪尖合作的企业，如华为、中兴、飞利浦、海尔、格力、美的、艾美特、九阳……都是各自行业中的领军企业。

三 "共生、共创、共赢"

优质的服务才是浪尖品牌真正的价值所在。浪尖真正的腾飞是在 2000 年以后。随着电脑周边产品的大量生产，浪尖可以发挥专长的地方越来越多，设计人员也从最初的两个发展为数十个。在这个过程中，带有浪尖特色的"共生"设计理念，雏形已现。

共生不是你中有我、我中有你，而是共生的设计、产品、团队，是设计公司能和客户组成共进的团队。在与客户的磨合中，浪尖设计"共生"的理念淋漓尽致地被发挥出来，这为公司塑造了良好的口碑。在"共生"的理念下，浪尖与客户建立起极其紧密的信任关系，甚至企业负责人去国外开展会，都可以放心地将生产部分交给浪尖来打理。

设计企业的赢利能力的突破必须首先是对设计服务的突破。随着浪尖在业界的名头越发响亮，更大的机会悄然而至。2005 年前后，国内、国际品牌诸如华为与香港电信盈科都被浪尖设计的手机吸引，纷纷前来和浪尖合作。其中，华为更将浪尖选定为年度合作对象。

在与华为的合作中，双方的经营模式与设计理念得以融合、升华。从第一台商用的 3G 手机开始到今天，华为终端 60 多个品类产品，均由浪尖参与开发。在 2010 年、2011 年浪尖更是连续两年荣获华为设计供应商中唯一的"年度最佳项目交付奖"。

作为全球领先的信息与通信解决方案供应商，华为在技术研发方面的投入不遗余力。如何让技术乐于被消费者接受，华为和浪尖在移动终端产品上找到了共识。以小小的上网卡为例，在这个市场上，华为曾占据 70% 以上的市场份额。如何发掘这个单一市场上的潜力，华为与浪尖进行设计方面的深度合作，从成本最低的 3G 数据卡到技术最高的 4GLTE 数据卡，浪尖以设计帮助华为挖掘了惊人的细分市场。

一年下来，浪尖设计的近十款产品都受到华为有关方面的认可，量产上市，并且被评价为在华为所有产品线中"有史以来落地率最高"的产品设计。而这些产品亦为华为带来每一门类销售上百万台的业绩，帮助华为牢牢占据市场领头羊的地位。

华为与浪尖的合作在手机方面则更为紧密。浪尖为华为设计了上百款手机，均受到了极高的评价。而华为更是委托浪尖在某个手持终端产品上进行全程主导的设计合作，体现出前所未有的信任。

"共生、共创、共赢"，在合作中，浪尖在设计之外亦获益匪浅，无论是在发展理念、管理方式还是平台视野上，华为模式都给予了浪尖极大的启发，"在这么激烈的竞争环境中，华为能做成这样非常不容易。因为华为非常有毅力、非常坚韧，整个公司的人都以在华为工作而自豪，毫无怨言。它把自己看得非常清楚，不要求马上做到世界一流，只是要求把眼前的事做好，不好高骛远，也不拔苗助长，这是中国企业的希望。"

四　创新，企业发展的原动力

"工业设计是品牌的核心，创新的灵魂。"设计创新是一种基于知识经验的创造性活动，一家成熟的设计公司不能故步自封，需要伴随科技与市场的最新变化来灵活调整自身的发展方向。在企业成长过程中，浪尖设计一直在摸索企业发展的突破口，因为求变而不断创新。

2003年，浪尖涉足手机设计。这是浪尖公司历史上值得记录的一笔。当时，金立集团刚刚成立，亟须打出自己的品牌，于是在行业里广而告之，公开向设计单位招标。金立手机招标的主要是两个系列，其中一款是女性翻盖手机。罗成说："当时的想法是，设计这款手机不只是做外观，更是做一套手机设计方案。"于是，浪尖在中标后，大胆运用了当时市面上多数手机未曾用到的材料和技术，其中包括 IMD 技术（膜内装饰技术）。

由于当时国内 IMD 技术尚未完善，是否利用该技术成了一件颇具风险的事情。"我们和金立围绕着要不要用这个技术进行了很长时间的讨论，金立愿意冒这个险，一些设计师也极力建议我们用，我们就做了尝试，结果一试就成功了。"董事长罗成回忆道。

罗成说："站在市场的角度来说，应该算我们的得意之作，取得了很大的成功，以至于一些韩国厂家都宣称这项设计是它们的作品。"清爽的外观形象

加上明星代言人鲜明的品牌口号，金立迅速成为国产手机中极少数拥有高认知度的品牌。得益于新的工艺和表达形式，金立这款女性手机问世以来受到了热烈追捧。

多年来，每次市场上出现新的消费热点行业，浪尖都会组织设计师团队去研究新领域、新行业、新产品的设计。得益于此，浪尖超群的设计创新能力在多个行业获得了完美的体现：在家电设计方面，公司总经理陈汉良是行业公认的专家，受聘为多个领军品牌的产品设计和生产顾问。在厨房电器方面，浪尖设计是中国最大、全球第二的炊具研发制造商——苏泊尔的设计战略合作伙伴，从一款电饭锅到整个电饭锅品类，再到多个品类，建立了紧密的合作关系。在手机设计方面，公司董事长罗成为内里行家，公司自主研发与设计的国内第一款时尚三防智能手机，就是他的杰作。2011年，浪尖设计为国内某手机品牌设计了18项全新的成功产品，其中三款短期内即分别获得约150万台的订单，使该品牌以行业黑马的姿态强势登上移动设备的舞台。在医疗保健设备方面，浪尖设计帮助中国市场上多个新兴品牌推出了具有良好人机交互特征的产品，完善了产品线，进行品牌塑造，为它们赢得更多市场份额做出了重大的贡献。

五 "集大成者"——全产业链设计创新服务？

在特定的时期，面对特定的市场和特定的用户群，一定要讲究实用。在设计完成之后，工程部门协调、成本预估、市场需求，或者消费者使用后有可能出现的问题等外延的因素，都需要考虑，这是一个需要缜密思考的过程。设计人员一定要站在全局思考产品定位，才能够决定设计的方向。如果过于强调设计本身，注重理想化，那么就会忽略设计作为好的解决方案的本质。如果设计不能满足消费市场，那么再理想的设计也没有用。

对于客户来说，他们要求的正是工业设计公司为他们的产品提供一整套实用的设计解决方案。而工业设计只是整个产业链上的一环，它需要采购、生产、供应、制造和物流等各种资源的配合。能否调动这些资源，取决于公司自身的规模以及影响力。譬如，要设计出一款超群的手机，那么上游的 IC 设计生产厂商的配合就显得尤为重要，必须能提供高水平的晶片整合系统解决方案。再比如，苹果公司的产品外形是非常普通的，它是通过什么去体现产品的设计感呢？实际上是通过材质，材质的表现力占比非常大，甚至可以说达到80%。这样，供应商就必须具备相当的品质及生产能力。所以，"产业链集成"便是工业设计未来的发展方向。

作为专业的设计公司，一方面，所有的设计都是建立在可实现性的基础上，只有研究市场以及产品对象的心理，才能确保为客户提供行业领先的设计创新服务；另一方面，需要针对国内外企业的不同特点和需求，基于对产业链深刻的认知、对设计平台成熟的掌控、对设计模式成功的实践，才能制定出相应的高效解决方案，并使之得到有效落实，从而为客户提供从概念到产品的"一站式"服务。

浪尖设计从创立之初就不是在做创意"设计"，而是在按需求为客户提供设计服务的同时，从源头开始与产业链上游和下游各企业合作，共同开发创新产品，提供整套的产品解决方案（见图2）。

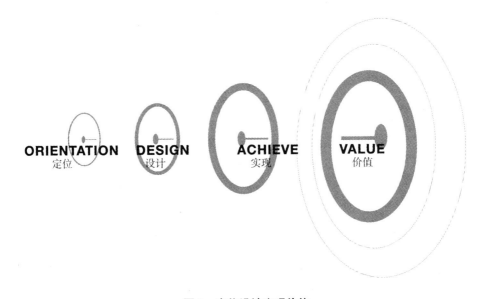

图2 定位设计实现价值

多年来，浪尖设计在中国，与手持终端、生活家电、医疗设备等多个行业共同成长，积累了强大的品牌客户资源和供应商服务平台。此外，扎根产业发

达的深圳，给浪尖带来了广阔的供应商视野。天时、地利、人和，得天独厚的优势使浪尖具备了与相当级别的供应商进行谈判和合作的能力，进而从规划功能到模块设计，再到与产品研发公司的合作，能够真正构成设计产业链条。许多国外优秀的设计公司在中国市场上没有发展好，就因为它们没有摸透中国市场的规律，缺乏相应的产业链资源积累。只有对市场多一份了解，对供应商多一份熟悉，才能让客户在市场上多一份成功的可能。

六　激情成就梦想

"原则""能力""开阔的心态"，浪尖成立 15 年来，吸收了中国工业设计界最优秀的一批年轻人才，这也是行业未来的希望。浪尖一直致力于成为这些优秀人才成长、成熟以及实现自身理想和价值的一个好的平台。

"做设计，激情最为重要。"这是浪尖设计师需要具备的首要条件。一名优秀的设计师，首先要有设计产品的冲动，才能够去投入、付出，设计出自己最满意的作品。另外，设计师还要有开阔的胸怀，因为工业设计是一个多学科融合的产物，所以设计师一定要不断地学习，要博学，要敞开胸怀去包容，学习各个行业的知识，而勇于实践和传承的精神对于一名成熟的设计师来说也是不可或缺的。没有工业设计天才，成熟的工业设计大师，都是经过几十年不断的积累和实践之后而崛起的。

作为一个知识密集型企业，浪尖明白，成功要建立在长时间实践和积累的基础之上，因此，公司会经常安排资深从业人员参加行业会议和各种前沿的研讨会，使他们与更多专业人员进行切磋交流，建立合作关系或者业务关系。企业内部也会召开自己的设计创新研讨会，让设计师与非设计类员工分享创新成果，并聆听从不同的角度给予的看法和评价。此外，浪尖设计还成立了自己的培训学院，依托公司的设计创新平台，整合产业界、教育界和设计行业的资源，有针对性地加强并完善设计从业人员在具体工作实践过程中的知识、技能和管理能力。

在中国，组建独立的设计公司比单为企业产品做设计要艰难得多，浪尖的模式不仅为未来的设计公司如何生存发展做出了示范，更为千千万万从事设计行业的年轻设计者争取到了平衡梦想和现实的机会。希望有朝一日，这些年轻人能够带领中国工业设计界跻身世界一流。

七　未来属于"大设计"——浪尖"1+5"平台模式

浪尖规模逐渐扩大，并不只局限在工业设计领域，而是延伸至工业设计的各个产业环节。正如浪尖设计创始人罗成所说："纯粹做设计的工业设计公司要把规模发展得更大，前景并不乐观。工业设计要发展得更好，一定要有一个非常强大的资源平台。"目前，在中国制造业快速发展的大环境下，浪尖低调且专注，尽全力去做一个更强的产业链整合平台为客户服务。2002年初，浪尖在东莞建立了属于自己的塑胶模具公司，不仅从事产品加工制造，还包括模具设计及开发。凭借优异的品质，塑胶模具公司成功赢得德国沃尔沃公司货车音响面板的模具业务，并以此为契机，在接下来的几年，陆续争取到波音、奥迪、宾利、丰田等国际著名品牌的业务订单。在为高端品牌服务的过程中，塑胶模具公司也慢慢地实现了自己的转型升级：除了设计、开发、生产模具之外，还能为委托设计的客户解决更多的后续问题，如为生产做支持，减少运营成本和沟通成本等。模具公司只是浪尖进行产业链平台布局的开始，在随后的几年里，浪尖陆续在研发、结构、成型等环节进行关键性投入，力求打造全产业链式的大型专业设计品牌服务机构。自塑胶模具公司之后，浪尖又在东莞、宁波、成都、香港、上海、郑州等地建立了多个产业相关子公司以及文化发展和投资公司，并设立科技开发、CMF研究应用中心、交互设计、自动化控制、浪尖结构实验、CNC快速成型、品牌策略等多个分支机构和合伙单位。如今的浪尖已发展成为拥有设计、科研、工程、制造、营销、品牌及相关服务人员700多名，子公司及控股公司、分支机构和事业合伙人等21个的全产业链设计创新服务品牌机构，并形成了一流的产品设计转化能力。

产品的竞争就是产业链的竞争，从产品规划、创意设计、生产制造、市场销售、采购物流、成本控制到品质控制等多个产业链环节，对于产品开发和企业长远发展有举足轻重的作用。长期良好合作的产业链，能使企业从产品研发的源头获得竞争优势，确保产品品质和价值的不断提升，并提升市场竞争力。

面对日新月异的市场，浪尖不仅在集成资源整合上勇于开拓创新，逐渐形成整体服务的理念，做好工业设计的产业链资源整合，而且提出了"大设计"的整体设计理念，即在为客户提供产品设计和整体产品设计方案的同时，也涉及为企业提供市场企划分析、品牌推广等一系列服务，从工业设计出发，为客户提供整体的设计产业化服务。

那么如何去实现和运营"大设计"全产业链设计创新平台？首先，这一服务模式的特点在于：以产品规划和创意设计为核心。结合浪尖自有的设计产业链综合实力，通过"设计集群"产生创意原动力，通过"研发平台"实现技术创新，通过"产业链平台"实现供应链资源集成，通过"文化平台"实现文化与科技的结合，通过"高端制造平台"保障生产制造的高端需要，通过"品牌策略平台"融入品牌战略，从而通过这一系列价值环节，最终为客户提供一体化的"大设计"解决方案。这种"1+5"平台模式（见图3）的应用充分利用了浪尖的集群资源优势，使浪尖与客户形成了"强强联合"，更好地服务一流品牌企业，融入客户的产业链中。

图3 "1+5"平台模式

事实证明，遵循市场规律做出的决策才是合理的决策。如今的浪尖设计能够在生活家电、手机通信、医疗保健设备等多个行业真正做到：通过在设计产业链上强大的综合实力，为客户提供产品规划、创意设计、研究开发、生产制造、采购物流、成本控制、品质控制、营销和品牌策划等一体化"大设计"解决方案，帮助客户获得产品和品牌竞争力，更好地实现商业价值。

"其大无外，其小无内"，这一朴素的观念引导浪尖的发展。秉持平衡、高效的设计哲学，浪尖设计将继续依据本土需求进行创新，以"大设计"的理念推动设计与产业对接，持续不断地创造新设计、新价值、新奇迹。

B.22

城市轨道交通蓄光消防
安全标识系统设计

张建民*

摘　要：

　　城市轨道交通车站紧急情况下消防疏散效率与消防疏散安全标识直接相关，通过对城市轨道交通车站建筑空间及火灾情况下人员疏散的心理需求及疏散行为特点的分析，对常规消防安全疏散指示灯在轨道交通地下车站公共空间的使用效果进行评价。结合稀土蓄光自发光材料和相关消防规范，运用工业设计手法，提出系统解决轨道交通车站建筑消防疏散引导问题的方案，并详细阐述了蓄光消防安全标识的具体设计。

关键词：

　　城市轨道交通　蓄光消防安全标识　工业设计

　　城市轨道交通中最突出的安全问题是地下车站空间在发生紧急情况特别是火灾时的安全疏散问题，消防疏散标识系统在乘客自助疏散中发挥了重要的引导作用。目前相关国家规范中缺少专门针对轨道交通地下空间的消防疏散指示系统，根据轨道交通地下车站空间的特点及人员疏散引导要求，参照相关规范，深圳市中世纵横设计有限公司有针对性地提出了系统解决轨道交通地下车站空间疏散引导问题的办法，以工业设计的思路开发相应的疏散指示标识产品，在轨道交通车站中对常规消防疏散指示灯进行补充，提高火灾

＊ 张建民，中世纵横设计有限公司，总经理。

情况下乘客疏散效率，减少和预防事故发生时的人员伤亡，从而提高轨道交通车站运营的安全性。

一 消防疏散系统在城市轨道交通中的重要性

轨道交通车站对来自其外部的灾害防御能力好，而对来自其内部的灾害抵御能力差。从世界地铁100多年事故的教训来看，地铁灾害中发生频率最高和造成危害损失最大的是火灾，极易造成重大人员伤亡，给国家和人民群众的生命财产造成巨大损失，严峻的现实证明，火灾是当今世界上多发性灾害中发生频率较高的一种灾害，也是时空跨度最大的一种灾害。严峻的现实证明，火灾中导致人员伤亡的最突出问题是疏散问题。

现代化的发展使得大中城市的交通拥挤情况日趋严重。发展城市轨道交通已是各大城市基础建设的必要内容，是解决城市市内交通问题的必然趋势。截至2010年，我国已批复建设地铁的城市达到了28个，已有33个城市规划建设地铁，2020年总里程将达6100公里。

轨道交通是城市交通系统中最繁忙的交通方式，实际运营的城市线路中，客流远远超过设计预测。2002年，北京地铁的日均客运量仅132.17万人次，而在2012年，北京地铁线路总日客运量最高在800万人次左右。到2013年3月，地铁日均客运量首次突破了1000万人次，超过了莫斯科日均800万~900万人次的客运量，跃居全球第一。

在全国大力推进轨道交通建设的背景下，可以预见，在城市轨道交通线网逐渐完善后，轨道交通将成为人们市内出行的首选交通方式，轨道交通将与人们日常生活息息相关。然而，在享受城市轨道交通带来的快捷、便利的同时，不可忽略的是轨道交通车站地下空间消防安全疏散问题。轨道交通车站一旦发生火灾，外部救援十分困难，乘客往往需要通过自助的方式逃生。一旦缺少有效的消防逃生标识，人群逃生的慌乱和拥挤所引起的踩踏，将导致人员大量伤亡，消防疏散标识在逃生过程中将起到非常重要的引导作用。

二　城市轨道交通消防疏散系统现状及分析

消防疏散标识是城市轨道交通防灾系统的重要设施之一，目前城市轨道交通车站的防灾报警系统已经相当完善和成熟，主要体现在一些智能化的消防设施、设备，以及防火材料、防火设计上。而轨道交通车站空间的消防疏散指示系统主要依照国家规范进行设计，主要包括设置在天花板和墙面或柱面的吊挂式消防疏散指示灯。在实际使用中若对地下空间逃生者的心理及实际要求考虑不足，便不能有效地保障火灾发生时人员逃生的需要。

（一）轨道交通地下车站火灾中逃生者心理分析

城市轨道交通车站以地下车站为主，地下空间相对狭小，人员和设备高度密集，人的方向辨识度较差，火灾发生后形成的烟雾难以及时得到排出，在城市轨道交通车站以地下空间，发生火灾时逃生者心理行为有以下几方面（见图1）。

1. 恐惧心理

面对火灾中的烟气、火焰，人们往往向反方向奔逃，有时甚至向狭窄角隅奔逃。

2. 习惯性心理

这种心理常表现为人们跑向经常使用的出入口和楼梯。

3. 趋光心理

人有向光的习性，故有趋向明亮方向和开敞空间的本能。

4. 就近心理

发生火灾时，人们往往从最近的出口或楼梯逃生。

5. 从众心理

人们在火灾中不知所措的程度急剧增加，则正常行动会停止，无形中产生盲从他人的行为。

6. 逃生的姿势

火灾时产生大量高温浓烟，人们需采取弯腰甚至匍匐前进的方式进行逃生。

图1 火灾时人员逃生行为

（二）轨道交通车站消防疏散标识设计现状

第一，依照规范要求，轨道交通消防疏散标识主要设置在站台楼梯位置、车站出口位置，通道墙面设置疏散通道方向标志，缺少对楼梯本身的表达，而在火灾发生时，楼梯往往是疏散的必经之路，极易出现踏空、拥堵、踩踏，从而导致大量人员伤亡。

第二，依照规范要求，主要在"紧急出口、疏散通道处设置紧急出口标志"，在通往紧急出口的路线上标识设置间距过大，缺少清晰连续的逃生路线的表达。

第三，轨道交通车站一般有多个紧急逃生出口，按照规范要求的间距设置，人往往只能看到一个出口，在发生火灾的情况下，大量人员涌向同一个出口，导致出口拥堵，影响疏散，缺少对多个出口及方向的清楚表达。

第四，"紧急出口"标志常采用悬挂的形式，距地面高2米以上，发生火灾时产生大量浓烟，且在天花板位置很难及时排出，"紧急出口"标志容易被浓烟笼罩、指示性差；而发生火灾时一般要求人匍匐前进进行逃生，与悬挂"紧急出口"标志需要抬头看以获取出口信息客观上存在冲突。

第五，消防疏散指示灯采用带电的形式，同时内部一般设有蓄电池，在发生火灾的关键时刻，电器元件在大火和高温条件下容易失效，甚至因平时消防检修管理不到位，在火灾发生后的关键时刻，无法发挥其疏散指示的作用。

三 城市轨道交通蓄光消防安全标识设计方案

为解决火灾发生时人员疏散问题，减少人员伤亡，通过分析火灾发生时人员的心理及行为特征，结合稀土蓄光自发光材料的特性，通过系统设计，深圳

市中世纵横设计有限公司构建了一套地面蓄光消防标识系统，对楼梯进行清晰的表达，提供持续不断的、清晰的疏散指示带。

（一）系统方案及设计

1. 蓄光自发光材料

稀土蓄光自发光材料属碱土铝酸盐型长余辉发光材料，可在日光或灯光照射下吸光 5~20 分钟后，将吸收的光能转化后储存在晶格中，在暗处又可将能量转化为光能而发光，可有效持续发光（发光亮度大于 10mcd/平方米）达到 8~10 小时，发光亮度衰减到人的肉眼观察下限（0.32mcd/平方米）的时间更可达 70 小时以上，化学性质稳定，吸光、蓄光、发光过程可重复进行，使用寿命可达 20 年以上。

该材料不带任何放射性元素，属于安全、环保的蓄光材料，稀土发光材料具有如下特性。

（1）高光通量、高效率化。

（2）工作稳定可靠、寿命长、成本低、价格廉。

（3）具有快速启动和再启动特性。

（4）耐震、耐高温。

2. 材料与工艺的结合

工业设计是将材料和技术转化为适合市场需求的产品，解决现实中的问题。设计结合最新的材料配方和制造工艺，充分发挥材料的性能特征，将设计与材料、技术、工艺结合。标识基材采用硬质铝合金压铸而成，表面采用凹凸间隔设计，凹槽填充稀土蓄光自发光材料，采用粘贴镶嵌等安装工艺，标识整体设计为箭头状，具有很强的指示功能性，清晰地指示出口方向。设置方式为嵌入地面，表面与地面平齐，蓄光自发光材料部分下沉，锌合金条在表面形成耐磨条，具有保护蓄光自发光材料的作用，同时提升了产品本身的设计美感，可实现规模化生产和简易化安装，产品具有以下优点。

（1）能重复循环吸光、自发光，发光亮度高，持续发光时间长（初始亮度达 3.68 万 mcd/平方米，半小时为 1.1 万 mcd/平方米，8 小时为 560mcd/平方米）。

（2）高硬度［101~103R（洛氏）］，高强度。

（3）不易损坏、免维护，使用寿命长达21年。

（4）形式美观、时尚。

（5）抗酸碱，抗老化，阻燃、耐火性能良好。

（6）节能环保，易施工，节约成本，安全可靠，功能性强。

3. 系统组成

该系统由四种规格的产品构成，在地面、楼梯建立连续、系统的自发光消防疏散指示带，可以清晰地指出逃生的最佳路线，而且很清楚地表达了楼梯台阶的宽度和数量，使任何人在任何一点都能迅速地找到一条快捷的路径通往安全出口，同时能做到有效地分散人流，以避免拥挤。产品设计如图2所示。

出口引导（用于楼梯）　　出口提示（用于地面）　　出口引导（用于地面）　　用于屏蔽门出口处

图2　发光块系统组成

4. 工作原理

在日光或灯光照射下吸光5～20分钟后，将吸收的光能转化后储存在晶格中，在暗处又可将能量转化为光能。

（二）设置方案

地面蓄光消防安全标识系统由特定组合方式顺序排列，与空间电致式消防逃生应急指示灯配合，构成完整而连续的逃生绿色指示光带。当火灾发生时，大量烟尘弥漫在车站上空，干扰了逃生人群对吊挂式应急蓄电式消防标识的识别能力，而地面蓄光消防安全标识系统的设置则可弥补此弊端。

1. 地面设置方案

地面蓄光消防安全系统中每块中心设置间距根据地面的状况而设定，既保证人员疏散时的识别距离需求，又不因指示系统的设置而影响装修环境，一般

采用的中心间距为 1800 毫米，具体安装中心距离要求可根据实际环境而改变，但中心距离不可小于 1400 毫米。布置原则为：（出口引导）×7 +（出口提示）×1，循环设置至安全出口处，安装时箭头必须一致指向最终的安全出口方向，排列要整齐并保持水平，如图 3a 所示。

2. 楼梯位置设置方案

设置安装在每一级台阶梯步面两端距两边 15 厘米处，清晰地表达楼梯宽度和台阶位置，箭头一致指向最终的安全出口方向，如图 3b 所示。危险发生时，在黑暗中，人们能清晰地看到楼梯，避免了堵塞、踩踏的发生。近之，楼梯则一步一提醒，实现了在黑暗的情况下准确、清晰地表达每个楼梯台阶，不但加快了人们遇到火灾时的逃离速度，还能有效减轻其恐慌心理。

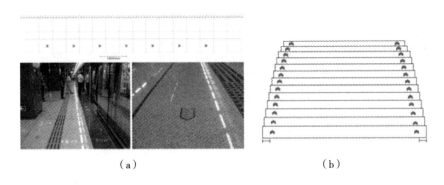

（a）   （b）

图 3　地面组合设置和楼梯位置设置

四　结论与建议

（一）主要结论

城市轨道交通作为快捷、高效、运力大的公共交通工具，其安全性直接关系到广大乘客的生命安全。安全运营是其运输的首要目标和基本原则。本系统运用工业设计方法，系统地、有针对性地解决了轨道交通车站消防疏散指示不足的问题，将材料、新工艺、环境、行为心理、人机因素进行了综合考虑，开发出了适合工业化、规模化生产的产品，弥补了现有消防系统中存在的不足，有效提升了安全逃生系统功能，实现了安全、可靠。

此系统已广泛应用在深圳、广州、武汉、成都、东莞等地的地铁轨道交通系统中，取得了良好的使用效果和社会效益。

（二）主要建议

第一，建立规范，保证轨道交通系统的统一性和美观性。

第二，在地下站设计时纳入导向设计，提升轨道交通的安全性。

第三，已建成的车站可进行完善，补充设置，完善现有消防系统。

参考文献

［1］《地铁设计规范》（GB50157－2013）。

［2］《安全色光通用规则》（GB14778－2008）。

［3］《消防安全标志通用技术条件　第 3 部分：蓄光消防安全标志》（GA480.3－2004）。

［4］姜传胜：《人员疏散计算机模拟技术的研究现状和发展趋势》，《中国职业安全健康协会 2005 年学术年会论文集》，2005 年 5 月。

［5］田玉敏：《地铁火灾中安全疏散技术与方法的研究》，《消防技术与产品信息》2005 年第 7 期。

［6］罗昔贤、郑孝全等：《碱土铝酸盐蓄光型发光材料的后处理研究》，《硅酸盐学报》2003 年第 11 期。

［7］吕兴栋、舒万艮、石鹏途：《碱土铝酸盐长余辉发光颜料的研究与应用》，《涂料工业》2004 年第 1 期。

B.23

洛可可设计集团

贾 伟*

摘 要:

从 2004 年成立至今，洛可可服务了众多国内外 500 强企业，取得近千项设计专利，其独树一帜的发展经营模式和创新设计理念也为中国设计行业的发展开拓了一条新道路。

关键词:

缘起 奖项 案例 国际交流 自身优势

一 关于洛可可

（一）缘起

"洛可可"源自法语"rococo"的音译，是流行于 18 世纪的一种巴洛克风格与中国装饰趣味结合的艺术风格，是典型的东西方的融合。洛可可（LKK）公司（以下简称"洛可可"）以此命名，旨在中西合璧开创新的设计风格。

洛可可成立于 2004 年，由一家工业设计公司迅速发展成为当今中国比较优秀的工业设计公司之一，并逐步迈向专注于提升产品竞争力的国际创新设计集团，总部位于北京，已成功布局上海、深圳、成都、南京、重庆、伦敦等地。

秉承"创意是水"的经营理念，洛可可致力于发展整合设计服务和时尚

---

* 贾伟，洛可可设计集团总部，总经理。

产品两大业务，为客户提供产品创新设计整体解决方案。其中，整合设计服务为客户提供以产品力为核心的系统设计解决方案，内容包括产品策略与用户研究、工业设计、结构设计、品牌策略与设计、UI交互体验设计、广告策略与设、服务设计、生产供应链管理等业务；时尚产品业务以自主设计师品牌"SANSA上上"为主，旨在为消费者提供以设计为核心的生活美学产品。同时，集团拥有旗下高端业务品牌——"贾伟设计顾问机构"，服务于有整合设计需求的品牌，此外增设创意农业设计业务模块，在第一产业进行战略布局。

（二）服务客户和客户评价

洛可可客户遍布全球，目前已帮助客户成功开发上千款产品，并赢得奥迪、宝马、西门子、三星、诺基亚、松下、GE、DELL、联想、美的、中石油等各行业众多国际、国内知名品牌的青睐，获得了非常好的评价，是服务世界500强客户最多的中国设计企业。凭借独具一格的设计理念及创新实力，短短几年时间，洛可可创造了一项又一项令国内同行羡慕的业绩，开创了中国设计界的传奇。至今，洛可可也是国内唯一荣获4个国际顶级设计大奖的中国设计企业。其中，德国红点设计大奖9项，德国iF设计大奖3项，美国IDEA设计大奖1项，中国创新设计红星奖42项，是获得各类设计奖项最多的中国设计企业。

二 洛可可设计发展规划及愿景

（一）第一步：打造国内工业设计第一品牌

从2004年成立至今，洛可可着重于工业设计领域，并在各方面取得了出色成绩，无论是工业设计行业的从业人数、规模、服务的客户数量、荣获的各大设计奖项、设计业务营业额，还是受政府、媒体、其他社会团队的关注程度，都是其他工业设计公司无法企及的。应该说，"国内工业设计第一品牌"的第一步发展规划目标已经基本实现。在未来的发展道路上，洛可可将继续保持自身的传统优势。

（二）第二步：形成整合创意设计的综合性设计集团

随着国内经济结构的转型升级，企业对于整合外包设计服务协作的理解也发生了一定程度改变，越来越多的设计需求被提出，更多的设计领域需要被整合服务。就在这样的经济大环境下，洛可可在不同阶段陆续增加品牌策略与设计服务、产品策略与用户研究、UI交互设计、生产供应链管理等设计服务领域，满足了客户不同设计层面的需求。在地区建设方面，短短几年时间，洛可可逐渐建立了深圳公司、上海公司、成都公司、伦敦公司、南京公司，以及即将成立的重庆公司，满足了不同区域客户的设计需求。从业务内容和地区布局来看，洛可可已经逐渐形成整合创意设计的综合性设计集团，加强各业务服务深度与协作整合服务是未来做强综合性设计集团的关键性的第二步。

（三）第三步：文化创意产业第一品牌

如果说"四步走战略"的前两步都是以设计为核心驱动的业务规划，那么第三步就是基于文化为核心的战略规划。中国设计界十大杰出青年、著名设计师、洛可可创始人——贾伟，历经十余年的设计探索与文化思考，于2009年在北京创立生活美学品牌"SANSA上上"。这是洛可可自主开发和持有的设计师品牌，以专注打造"对话心灵的物品"，关注设计与艺术的思索、工艺与材质的考究、文化与哲学的积淀，以产品为媒介，诠释当代东方精神。"SANSA上上"品牌在集团"第三步"的战略中具有重要的意义，是洛可可由单纯提供设计外包服务向自主研发运营品牌迈出的重要一步，其产品品牌的影响力与商业模式的爆发力都远大于前者，同时也为未来洛可可在文化创意产业领域的布局和发力提供了前期保障。

此外，目前洛可可已开始思考与规划洛可可城市创意设计生态链运作模式，未来将建成洛可可小镇创意大师聚集群落、洛可可设计学院、洛可可国际企业工业设计研发总部群落，整合各领域文化资源，并衍生出动漫设计体验园、设计论坛中心、设计博物馆、设计产品展销中心、影视文化传播等城市创意生态群模式。应该说，"第三步"战略是未来洛可可发展中具有划时代意义的一步，我们开始走，也会坚持走下去。

（四）第四步：创新设计集团

如果说前三步战略是看得见、摸得着的规划，那么洛可可"第四步"的目标更具有长期性和引导性，顺其自然也成为洛可可的发展愿景——成为一家代表中国的、世界顶级的创新设计公司。成为以创新设计为核心驱动力的一家世界级优秀公司是洛可可未来30年，甚至50年、100年的奋斗方向。

三　经典案例

（一）经典获奖案例

1. H1000分布式控制系统及输出、输入模块

洛可可为ABB设计的H1000分布式控制系统及输出、输入模块（见图1）获得德国红点设计大奖，打破了固化思维中"沟沟缝缝"的"功能型"分布式控制系统外观。该模块的功能不但没有被漂亮的外观掩盖，反而更加清晰、便捷，单手按键式插拔设计，升级、改良了以往的设计，抢占行业技术专利。"High Light"分布式控制系统IO模块充满未来感的创新外观设计不但打破了行业"功能性"外观的局限，而且凸显其专业品质。这种打造鲜明产品特征

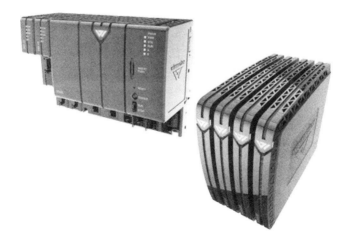

图1　洛可可为ABB设计的H1000分布式控制系统及输出、输入模块

的设计为品牌统一新产品线 PI，也为品牌以后的发展和传播铺好了道路，可谓一举多得。

2. "美杜莎" HIFI 耳机

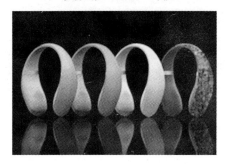

图2 "美杜莎" HIFI 耳机

"美杜莎" HIFI 耳机（见图2）获德国 iF 设计组委会青睐，摘得大奖桂冠。造型上打破常规耳机形式，以简单的单一曲面的变化进行设计，让此款耳机做到极简，外壳为整体成型，无须拆键。内部为流线型设计，改变头戴式耳机一贯的耳罩式设计，让耳机更具特色，在市场中具有更大的产品差异化特性，传达神秘、魅惑、时尚的产品气质。

3. "巧克力" 组合式移动电源

图3 "巧克力" 组合式移动电源

"巧克力" 组合式移动电源（见图3）摘得红点设计大奖，引领移动电源时尚潮流。配合手机电池，一块"巧克力"能够保证手机一天的电量，也能够满足下班后乘公交时使用。如果出差，就要"带足口粮"，携带两个或者多个电池模块，拼接成一个大的移动电源，就足以补充所需的能量。模块化设计，可灵活拼接，使用自由。

4. "上上签" 牙签盒

"上上签"牙签盒（见图4）获红点设计大奖，凭借中国祈福文化震撼世界。造型灵感来自"天坛剪影"，内置7根牙签，传达绵延厚重的传统祈福文化。

5. 阿陀健康记录仪

阿陀健康记录仪（见图5）获德国

图4 "上上签" 牙签盒

红点设计大奖。创新商业模式，进入苹果全球五大销售渠道，整体订单超 100 万台。产品从外观看就是一个精巧的夹子，但是里面有电路板、电池等电子元器件，特有的外形和正常电子产品功能的要求决定了这个产品生产的难度非常大。因为夹子的形状，模具夹子处的钢材非常薄，如何保证模具的强度成为一大难点。

图 5　阿陀健康记录仪

（二）其他经典案例

洛可可从造型分析、尺寸分析、标示分析、材料分析、模块分析等方面进行了深入的人机研究，完美地完成了北京地铁奥运支线、4 号线、10 号线的 AFC 系统设计。

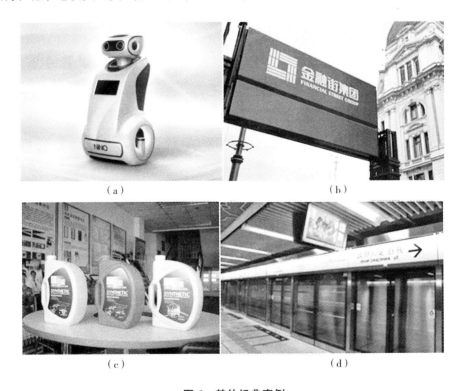

图 6　其他经典案例

注：（a）家用机器人产品；（b）金融街视觉形象；（c）壳牌新一代润滑油；（d）北京地铁 4 号线导视系统。

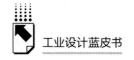
洛可可为 29 个民用事业部开发家用机器人产品，彰显对未来的思考和市场的早期占位研发实力。

洛可可为金融街完善视觉形象，提高金融街控股作为母公司的品牌价值，为品牌迈向全国提供坚实的架构基础。

洛可可为壳牌新一代润滑油设计包装，帮助壳牌完成产品线提升，突破固有形象，赋予产品色彩与活力。

洛可可为北京地铁 4 号线设计导视系统，秉承京港交通系统简约风格，与北京本土特色文化交融（见图 6）。

四　洛可可设计魅力跨界跨国，代表中国登上国际设计舞台

（一）积极参加各种设计展会，洛可可推动工业设计行业发展

展会活动是洛可可与外界设计人士、厂商、设计爱好者等沟通、交流、合作最直接、最有影响力的方式。每年公司都会投入巨大的人力、物力、财力及时间精力，对重要展会进行精心策划与布展，并经常成为展会中的明星，受到在场人员的关注。近两年，洛可可参与了近 20 场展会，快速提升了品牌影响力。

比如，伦敦百分百设计展、德国汉诺威工业博览会、北京科博会、北京文博会、深圳文博会、广交会、北京国际三年展、京交会、上海双年展、上海设计周 DOD 家居展、中国沉香展、中国茶博会、厦门精品展、深圳便携展、旅游产品展销会、+86 设计展等、杭州户外展、798 设计、西博会上海创意产业周、顺德工业设计博览会、法兰克福展、山东文博会、台湾文博会、国际米兰展、上海文化创意产业周、宁波文化创意展、大连设计节、中国国际医疗器械博览会、中国国际设计博览会、中国（深圳）国际文化产业博览交易会、中国（深圳）国际工业设计博览会等。

随着洛可可影响力的逐渐扩大，预约前来参观公司的社会各界人士急剧增加，主要为高校学生、社会团体、政府企业等。其中，参观比重最大的就是设

计高校师生，每年洛可可都要接待近 80 所高校的 4000 多名师生来访交流，总体人数近 6000 人次。

（二）国际交流

洛可可每年都会组织多次国外交流访问，不仅能让优秀设计师及设计管理人员有与国际企业直接面对面的机会，而且一定程度上代表了中国工业设计机构与国际企业进行交流与分享，我们很高兴世界能通过洛可可这扇窗来了解中国工业设计，甚至在各种形式上达成国际设计合作。同样，国外的设计、产品、文化相关企业及社会团体来到中国访问交流时，也会选择到洛可可。洛可可逐渐成为向国际传播中国设计企业形象的代表性公司。

与北欧诸多最具代表性和前瞻性的商界领袖、创意设计专家进行了设计领域的经贸交流和多个产业项目对接后，洛可可将借力工业设计，与外国企业共话战略合作，将在创意设计、空间规划、营销渠道构建等方面走上"设计 + 产品"的国际化合作之路。

五　自身优势

现在，工业设计在国内的发展良莠不齐，大部分以 20 人以下的工作室为主，不能形成产值和规模效应，运营和管理一直是令设计同行困惑的难题，运营模式也在一定程度上影响了行业的健康发展。洛可可作为工业设计公司的领导者，一直在设计公司的运营管理和模式创新上努力探索，总结出了一条符合中国市场现状、能促进设计行业健康发展、引领设计行业进步的创新之路。

洛可可作为以智力资本为核心的轻资产公司，知识管理体系成为设计管理和企业管理的重要模块之一。2008 年，洛可可开始启动知识管理体系，并逐年升级。洛可可知识管理体系是基于设计过程，对设计成果、设计方法以及设计工具等模块的再编辑、合理存储、有序分享、充分使用的过程。现在的洛可可知识管理体系已经实现了云端处理和线下运用、管理相结合，硬件使用和软件使用相结合，知识管理和项目管理相结合，知识管理和设计应用、设计培

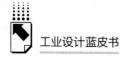

训、设计分享相结合。

　　洛可可运营模式的发展历程，已经成为行业标杆，为行业的健康发展提供了一个可供研究和学习的模式，成为同行的研究和借鉴对象，在一定程度上促进了国内工业设计行业的整体提升，为中国设计做出了创新的表率。

B.24

广州毅昌科技股份有限公司

本文以广州毅昌科技股份有限公司为例，针对企业的发展现状、研发能力及独特的 DMS 运营模式等，结合企业发展历程进行了核心优势分析，提出毅昌科技快速发展的独特优势在于其完整的产业链条、客户的高度认可、"一站式"工业设计服务模式、完善的内部机制和优秀的工业设计技术队伍。

关键词：

工业设计　人才机制　DMS 模式　创新平台　"一站式"服务

一 公司概况

1997 年 10 月，怀着推动中国工业设计产业发展的梦想，冼燃与几位投资人共同创立了广州毅昌科技股份有限公司（以下简称"毅昌科技"）。

经过十几年的发展，由广东毅昌投资有限公司参与投资运营的毅昌科技，已发展成为中国最大的工业设计产业化集团。公司总部坐落于国家级重点高新技术开发区——广州科学城内，在全国拥有 13 个子公司，总资产达 31.5 亿元。2010 年 6 月 1 日，毅昌科技正式在深圳中小板市场上市交易，成为中国工业设计第一股。

二 公司发展特点分析

（一）发展现状

工业设计是毅昌科技的核心研发部门之一，该部门从事市场调研、产

---

* 冼燃，广州毅昌投资有限公司，董事长，高级工业设计师。

品规划、家电产品造型设计、汽车造型、汽车内外饰、企业形象设计、企业产品定位、品牌顾问、模型制作等工作，为客户提供工业设计上的完整、全线、无忧服务，以产业链形式来吸引客户。该部门设计师团队代表公司参加了多个设计大赛，先后获得德国 iF 产品设计奖、美国 IDEA 产品设计奖、德国红点概念设计奖、广东省"省长杯"设计奖金奖、中国创新设计大奖红棉至尊奖、中国创新设计大奖低碳设计推动奖等多项国内外工业设计顶级奖项。

公司具有和国内外众多大企业成功合作的经验，在国内和海尔、长虹、康佳、TTE 等一大批领先的视听行业先锋，还有奇瑞、长安、长城等一批主导自主品牌、自主知识产权的民族汽车企业有着紧密的战略合作，同步进行产品的预研、开发、上市工作，得到了广泛的认可。随着拓展国际化视野的需要，公司已得到三星、LG、飞利浦等国际化企业的认可，被它们认同为在中国的战略和国际化分工方，拥有良好的发展前景。

毅昌科技创始之初正是广东企业 OEM 业务兴旺发达、如火如荼的时候，没有很多企业重视原创的工业设计。而毅昌科技却在艰苦创业的时候就高度重视工业设计，将工业设计牢牢抓住，作为企业的核心竞争力。早期许多和毅昌科技同步发展的 OEM 企业，无论在资金还是设备上，都比毅昌科技规模大得多，但在后续的竞争之中却逐一被毅昌科技快速甩在后面，究其原因，主要就是这些 OEM 企业在和自己客户同步发展时，跟不上客户发展的步伐，空有资金、设备，却远远无法满足客户的市场需求，无奈之下只有被市场淘汰。缺乏对工业设计的重视，相当于制造业企业缺少了市场的眼睛，无法准确把握市场需求，只能获得加工业微薄的利润，注定失去企业发展的后续支持。

毅昌科技不但拥有强大的快速制造能力，更重要的是能快速提供为客户量身定做的工业设计服务，以完整的产业链形式将客户与自己捆绑在一起，使双方成为长线战略合作伙伴。在长安、奇瑞集团与欧洲设计中心的新车项目里，毅昌科技凭借一支对工业设计有着深刻理解的高素质专业设计队伍，为客户提供高效、优质的服务，得到了客户的高度认可，打败了许多规模比自己大得多的企业，成为整车厂全球同步开发的战略合作供应商。

（二）坚实的研究、开发、生产能力

毅昌科技一直以来非常重视研究开发和试验基础设施的投入和建设，目前已建立了工业设计中心、精密模具研发中心、精密注塑成型工艺研究中心、国家认可实验室等研发场所，总建筑面积达13000多平方米。依托国家级企业技术中心及省级工程技术研究开发中心两大研发平台，毅昌科技每年保持投入超过营业收入5%的经费用以开展科技研发活动，2010~2012年更是连续3年投入了超过1亿元作为企业的科技活动经费。充足的资金投入保障使毅昌科技的软硬件设备保持着国际先进、国内领先水平，企业研发中心拥有国内首条国际先进柔性自动化模具研发系统、德国双悬臂坐标测量机等多台实验检测设备。制模中心拥有180多台模具加工及检测设备，包括超过100台来自德国、日本等国际一流的进口模具加工设备。生产基地拥有包含1300吨以上大型注塑机等各类注塑机90余台。公司主要家电产品有电视机、空调等商品壳，与国内外许多知名企业，如海尔、海信、康佳、TCL、长虹、LG等建立了长期、稳定的战略合作伙伴关系，并成为国内最大的电视机商品外观结构件供应商。在汽车件方面，公司目前主要为长春一汽、北汽福田、长安汽车、奇瑞等整机厂提供汽车保险杠、仪表盘等大型覆盖件。公司非常重视产品的质量管理，视产品质量是企业的生命线。公司先后通过ISO9001和ISO14001质保和环境体系认证，使公司品管体系达到国际化标准，为产品质量提供了强有力的保障。

毅昌科技以技术立足，积极进行技术创新，走的是科技开发和市场需求相结合的专业化发展道路。企业近年来累计为客户开发新产品834款，获得专利授权414项，含9项发明专利、5项国外专利。近年来，企业技术中心还联合其他科研机构累计承担国家以及省级、市级各类科技计划项目数十项，取得了一系列科研成果，如高光泽耐划伤平板电视机外观结构件开发技术、环保型高光泽耐划伤PMMA/ABS合金塑料材料开发和应用技术、双色炫彩喷涂工艺技术、烫印工艺技术、模内转印技术、蒸汽辅助注塑成型工艺技术、电加热模具设计和制造技术等。

毅昌科技发展出一套与常规工业设计公司明显不同的经营模式——进行工业设计的产业化尝试，将涉及产品外观设计制造的整条产业链进行优化，从工

业设计、结构设计、模具设计、模具制造、塑料研究、注塑、喷涂、装配、钣金、工艺改善等方面，全方位进行产业组合与升级，迅速提升了产品的外观竞争力，缩短了产品的生产周期。目前毅昌科技具备年开发新产品300款、年产家电外观结构件1497万套和汽车结构件14万套的开发生产能力，是目前中国最大的工业设计与外形结构件制造集团。

（三）完善的内部机制，加强人才培育

毅昌科技在创业过程中，创造性地确立了"限制性期权股份制"，对做出杰出贡献的创新性人才给予一定期权作为奖励，该制度确保了公司人才队伍的稳定，充分发挥了各类人才创新的积极性，并取得了显著成效。随着公司的进一步发展，公司需要完善促进自主创新的激励机制，为建立和完善公司高级管理人员和核心技术人员激励约束机制，激励公司高级管理人员和核心技术人员更积极主动地开展创新，公司将制定符合企业实际的股票期权激励计划。同时，公司还制订了一系列技术带头人培养计划，对于创新能力强的中高级专业技术人才，通过专项技术培训，使其及时更新专业知识，提高学习能力、实践能力、创新能力。

为保证公司的设计理念、设计技术和经营管理始终保持先进性和前瞻性，公司在人才培养上始终坚持"走出去、请进来"的战略。一方面，每年派一大批设计人员到美国、德国、法国、意大利、韩国、日本等工业设计发达国家进行考察、培训和学习，使设计手段和开发模式始终走在世界的前列，使产品的外形设计符合甚至引领时代潮流，富有市场竞争力；另一方面，每年花重金聘请国内外行业顶尖的技术和管理专家来企业技术中心开展各类技术和管理难题的研究、攻关和辅导培训，带动企业的技术创新和管理创新活动，努力提升企业的综合研发和创新实力。

同时，公司鼓励技术人员开展创新竞赛，营造自主创新环境，引进和培养创新型人才。通过对科研项目的立项，不仅解决经营中遇到的技术难题，而且为企业后续创新进行经验积累、人才储备，同时通过科研项目的带动作用，不断提升企业的创新能力，培养了一批又一批创新人才，为公司后期的创新奠定了良好基础。

公司与全国各大著名高校建立了良好的人才培育以及产、学、研合作机制，充分利用公司科研设备优势，与广大科研院校开展广泛合作，为公司广大

研发人员提供一个很好的科研平台，从而达到培养、锻炼人才的目的。同时，公司作为高校大学生的实习基地，为大学生提供实习、锻炼机会，为广东省甚至全国培养工业设计专业人才，建设一支高素质的科研队伍，为我国高新技术企业的持续发展提供充足的后备人才。上述一系列手段，使毅昌科技在技术及人才的可持续发展上始终保持很强的竞争力。

（四）独特的运营模式——DMS 模式

1. DMS 模式的概念

DMS 是"Design & Manufacture Services"的缩写，具体内涵如下（见图1）。

（1）Design 即设计，从市场分析、产品定位、提出产品设计概念开始，通过结合结构设计及模具设计，完成产品上市的辅助设计（包括品牌定位及策划、包装及宣传 VI 视觉辅助系统），并对产品生命周期进行跟踪及数据收集，为客户提供持续改良及升级服务。

（2）Manufacture 即制造，设计完成后，进行各类塑料、金属模具、生产工装、夹具、检具的加工，进入快速量产状态，为客户高效供货。DMS 模式是以工业设计为核心，通过整合结构设计、模具设计、产品制造等环节，形成的设计与制造相结合的经营模式。

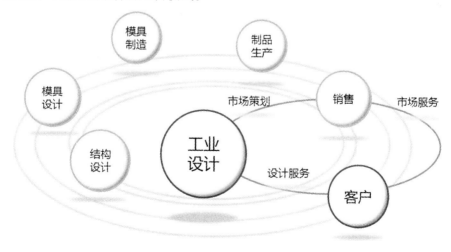

图1　DMS 模式

2. DMS 模式产生的背景和作用

外观结构件作为传递时尚信息的载体,是电视机整机厂提升产品附加值和品牌价值的重要部件。电视机整机厂为了将主要的资源和精力专注于品牌和渠道的建设,将越来越多的外观结构件设计和生产业务外包。随着电视机产品技术不断升级,外观不断变换,生命周期呈不断缩短的趋势,这要求电视机整机厂必须尽快推出新品,抢占市场。因此,电视机整机厂要求外观结构件供应商为其提供系统解决方案,在成本优化的基础上,满足其尽快推出新品的需求,协助其提升产品和品牌的竞争力。DMS 模式在此背景下应运而生,并逐渐成为未来电视机外观结构件供应商的发展方向。

独特的 DMS 模式为企业赢得了差异化竞争优势。公司运用 DMS 经营模式,在不断提高电视机外观结构件设计以及制造能力和水平的同时,强化了以电视机市场分析、消费者行为特征研究、行业流行趋势发布、电视机屏资源研究、塑料材料研究等为主要内容的服务能力,为电视机整机厂提供产品规划指导等增值服务,在协助电视机整机厂运用工业设计进行自主创新,提升产品的附加值的同时,也体现了公司自身设计和服务的价值,实现公司与客户的双赢。目前,公司正采用该模式涉足汽车、白色家电、IT 等领域,并取得了初步成绩。

(五)政府政策支持,建立创新平台

工业设计在 21 世纪以后引起了中央和地方有关政府部门的更多关注,开始重视工业设计的推动作用。2007 年,温家宝总理亲笔批示"要高度重视工业设计";在《国民经济和社会发展第十一个五年规划纲要》中提出了"发展专业化的工业设计";2007 年,国务院《关于加快发展服务业的若干意见》中强调,大力发展科技服务业,鼓励发展专业化的工业设计。2010 年 2 月,扶持"工业设计"被写入《政府工作报告》,使工业设计上升为国家战略。2010年 8 月,国家工业和信息化部、教育部、科学技术部、财政部等 11 个部委联合印发的《关于促进工业设计发展的若干指导意见》正式公布,填补了我国改革开放 30 多年来在工业设计领域无国家政策的空白。此外,全国各大发达省份纷纷出台支持工业设计发展的指导意见。有了这一系列政策,毅昌科技工业设计发展取得了一定的成效。

2009年，毅昌科技秉持"为世界设计"的理念，依托珠三角"广东制造"的产业实力，结合工业设计自主创新的手段，实现中国工业设计产业化，打造中国最大的"中国创造"工业设计产业示范基地。该基地以建立"一站式"工业设计服务平台体系为核心，以创新产品及项目孵化为重点，以"工业旅游"、倡导全民创新为亮点，建设集工业设计、品牌策划、新材料研发、尖端科研于一体的工业设计孵化园区，开展国际交流，形成国际化高端工业设计产业集聚，同时打造华南地区最大的工业设计创意人才培训平台。

三　核心优势分析

（一）"一站式"工业设计服务模式

工业设计"一站式"服务是基于公共技术服务平台的基础，对外提供的核心服务模式。平台提供了"设计咨询—产品设计—产业化服务"的整体过程的设计服务，包括产品设计过程中的市场调查、外观概念设计、结构设计、模具设计等服务，快速成型中心实现了手板制作的服务功能。"一站式"服务流程如图2所示。

毅昌科技不仅是中国工业设计的先行者，更是将中国工业设计产业化的带头人。毅昌科技发展出一套与常规工业设计公司不同的服务模式——"一站式"产品服务模式，将涉及产品外观设计制造的整条产业链进行优化，从工业设计、结构设计、模具设计、模具制造、喷涂、装配和工艺改善全方位进行产业组合与升级，迅速提升了产品的外观竞争力。这种服务模式的优点如下。

1. 大大加快了新品开发速度

家电企业新品开发，从立项开始，经过设计、开模、生产，整体周期为6~10个月。但是，经过毅昌科技工业设计产业化升级，其周期被压缩到1~2个月，明显提升了客户的接单能力。

2. 大大提升客户获利能力

目前若一套电子产品的市场零售价为3000元，采用毅昌科技设计的"时

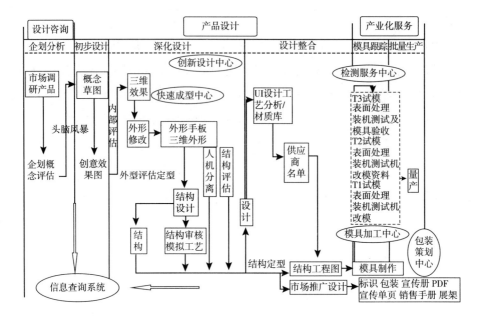

图2　工业设计"一站式"服务流程

装"机壳，时尚精美，售价可提升10%～20%，为客户赢得了巨大的市场效益。

3. 保障批量供货

需要大量供应最新产品时，每年家电企业均会开发数量庞大的外观新产品，目前广东著名电子企业年均开发的新品约为80款。

工业设计平台创新设计中心的"一站式"工业设计服务模式必将成为工业设计产业发展的又一剂强心针，它是更适应开发区内的中小型企业发展的一种服务模式，能引领工业设计服务模式向更高的标准发展。

（二）领导关怀公司，争做创新标兵

毅昌科技利用工业设计促进产业升级的做法引起了政府和专家的高度关注，国家主席习近平、国务院总理李克强、国务院原总理温家宝和广东省省长朱小丹等领导考察毅昌，对毅昌科技"以工业设计加快产业转型、以创意文化提升中国制造"的创新模式给予高度肯定，并希望能把毅昌科技好的经验和做法在广东省甚至全国推广，帮助和指导更多的企业增强竞争力。著名学者厉以宁、陈清泰、吴敬琏等也陆续考察毅昌科技工业设计产业形态，与毅昌科技共同研讨如何更好地应用工业设计推动产业结构转型升级，加快从"中国制造"向"中国创造"的转变速度。在国家、省、市各级领导的亲切关怀下，毅昌科技秉承自主创新的精神，为促进"中国制造"向"中国创造"而不懈努力，继续做好"工业设计产业领导羊"，争当创新标兵企业。

（三）一流的工业设计技术队伍

毅昌科技工业设计中心拥有员工 152 人，其中工业设计人员 108 人，大学本科以上学历人员占 90.7%，高级职称 7 人，中级职称 25 人，广东省技术标准评审专家 2 人，广州市标准化专家 5 人。其中，获政府认定的高级工业设计师 2 人。中国首届"省长杯"工业设计大赛金奖获得者凌国东、广东省首届工业设计职业技能大赛专业组冠军周志聪等一批优秀的工业设计师均服务于此。毅昌科技每年制订员工培训规划，并通过对设计人才实行积极的激励政策，保障了人才队伍的稳定，为公司设计能力的持续提升提供了保障。

毅昌科技注重技术创新，每年投入大量资金改进技术。毅昌科技工业设计团队在全球著名的家电展览会（IFA 展、CEBIT 展以及美国 CES 电子展等）上派出几乎所有的工业设计师轮流出国参观交流，并与意大利 IDEA 等工业设计的专业公司进行深入、广泛的合作与交流。

近年来，毅昌科技先后与中国科学院、华南理工大学、香港科技大学、广东省机械研究所等高校、科研院所建立了合作关系，5 年来承担了各类大型产、学、研项目十余项。此外，毅昌科技还联合清华大学、中央美术学院等 20 所高校及科研院所搭建了"塑料改性与加工产学研战略联盟""广东省信息化与工业化融合创新中心""新一代户外 LED 照明节能改造产业联盟"等多个产、学、研联盟，建立了长期稳定的合作机制，保证产、学、研创新活动定期、有序地开展。

四　案例小结

从上文分析发现，毅昌科技坚持以"科技立国，设计兴国"的发展理念，开创了独具特色的 DMS 创新模式，以工业设计为主导，将包括造型设计、精

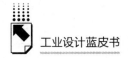

密模具设计、结构设计等环节在内的完整产业链条打通。公司通过设计捆绑提升产品附加值，协助客户增强综合实力，最终实现与客户的双赢，目前企业在全球范围内服务的客户有近300家，获得了客户的高度认可。毅昌科技的快速发展离不开工业设计示范基地的依托作用和自身独特的发展优势。毅昌科技提出的"一站式"工业设计服务模式及其完善的内部机制，培养了一流的工业设计技术队伍，受到国家领导的高度关注，这些都是其发展的独特优势。

B.25

BLUE BOOK

上海木马工业产品设计有限公司

丁 伟*

摘 要：

上海木马工业产品设计有限公司致力于为客户提供从产品概念设计到市场导入的全面解决方案。理解人、品牌和技术的本质，并在其驱动下不断创新是木马设计的灵魂。木马设计承载从设计到制造再到商业路径的思考，正如创始人丁伟的感悟——"把设计转化成产品，再把产品转化成商品，是一条中间有断崖的漫长的路"。木马设计一直不断为用户提供高品质的服务和产品，为创意人才打造高端设计服务家园。

关键词：

工业设计 木马设计 设计创新 用户研究

一 木马设计简介

木马创立于2002年，是中国最具活力和成长力的专业设计机构，拥有40余位国内外设计师，致力于为客户提供从产品概念设计到市场导入的全面解决方案。理解人、品牌和技术的本质并在其驱动下不断创新，是木马设计的灵魂。木马不断帮助企业创新并赢得市场，无论是新兴企业还是世界知名企业，其客户遍及全球，从《财富》世界500强的PHILIPS、OTIS、GE到国内知名的中兴通讯、盛大网络等。木马被中央电视台、韩国KBS电视台等国内外众多媒体纷纷报道，荣获iF、影响上海设计进程百强机构等国内外奖项。

---

* 丁伟，上海木马工业产品设计有限公司，讲师，设计总监。

木马设计精英秉承严谨的科学精神和造型美学的结合，严格遵循木马设计流程，为不同领域的企业提供富有创造性的和切实可行的产品设计解决方案，其设计涵盖医疗器械、家用电器、信息产品、家具等领域。设计群具有纯熟的3D软体应用及丰富的制造经验，配合上海地区成熟的生产技术水平，为客户创造价值。在木马，我们追求创新，并期望通过自己的努力，一步步去探索创新的过程和本质，赋予设计概念更加深刻的智慧内涵。木马积极融入"设计的商业化"进程，跟踪并把握市场趋势与时尚潮流，努力使人、环境、产品和商业之间变得更加和谐！

二 360度设计观

什么是设计？这是我们一直在探讨的问题。对于企业来说，由于对设计的理解和需求的差异化，了解设计在不同状态下所呈现的面貌似乎更有意义。比如，对于中小民营企业来说，设计是提升产品销量的重要手段；对于品牌企业来说，设计是塑造企业形象的重要手段；对于跨国企业来说，设计是研究用户需求的特定手段等。因此，这里我们试图用"360度设计观"的概念，展现设计与不同元素结合时所呈现的面貌，让"设计"的概念更清晰、更立体。

（一）设计与商业

经常要问客户，你想要什么？其实大多数人都不是很清楚。众所周知，产品从进入市场开始，会逐步经历"导入—成长—成熟—衰退"几个周期，而在不同的阶段，设计所呈现的面貌各有不同。比如，在产品的导入期，多是技术为导向，设计上就需要呈现它的技术特征；到成长期，产品日益多样化，需要在设计上表现用户的不同需求；成熟期后，产品则体现出一些个性化特点；到了衰退期，则需要做加法或减法，"加法设计"是附加更多的功能来提升价值，"减法设计"则是简化功能，使得成本降低，增加效益。

设计只有与行业很好地结合，才能体现出它真正的价值。每个行业都有自己的特点，了解行业本身，才能帮助设计师更好地做出正确的市场判断。如医疗产品，往往采用柔和的曲线和白色、浅绿色等淡雅的色彩，因为这些元素会给用户带来亲切关怀的感觉；手机等消费电子产品，常常做得很炫，因为产品本身承载着彰显个性特征的需求。此外，产品需求在不同的市场环境中也存在很大的差异。如汽车，研究发现，汽车在欧洲只是一种代步工具，所以人们更关注环保和经济，流行小汽车；在我国，汽车还未普及，汽车可以说是身份的象征，大汽车往往更受欢迎。因此，设计师在设计作品时，必须了解这个行业，符合产品的商业规则。

（二）设计与需求（人、环境）

每个产品都有自己特定的"故事情景"，给谁用？在怎样的环境下用？用来干什么？怎样用……这是我们在设计产品的时候，必须回答的问题。

因此，设计首先要考虑"人"，其次是"环境"。不同的人有不同的需求，我们需要对人群进行细分，找到产品的目标人群；环境则可以分成大环境和小环境。大环境是指宏观意义上的，如东西方文化差异、不同城市之间的地域差异等。小环境则是微观的，如小区的垃圾桶和路边的垃圾桶。路边的垃圾量小，但产生的概率大，所以垃圾桶容量小，分布广；小区则需要很大的垃圾站。所以，垃圾桶的大小，是由背后的具体需求决定的。

正所谓"超以象外，得其环中"。所以，要找到产品设计的缘由，只研究产品本身是不够的，需要分析产品所处的环境和用户的需求。

（三）设计和美学（形式）

人们对形式美的认同，在不同品牌和地域文化下存在很大的差异。

首先，从品牌角度看，如 NIKE 主张运动，APPLE 追求极致，SONY 崇尚数码化等，所以，在给企业做设计的时候，一定要深入理解企业的品牌价值。

其次，从地域文化角度看，如苏州园林传达弯曲的自然美，欧洲皇家园林则表达了整齐的人工美，这就是东西方地域文化所产生的审美差异。木马曾经设计过一系列销往欧洲的蓝牙耳机，其中一款在南欧很畅销，在北欧就不行，而另一款却恰恰相反。为什么同样的产品会有如此大的差异？分析发现，南欧畅销的款式是运动风格的，恰好与南欧张扬活泼的形象相吻合。北欧畅销的则

是设计精致的款式，非常符合当地人的审美。这很好地体现了不同文化背景下用户的审美差异。当然形式美也是有共性、法则的，如对称、均衡、对比、韵律等。设计与美学碰撞，便展现出美丽的身影。

（四）设计与技术

成型工艺、材料、表面处理工艺是要不断跟踪并熟练掌握的，它直接关系设计的成败。不同的工艺所展现的形式也不同，比如，注塑有分模线，而吸塑模具则成本低，但单件成本高，适合大件小批量的产品等。当代产品对材料的运用已经很精细化了，如iPod，同样是简单的造型，为什么会颠覆传统并不断创新。因为它采用了很多新的材料和工艺。比如，铝拉伸氧化处理、塑料表面喷漆或涂装UV等，从工艺角度提升了产品设计。随着技术的发展，丝印、移印、IMD模内转印、激光镭雕等，工艺的发展为设计提供了更多的可能。

随着设计概念的不断延伸，我们通过研究设计与商业、需求、美学技术之间的关系，力求展现更加全面、立体的设计理念。当然，除此之外，还有设计伦理、感性科学等方面，我们也在继续探索。

三 授人以鱼，不如授人以渔

古语说："授人以鱼，三餐之需；授人以渔，终生之用。"

对于企业来说，尤其是中小企业，需要的是持续创新的动力，个别产品的成功并不能解决根本问题。木马旨在帮助企业导入设计观念，寻找设计方法，建立设计团队及优良的设计评价机制等，通过一系列设计管理咨询活动，帮助企业建立起自己的持续创新机制。

（一）设计观念导入

"What to do"永远比"How to do"更重要。随着社会的不断发展，城市化进程不断加快，人们的生活和状态不断地发生改变，这些因素对消费者的审美和需求都有重要的影响，因此，在研究设计创新的同时，木马一直密切关注产品所处的市场状态和消费者需求，努力寻找新的市场增长点，顺应消费者的需求，确保我们的设计符合目前的潮流趋势，也是符合消费者预期的。

（二）设计团队输出

木马有一套完整的设计团队培养体系，通过"招募—培训—管理—提升"，帮助企业建立自己的设计团队。特毅集团是团队输出的典型案例，作为发电机的行业龙头，由于企业内部需要，在木马的帮助下，让设计师进驻企业，保证与其他部门的紧密配合，同时，我们建立了轮换机制，保证项目成员对设计的敏锐感。团队输出的优势在于：一是跟企业的紧密配合，让设计师更好地理解产品并能有效进行沟通；二是团队轮换机制，不断为企业增添新鲜的设计灵感；三是管理和提升，不断提高设计团队素质。

（三）建立评价机制

什么是好的设计？不同的立场有不同的答案。目前主要的评判机制有三种：首先是个人英雄主义式决策，即由企业领导根据自己的经验来判断，这也是中小企业常用的做法。这种决策效率高，但是过于主观，存在一定的决策风险。其次是集体决策，即由公司各部门集体参与讨论，通常以市场部门的意见为主导。这种决策一般不会离目标太远，但是效率太低。最后是市场决策，即通过专业的调研公司来组织研究、测试，从而找到最佳的解决方案。大型企业经常采用这种决策方式。

企业需要根据自己的实际情况，选择最适合自己的决策评价机制，力求在感性与理性、个人与集体、客观与效率之间取得平衡。

（四）产品形象整合

产品形象是企业品牌形象的表达，我们需要通过产品形象来建立消费者对于品牌的忠诚度，达到与其他品牌竞争的目的。木马在这一领域有着丰富的经验，在帮助企业构建产品线、整合产品形象的过程中，通过对行业特征、产品诉求及其品牌的理解，在整个设计活动的过程中，将企业的品牌特质和内涵全面地融入产品，达到提升企业的品牌形象的目的。

四　把"老鼠"变成"米老鼠"

　　"不是你不够好，只是你不够特别。"在信息膨胀的今天，如何能赢得消费者的注意力，靠的不仅仅是产品本身，而是设计的差异化。从设计"作品"到"产品"再到"商品"，设计的概念在不停地演绎和发展，在不断的实践中，木马始终坚持一个信念，设计在商业化的今天需要一种把"老鼠"变成"米老鼠"的能力。

　　任何产品在市场上都会遭遇竞争，消费者"选择"产品的过程也是一种"比较"。科技的发展使得产品的表现出现"同质化"，因此，木马认为，产品设计的重点之一就在于设计的差异化，通过对"差异化"的传播在一定程度上弥补市场的空缺，从而凸显产品的价值。同时，"差异化"的设计也是一种"注意力"，在注意力缺乏的今天，赢得了注意力，就赢得了利润。

　　"米老鼠"之所以能成为明星产品，在于它背后的能量给企业带来的巨大价值。产品形象不仅包括产品的形态、色彩、材料、界面、标识等外观特征，更重要的是产品所传达的企业理念、企业文化和品牌观念，这两者之间相互关联、相互影响。通过建立和优化产品形象，在消费者心中建立起产品的信誉体系，进而影响企业品牌形象的建立。

　　作为最具表现力的视觉元素之一，形态是功能的合理表达，它体现出内在（机能、结构、组织）技术的合理性，同时，形态也是意义传达的一种载体。设计师在创作产品形态时，会把自己对于产品功能、情感、品牌的认识等都融入其中，通过形态的塑造表达产品内在的理念。不同的形态元素传达不同的设计理念，这些元素的综合则体现了一个产品的性格，这在产品设计上就是所谓的"风格"。每个产品形态所反映出来的性格必须和企业的品牌价值及企业文化等保持一致，并且需要在设计中保持一定的识别性和延续性，这样才能让消费者对产品形象和企业品牌产生认同感。

　　与形态一样，色彩也具有很强的视觉传达能力。在某些情况下，人们对产品色彩的感知可能还先于形态。色彩具有超越语言、超越年龄及不同文化程度的能力，不仅能理性地传达某些信息，更重要的是它能激发人们的情感。不同的色彩可以传达出不同的理念、情绪、感觉及价值观，或清新，或凝重，或欢快，或忧伤。色彩还具有明显的象征作用，如用于表示商品的属性（功能、形态、材质）、体现产品的品质及工作环境等。利用色彩建立产品的视觉形象，是品牌形象建设的一种常用手法。

与企业形象一样，产品也应该有一套自己的标准色，当然，二者需要和谐统一。因此，标准色的构建，除了要符合美学需求外，还要整合产品设计、市场、形象战略等内容，从而保持产品视觉形象的识别性和延续性。所以，设计师需要全方位掌握影响色彩的各方因素，如社会、政治、经济、文化、科技等，在产品各个阶段的策略制定中，吸收相关信息，寻找最适合的色彩，为企业建立一套鲜明的视觉识别体系。

五　进入行业搞设计

隔行如隔山。单纯以普遍观点去做设计，往往很难深入。每个行业的产品都会呈现一种典型的特征，并形成一定的发展方向。因此，设计师必须要理解行业，掌握行业趋势，才能设计出适合市场、具备行业竞争力的产品。这里，我们试图从行业特征的形成出发，寻找其中的关键因素和内在的规律。

首先是医疗行业。我们曾经做过一款医疗产品，由于缺乏经验，当时仅从自己的角度去考虑，给出了一个时尚而精致的设计方案，客户看完后没有做过多评价，而是讲了几个行业的特点，使我们至今受益匪浅。一是产品的体量感，医疗产品的体量感一定要大要重。因为这类产品要销往二线、三线城市的医院，他们会找一间大房子专门去放这样一个贵重的产品，所以，产品要大才气派，要重才能体现其价值。二是产品的色彩，医疗产品必须用浅色，最好是白色和浅灰色搭配，因为白色干净纯洁，符合医院的形象定位。三是产品的材料工艺和形态特征，由于医疗产品体积大，产量小，一年可能就只有几十台或几百台，所以，在加工工艺上，往往采用吸塑而非注塑，可以节约成本；在材料的选择上，则以塑料为主，旨在传达一种温和的感觉；形态上，一般采用温和的线条。听取了客户的建议，我们对医疗产品有了新的理解和认知，并给出了新的方案，最终获得了客户的肯定。

其次是手机行业。我们曾经为中兴通讯做过一个设计研究，同样是手机，在不同层面上所考虑的问题和突出的竞争力是完全不同的。在研究中，我们将主流的产品分为三类。一是运营商定制产品，包括移动、联通，国外的沃达丰等，在这个层面，手机作为整个通信系统的一部分，因此，产品主要满足运营商需求，量大且以低端为主。二是渠道内的主流产品，包括诺基亚、三星、索爱等，在这个层面，手机作为时尚产品，不仅包含通信功能，更重要的是体现其品牌价值，如音乐、网络等。三是"山寨"手机，其发展速度非常快，已经占据市场半壁江山，要在这个领域取得成功，主要有两点：性价比高，跟得紧。"山寨"手机往往功能很齐全但是卖很低的价格，大品牌新机还没上市，"山寨"机就已经在卖了。在过度竞争的手机行业做设计，必须要符合市场规律和需求，在限制和创新之间寻找一种平衡。

每个行业都有它的趋势特征，在研究行业特征时，设计师需要不断地转换自己的角色。除了设计之外，要像销售员一样去理解市场；像决策者一样，从宏观的角度去平衡资源；像工程师一样，关注产品的实现难度和成本。

六　寻找设计创新的动力

设计是一种集体的活动，需要设计师、工程师、设计公司与企业共同努力。统一思想、有效组织、密切配合是推动设计向前的动力，最终产生"1＋1＞2"的效果。但是，如何推动设计前进呢？

首先是设计管理。设计管理的意义在于有效地组织和协调各方关系——人与设计师的关系，驱动团队中的每个人共同面对问题、解决问题，促使团队成员加快知识的学习与应用，不断激发设计师的创造力，从而在企业中形成一种驱动创新发展的激励环境。

其次是设计观念。我们经常思考东西方在设计上产生的巨大差异，以及不同地域和时代的审美习惯。如何才能让设计顺应时代潮流，引领市场呢？我们试图通过分析不同国家的文化差异来寻找"设计结果"背后的驱动力。

中国文化崇尚"中庸之道"，在这样的文化背景下，出现了"枪打出头鸟""海龟理论"等观念，这在设计领域的反映就表现为跟进策略、低级模仿等。但是，在这样一个张扬的时代，"不一样"成了新一代年轻人的主题，产品的更新速度之快前所未有，信息的传播更是使世界成为一体，在某些领域跟进策略从本质上已经失去了生存的土壤。

再次是设计方法，我们的观点是针对不同的客户需求运用不同的设计方法。形式设计、方式设计、系统设计、直觉设计，这些设计观念和方法本身没有优劣、高低之分，重要的是在什么条件下跟什么需求对接。好的对接可以提升设计效率和品质，达到事半功倍的效果。不合适的对接则要么花费很大代价但效果甚微，损失效率，要么达不到既定目标，不能满足客户需求。

最后是创新过程。创新是每个时代永恒不变的主题，设计师则是肩负这个使命的"排头兵"。在浮躁的今天，人们关注事物的表象多过内涵，关注事情的结果多过过程，关注新生事物多过这种"创新"的过程。创新不像灵感，稍纵即逝，它有一种内在的方法。

这里，我们建立了一种研究问题的方法，即将人、事、物作为设计研究的三个核心，通过研究三者之间的关系，建立一种设计方向和可能，最终保证我们的设计是符合潮流趋势的主流产品。当然，在理性分析的同时，我们也重视"灵感"的启发，在"人与人""人与事物"的碰撞中，捕捉那些稍纵即逝的瞬间，并最终将其"物化"。

设计观念、设计方法、设计管理、设计流程是产生设计驱动力的几个重要因素，它能带动设计团队从平凡走向卓越！

B.26

IDEO 商业创新咨询公司

梁琦惟　张立群*

摘　要：

IDEO 商业创新咨询公司是一家涉及全球范围的大型设计公司，活跃在许多设计领域，有着广泛的设计影响力。本文从 IDEO 的历史沿革、自我定位、设计理念等维度切入，对 IDEO 商业创新咨询公司进行了详细的介绍。对 IDEO 的优势进行分析，包括优秀的人才团队、管理模式、企业精神以及领先的设计方法、设计哲学，具体介绍了 IDEO 从传统意义上的设计公司到如今商业创新咨询公司的演进，以及其扎实的设计能力和自我营销的模式。本文着重描写了 IDEO 在中国的发展，并提出了中国本土企业发展的可借鉴之处。

关键词：

IDEO　商业创新咨询公司　设计公司　设计思维　创新

一　IDEO 商业创新咨询公司概况

（一）公司简介

1991 年，IDEO 商业创新咨询公司成立于美国加州帕罗奥多市（Palo Alto），它由三家设计公司合并而成：由大卫·凯利（David Kelley）创立的大

---

* 梁琦惟，上海交通大学硕士研究生；张立群，上海交通大学副教授，上海交通大学设计管理研究所所长。

卫·凯利设计室（David Kelley Design）、由比尔·莫格里奇（Bill Moggridge）创立的 ID TWO 设计公司以及由麦克·纳托（Mike Nuttall）创立的 Matrix 产品设计公司。IDEO 在全球范围内现有员工 600 余名，分别来自不同领域，包括产品与工业设计师、建筑与空间设计师、工程师、人因工程研究专家、商业设计师、交互设计师、品牌与沟通设计师等。IDEO 在全球的办公地点遍及亚洲、欧美地区，包括总部帕罗奥多、旧金山、芝加哥、波士顿、伦敦和慕尼黑等地。值得一提的是，IDEO 于 2003 年在上海成立了办事处。蒂姆·布朗（Tim Brown）是 IDEO 商业创新咨询公司的现任首席执行官（CEO）。

IDEO 商业创新咨询公司是一家涉及全球范围的大型设计公司，活跃在许多设计领域，有着广泛的设计影响力。IDEO 的客户群分布于金融业、通信、信息技术、家电、快消、医疗健康、零售、酒店管理、交通业（见图 1）。最著名的作品包括 PDA 的经典机种 Palm V、微软的第一个鼠标、Steelcase 品牌下的 Leap Chair、苹果电脑等。

（二）设计理念

在早期，IDEO 公司主要侧重于传统意义上的产品设计开发工作。发展至今，IDEO 在设计过程中，注重产品的实用性与终端用户的需求，结合以人为本的市场洞察力，设计商务模式、产品、服务和体验。

IDEO 商业创新咨询公司在为客户服务的过程中，通过设计并塑造公司品牌，增加了公司品牌的影响力。IDEO 认为，全面的解决方案能够创造影响力。从 IDEO 的创新模型中，如图 2 所示，可以看出创新来源于对用户的需求性、商业的延续性、科技的可行性三个方面的结合。其中，用户的需求性是创新最重要、最根本的出发点。

IDEO 商业创新咨询公司在其所倡导的设计思维（Design Thinking）的指导下，始终将用户放在首位，观察用户的需求，从而找到创新的突破点。

（三）设计思维

IDEO 的总裁兼首席执行官蒂姆·布朗提出："设计思维是一种以人为本的创新方式，它提炼自设计师积累的方法和工具，将人的需求、技术可能性以

图1　IDEO 商业创新咨询公司的客户群分布

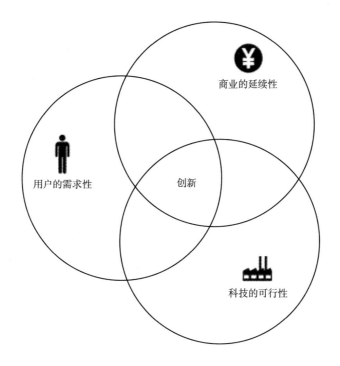

商业的延续性

用户的需求性

创新

科技的可行性

图 2　IDEO 的创新模型

及对商业成功的需求整合在一起。"

　　IDEO 所倡导的设计思维，是指像设计师一样从设计的角度进行思考，帮助企业客户对具体产品、服务、设计流程、商业战略进行设计开发。设计思维综合考虑用户的需求性、商业的延续性、科技的可行性，帮助未经过设计培训的非设计师运用创意工具解决不同类型的问题。

二　IDEO 的优势

（一）优秀的团队

1. 人才多样化

IDEO 商业创新咨询公司的员工来自不同的领域，在跨领域中吸纳了大量的优秀人才，如工程师、设计师、心理学家等。多样化的人才不仅使得工作团

队变得多元化，更使得员工和团队充满活力，同时，也为后文所提及的"集体讨论""头脑风暴"等设计方法提供了有利的条件。一般情况下，在一个项目中会有来自不同领域的专家，为了共同的目标一起进行头脑风暴，以便擦出创意的火花。

2. 创新的管理方法

IDEO 在成立之初，便确定了扁平化的组织管理模式，将其定为公司的基本原则之一。在 IDEO 初创的前十年中，每位员工都直接向大卫·凯利汇报工作。包括大卫在内，没有人在名片上印任何头衔。这些细节随处体现着 IDEO 扁平化的组织架构。

在公司内部，IDEO 设立了独有的工作室模式，员工在项目进行中可到工作室工作，在项目外则可以在自己的办公区域工作。这样不仅很好地平衡了公开性与私密性，也可以有效地把握员工的情感波动。很多优秀人才加入 IDEO 设计公司，不仅仅因为公司在行业中的地位，还有很大部分的原因是公司的物理、文化环境，正是这样的工作环境更好地促进了创新的产生。此外，IDEO 商业创新咨询公司还为员工提供了发泄不良情绪的压力发泄区、休闲娱乐区，以及每周或每月定期活动的员工俱乐部。这样的工作室模式、不同的区域划分不仅可以活跃团队气氛、鼓舞团队士气，还可以更方便地使员工进行内部的资源共享，从而更多地进行互动。

3. 合作的精神

在 IDEO 商业创新咨询公司，员工可以就自己感兴趣的工作室、团队、领导、工作项目进行自主的选择。在项目进行过程中，来自不同领域的专家组成一个项目团队，相互之间平等民主、互相尊重，同心协力面对共同的挑战、解决问题。在每个项目结束后，顺利完成的团队还能够获得公司颁发的纪念嘉奖。

（二）创新的法宝

1. 观察与用户体验

用新的眼光去观察用户、和用户近距离接触、感受用户是 IDEO 创新的法宝，是改良产品或创造性开发产品的第一步。比起传统的问卷调研、市场调研等方法，IDEO 商业创新咨询公司选择更直接地面对问题本身：不盲目听信专家的权威性言论，不局限于死板的统计数据，而是以生活本身、使用者本身、消费者本身为切入点，透过最平凡却易被忽视的、朴实却重要的表象审视存在的问题，发掘关键问题所在，找到突破点，而后展开设计工作。通过对产品的亲身体验和试用，以及对产品消费者、使用者、购买者等利益相关者的追问，全面地了解产品的优点和缺点（见图3）。

图3　IDEO 的工作人员在设计项目中进行用户访谈

2. 头脑风暴、集体讨论

IDEO 商业创新咨询公司非常注重集体讨论的设计方法，将其视为创意发动机（见图4）。头脑风暴则是 IDEO 常用的具体创新方法。

图4　IDEO 的工作团队在进行集体讨论

在 IDEO，头脑风暴必须主题明确，在过程中鼓励积极发言，在限定时间内提出尽可能多的创意点子，互相之间坚决避免批评或争论。除此之外，

IDEO 的头脑风暴与众不同的地方还有：空间记忆——讨论时，及时记录创意点，让讨论的点更集中；精神热身活动——参与讨论，在头脑风暴之前准备与主题相关的资料，在讨论过程中向大家展示，在活跃气氛的同时能激发新的创意想法；形象具体化——用身边的材料制作简单的模型或用肢体语言进行表达，以便大家更好地理解创意，在他人的点子基础上发展新的想法。

3. 制作大量模型

IDEO 商业创新咨询公司往往会根据产品的使用情况制作模拟情景剧或视频，向人们展示该产品或服务可能的使用情景，以此与客户交流，以便获取他们的反馈意见，提高产品设计质量（见图5）。一个好的模型顶过 1000 张效果图。通过大量地制作模型，IDEO 将创意想法更快、更好地进行内外部展示、交流、测试，使其不断完善。

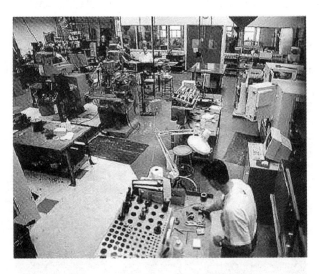

图5 IDEO 的员工在进行模型制作

在模型制作时，需注意三个"R"：Rough（粗略）、Rapid（迅速）和 Right（恰当）。前两个"R"即粗略而快速地制作模型，过早地制作完美的模型无异于浪费时间。最后一个"R"即制作许多专门解决不同具体问题的小模型。IDEO 的主管瓦萨洛说："你不是要设法制作你要创造的产品的整个模型，你只要集中精力制作产品的一小部分。"

三 IDEO 在业内的领导地位

（一）扎实的设计能力

IDEO 商业创新咨询公司现有员工 600 余名，分别具有不同的专业背景：数字设计、电气工程、品牌体验、交互设计、结构工程、商业设计、沟通设计、人因工程研究、空间设计、食品科学、行为科学、品牌战略、软件工程、系统设计、服务设计、医疗服务、工业设计、企业组织。

积累了 30 多年的经验，运作了 5000 多个项目，IDEO 商业创新咨询公司的经验极其丰富，其服务领域跨度也是极大的，包括媒体和娱乐、消费类电子、教育、食品和饮料、健康和保健、公共部门、零售、能源、金融服务、服装、酒店业、通信科技、消费类产品、医疗健康等，基本涉及所有的设计领域。

除本文开头时所提到的 IDEO 最广为人知的设计之外，在过去十余年中，IDEO 相继为耐克公司设计了系列太阳镜，为佳洁士公司设计了直立免挤压牙膏管、为宝丽公司来设计了 I-zone 相机等。此外，还有许多体贴又使用方便的产品，如自封口的自行车水瓶、可旋转显示屏的 Versa 笔记本电脑等上千件产品，几乎所有的设计大奖赛上都能看见 IDEO 的获奖作品。每年《商业周刊》都对获得最高工业设计奖项的公司进行评分统计，并对获得最佳工业设计奖的公司进行统计，IDEO 商业创新咨询公司一直居于前列。

IDEO 商业创新咨询公司曾赢得 38 项红点大奖和 28 项 iF Hannover 大奖，荣获了库珀休伊特国家设计博物馆颁发的产品设计类国家设计奖。

（二）IDEO 的自我营销

IDEO 是一家以工业设计起家的设计公司，现在它对自己的定位为"全球设计顾问，设计创造影响"。

在各种媒体上我们会经常看到和 IDEO 相关的报道，IDEO 通过不同的媒体途径创造了影响力。

在视频媒体方面，1999 年，美国 ABC 电视台的《夜线》（*Night Line*）栏

目的《深潜（特辑）》（*Deep Dive Episode*）记录了 IDEO 商业创新咨询公司在 5 天内对购物手推车进行重设计的全过程。这段影片至今仍被全球各大商学院作为经典案例使用。2009 年，IDEO 商业创新咨询公司在设计纪录片《目标地》（*Objectified*）中占有很大的分量；在 TED 大会上，大卫·凯利（David Kelley）作了题为"*Building Creative Confidence*"的演讲。

除了视频媒体，IDEO 商业创新咨询公司的设计师及顾问也经常在各类商业杂志上出现。例如，2013 年 IDEO 在"Rotman"（美国《管理》杂志）上的专栏；《第一财经》《哈佛商业评论》等国内外商业杂志中也经常可以看到 IDEO 的身影。

除此之外，IDEO 的一些高层管理者和设计师乐于著书出版。2001 年，IDEO 的总经理汤姆·凯利（Tom Kelley）出版了《创新的艺术》（*The Art of Innovation*）。该书揭示了 IDEO 商业创新公司持续保持高水准创新的奥秘所在，他的第二部作品于 2007 年发表——《创新的十个面孔》（*The Ten Faces of Innovation*）。另外，汤姆与大卫·凯利合作的 *Creative Confidence* 也将于近期出版。2011 年，首席执行官蒂姆·布朗的《IDEO，设计改变一切》的中文版出版。以上这些书籍为读者展示了 IDEO 全新的创新理念，并都登上了畅销书排行榜的榜首，足以证明这些书籍在设计界的影响力。另外，莫格里奇的《为互动设计》（*Designing Interactions*）也在设计界占有一席之地。

从上述举例中可以看出，IDEO 在媒体上自我形象的培养现在更侧重于商业范畴，而非传统的设计范畴。这也可以体现 IDEO 现在对自己的定位及未来的发展方向——商业创新咨询公司。同时，IDEO 借助极高的媒体曝光率宣传自己的企业理念，培养潜在客户，其品牌意识强烈。

（三）从传统的产品设计公司到商业创新咨询公司

自我变革是 IDEO 商业创新咨询公司的卓越能力，同时，正是由于这种优秀的能力，使它在商界具有很大的影响力。例如，2004 年，首席执行官蒂姆·布朗把 IDEO 商业创新咨询公司的设计创造能力向一些新领域转移，如购物、银行服务等。而正是这种关键的能力转化使得 IDEO 进入体验设计阶段，并较早地在体验设计领域奠定了自己的地位。

在波士顿咨询公司发起的调查中，IDEO 曾被全球企业高管评为全球最具创新能力的公司；同时，在《快公司》杂志评出的最具创新能力的公司中 IDEO 列第 10 位。

有趣的是，在榜单上的其他公司同时也是 IDEO 的客户。这充分说明，在内部创新的同时，IDEO 也帮助更多的客户寻找和发现了新的机遇。

有越来越多的机构来 IDEO 学习创新。美国总统奥巴马刚上任时，曾交给他的首席人才管理官一个任务——到硅谷的三家公司：脸书、谷歌、IDEO 学习企业的创新能力，从而提升政府内部的创新能力。

（四）设计与咨询

在成功转入体验设计阶段之后，公司的重点也随之转移到消费者本身，这些变化使公司业务开始突破原有的传统设计范畴，公司角色也从设计者开始转变为用户体验顾问，开启了公司的新阶段。

IDEO 商业创新咨询公司开展咨询服务的最大特点在于：帮助客户从社会学者、人类学者、设计师、工程师和心理学家等不同角色的视角来关怀用户（顾客）。它能够将消费者研究同产品和服务的设计极好地结合在一起，同时在工作中教会客户如何创新。这种用户体验顾问的商业模式已超越了传统意义上的设计公司范畴。

四　IDEO 在中国的发展

（一）IDEO 上海办事处

IDEO 商业创新咨询公司在进入中国市场之前，已在亚洲的日本和韩国积累了数年的经验。2003 年，IDEO 公司进入中国，于上海设立办事处。十多年来，IDEO 商业创新咨询公司在中国市场的服务行业已涉及日用消费品、消费电子、能源、厨房用具以及零售市场等，在拥有越来越多的客户的同时，每年的营业额都保持至少翻番的增长速度。IDEO 商业创新咨询公司独特的设计流程、设计理念、最终设计均得到了中国客户的广泛认可。

（二）本土化与全球文化的对接

在面对全球化的问题上，IDEO 商业创新咨询公司需要做出一些改变，同其他所有事物一样，公司本身在面对不同情况时也要进行改变来适应环境。例如，蒂姆·布朗曾说："IDEO 上海办事处的文化和 IDEO 加州的文化绝不雷同。"但他同时提出，现今的本土文化差异并没有预想中那么大，在全球的大城市，人们接受教育的方式实际上是相似的，反而由于城乡之间的社会资源差距，本土本身的差异更大，"上海和伦敦或东京相似，但上海与中国的乡村地区却很少相似之处"。无论情况如何，设计始终是一种全球文化，将本土化与全球化完美地对接，是今后公司面对的重要任务。

（三）对于中国本土企业的启示

1. 创新型人才的培养

人才是创新活动最宝贵的财产。IDEO 商业创新咨询公司对创新人才的要求需符合 T 形模型（见图 6），即在横向上与其他领域的人才、同事进行协作和沟通，建立良好的合作；同时，在纵向上在某一领域具有娴熟的技术和丰富的经验。横向的软实力和纵向上的硬技术是 IDEO 商业创新咨询公司最为看重的素质。

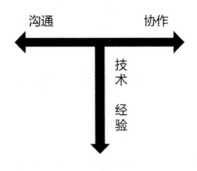

图 6　T 形人才模型

2. 积极互动的工作关系

在 IDEO 商业创新咨询公司，扁平化的管理方式使得员工之间的工作关系不仅是工作中的搭档，而且是朋友。这种扁平化的管理方式更像是一个倒置的三角形，在这个三角形人际关系中，CEO 位于最下方，主要帮助设计团队进行创新并获得成功（见图7）。作为 IDEO 的全球首席创意官，保罗·博纳特（Paul Bennett）曾说："CEO 的 E 其实应该是 Enabler（促进者）的意思。"只有公司的 CEO 不断地引导设计团队，整个企业的成功才能得到保证。

图7　IDEO 的人际关系模型

3. 以人为本的设计思维

除了 T 形人才、积极互动的工作关系，IDEO 商业创新咨询公司以人为本的设计理念也值得国内设计公司学习。

IDEO 以人为本的设计理念集中体现为能够始终从客户需求出发，并在创新中不断结合商业和科技的力量，最终挑战复杂的创新，所有这些元素是公司保持活力的重要原因。

4. 鼓励创新的工作环境

创新不仅需要以人为本的设计思维软性实力、创意工具的硬性实力，还需要能支持这一切的工作环境。

在 IDEO 商业创新咨询公司，不同的项目可能有不同的工作环境，这可能是自建的蒙古包、露天天台，也可能正是自家的沙发。这种弹性的工作环境，不仅能为创新团队提供一种新鲜感，更可以激发员工积极对待工作的态度。

5. 乐于分享的文化

在 IDEO 商业创新咨询公司内部的分享平台上，展示了公司过去不同的项目成果、团队成员的背景、项目过程中的趣事等。这样的分享工具不仅可以使

新同事或来访者快速了解公司成就、方便向其他同事请教项目细节，而且在交流的过程中也能分享经验，获得新的灵感。

除了企业内部的分享，IDEO 商业创新咨询公司也乐于向普通大众、公司客户等分享其设计思维、创新流程、设计工具等，包括设计师必读的 IDEO 调研卡片——以 51 张易于理解、简单实用的扑克牌向大家展示。此外，非营利组织也是 IDEO 积极寻求合作的对象，在合作过程中，公司乐于拿出"人本设计工具包"——这是专门为发展中国家公益组织提供的实用工具，其中包含以往的成功设计案例，为公益组织提供设计帮助。

跨领域、善沟通的创新人才、积极互动的工作关系、以人为本的设计思维、鼓励创新的工作环境、乐于分享的企业文化，这些都被称为 IDEO 的企业基因，缺一不可，也正是这样的企业基因使得 IDEO 商业创新咨询公司一直保持创新动力。

在中国创新产业呈现全民关注、多方参与的环境中，IDEO 商业创新咨询公司无疑为中国本土企业提供了很好的启示。①

参考文献

［1］ IDEO，"Fact Sheet"，http：//www. ideo. com，2013.

［2］ IDEO，"Intro Standard"，http：//www. ideo. com.

［3］ 吕奇晃：《破解 IDEO 的创新密码》，《人力资源》2012 年第 10 期。

［4］ Johannes Seemann，Hybrid Insights，"Where the Quantitative Meets the Qualitative"，*Rotman Magazine*，Fall 2012.

［5］ David Kelley， "How to build your creative confidence"，http：//www. ted. com/talks/david_ kelley_ how_ to_ build_ your_ creative_ confidence. html.

［6］ 蔡钰：《IDEO 的秘密》，《环球企业家》2005 年第 12 期（总第 117 期）。

---

① 公司案例请参见 IDEO 官方网站，http：//cn. ideo. com/work/。

frog 公司案例研究

陈熙 林迅*

摘 要:

frog（青蛙公司以下简称"青蛙设计"）是一家全球化的创意公司。目前，frog 的分公司遍布全球 12 个城市，其客户大多为世界 500 强企业。40 多年来，frog 创作了无数设计与商业完美结合的典范，并以其个性、大胆、新颖的设计风格在业界享有盛誉。frog 的成功并非偶然，它的成功离不开其高瞻远瞩、见解独到、勇于突破的管理者，更离不开公司先进的经营理念和成熟的管理方法。本文以 frog 为研究对象，从发展概况、设计战略、设计组织与创新、企业形象管理等方面进行分析，力图为我国中小设计企业的发展提供思路。

关键词:

frog（青蛙公司） 设计 管理

一 引言

"我必须做出一些艰难却必要的决定，决定自己该如何维护并发展自己的创意天分。这个选择带领我得到富裕而令人满意的职业生涯——设计师、创业家、全球企业策略家和教育家。做了这些选择，让我跨越那间隔的一线，这一线有时就是创造力与安逸的分水岭，并带我创立了自己的公司——青蛙设计。"①

---

* 陈熙，上海交通大学硕士研究生；林迅，上海交通大学教授。

① Esslinger，Hartmut，"A Fine Line：How Design Strategies Are Shaping the Future of Business"，*Jossey-Bass*，2009（5）.

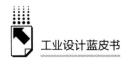
二 frog 发展概况

frog（青蛙公司）是国际设计界最负盛名的设计公司之一，其创始于德国，目前总部位于美国加利福尼亚州的旧金山，工作室遍布美国、欧洲和亚洲。青蛙设计以其前卫的设计风格创造出了许多大胆的、新颖的、独特的产品，其自称为"创新公司"。公司涵盖的业务领域十分广泛，包括医疗保健、媒体、移动通信、软件等，客户遍布世界各地。

（一）公司成立之初

1944 年在德国一个传统而保守的家庭中诞生了一位思想独立、敢于突破束缚的小男孩——艾斯林格（Hartmut Esslinger）。1969 年，还是学生的艾斯林格便逐渐展露出其过人的才华，他与另外两位合伙人安德里亚·霍格（Andreas Haug）、乔治·斯潘海格（Georg Spreng）以其名字成立了工作室"艾斯林格设计事务所"（Esslinger Design），这便是青蛙设计公司的前身。

很快"艾斯林格设计事务所"接到了一个大项目——来自德国电子业巨头 Wega 的订单。1970 年，他们为 Wega 设计的"青蛙"电视机大获成功，迅速占领了欧洲市场，并且在次年柏林的消费电器展上获得极大的好评。"青蛙设计"的名字由此而来。1975 年，索尼收购了 Wega。从此，青蛙设计开始了与索尼这一跨国集团的长期合作之旅。他们合作了几十年，在此期间，青蛙设计共为索尼设计了 100 多种产品，以其大胆、创新的风格受到了世人的瞩目。

青蛙设计的早期客户大都是欧洲公司，其中不乏路易·威登（Louis Vuitton）、摩托罗拉（Motorola）这样的大公司。从早期的各类作品中，我们就可以看到，青蛙公司不同于传统的德国现代主义僵化、理性、功能主义的风格，同时表达出丰富的情感。

（二）走向世界

到了 20 世纪 80 年代，凭借着自己的创新和远见，青蛙公司迎来了大洋彼岸苹果公司总裁史蒂夫·乔布斯（Steve Jobs）的青睐。此时的乔布斯正在寻找能为苹果公司带来独特魅力的市场合作伙伴，最终他认可了青蛙公司。1982年，青蛙公司便于美国加州坎贝尔（Campbell）设立了设计事务所，正式入驻硅谷（Silicon Valley）。从那以后，青蛙设计被带到了美洲大陆，同时开创了它的全球化时代。

1984 年，青蛙公司与苹果公司合作设计的个人电脑 Apple llc 隆重发布（见图 1），被《时代周刊》评为"年度最佳设计奖"。与苹果公司的合作大获成功，青蛙公司借此进入了时代新型行业——IT 业，并且将业务延伸到了美洲大陆。与其合作的企业越来越多，包括瑞士罗技公司（Logitech）、Sun、IBM 等。进军加州的同时，公司更名为"frog design"。1986 年，在东京设立事务所的青蛙公司，开拓了其亚洲的业务。

图 1　1984 年为苹果所做的个人电脑 Apple llc

（三）设计变迁

20世纪末，基于其传统的工业设计基础，青蛙公司不断与时俱进，敢于改变，敢于创新，敢于从事自己未曾涉足的领域，在全球范围内开拓业务。20世纪90年代，成立数字媒体部门后，青蛙公司开始涉足网站、计算机软件等用户界面设计领域。在这一变化的过程中，青蛙设计创作了许多优秀的作品，如1999年为SAP重新设计的企业软件，2000年Dell.com的网站设计，2001年为微软设计的Windows XP外观等。

这些年来，不断重复拓展业务的青蛙公司，开展了咨询服务。如今，青蛙设计已成为一个全球性的创意公司，在全球为众多知名企业提供一流的解决方案。

三　frog的设计战略

（一）"商业至上"的设计原则

早在艾斯林格创建自己公司的最初阶段，他就明确设定了这家公司的首要目标——实现经济上的成功。他拒绝饥饿的艺术家的角色。他服务的一切出发点都源于商业层面的策略考虑。艾斯林格说："我的目标很简单，重新将设计定位为策略性的专业，并且不断提倡其与工业、企业的相关性。"这一点无疑为之后青蛙公司将"商业至上"作为自己的设计原则奠定了基础。

多年来，青蛙公司创造了无数商业与设计的完美结合。例如，其为罗技公司设计的掌上游戏机（PSP）的便携式外壳（见图2）。这款经典的PSP保护壳做工十分精致，外壳完美地配合了内部PSP的各个轮廓细节。在使用时，它能够轻松地被开启，还支持一定角度的翻折，以方便用户将它与PSP同时使用。这款保护壳一上市，立刻受到了广泛的欢迎，这不得不被视为其商业上的成功。

曾任青蛙公司CEO的多琳·罗伦佐（Doreen Lorenzo）在接受采访时说："有市场价值的设计才是好设计。"她认为，从设计公司的角度来说，设计是

图 2　罗技掌上游戏机（PSP）的便携式外壳

有时间性的，产品推向市场有时间限制，有预算，有目标用户，设计是综合这些因素的结果。和大多数设计公司一样，青蛙公司重视商业流程、客户目标、市场空间、使用者的使用习惯等。所不同的是，青蛙公司是从商业的角度思考这些问题的。青蛙公司的设计师懂得在合理的范围内控制产品的外形与美观程度，让产品在满足使用者的同时，为客户带来可观的商业价值。

（二）差异化战略——"形式追随情感"

德国的设计向来以其理性、以功能为核心的现代主义形象为世人所知。当20世纪50～60年代消费的繁荣向功能主义提出抗议的时候，人们表达了内心对美、对新的追求和渴望。此时，德国最大的设计公司——青蛙公司，将其设计理念总结为"形式追随情感"，这为其塑造具有差异化的市场产品奠定了基础。

一直以来，青蛙公司坚持执行着自己的设计理念。它以独特新颖、充满情趣和鲜明个性的特点，迅速在市场中脱颖而出。艾斯林格在接受采访时说："人类已经登上月球，年轻人想要改变世界，我们都想与众不同，我则想使人们微笑。"在她看来，设计总应该包含某种特别的东西，一个好的设计不能仅

仅满足于好用或好看的基本要求，还应该在一个更深的层次上对人们的情感有所触动。

多年来，青蛙设计的每款产品都尝试建立产品和用户的良好合作关系，希望维持"情感"的"联系"。青蛙设计认为，产品的色彩、材质、造型、质感等都在无形中传达出一种产品的情感，这些都是能与使用者产生良好情感共鸣的媒介。正是这一独到的设计理念，使得青蛙的设计能与市场上的同类产品产生鲜明的差异。

例如，frog 设计的"Chill Bench"专门在户外景观中使用（见图3）。其采用与传统户外家具典型的木质或钢铁完全不同的塑料材质和可旋转的结构，在生活中带给用户耳目一新的感觉以及非常惬意的情感体验。在这款产品的设计中，设计师不仅在色彩、材质、使用方式等方面满足了用户的需求，还在使用的舒适性、方便性等方面激发了用户的情感体验。

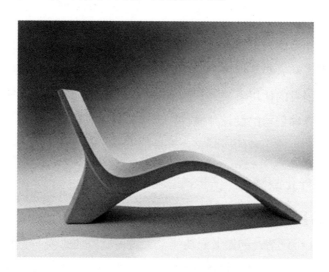

图 3　frog 设计的户外休闲椅（Chill Bench）

四　frog 的设计组织与创新

如果说，"商业至上"是 frog 的设计原则，那么"创新"战略便是其制胜的法宝。无数人试图从各种途径探究艾斯林格成功的奥秘，而他将自己的成功归功于不断挑战常态的勇气。这一点从青蛙公司的名称中便可窥见一斑。"青蛙"（frog）这个英文单词本身就隐藏在"德意志联邦共和国，（F）ederal （R）epublic （o）f （G）ermany"当中，但青蛙设计的名称"frog"始终用小写英文字母，便暗示着一种对德国文法规则的反叛。

（一）发挥设计师的个人能力与管理者的创新意识

青蛙公司在全球 12 座城市拥有事务所，公司成员达上百人，来自世界各地。这意味着在青蛙公司，每个设计作品都是由不同国籍、不同专业背景的成员共同完成的。不同背景的人员相互合作，本身就蕴藏着激发无限创新的可能，同时确保了创新的概念能变为现实。

对于公司的管理者来说，让这么多文化背景不同的成员相互合作，并且具有保持持续创新的想法，并非易事。那么，青蛙公司是如何做到的呢？艾斯林格认为，只有以创新的方法来经营公司，为塑造未来的商业趋势做出努力，才能吸引个性十足的人会集于此。"我希望所有来应聘的设计师可以控制自己的命运"，他说。

在青蛙公司内部有专门针对员工的训练课程。这些课程将不同的团队集合在一起，跨领域地进行一些训练，目的是激发成员们的创新火花（见图 4）。而这些课程本身就要求员工必须是很想学习的人，是很认真、很用功的人，是有心要与众不同的人，同时要极具好奇心。

总之，青蛙公司的成功在于公司的领导者很早就意识到了创新的重要性，并且相信企业需要创新，能够说服客户接受他们的创意。在项目的每一阶段，他们的创意和技术团队紧密合作，从产生创意的形式到推向市场，他们与客户保持充分的合作，从而降低了风险。

（二）建立良好的组织环境

在企业文化中，往往很小的事都会发挥重要的作用。在青蛙公司就有这样一个惯例——"咖啡时间"。每天下午 4 点，不论是在哪个国家、哪个办公室，只要你是在青蛙公司，你就可以停下来，玩视频游戏、桌上足球，做运动等，尽情放松或交际。这样的一种工作方式，已经成为青蛙公司不可或缺的企业文化。

图 4   青蛙的设计师们在讨论设计思路

　　之所以会发展出这样一种文化，是因为多琳·罗伦佐认为适度的休息和放松有利于人们继续从事工作，并提高效率。大家可以利用这样的时间放松心情、增进交流，也能为之后更好地投入工作做准备。现在每天的"咖啡时间"都在有序而固定地进行着。此外，每周一上午 10 点还有一个固定的例会，内容是让大家重温纪念日、生日、经典项目等，这种"温情"进一步巩固了成员们的凝聚力。

　　或许有人会认为，这样的企业文化在人数多、规模大的公司中很难倡导，但多琳·罗伦佐认为，其实这取决于管理者的理念和决心。多琳·罗伦佐非常重视与员工的交流。她认为，管理者与员工定期进行一对一的交流能让管理者深入地了解到每个员工内心的真实想法，甚至是他们的生活，对公司而言，这无疑更有利于管理团队和成员。

五 frog 的企业形象管理

　　"企业形象"一词最早源于美国，简称"CI"。企业形象是指人们通过该企业的一切经营行为和视觉形象，所感受到的其组织和活动的外部明显特征。企业形象的构成要素大致包括产品或服务形式、环境、交流、行为。在这些因素中，一些是无形的，如企业的经营行为；一些是有形的，如企业视觉形象等。在青蛙公司，不论是经营理念、经营战略，还是网站风格、出版物宣传等，均无时无刻地传递出其独有的个性、开放、高品质的特征。

（一）公司品牌宣传

frog 在品牌宣传方面有其独到的见解和方法。说起 frog 的品牌宣传，不得不提及其独立创作的网站——design mind。design mind 是青蛙公司自有媒体整合的平台，其包括公司的出版物、文章、视频、博客等，内容涉及行业动态、最新科技以及消费文化等多个方面。frog 力图通过 design mind 网站向大众传递自己的设计理念与风格，这可谓是最佳的品牌宣传方式。

网站的文章均为 frog 设计师自己的原创，以设计与创新为主线，同时 design mind 力邀备受瞩目的思想领袖进行访谈，范围涉及作家、设计师和摄影师等。design mind 的官网定期更新，及时发布新鲜视频、博客以及活动内容，以其名字命名的平面杂志每年会出版三次，同时也欢迎外界投稿（见图 5）。

除了自创的网站以外，frog 还有许多合作的网络媒体，如世界经济论坛、Design Ignites Change、TED、DMI（Design Management Institute）等，这些专业的网络团体不仅给 frog 的设计提供了强大的技术支持，同时对 frog 的发展与品牌形象宣传起到了良好的支撑作用。

图 5　frog 的出版物

（二）客户眼中的 frog

frog 在设计的流程中坚持"以简单但有力的方法与客户共同应对挑战"。青蛙设计在设计的流程和方法方面有自己独到的见解，其用心倾听客户的诉求，关注客户的目标用户、竞争对手、品牌特性和关键市场机会。从一开始，frog 就把自己放在与自己的客户共同进退的位置，努力帮助客户做出最明智的决策。

在客户眼中，frog 是一个优秀的合作伙伴。良好的沟通方式、规范的设计流程、无限的创意思维均是客户选择 frog 的关键因素，更为重要的是，从 frog 得到的不是单纯的眼前利润策略，而是放眼未来的生存战略，frog 的思考总是比其他公司更深远。

（三）社会中的 frog

frog 定期举办线下的社会活动，吸引了众多企业、院校，以及其他社会人士的参与。这些活动为人们更进一步走近 frog，更深层次地了解 frog，提供了良好的机会，也对 frog 的品牌宣传起到了关键性的作用。

frog 坚持"以设计影响社会"，为社会进步提供具有积极影响的产品，为环境改善付出自己的一份努力。同时，frog 关注设计人才的培养，积极开展设计教学项目，深入高校，激发同学们的设计兴趣。此外，frog 关注社会上的弱势群体，努力让弱势群体平等地享受科技成果，为他们的生活提供更大的便利（见图 6）。

图 6 "为弱势群体设计"的启动仪式海报

frog 深知设计的社会责任，努力设计出不仅有利于人类，同时造福于环境的可持续发展的设计。

六　结论

在经历了 40 多年的风风雨雨之后，frog 已由当年的小事务所，发展到如今世界性的创意公司。frog 的成功不是偶然的，从创立之初艾斯林格就明确了公司的设计哲学、设计战略、经营理念等，这些为他的成功奠定了良好的基础。此外，frog 强大的专业背景、规范的设计流程、统一和鲜明的品牌形象、独到的品牌宣传方式等，为其今后的发展铺就了宽阔的道路。

如今，中国正处于产业转型的关键时期，这为中国设计行业的发展提供了机遇。一大批设计中小企业迅速崛起，然而这些企业的发展还处于起步阶段，其发展模式还在不断探索中。frog 的成功，无疑为我国设计企业的发展提供了良好的思路。

参考文献

［1］Esslinger，Hartmut，"A Fine Line ：How Design Strategies Are Shaping the Future of Business"，*Jossey-Bass*，2009（5）.

［2］http：//www. frogdesign. cn.

［3］丁欢：《情感化设计之路——青蛙设计公司简史及成功分析》，吉林人民出版社，2009。

［4］张佳：《一线之间　青蛙创始人艾斯林格谈设计制胜之道》，《设计》2010 年第 12 期。

［5］刘林：《从"德国制造"到"青蛙设计"——功能主义思想在德国工业设计中的演变》，东南大学硕士学位论文，2007。

［6］尹建国、吴志军：《产品情感化设计的方法与趋势探析》，《湖南科技大学学报》2013 年第 16 卷第 1 期。

［7］王勇亚：《青蛙设计——多琳·罗伦佐经营公司就像讲故事》，《今日财富》2012 年第 1 期。

［8］刘国余编《设计管理》，上海交通大学出版社，2010。

B.28 BLUE BOOK

韩国设计振兴院

——政府推动下的"全民设计"

赵睿 周宏*

摘 要:

如今工业设计创新在社会和产业发展中都扮演着越发重要的角色。在设计创新的支持下,知识经济得以产生更大的文化和商业效应。今天的韩国已成为一个以设计取胜并拥有强大设计竞争力的国家,而在这样的进步背后,设计振兴院可谓功不可没——韩国设计振兴院一直以一个远大的目标为动力,那就是让设计激发更强大的革新力量,为国家整体经济和人民的生活质量做出积极的贡献。韩国设计振兴院30年的发展历程见证了韩国设计能力和国际竞争力的提升,让我们看到了创新能力为一个产业乃至一个国家创造出的巨大的积极效益。

关键词:

设计振兴 艺术设计教育 设计管理 设计文化产业

一 发展背景简述

韩国的设计振兴计划最早始于20世纪90年代后期的亚洲金融危机,当时原本大量依赖外资的韩国经济产业遭到重大的打击,并开始意识到自身经济体

---

* 赵睿,上海交通大学硕士研究生;周宏,上海交通大学教授。

制的种种问题。不过，这次危机同样成了转机，让韩国政府开始反思自身经济发展模式的不足。由于意识到过去那种凭借价格优势维持的、低创新效率的韩国本土企业已经很难按照旧有模式继续发展，当时在产品技术性方面韩国又和日本及欧美国家有难以几年内快速赶上的差距，韩国政府正式将"设计振兴计划"纳入了国家层面的发展方向，开始了持续至今的以"设计"为主导的产业发展模式。

韩国设计振兴院（Korean Institute of Design Promotion）真正的发展始于那时的国家大背景之下。它的前身是 20 世纪 70 年代就已存在的"设计包装中心"，所涵盖的业务非常有限，只是作为工业产业的辅助业务而并未涉及工业设计的核心设计工作。在此后的 20 年中，它的设计重心不再仅仅局限在包装设计上，而是逐渐扩展为范围更大、内容更丰富的工业设计领域。2001 年的"世界设计大会"在韩国成功举办之后，它被最终定名为"韩国设计振兴院"。设计振兴院的发展历程正体现了韩国政府对设计越来越重视和强调的过程，正是这样从简单的包装和外观的设计到对国家工业产品和体系的不断改善，再到将设计看成整个经济的动力源，这一步步的跨越成就了今天韩国在亚洲乃至世界上的设计大国地位。

韩国设计振兴院是韩国中央政府的下属机构，同时也是隶属于韩国知识经济部（Korean Ministry of Knowledge Economy）的一个非营利性组织，直接获得国家在各项资源上的大力支持。作为唯一专门为推动设计产业而设立的国家级单位，设计振兴院的业务内容非常广泛，包含设计政策引导、企业管理顾问、国际合作交流、展览活动、技术研究与发展、艺术教育训练、设计信息资料库建设和公共关系等多个方面。设计振兴院院长李一奎曾在一次访问中提到，韩国政府对设计进行的是一场"风险投资"，动员了大量的资源全力发展设计。自 1993 年开始，韩国政府已经基本完成了 4 个"设计振兴五年计划"，实现了设计文化产业的大飞跃。正是由于韩国政府将"设计"看成振兴民族工业和提高国民素质的推动力，设计振兴院也自然被赋予实现这一长远目标的重大责任，并成为国家设计产业的组织者和领导者。

二　设计振兴院的职能

将设计融入国家的工业体系，形成积极的设计研发、高效的生产制造流程、不断在商业效益与质量上有所进步的完整产业机制，正是设计振兴院在最近 20 年一直努力做的工作。而如今设计振兴计划不仅让韩国国内的民众对设计的认识水平有所上升，生活质量有所提高，也让韩国因卓越的设计创新能力而具备了更强大的国家竞争力。

设计振兴院开展了多种支援和鼓励活动，从具体的产品创新研发、新技术发展资助，到搭建博览会和展览等公共交流平台，为企业和设计界人士提供了多元化的选择。设计振兴院的运作资金有 80% 直接来自政府，同时为中小企业提供占总设计师开发费用的 50%～60% 的补贴。其中，为了符合世界范围的发展主题，设计振兴院选定了创新技术含量高的特定产业重点发展，如数字技术、汽车产业、人工智能、机械工程等领域。这些鼓励政策大大提升了企业的设计创新意愿和成效，让新开发出来的产品不再仅仅走过去价格竞争的老路，而是具有持续的生命力和自我应变能力，甚至具有一定的导向性，以改善整个国家民众对产品设计和消费的理解，最终提升人民生活质量。

韩国设计振兴院的院长李一奎曾表示："设计振兴院不只关注产品设计，还包括平面设计、环境设计、室内设计、多媒体设计，它本身是韩国整体创意产业计划的一环。它的目标是对国家经济发展和百姓生活质量做出贡献。"正如前文所提及的设计振兴院的 30 年发展轨迹与变迁，理念上的进步使得设计振兴院得以一步步推动国家创意产业的发展：设计已经不能被单独区分对待，而是应该和整个产业经济融为一体，由此才能发挥其巨大的经济和文化效应。

李一奎院长认为，国际市场的竞争日趋激烈，而对中小企业来说，设计成为企业发展的关键因素。设计振兴院致力于推动中小企业的发展，尤其针对它们的设计创新能力与产品竞争力。除了直接给予中小企业咨询、引导和资金补助等鼓励政策外，设计振兴院还致力于为企业输送和培养新鲜且高质量的设计人才。经过政府和设计振兴院的多年努力和积累，当设计概念已逐渐与企业乃至整个工业体系相结合时，伴随而来的核心问题便是如何维持这样的"设计生命力"。

设计振兴院建立了一个可供信息交流的数据库，对国家之间的信息进行收集和分析，为企业的设计过程提供优质的信息资源，这其中不仅包括最新的设计资讯和技术分析，更有优质的管理模式培训、产业情报等宏观资讯。同时，交流平台还促进了国内设计界人士和企业间的互助和流通。另外，提供了大量专业课程，为在职的设计师或有志愿成为设计师的新人提供多元化、人性化的培训。据统计，1998～2005 年，已有 9350 人参加了设计振兴院组织的培训活动，而这个数字在此后不断攀升，这类培训已成为为企业输送设计人才的重要来源。

在政府的强力支持下，设计振兴院也在不断努力改革设计产业界的整体结构。经过长时间的宣传和培养，许多企业的决策层开始意识到设计所针对的并不是一个系列的产品本身，更可以成为企业提升效益的有效途径，同时为企业带来具有可持续性的长远发展。再加上由设计振兴政策带来的一系列便利条件和鼓励政策，企业中的设计部门有了更重要的地位，获得了更大比例的资金投入，而在赋予设计部门更多决定权利的同时也增加了设计师的责任感，从而激发出更大的成功欲望和动力。众多韩国企业开始以"设计领导产品开发"的观念作为经营决策时的基础，而不是像过去那样因为追求短期快速的经济效益而忽略产品的开发质量和生命力。不少韩国公司业已或计划将自己的设计部门扩展到国外，以全面收集和衡量设计信息。可见，由设计创新可带来双赢的效益，以高创新、长生命力的产品带来更好的企业发展，不仅提升了企业本身的形象，而且增长了韩国设计产品的总体实力，使企业得以进行更高效率的国际合作，形成一个积极循环。

值得一提的是，尽管设计振兴院在培养新一代设计工作者时，期待他们具有全球视野和国际竞争力，但设计振兴院同样希望本土设计师"不忘本"，并鼓励他们在设计中融入韩国本土的历史与文化，从而使得韩国设计文化得以传播，提升国家形象。设计振兴院院长李一奎来中国访问期间，就曾在任设计红星奖评审时提出过自己的观点："工业设计不可能单独存在，它应该是与文化、传统、科技完美融合在一起的，是一种和谐之美。……在全球工业设计领域想要占据自己的一席之地，就必须要结合自己国家独特的文化传统……韩国在发展自己的工业设计时一直遵循着这样的原则。"

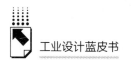
三 艺术设计教育与培训

设计振兴院的重要任务还有对韩国民众的"设计教育",而这种针对设计的教育在韩国可以说是国家层面推动的计划与战略导向。教育与产业总是有密不可分的联系,在设计振兴院的组织和推动下,韩国的设计教育与工业在同样的大目标下协同工作和发展,彼此促进。设计振兴院曾出版《工业设计一览》来介绍和普及设计行业在国内外的情况,包括各国的设计发展制度和方案,来增加民众对设计这一概念的认知。韩国设计振兴院认为,仅仅培养专业技能高的设计人员还不够,而提升全民的设计创新意识才是最终目标。这种设计创新意识的培养是一个长期任务,将成为提升国家各个产业的探索创新能力的基础。

1997 年由韩国政府颁布的设计振兴法案,其战略目标就定为在 2005 年将韩国提升为世界级的设计大国。而在 2002 年,韩国的设计类专业毕业生就已超过 36300 名,超过日本和意大利,居世界前列。设计振兴院积极促进本土设计师与国际项目和公司的交流合作,以及本土设计师的创新能力和国际竞争力。设计振兴院举办各种设计大奖和比赛,以奖励为韩国本土设计做出积极贡献的设计师,同时选拔有领导能力的人才成为设计创新产业中的管理者和领导者。"未来设计领袖"(Next Generation Design Leaders)是韩国知识经济部和设计振兴院合作主持的项目,用以评选和奖励有设计天赋和创新能力的设计师,以激发他们更大的设计潜能,涉及的设计领域包括产品设计、平面设计、环境设计、手工艺和多媒体等。从奖项名字就可以看出,设计潜力的开发是重中之重,培养和提高现有人才的技术水平,必须同时加上选拔新晋的潜力人才才能具有长远的可持续性。

总体来说,设计振兴院有三种针对专业人才的培养计划。第一项即"未来设计领袖"计划,可以说是提拔最优秀设计师的途径。第二项为高等教育如设计大学的培养工作,旨在培养既具有设计创新意识又具有综合能力的人才。第三项为针对特定人才的全球意识的培养,被培养对象需要具备国际视野,并将成为有整合与协调能力的设计管理领袖。

从韩国的通识艺术设计教育可以看出韩国政府对设计产业环境的重视。除了有针对性地对专业人员进行培训,"设计兴国"的政策同样深入民心。设计振兴院提供场地和设备,为普通的非专业民众提供体验设计乐趣的机会,为初中和高中的学生们提供设计教育课程,让他们了解何为设计、设计何以兴国;将12月定为国家的"设计月",定期宣传以提高民众的设计创新意识。这种新鲜的、持续性的启蒙式培养方法,经过几年的积累,如今已收到相当好的成效,从不断壮大的本土设计师数量就足以看出。2005年,韩国设计人才已占到总从业人口的4.89%,而2010年设计类专业毕业生也已接近5万人,同时韩国国内设计市场总值达到12万亿韩元。

从年轻时就培养起来的文化素养,不得不说成了韩国设计的"民间支撑",这不仅使得民众对"设计创新"本身有了更好的理解,也使得更多的年轻人有志于从事创新工作,并认识到这些设计工作能使得整个国家发展具有生命力和持续性,由此而来的民族自豪感显然已超越了单纯的"设计",而变成国家的前进动力和支撑。

企业通过改进自身的管理战略和设计实践方法,促进整个产业的发展,而全民的设计意识常常是一个国家所忽视的基础。设计振兴院把提升民众的创新意识当成重要的任务,可以说是十分明智且富有远见的。

四　结论

韩国设计振兴院一直坚信设计是国家发展的推动力,最近10年韩国爆发出的强大设计竞争力看似飞跃的神话,其实背后离不开政府、设计振兴院、设计师和广大民众的协同努力。从他们身上可以看到,"设计创新"的概念深入人心,不仅使企业效益得到提升,更是一个国家产业进步的原动力。由设计创新带来的高经济附加值和文化效应,让20年前的韩国经济扭转了颓势,并得以稳步提升;让10年前的韩国本土企业和品牌得以树立崭新的整体形象,由良好的品质和创意而非成本竞争带来更好的收益,以及更高的国际口碑和地位;更让现在的韩国成为一个成功的"设计兴国"的典范,由设计大国走向设计强国。

设计振兴院是在韩国独有的文化和时代背景下产生的，但它的理念与管理模式值得亚洲乃至世界上任何一个期望提升设计竞争力的国家借鉴。这种在政府推动下带来的"全民设计"时代，让我们可以预见，未来设计创新将成为所有国家不可忽视的能力。

参考文献

［1］冯冠超：《中国风格的当代化设计》，重庆出版社，2007。

［2］采访韩国设计振兴院院长李一奎，《设计》2006 年第 11 期。

［3］冼燃：《设计，韩国崛起的秘诀》，《新经济杂志》2009 年第 7 期。

［4］田雪：《从学习中有感韩国艺术教育与设计发展》，《青春岁月》2011 年第 12 期。

［5］李一奎：《中韩将成为亚洲设计强国》，《互联网周刊》2006 年 8 月 14 日。

［6］谭端：《韩国设计凭什么崛起——设计振兴学院的重要角色》，http：//biz. 163. com/06/0704/15/2L6SNU6S00021UUI. html，《互联网周刊》2006 年 7 月 5 日。

［7］沈榆：《韩国设计振兴的历程——创立国家设计振兴模式》，《设计》2006 年第 11 期。

［8］李一奎、周红玉：《红星奖要结合自己的传统和文化》，《新经济导刊》2006 年第 23 期。

［9］"Next Generation Design Leaders"，http：//designleader. kidp. or. kr.

［10］李琨：《浅析韩国的设计教育》，《美术大观》2012 年第 7 期。

B.29

B^{LUE BOOK}

英国设计委员会——转变的力量

朱海蛟　张立群*

摘　要：

作为世界上最有影响力的设计推进组织，英国设计委员会自成立以来，以其独特的身份与定位，坚定不移地致力于商业和公共服务领域的设计推进，利用设计进行变革，并逐渐成长为一个具有影响力的设计推动协会，其在商业、环境、组织领域的应用卓有成效。同时，良好的研究与应用循环使得设计委员会将在这些领域实践获取的经验快速反馈，保证了它的设计研究辅助设计政策、方向，做出符合民众、经济发展和时代选择的调整。它完美地使英国政府、工业与零售业企业、设计组织与个人以及设计教育与科研平台相结合，从源头上推动了全社会共同促进设计的发展，在英国近现代设计的发展与应用历程上居功至伟。英国设计委员会的成功，包含了从政府的大力支持与推动，切合时代特征与社会发展的定位，到敏锐地发现需求与机遇，以及方法与进程的合理选择。本文针对设计委员会的发展历程及其对于英国设计政策体系影响的广度与深度进行探究，从既往的经验、当前的广泛呈现、对未来的深远影响方面进行了叙述。

关键词：

设计推进　商业　民众　时代性　组织

---

* 朱海蛟，上海交通大学硕士研究生；张立群，上海交通大学副教授，上海交通大学设计管理研究所所长。

一　概述——转变的力量

英国设计委员会官方网站上对于其本身的定义为：一个服务于公众的公益组织，致力于推进设计和建筑的发展，委员会使人们用设计将机构、商业和环境转变得更好。这一简短的介绍包含英国设计委员会的核心：致力于造福民众，推进设计与建筑的发展，注重设计在组织、商业和环境等领域的应用。作为世界上历时最长、最具影响力的设计促进组织之一，英国设计委员自成立至今历经半个多世纪，始终扮演跨领域协调平台的角色，有机地联系了英国政府、企业、设计机构、设计师个人、教育和设计研究等领域。英国设计委员会的研究活动涉及设计教育、设计研究、设计批评以及咨询、展览、设计奖项、设计实践等，包括设计方法的研究与设计工具的开发，通过长久及多样的活动、刊物、奖项促进英国设计的全面构建与发展。可以说，英国设计委员会联系了英国个人、政府、组织、企业等各方面创新的力量，推动了英国的政策、设计产业、企业、商业、教育乃至国家创造力的开拓。英国设计委员会最大的贡献在于使设计成为英国民众普遍接受的技术与产品要素，设计本身成为英国的一个重要产品，政府的经济、文化、教育等机构则成为这个产品的销售主体。

英国设计委员会成立之初就得到了英国政府的扶持，从英国政府获得资金，与政府经济、贸易部门有密切合作，是一个半官方组织。最初，英国设计委员会主要从设计展示、商业和设计政策等方面促进英国设计的发展，后来扩展到设计传播、公共服务、设计学习、组织构建等领域。到今天，设计委员会已经成长为一个"启发新的设计思维，开启众智，协助政府制定政策以提高（民众）日常生活，应对未来挑战"的设计组织。

英国设计委员会凭借其切合时代特征与社会发展的定位，以及对合理的方法、进程的选择，完成对英国社会设计观念的普及与推广，塑造了英国近现代商业与工业的繁荣与发展。它主导了英国设计政策体系的建造，推动了英国的设计与整个经济体系的发展。

二 发展历程

根据英国设计委员会的策略、工作范围、方式的不同，可以其发展历程大致分为三个阶段：初期探索阶段、快速发展阶段、全新阶段。在不同的发展时期，英国设计委员会面对不同的问题与机遇，基于英国政府的大力支持与策略方法的及时调整，英国设计委员会稳步地推动了英国设计的发展。

（一）前身与初期的探索

英国设计委员会的前身——工业设计委员会（英国）成立于1944年，是隶属于国家工贸部的政府机构，其成立的初衷是通过加强与商业、教育部门的联系，促进整个国家的设计发展与应用，主要为英国工业企业提供设计咨询、情报；组织设计展览、规划设计展示；开展设计推进、研讨活动；向民众与政府宣传普及工业设计知识，使其获得接受与认可。

工业设计委员会下设两大部门及一个中心，即工业部、资料部与设计中心。工业部的主要服务对象是工业设计人员、制造商与企业；设计中心是工业部下设的以提供世界范围内的工业设计信息与情报为主的机构；资料部主要的服务对象是广大市民、消费者和儿童，目的在于对国民进行工业设计教育。

工业设计委员会成立的背景是为了解决当时英国经济面临的重大问题——国际设计不断发展的趋势和英国日渐衰退的经济形势。20世纪30～40年代，随着近代工业的发展，美国的设计受到消费环境的刺激，作为少数参与第二次世界大战本土却没有遭受战火洗礼的国家，良好的国家发展环境为设计的发展创造了优越的环境。同时，随着国家实力的提升，以美国为主导的消费设计文化迅速传遍世界，带动了许多国家设计的发展。由于战争的影响与产业结构的老化，英国的经济萎缩，国际影响力下降，设计也无法取得发展。为了能使英国的产品参与国际产品竞争，当务之急必须做出政策上的调整，设计成为政府机构提高英国产品竞争力的有效手段。1931年成立的艺术与工业调查委员会说明，设计没有工业的支持是无法取得良好的发展的。1934年成立的艺术与设计委员会设立了一系列目标：教育消费者；培训设计师；提高工业设计总体

水平等。这些目标成为后来工业设计委员会践行的原则与指导方针。

1944 年，英国战后经济重建，成立了工业设计委员会，其宗旨是：尽可能以所有可行的方式促进英国工业的产品设计发展水平的提高，重要任务是借战后重建的契机，传播设计的新概念，树立新的消费形式。在之后的十多年里，工业设计委员会不断通过教育、零售业、设计展览、设计传播等方式普及设计观念，推动设计的发展与应用。

（二）更名与快速发展

从 1959 年开始，Paul Reilly 领衔的工业设计委员会开始将对技术与工程设计的重视引入设计组织的工作中，也触发了 20 世纪 70 年代初期工业设计委员会更名为"设计委员会"。从 1977 年开始，掌管设计委员会的 Keith Grant 主张提高组织的公共曝光率，致力于在学校内培养视觉素养和设计意识。

设计委员会的发展与改变源自 20 世纪 50~60 年代主流消费者的转变。这个时代的主流消费者生活于物质丰富的时代，颠覆了之前以实用主义为核心的设计观念，"消费品美学来自流行艺术"，丰富的物质生活带来了流行艺术的多元化，也影响了消费品的美学方向，消费品设计开始趋向富有表现力。设计委员会发现，社会发展形态需要具有不同的形态和审美，时代要求社会为新的设计师创造机会，同时必须要向海外推广英国设计，加之受美国商业文化的影响，设计开始正式走向商业化。于是，英国设计委员会着手从英国设计教育与研究、设计观念的传播、设计的应用方向以及设计人才队伍的规范与培养等方面全面推进英国设计。

在社会群体的选择上，设计委员会从能快速接受新事物的儿童入手，通过课程与观念的教育着手塑造民众的设计观念。在当时最具影响力的零售行业，设计委员会开始有针对性地面对能决定大众审美取向的女性，结合商业、工业以及官方组织等，通过广告业、战后重建的公共场合室外设施以及各类杂志与媒体，全面塑造全社会的设计观念。设计委员会大力推进与工业、商业的合作，将设计师推向广告业，这也在日后促使设计师具有强烈的商业意识。

自 1949 年创立的《设计》杂志当时已颇具影响力，设计委员会继续通过杂志进行设计思想的传播与交流。为了鼓励设计师并向民众宣传优秀的设计产品，设计委员会设立了设计中心年度奖、爱丁堡公爵优雅设计奖等奖项。为了加强设计与工业的联系，委员会成立之初便建立了设计展览中心，不断向民众展示优秀的工业设计产品，传播设计与产品质量的观念。为了有效地培训设计师的专业技能以及提高艺术院校的设计教育水平，设计委员会维持了设计师职业注册体系，规范了设计师队伍的发展。

（三）重新思考的全新阶段

20世纪80年代，英国经济进入新的发展阶段，自由的经济造就了富裕的年代，也使得消费观具备了自由与多元的特征，一部分追求"生活方式"的富有阶层将消费设计作为他们追求生活方式的实现途径，进而促成了面向此群体的设计与相关商业的快速发展。更重要的是，商业和设计的蓬勃发展造就了设计师的地位与价值，设计从文化和消费层面成为公众日常生活中的一部分。设计同时获得了公众生活观念与商业价值领域的认同，设计也依托用物成为人们规划生活方式、区分消费群体、彰显社会地位的标准之一。"设计文化"成了社会文化的有机部分，设计成为国际市场上的商品。

当时商业与设计的结合主要体现在商店设计和餐厅设计的热潮上，由于消费时代的来临，零售服务业的商店与餐厅成了最迫切需要设计的领域，也成为展示设计的最佳领域。两者的结合不断地巩固了民众的设计观念，这一切最终促成了英国民众对于设计的完全认同。为了规范设计师组织，提高设计师素养，设计委员会联合设计教育部门以及商业、设计组织，成立了多领域的、类型丰富的设计组织机构，包括 CSD－皇家特许设计师协会，RSA－皇家艺术、制造和商业促进协会，D&AD－英国设计及艺术协会，DBA－设计企业协会等。这些委员会的设计师成为一个被社会普遍认可的群体，也规范了设计师创造经济价值的途径与方式。

20世纪80年代至今，由于消费型经济的膨胀、泡沫经济造成的大量资源的浪费，以及众多工业环境人文问题的产生，设计开始趋向如何更好地实现人、物与环境的平衡，设计开始走向为合理而设计，而非简单地为目的而设计。特别是从20世纪末开始，英国设计委员会开始以全方位、多层次的资源"整合者"与"协调者"的面貌继续影响英国设计公共政策的发展，从单纯的自然资源的整合到英国国家的政治、经济、文化发展资源的整合，从人类社会与自然关系的协调到各行业、组织、个人乃至利益的协调。英国设计委员会逐渐完成了从设计到企业、从公共政策到民众乃至整个英国经济体系的创新能力的推进。这种社会整体力量的联动模式，在当今设计与创意产业逐步全球化与策略化的趋势之下，能正确地引导设计发展、高效地进行资源的合理配置、更好地推动国家与社会的进步。

时至今日，设计委员会在以往输出商业出版物、服务和营利性活动的基础上，开始进行倡导建议、影响和游说，英国要做的是在世界范围内推动设计的最佳应用，促进繁荣与提高民众福祉。设计委员会开始致力于与商业、教育部门及政府的沟通，将引入前瞻性的视觉文化、团队协作的文化，以及着手建立与关键意见领袖组织建立合作关系，作为一种激发民众使用设计的新方式。

三　背后的探究与借鉴

（一）渊源与契机

英国设计委员会的建立有其独特的渊源。英国是世界上最早实现君主立宪的国家，其国家的特性是习惯自上而下的，并尽量寻求温和的方式进行改变。地理位置的独特性造成英国大多数时候独立于欧洲之外进行自我发展，英国人对于传统的尊重和继承也使其倾向于从自身寻找突破口，政府愿意扮演这样的角色，也有能力扮演这一角色，而西方国家特有的自由与平等思想，使得民众普遍愿意创造和推广平等学习的机会，所以，当设计成为国家普遍推广的一种新的观念与技术时，民众愿意热情地参与到学习当中。英国设计委员会就是建立在这种特定的文化与政治基础之上的，这样的文化观念也是英国设计委员会制定设计推进战略的核心依据。而英国不同时期的经济发展特征与民众需求，给了英国设计委员会推进设计发展的契机。英国设计委员会在其设计推进的过程中，清晰、准确地把握了设计的核心——经济的发展需要与民众的需求。

（二）经验与借鉴

传统英国设计坚持的中心价值是"手工精湛、坚固结实"，其本质是理性的设计。实用主义是两个多世纪以来制造性设计的灵魂，而英国设计自始至终都是从实用主义的合理目的出发的，也坚持着其传统手工制造业的核心——设计制作进行一体化发展。这样的设计理念促使英国设计将传统完美地融入现代设计，形成了以功能和美为基础的设计准则。作为世界工业设计的发祥地，英国与大多数国家不同，其工业设计从最初就得到了政府的直接扶持，政府对于工业设计发展的推广和恰如其分的参与，形成了政府与民众、产业的良好互动。对于究竟如何全面、有效地推动国家的设计发展，英国设计委员会给了我们足够的启示。

第一，组织建设的重要性。合理的组织建设是推动设计发展的根本保障，追求技术发展的同时，必须有相应的组织作为匹配，才能保证技术的良好实施和应用。

第二，设计如何获得大众与行业的认同。设计必须要获得大众与行业的认同，这一切都归根于设计价值被大众认同。英国设计委员会选择的方法是双规并行，从民众的认知层面推进设计，提高民众对于美学及优秀的设计与产品的认同；同时，以设计真正、切实地提高产品品质，改善民众的生活，只有这样设计行业才有其存在的价值，才能不断地获得认同与应用。

第三，循序渐进。相信在经历了对一味快速发展的反思后，设计作为一个文化、艺术与技术交融的学科，更应该让我们明白的是，它的诞生需要文化的积淀，它的被认同更需要时间的累积。

第四，设计的本质是创新，企业的本质也是创新，那么设计对于企业的发展就具有实际意义。设计可以成为企业创新的推动力量，因此，设计必须发挥其创新的本质才能获得企业的认同。

第五，设计的发展必须结合国家的特性，英国独具特色的零售业与商业的发展成为设计传播的催化剂，与设计的相互促进成为英国设计发展的最佳媒介与完美平台。

第六，英国设计委员会对于组织定位的明确及其对方法和途径的选择值得我们借鉴，其注重理论、实践并用的敏捷制造（Agile Manufacturing）理念，形成了"研究—应用—传播—研究"的良性循环，推动设计以理性的方式飞速发展。

从根源上看，以设计驱动的核心价值观支撑着整个英国工业设计协会，同

时以高效的方法和企业化的方式运作，协会依托工业专家、设计师和组织架构搭建了全国性的敏捷制造系统（Agile Manufacturing System，AMS）。具备这样特性的组织网络能够整合资源，充分发挥工业设计在国家工业技术发展中的作用，及时从企业、行业、教育等理论与实践领域得到对于设计应用和发展新趋势的反馈，形成良性循环，促进工业设计的合理、快速发展以及在工业、商业与生活方面高效的应用。

参考文献

［1］王受之：《世界现代设计史》，新世纪出版社，1995。

［2］Design Council，"The Power to Transform"，http：//www. designcouncil. org. uk/publications/Power – to – transform.

［3］朱谷莺：《政府推广下的英国现代设计》，清华大学硕士学位论文，2004。

［4］刘爽：《英国设计委员会政策影响力初探》，中央美术学院硕士学位论文，2008。

［5］参见 http：//www. designcouncil. org. uk。

台创——推动台湾工业设计发展的机构

姜鑫玉　马婉秋　吕 阳＊

摘　要：

近年来，工业设计在台湾经济发展中扮演了越来越重要的角色，台湾当局以及社会力量在推动设计产业发展上发挥了重要的扶持作用。本文主要从台湾设计组织、设计报刊、设计院校、设计园区、设计公司五个方面概述推动台湾工业设计发展的机构及其贡献。

关键词：

台湾　工业设计　机构

一　绪论

台湾当局以及社会力量在推动设计产业发展上发挥了重要的扶持指引作用，设计产业在台湾经济发展中扮演了越来越重要的角色。表1显示了台湾工业设计发展的历程。

表1　台湾工业设计发展历程

年份	事件
1961	台湾生产力及贸易中心机构设立产品改善组
1961	邀请美国工业设计师从事观念宣传及讲习
1963 ~ 1966	邀请日本千叶大学吉岗道隆教授每年暑期到台湾地区举办工业设计培训班
1967	台湾工业设计协会成立，各院校成立工业设计系
1973	台湾工业设计及包装中心成立

＊ 姜鑫玉，东华大学讲师；马婉秋，华东理工大学硕士研究生；吕阳，华东理工大学硕士研究生。

续表

年份	事件
1973	台湾工业技术研究院成立
1974	举办台湾第一届产品设计大赛
1979	外贸协会设立产品设计处接替工业设计及包装中心工作
1981	外贸协会设立产品设计处举办产品与包装优良设计大赛及展览
1988	台湾浩汉工业设计公司成立
1995	国际工业设计协会联合会在台湾地区召开了第19届设计大会
2003	台湾创意设计中心成立
2004	台湾创意设计中心正式启动
2011	台北举行由ICOGRADA、ICSID、IFI联合举办的主题为交锋的世界设计大会

从台湾工业设计发展历程中可以看出，台湾工业设计的发展与台湾当局、产业界、教育界等的努力推动密不可分。本文从台湾设计组织、设计报刊、设计院校、设计园区、设计公司五个方面介绍推动台湾工业设计发展的机构及其贡献。

二 设计组织

（一）台湾工业技术研究院

台湾工业技术研究院（以下简称"工研院"）创立于20世纪70年代中期，是台湾最大的产业技术研发机构。工研院拥有6个大型研究所以及若干个小型研究中心，研究范围涵盖台湾产业界大部分重要科技领域，并建立了完整的研发、应用与服务体系。工研院除了在岛内设立服务站点外，还将服务推广至全世界，逐步成为国际级的技术研发机构。

工研院以"科技研发带动产业发展，创造经济价值，增进社会福祉"为己任，以"推动台湾工业的发展，引领经济起飞"为目标，从创新研发、人才培育、智权增值、衍生公司、育成企业、技术服务与技术转移等方面，有效地促进了台湾的产、学、研合作，对台湾产业转型升级产生了举足轻重的影响，见证了台湾从以农业、手工业为主的经济体向深刻影响全球科技链条的

"科技岛"的转变。

至今，工研院共培育了165家公司，申请专利超过1万件，促进了台湾前瞻性、关键性技术的快速发展。为促进台湾的产业转型，工研院采取了一系列的措施：在体制上，推行官、民、学三位一体的整体推动体制；在战略上，逐步提升研发层次；在方向上，注重前瞻性技术的研究；在组织上，通过整合资源建立强大科研体系；在管理上，实行非营利机构企业化；在业务上，与产业界保持紧密的联系；在人员上，坚持国际化人才战略，不断引进海外技术人才。这些措施极大地提升了台湾的产业技术水平，推动了台湾的产业转型升级与经济的持续发展。

（二）台湾设计推广中心

1979年，外贸协会成立设计推广中心，通过战略规划促进设计政策的实行，将设计推广作为其贸易发展的主要方式。

设计推广中心从许多设计方面进行研究，如流行色的趋势和应用、人机工程学的应用、计算机辅助设计。此外，设计推广中心还推进规划性研究，如对消费者行为的考察与判断、生态设计的目标和模式、设计相关信息的交流。同时，设计推广中心组织"顾问计划"，以联合制造商与海内外设计师为目标市场设计产品。制造商将总开支的50%用于设计开发产品，同时设计推广中心也为制造商提供相关的设计服务。设计推广中心聘请海内外老师，同时也输送设计师到海外接受培训，而培训任务由许多机构协助完成，设计推广中心主要发挥协调作用。

设计推广中心的主要贡献体现在设计交流与设计推广上，其组织的设计交流活动如下：①台北国际设计交流：通过向公众介绍最新产品，提升制造商的形象，同时也使海外设计师了解台湾市场与资源。台北国际设计交流的主要特色在于其将设计与技术和本地区的制造技术相结合。②青年设计师展：该展览汇集应届毕业生的设计作品，为应届毕业生提供一个检验自身技能和展示他们创造才华的机会。③职业设计竞赛与展览：其目的是鼓励台湾地区重视产品设计，并运用设计技术来创造高附加值的产品。该设计竞赛与展览也包含传统意义上的非工业化产品，如家具、珠宝、钟表等。

设计推广中心在德国杜塞尔多夫、日本大阪、意大利米兰、法国巴黎等地建立了台北设计中心，这种综合功能的海外设计中心旨在帮助台湾地区了解欧

洲与日本市场以及它们的设计需求与趋势。设计推广中心使大众与制造商对设计及其重要性有更深的认识，同时为台湾地区树立国际设计优良形象。

（三）台湾创意设计中心

台湾创意设计中心（Taiwan Design Center）位于台湾南港软件科技园区，是台湾地区最高级别的设计中心。台湾创意设计中心主要为设计规划、前瞻研究、产业支持、资源管理、普及全民设计认知等项目服务，是台湾地区为推动设计服务产业发展而建立的专业机构，是台湾发展创意设计的一个合作服务平台。其主要功能包括推动台湾设计发展，提升全民设计认识，举办国际设计论坛、设计竞赛、创意设计博览会以及创意设计活动；鼓励本土优良设计，指导优秀作品参加国际设计大展，加强设计人才培育、扩大市场。

（四）台湾工业设计协会

台湾工业设计协会汇集产学界设计精英，开办设计培训课程，推广工业设计理念和先进的设计管理经验，培育通过产品创新打造台湾自主品牌的优质企业，提高其工业设计的国际竞争力。

台湾工业设计协会着力在产业界实现工业设计的核心价值，推动产业链升级，大力支持设计人才的技能培养，促进台湾地区产业及学术界设计人才需求适才、适性、适所。台湾工业设计协会积极倡导创造社会公益的设计活动，结合"设计为善、设计为公"的理念，借助产、学、研各界资源优势实施设计扎根的基础工程。台湾工业设计协会努力为台湾设计产业界提供更为优质的工作环境；鼓励青年设计师、在校大学生参与国际设计竞赛，扩大交流，展示自我；整合社会资源，促进设计与生活的融合，助力现代化文明社会建设。

三　设计报刊

（一）《设计学报》

《设计学报》创刊于1996年，是一部综合型设计学学术期刊，内容涵盖工业设计、视觉设计、建筑与环境艺术设计、设计史论、设计教育、设计管理等多个研究领域。《设计学报》致力于汇集设计相关领域的研究论文，以提升设计学学科理论研究水平、促进学术交流和学科发展为目标，提供具有公信力的发表与交流园地，以提升台湾地区设计学术研究水平。《设计学报》所刊载的论文具有较高学术价值，在台湾地区学术界享有较高声望。

（二）《设计》杂志

《设计》杂志由台湾创意设计中心发行，以创新、设计、品牌为主题，报道海内外设计资讯、研究成果、市场趋势等，提供海内外设计动态和相关分析。该杂志阅读年龄层分布广泛，主要对象为对美学、设计、创意思考感兴趣的消费者以及设计行业人士，该杂志有力地推动了台湾民众对设计的认知，并培养了民众的设计意识。

四　设计院校

台湾工业设计教育起步于 20 世纪 60 年代，其注重外来设计文化与传统本土设计文化的结合，重视多学科、多领域的跨界融合，强调工业设计的实践性，现已成为台湾成功模式的重要组成部分。其中，台湾实践大学、台湾科技大学等都是以设计专业见长的著名高校。

（一）台湾实践大学

台湾实践大学设有设计、管理、文化与创意等学院，为激发和培养学生的创意设计能力，台湾实践大学重视开展创意设计教育活动，并取得了较理想的效果。该校聘请国内知名设计师指导学生开展极具创意的设计活动，强化设置设计类实务课程，并开设设计工作室，为学生营造良好的创意设计平台和"工厂化的实践教学环境"。同时，学校还积极组织学生开展创意设计活动，鼓励学生参加或创办创意设计研讨会、创意设计大赛和成果作品展示会，积极为学生提供展示与交流的机会。

自成立以来，台湾实践大学为推动台湾工业设计教育做出了巨大的贡献，

培养了一批又一批工业设计人才。1991年起，实践大学逐渐成立专业设计科系，积极吸收海外归来人才。1997年，成立设计学院，海外归来人员占全院专职教师人数的71%。2007年，海外归来人员比例上升至82%。这些拥有国际教育背景的教师将国际化的美学品味与价值判断融入对台湾设计教育的反思中，对实践大学乃至整个台湾的设计教育产生了积极的影响。同时，学校聘请设计界的精英人士教授新兴产业的实务技术。近年来，台湾实践大学还与大陆多所大学开展合作办学，积极推动台湾与大陆工业设计行业的交流与互助，成果显著。

（二）台湾科技大学

台湾科技大学工业设计系成立于1997年，分为工业设计与商业设计两部分。该系重视理论与实务并重，通过理论与实践相结合的教学方式，为台湾设计界培养具备设计理论与设计实践能力的工业设计与商业设计人才。在教学上，注重引进新科技，强调计算机在工业设计与商业设计中的应用价值，注重增强学生计算机辅助设计的知识与技能，从而提升学生的设计质量。

五　设计园区

（一）文化创意产业园区

2002年，台湾正式宣布将文化创意产业列为重点发展项目，从政府层面重点培育该新兴产业，并随之展开相关的政府政策推动和多方推进，着力营造文化发展环境。具体措施包括以下内容：制定《文化创意产业发展法》并以此为参照，制定各专业领域的相关政策法规；建立跨部门的整合平台，整合资源以求高效运作，促进政府与文化创意产业的相互协调、跨界支持；成立"文化创意产业投资资金"为民间资本投资事业提供补助、贷款、奖励等资金支持；鼓励文化输出与文化创意产业在台湾以外的发展；重点扶持文化创意产业园区，以此形成周边产业链，带动投资与发展。台湾拥有众多文化创意产业园区，为构建台湾文化艺术交流平台、推动台湾设计发展发挥了重要作用。

在全球经济危机的影响和经济转型压力的影响下，台湾当局在 2009～2012 年，逐步投入超过 2000 亿元新台币的扶持资金。台湾文化创意产业在政府的积极支持下，结合其多元性文化，吸收大量海外创意人才，营造自由开放的设计环境，取得了令人瞩目的成就。

（二）新竹科学工业园

新竹科学工业园是台湾第一科技园，拥有雄厚的科研力量和众多高新技术人才，云集众多高科技电子企业，与高等院校和科研院所进行校企合作，实现了园区向高科技化、学院化、国际化战略的跨越式发展。工业园区拥有全球领先的电子信息产业基地，园区汇聚众多名牌企业，如宏碁电脑、华邦电子、旺宏电子、国联光电等，促进了台湾电子信息制造业向全球化发展进程迈进。

六 设计公司

1988 年，浩汉工业设计公司成立，它整合创意发展、产品设计、工程技术研究、模型设计等多个领域，提供系统的设计服务体系。浩汉工业设计公司陆续与全球知名品牌建立协作关系，设计开发创新产品，从 Toyota、Ford、夏杏、钱江、轻骑铃木等交通运输产品到 Motorola、BenQ、东信、Lucent、华为、海尔、海信等电子电器产品。公司秉承"持续创新、客户满意"的经营理念，从设计到量产全程电脑化设计开发，"设计→快速原型→逆向工程→快速模具→色彩贴饰"等流程均采用电脑作业。

浩汉整合全球专业资源，以项目管理为核心，发挥系统设计优势，为客户量身定制设计服务。客户获得的不只是单件产品设计，更是设计策略的附加值。总经理陈文龙整合国际优势资源，启动设计项目平台参与国际设计项目。他在 ICSID 理事任内的目标为：第一，建立全球性设计项目平台，共同参与跨文化设计，交流经验，提升国际设计水平。第二，鼓励亚太地区企业参与国际设计合作，扩大亚洲设计版图。第三，为国际设计学生提供多元学习机会，促使年轻设计师不断提高设计专业素养。陈文龙经常为设计系学生创造实习机会，支持学生从事个人设计实践。

七　结论

从设计发展的历程来看，台湾地区十分重视工业设计的发展，并努力与国际接轨。台湾现今设计产业的发展备受重视，目前台湾已成为国际上重要的高科技产品生产基地。台湾地区设计机构在推动设计产业发展上起到了重要的指引和促进作用，设计在台湾经济发展中将扮演越来越重要的角色，台湾设计产业逐渐在国际舞台上崭露头角、绽放光彩。

B.31
广东工业设计城

张建民*

摘　要：

位于广东顺德的广东工业设计城是以工业设计产业为核心的现代服务业聚集区，为广东乃至全国产业转型升级提供优质的工业设计服务。该园区的改造设计由张建民领导的中世纵横设计公司担纲，其独特创意和跨界的改造理念让原来破旧的厂区变成了具有设计感的园区。张建民和他的团队见证了广东工业设计城从无到有的过程，用创意智慧和汗水成就了广东工业设计城的园区环境和气质。

关键词：

设计城　转型升级　博弈　跨界设计

一　简介

广东工业设计城规划面积2.8平方公里，是以工业设计产业为核心，串联工业设计产业链的上游和下游，并为其提供高端增值服务的现代服务业聚集区。目前已入驻来自国内外近100家工业设计公司，入园设计师1000余人，年成交工业设计成果近万例。广东工业设计城的核心业务主要以产品设计为特色，以广东制造业市场为对象，立足于珠三角产业升级和优化大背景，为广东乃至全国制造产业提供工业设计服务。

＊　张建民，中世纵横设计有限公司，董事长，首席设计师。

广东工业设计城采取政府主导、专业化管理、市场化运作的模式建设，是目前国内最有影响力的工业设计主题园区，也是工信部和国家知识产权局的工业设计示范基地。2012年12月9日，习近平总书记在参观广东工业设计城时对其给予了充分肯定，并希望其发展壮大。

广东工业设计城选址广东顺德区北滘镇，城区以存量土地为主，以工业用地的功能置换和工业区改造升级为主，不搞"大拆大建"，节约社会资源。主体范围为：以广东工业设计城为核心，环绕三乐路—105国道—跃进路—南源路—环镇西路—南河路—南乐路所合围的2.8平方公里的区域面积（见图1）。

图1　广东工业设计城规划

二　园区发展

广东工业设计城原是20世纪80年代的旧厂房，考虑到广东工业设计城是顺德制造业转型升级的重大战略部署，是一局角力全球制造产业链的关键博弈，我们选用了最能体现中国传统文化和智慧的"围棋"作为核心创作元素，融入中国围棋布局的理念，将创造力与文化特色的元素带进了园区整体改造设计之中。

我们的创意理念是以地面为盘，以建筑为子，充分运用了围棋元素来演绎出各种视觉变化；没有等级，只有黑白，通过黑白的自由组合，经纬交错，以园为局；黑白相间，以屋为子；集纤小成大观，以汇聚为力；从无序到有序，开腾飞气象，也体现了创意设计所独有的多样、组合、创造与变化，展现出创意设计所独有的力量（见图2）。

同时，围棋的趣味在于博弈，广东工业设计城的诞生正是一盘新时期顺德发展的关键棋局，是一盘顺德制造迈向顺德创新、顺德创造的战略性棋局，是用民族工业设计振兴民族制造业的"布局"。

在整体创意与思路确定之后，我们开始了园区重点部分的创意工作。在几个节点上发挥想象力，用设计的艺术手法，为园区的

图2　旧厂房外墙面改造

整体效果添一份风景。这包括装置（机器人）设计、主题形象雕塑设计、广东工业设计城建筑外立面设计、广东工业设计城导示系统设计、广东工业设计城园区公共设施设计、广东工业设计城园区餐厅设计、综合楼外立面改造设计。

三　园区设计案例

（一）装置（机器人）设计

机器人是自动化高科技的代表，以机器人作为园区的迎宾者是园区先进、现代、与时俱进的体现。另外，考虑到工业园往往会给人一种距离感，所以通过机器人造型和肢体语言的设计最终表现友善的迎宾感觉。园区机器人将是园区画龙点睛之笔，是园区魅力的体现：一是色彩以黑白搭配为主，以色彩来体现园区没有等级，只有黑白自由组合，创造与变化的理念。二是"巨人"，机器人身高3米，肩宽1米，以雄壮的体型来表现创意设计所独有的力量感。三是友善的肢体语言，机器人左手微曲并向上举起，右手自然放

下，就像对来往的人说一句："Hi!"机器人背后隐藏投影机，园区举行晚会活动时，可以打开该投影机，通过信号传输投影到餐厅外立面的投影幕上，满足使用需要。

（二）主题形象雕塑的设计

广东省 30 多年改革开放形成的雄厚而强大的现代制造业基础，为工业设计与制造的市场化"亲密"接触提供了得天独厚、不可或缺的市场对接与产业支撑优势。主题形象雕塑立足于顺德的产业特征，以天外陨石为中心由建筑物延伸的四段线索每根分别与陨石连接，象征着以工业设计为中心拉动整个制造业的发展，从而推动城市经济的新一轮发展。在设计方面体现了"极轻"与"极重"的对比，形成强烈的视觉冲击。

（三）广东工业设计城建筑外立面的设计

"OP ART"，中文译为"欧普艺术"，又被称为"视觉效应艺术"或者"光效应艺术"。它是利用人类视觉的错视所绘制而成的绘画艺术，它主要采用黑白或者彩色几何形体的复杂排列对交错和重叠等手法造成各种形状和色彩的骚动，体现有节奏的或变化不定的活动的感觉，给人视觉错乱的印象。广东工业设计城设计原创性地采用围棋黑白棋子与建筑的结合，在建筑主立面，黑白棋子 1:1 混配，形成无序的、充满想象力的图形，在山墙部分，棋子由无序到有序形成具有视觉冲击力的波普艺术图形，暗喻设计从无序到有序的过程。半圆弧状的黑白棋子在阳光下晶莹剔透，形成独特的视觉效果（见图 4）。

（四）广东工业设计城导向标识的设计

广东工业设计城导向标识的设计不仅在视觉功能上发挥了导向作用，而且融合了整个园区的设计理念。时尚的金属支架上镶嵌黑白棋子，与园区的围棋布局交相呼应。然而，这似乎还缺少了一些东西。于是，我们在考虑导向功能的同时考虑了人们的视觉感受，相信抽象的人物笑脸会使人在广东工业设计城备感亲切、愉快。

图3 广东工业设计城建筑外立面改造前、后对比

（五）广东工业设计城园区公共设施的设计

踏进工业设计城便会发现这里的地面不是普通的地面，更像是一盘棋局（见图5a）。我们充分发挥了围棋的设计理念，将整个园区的地面划分为6米×6米的小格，再配以黑白棋子状的舒适座椅和棋格景观。棋格景观主要用水格、草格、木格和石格起到装饰和点缀作用，行走于园区，犹如畅游在围棋棋局之内，徜徉在智慧海洋之中。

（六）广东工业设计城餐厅的设计

设计来源于生活，同时改善生活。在注重品质的园区内，餐厅显得尤为重要，这里是设计师的能源之源，是未来美好生活的基地。为了设计师带着好心情去吃饭，品味艺术，我们特意在餐厅也加入了艺术的元素，那舞动的身姿不就是创意灵动之美吗（见图5b）？

（a）　　　　　　　　　　　　　　（b）

图4　广东工业设计城园区改造前、后对比

注：（a）地面、座椅设计；（b）园区餐厅。

（七）广东工业设计城综合楼外立面改造设计

作为园区唯一一栋新建的建筑，综合楼设计不合理，风格与园区其他建筑差异明显，我们在外立面改造设计中，巧妙地把园区入驻企业的公司简称转化为黑白的棋子，利用整幅墙体设计成巨大的棋盘，这既是园区企业实力的展示，也呼应了园区的围棋创作主题，具有强烈的视觉冲击力和丰富的内涵（见图5、图6）。

图 5　广东工业设计城综合楼外立面改造前

图 6　广东工业设计城综合楼外立面改造后

四　园区荣誉

广东工业设计城成立至今获得的部分荣誉如下：工业和信息化部授予

405

"国家新型工业化产业示范基地";国家知识产权局授予"国家工业设计与创意产业基地";广东省经济和信息化委员会授予"广东省工业设计示范基地";广东省文化厅授予"广东创意设计文化产业园区";广东省现代服务业集聚区;广东现代产业 500 强项目;广东省产业转型升级突破重点项目。

同时,广东工业设计城被纳入《2010 年广东省人民政府工作报告》《关于促进我省工业设计发展的意见》《广东省国民经济和社会发展第十二个五年规划纲要》《广东省建设文化强省规划纲要 (2011~2020 年)》。

有了国家对工业设计产业发展的关注与支持,项目本身的定位清晰、明确,广东工业设计城从一个镇级主导的旧改项目,升级为部(工信部)省共建的重点项目,广东工业设计城必将继续孵化出更优质的设计,引领"中国制造"到"中国创造"的飞跃。

深圳设计产业园案例研究

刘　振[*]

摘　要：

本文对深圳设计产业以及深圳设计产业园的建设发展进行了深入的剖析，分析了深圳设计产业园在设计管理建设方面的创新与突破，以及在此过程中产生的"协会＋园区"的创新运营模式。文章还对此运营模式以及由此带来的设计公共管理方面的创新及影响进行了分析，阐述了深圳设计产业园对促进深圳工业设计发展与提高做出的贡献，揭示了工业设计公共管理创新对整体产业发展的重要意义。

关键词：

工业设计　设计产业园　运营管理

一　园区简介

深圳设计产业园地处交通便利的南山大道，南邻深圳交通动脉北环大道，位居风景秀丽的中山公园的东端，规划建筑面积25800平方米，由"金、水、木、火、土"五栋大楼以及展览厅、设计师星光大道、多功能会议厅等共同组成，拥有完善、齐备的功能定位和硬件设施。深圳设计产业园以工业设计行业为中心形成一个以吸引、培育、孵化创意设计（项目）为核心，以制造企业集聚为基础，销售渠道多元化，构成完善的产业链，促进深圳文化产业的整体优化与升级，并已打造成一个以设计师为主导、以入驻企业为主人翁、以

---

[*] 刘振，深圳市设计联合会常务副会长兼秘书长。

"设计产业链"为主题、以打造"行业总部"为目标的创意产业园。

目前已有深圳乃至全球近60家优秀工业设计及配套公司入驻园区，相互之间形成了集群效应，并日渐成为工业设计创意萌生和实践的乐土，成为深圳工业设计产业再创新绩的林地。园区搭建包含创意产品（项目）孵化基地、人才培训基地、资讯发布中心、创新电子产品交易中心和知识产权交易中心的公共服务平台，促进了深圳市的整体产业优化与升级。

二　发展状况

（一）起步阶段

深圳设计产业园是伴随着深圳设计产业的发展而不断进步的。2008年深圳被联合国教科文组织评为"设计之都"之后，深圳工业设计获得了难得的快速发展机遇，社会各方面对此关注更多，但同时行业发展中存在的诸多问题也逐渐暴露出来，恶性竞争、成本上升、产权保护不力、设计企业家底不厚、人才缺乏等诸多不利因素极大地制约了工业设计的发展。经过多年的发展，深圳一些工业设计企业已经开始在国际上崭露头角，这极大地刺激了深圳工业设计的发展与进步，深圳的工业设计产业进入了一个调整、整合的阶段。深圳设计师的思考开始从低层面的外观设计逐渐向品牌整合设计转变。品牌整合设计需求对设计公司提出了更高的要求，从成本控制到设计交易、市场销售等都对设计公司的成败具有重要的影响。大多数中小设计公司不具备完整的产业能力，需要产业链上资源的协作才能实现创新。在此背景下，2009年在深圳市设计联合会的框架下，协会秘书长及几位副会长联合打造的深圳设计产业园应运而生。深圳设计产业园以设计师为主导，走出一般园区"二房东"的角色，从设计企业的实际需求出发，提出打造产业链式园区的概念，受到业内企业的广泛欢迎，园区开园几个月内即实现完全入驻。在50余家入驻企业中，其中70%是工业设计公司，另外的30%则囊括科技公司、方案公司、模具公司、策划公司和市场销售公司，形成了中国第一条"工业设计产业链"。

（二）完善阶段

政策与产业的对接，产业与国际接轨，需要有上传下达的渠道，而深圳设计产业园的产业链，则将这一渠道平台的优势发挥到了极致。设计产业园通过打造设计产业链，完善公共服务平台（检测平台、金融平台、手板厂、全国第一个设计类专业图书馆等），为入驻企业提供"一站式""保姆式"的扶持，使设计企业和园区都得到极大的发展。园区50余家入驻企业经过园区精心的培育发展到近60家，多家企业的规模得到拓展，在园区挂牌成立了子公司。深圳设计产业园也相继被评为深圳首批"文化+旅游"文化产业园区和中国工业设计园区联盟副主席单位等。

（三）拓展阶段

随着产业链内容的不断完善，深圳设计产业园适时推出了"园区+协会"的运营模式，协会积极搭建各种沟通平台，为企业举办各种交流活动，组织企业参加国内外展览，为企业申报项目、争取政府扶持、搭建投融资平台等。园区则为各项平台提供实体、实地的平台建设保障，如手板厂、图书馆、会议厅等。通过"园区+协会"的创新运营，极大地丰富了工业设计产业链的资源，并提高了产业链协作的效率，受到了各级领导及同行的纷纷称赞。深圳设计产业园在此基础上，成功地将产业园辐射到全国各地，孕育了中国义乌工业设计中心和郑州国家知识产权设计产业园等，这些园区不只是简单地复制，而是根据当地的产业特色与特点制订了不同的发展战略。此外，深圳设计产业园不仅仅是将先进的运营理念传播出去，而是依靠"协会+园区"的运营理念，带动协会内的优秀企业与产业园同步到各地去发展，为各地培育自己的工业设计产业基础，也帮助园区内的企业和协会会员实现了企业自身的发展。

三 运营模式

目前，中国的创意园区大概分为几种模式：政策导向型园区，即由政府

统一开发管理，如中国（怀柔）影视城；开发商导向型园区，由开发商投资建设并进行统一规划和管理，如南海意库；艺术家主导型园区，艺术家自动聚集和自动孵化后形成某个产业集聚，如深圳大芬村等。与这些模式不同，深圳设计产业园的组织和管理者都是设计师出身，是由一群专业设计师自发组建起来的创意园区，园区的定位也非常明确，就是"以工业设计为主的专业园区"。

深圳设计产业园在策划初期，就已经形成了思路，在"以工业设计为主"之外，还提出要打造一个"设计产业链"：前端以工业设计公司为主；中端有方案设计公司、手板模具公司；后端有品牌策划公司；末端还有市场销售代理公司渠道，可以使商品由设计到销售都在园区内完成，实现产品利润的最大化。

深圳设计产业园以服务工业设计师为宗旨，以工业设计为核心，是中国第一个整合整个工业设计产业链集群效应的设计产业园。"协会＋园区"为主体的创新运营管理道路，将园区的公共平台服务扩展到使全体会员企业受惠，同时广大的会员企业又为园区的成功运营提供了重要保障，实现了双赢。2012年底，在"协会＋园区"运营理念的基础上，在政府政策的支持下，深圳市中小企业公共服务平台、公共技术服务平台在深圳设计产业园开始建设，中小企业公共服务平台建成后将与全国统一的中小企业服务平台联网运行，为企业提供招聘、设计交易等各方面的信息服务。公共技术服务平台则建设快速设计与验证中心、小批量试制检测中心、NCS 国际色彩检测中心，以进一步完善和弥补设计企业在工业产品设计和生产环节相关公共技术和配套设备的缺失。目前，手板厂、高低温检测中心、电磁屏蔽室、国际色彩检测中心等都已建成，3D 打印设备正进入公开招标购买阶段，很快也将进入快速设计与验证中心，新材料、新工艺实验室正在规划建设中，一个系统完善、服务全面的公共设计服务平台正在形成，将为深圳的工业设计企业降低成本、提升企业设计力与竞争力打下坚实的基础，这些建设项目都是基于"协会＋园区"的有力支撑。"协会＋园区"的创新型运营管理模式，不仅为会员及企业带来了实实在在的利益，而且为协会与园区凝聚了更大的向心力，推动了协会与园区的各项建设。

"协会＋园区"的运营模式还具有以下优势：其一，"协会＋园区"的运营模式，避免了政府资源的重复投资，提升了政府投资的效率。其二，"协会＋园区"的运营模式整合了多方资源，有利于建立完善的社会公共设计服务体系。其三，"协会＋园区"的运营模式有利于集中力量办大事、要事。其四，"协会＋园区"的运营模式有助于产业链上企业之间相互协作。

四　创新服务

（一）常态服务

"协会＋园区"的运营模式整合了工业设计行业的产业链资源，并与会员服务结合起来，推出了针对设计企业的九项服务。

第一，政策支持：及时为会员和园区企业提供最新的政府政策信息，协助会员企业落实各级政府给予的各种优惠和扶持政策，帮助会员企业申请政府资助。

第二，融资服务：协会与深圳文交所以及创投机构合作，为会员和园区企业提供投融资互动平台。

第三，信息服务：成为提供信息和宣传推介的公共平台，包括建设设计图书馆，提供知识产权服务等设计信息情报服务。

第四，咨询服务：为会员和园区企业提供法律、财务、管理、技术论证等咨询服务。

第五，培训服务：为会员和园区企业提供各种形式的培训服务，并与劳动、人事等部门合作制定职业考核培训教材及大纲，为工业设计师职业化发展铺平道路。

第六，为会员和园区企业提供办公用品集体采购服务，为企业节省办公成本。

第七，为会员和园区企业提供国内、国际展览服务。

第八，为会员和园区企业提供有偿接单服务。

第九，承办各种设计类展览，申请政府补助资金，同时进行市场化运作。

（二）技术服务

深圳设计产业园在入驻企业形成"产业链"的基础上，园区本身又规划建设了深圳设计产业园公共技术服务平台，打造了全产业链的服务体系，形成了从手板、验证、小批量成型、检测、品牌推广到市场交易等全面、系统的服务体系。

深圳设计产业园公共技术服务平台建设引进世界规范标准，接轨国际先进快速设计、验证技术、检测技术、色彩检测和工艺技术，为园区及社会上工业设计企业打造同步国际设计、科技的一流工业产品提供服务。引入国际先进的快速设计和验证技术，在产品设计阶段大大提升设计效率；引入检测技术在小批量样机试制阶段进行品质检测和验证；引入国际化色彩检测系统工具，设计师在为不同的客户服务时，指定明确的色彩设计概念并符合工业化生产需要来进行设计，可大大提升园区及社会企业产品设计水准。快速设计与验证中心、小批量试制检测中心、NCS 国际色彩检测中心，可以进一步完善和弥补园区企业在工业产品设计和生产环节中，相关公共技术和配套设备的缺失。公共技术服务平台主要包括 3 个机构，分别为快速设计与验证中心、小批量试制检测中心和 NCS 国际色彩检测中心，整个平台建成后的总体规划图 1 所示。

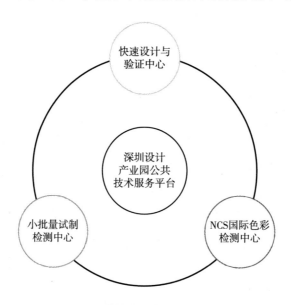

图 1　公共技术服务平台总体规划

1. 快速设计与验证中心

该实验室主要为深圳设计产业园区内从事工业设计的中小企业提供以下服务。

（1）工业产品的快速设计服务：运用国际先进的虚拟雕刻技术服务于园区企业复杂度高、设计感要求高的高端产品外观设计要求。

（2）工业产品的首样制作和验证服务：运用国际先进的快速成型技术，提供快速模型验证及小批量制作服务，让园内中小企业利用园区这个高效的服务平台能够提高工作效率，加大生产力度，优化产品质量，提高经济效益。

（3）工业设计产品数据的第三方验证服务：运用国际先进的光学投影技术，提供快速模型测量报告，为设计验证提供第三方权威数据，达到企业要求的外观设计和结构设计检验目的。

2. 小批量试制检测中心

该中心目前购入并安装了 GSM 手机测试仪 HP8922M、雷击测试仪、天线测试仪等设备并已开始在园区试运营，主要有以下几项功能。

（1）工业设计小批量产品的可靠性检测服务：可完成气候环境检测（高温、低温、恒温恒湿、交变湿热、温度变化、温度/湿度组合循环、低气压等气候环境检测）、国际先进水平的数字式振动试验系统的机械环境检测，可按国家标准、行业标准和客户的要求对音视频产品、信息技术产品及其他电子产品进行高温可靠性检测。

（2）工业设计小批量产品的性能检测服务：可完成模拟及数字视频、音频和多媒体产品性能参数检测服务；可提供电磁兼容屏蔽暗室作为电磁兼容测试场地，由于电磁环境稳定、温湿度可控且不受外界气候的影响，其逐渐成为当前使用最为广泛的测试场地。

（3）工业设计小批量产品的表面硬度、耐磨检测服务。

（4）工业设计小批量产品的防水性能检测服务。

3. NCS 国际色彩检测中心

建立一个面向中国市场的平台，将拥有丰富经验和先进方法的国际色彩同盟的优势进行充分整合，共同合作、互通有无，更好地为中国市场提供色彩设

计、教育及资讯服务等，其功能定位包括以下内容。

（1）为园区企业产品外观设计、首样色彩验证提供色卡和色彩设计工具的使用和定制服务。

（2）为园区企业提供色彩培训、色彩设计咨询、指导服务。

（3）为园区企业提供色彩调研服务。

4. 平台框架 （见表1）

表1 公共技术服务平台框架

建设目标	打造一条完整的工业设计产业链"一站式"技术服务平台				
产业链公司	工业设计公司（前端）	方案科技公司、手机模具公司（中端）		高端咨询策划公司（后端）	终端销售代理公司（终端）
产品设计、生产、销售环节	市场研究	产品设计	首样验证	小批量试制	宣传推广	销售
平台提供技术服务功能定位	—	工业产品的快速设计服务	工业产品的首样制作和验证服务 工业设计产品数据的第三方验证服务	小批量试制检测服务	—	—
			国际色彩检测服务			
平台提供共性技术	—	虚拟雕刻技术	激光快速成型技术 高速加工中心技术 真空塑型技术 逆向工程测量技术	可靠性检测技术 电磁兼容检测技术 耐磨耗测试技术 硬度测试技术 防水测试技术	—	—
			产品色彩检验分析技术			

5. 服务成果

深圳设计产业园建设的快速设计与验证中心和小批量试制检测中心现阶段已开始免费为园区内50余家企业及深圳市设计联合会400多家会员企业提供服务。快速设计与验证中心致力于手板模型制作、快速成型手板加工、数控加工，经过磨合试运营，依托先进的数控 CNC、精雕机、真空复模机、铣床、车床、激光（镭射）切割加工等齐全设备及过硬的技术人才，出品的手板模型品质日渐提高并稳定。小批量试制检测中心经过一流建设专家精心规划、设计，专业提供最先进的电磁兼容测试系统，为确保测试结果的准确性提供了强大的硬件支持。通过为数以千计的电子厂商提供 EMC 测试和整改对策服务，EMC 工程师积累了丰富的 EMC 测试和纠错经验。而 ISO/IEC17025 实验室管理规范的引入，以及经常性与其他国际机构的技术交流和数据交换，更保证了测试结果的公正、权威、严谨。

此外，依据"协会＋园区"创新运营模式，深圳设计产业园与深圳市设计联合会不断与深圳市人力资源局、劳动局、深圳市高技能人才公共实训管理服务中心等相关部门合作，成功为工业设计开发出造型师、结构师等工业设计工种，并制定了职业考核认定的标准及教程，为工业设计的健康、规范、长远发展打下了基础。"协会＋园区"的创新运营模式为深圳工业设计做出了诸多贡献的同时也吸引了广大社会人士及全国各级政府领导的目光，协会及园区每年接待参观考察及访问团达近百次，人数达上千人次，有效地促进了工业设计行业内的交流与合作。

深圳设计产业园以工业设计行业为中心，以"园区＋协会"为依托，形成了以吸引、培育、孵化创意设计（项目）为核心，以制造企业集聚为基础，销售渠道多元化、集成系统完善的产业链园区，走出了一条独具特色的发展之路。"园区＋协会"的创新运营模式不仅实现了产业园自身的价值，而且将深圳优秀的设计种子带到了全国各地，为各地发展工业设计培育了产业基础，对中国设计管理创新和设计能力的提升都具有重要的参考价值，为中国整体的工业设计发展注入了强大的生命力。

参考文献

［1］邵培仁、杨丽萍：《中国文化创意产业集群及园区发展现状与问题》，《文化产业导刊》2010 年第 5 期。

B.33
走北方设计产业发展的特色之路

孙永祥*

摘 要： 大连设计城是中国北方第一个设计产业基地，为大连市大力发展设计产业提供了一个高端的发展空间，主要发挥产业集聚效应，发挥协同创新的作用，以大连设计城这个大单元为基础，向外扩展、辐射。通过打造全方位的服务政策体系以及集聚的设计产业效应，大连设计城不仅吸引了不少国内外设计企业，也吸纳了很多国内外设计人才落户，引领了大连乃至北方的设计产业发展，加快了地区经济升级、转型，推动了大连市经济的可持续发展。

关键词： 大连设计城　设计产业　大连设计节　设计服务　设计企业

一　引言

大连设计城，位于风景优美、高知产业聚集的大连高新区旅顺南路，是大连高新区为大力发展设计产业提供的一个高端发展空间，也是中国北方第一个设计产业基地。设计城总规划建筑面积 50 万平方米，为设计产业提供了足够的发展空间和最优化的发展环境。

二　大连设计城建设背景

当前，工业设计作为提升制造业核心竞争力的最重要环节，已成为制造业

---

* 孙永祥，大连高新技术产业园区管理委员会，设计产业管理办公室主任。

的先导行业，同时它作为连接科技与应用、技术与生活、企业与市场、生产与消费之间的桥梁，逐渐发展成为促进经济增长的重要工具。我国现在正处于经济社会转型升级的关键时期，发展工业设计产业对于提升产品附加值、增强企业竞争力具有十分重要的作用。因此，加快推进设计发展，不仅是打造著名品牌、增强我国工业综合竞争力的重要途径，也是提升企业自主创新能力、加速工业调整、优化产业结构、推动经济发展方式转变的重要支撑，更是实现中国工业由"制造"向"创造"跃升的迫切要求。大连作为东北经济的龙头，装备制造、石化、造船、电子信息等千亿级产业集群加快形成，发展工业设计产业蕴藏着无限的市场和商机。

为加快区域产业转型升级，抢抓创意经济时代所赋予的历史机遇，充分发挥大连高新园区的文化优势、环境优势、人才优势、市场优势和产业优势，推动特色产业发展，大连高新区从 2008 年就开始探索设计产业发展，并于 2010 年 4 月成立了发展设计产业的管理服务机构——设计产业管理办公室（以下简称"设计办"），其主要职能是规划设计产业发展，引进设计企业、设计机构和设计人才，扶持和引导设计企业更好更快发展，开展大连设计城的规划建设。

三　大连设计城发展规划

大连高新区设计产业将重点发展船舶设计、汽车电子设计、机械设计、电子产品设计、建筑工程设计、集成电路设计、航空航天等门类，引导工业设计走进产业集群，推动设计产业与高端制造业对接；实现设计产业化、产业设计化，逐步发展成为我国工业设计外包和出口中心之一，计划到 2015 年，实现设计产业产值 200 亿元，带动 1000 亿元经济增长，成为中国北方最好的工业设计基地。

四　大连设计城发展模式

"3D"模式，即"设计城、设计节、设计师"，三者有机结合，推动设计产业快速发展和设计人才的集聚。

（一）大连设计城

大连设计城是大连高新区为大力发展设计产业提供的一个高端发展空间，是中国北方第一个设计产业基地，位于环境优美的大连高新区旅顺南路七贤岭地区，规划建筑面积50万平方米。现投入使用的有大连设计城服务中心、集成电路设计大厦，总面积近10万平方米。

大连设计城以"设计产业化、产业设计化"为发展道路，打造国际一流的设计产业孵化平台、国际一流的设计产业服务平台、国际一流的设计产业交流平台，努力建设中国最好、世界知名的设计产业集聚区。

大连设计城现有设计企业100余家，从业人员近7000人，大多数企业拥有自主知识产权，2012年新增知识产权100余项，部分企业的产品或设计达到全国领先水平，发展前景良好。2012年，辽宁省集成电路基地获批集成电路设计国家级孵化器，当年实现全区设计产业销售收入58亿元，增速达52%，设计产业发展势头良好。

大连设计城服务中心于2011年3月投入使用，楼宇建筑面积3.5万平方米，办公区域面积1.8万平方米，公寓面积1.1万平方米，并配有休闲、餐饮、停车场等公共区域，是企业入驻办公的理想场所。目前，已入驻各类设计企业30余家，涵盖船舶设计、建筑及景观设计、工业产品、电子产品及工艺品设计等多个领域。

辽宁省集成电路设计产业基地坐落于大连高新技术产业园区七贤岭产业化基地，是2005年4月经辽宁省政府批准设立的东北地区唯一的集成电路设计产业基地，2012年1月被评选为国家级科技企业孵化器。现有集成电路设计企业20余家，年产值2亿元。

辽宁省集成电路设计产业基地（LNICC）在高新区设计产业管理办公室的领导下实施管理、招商和服务，采取政府引导建设、市场产业化导向、企业化运作、专业化服务的开放运营模式，建设各种公共技术服务平台，服务于辽宁乃至东北地区的集成电路设计及相关企业。

建筑面积8万平方米的高标准国际研发大厦已投入使用。大厦分A、B两区。A区为研发大楼，建筑面积约7万平方米，主要为办公区、数据中心及技术服务平台区；B 区为配套服务楼，建筑面积约 1 万平方米，配有大型会议区、商务中心、超市、特色餐厅、健身房及酒店式公寓。

（二）大连设计节

大连设计节是设计产业国际化高端招商和交流平台。由中国工业设计协会、北京光华设计发展基金会和大连市人民政府主办，每年夏季在大连世界博览广场定期举行。届时将吸引国内外知名设计公司、设计中心、设计教育机构、国内外知名工业设计产业园区（基地）、本地设计机构等前来参展参会，其主体活动包括设计展、设计论坛和设计大赛三个部分。大连设计节在国内设计界已有相当高的声誉，越来越受到政府、企业及设计师的认可，第十一届全国人大常委会副委员长路甬祥莅临大连设计节并参观设计企业。

自 2008 年以来，大连设计节已成功举办五届，逐步发展成为一个集展览、论坛、大赛于一体的综合性、专业性、国际性的设计界盛会。大连设计节深入贯彻大连市创新驱动发展战略，以"广纳设计人才·集聚创意产业"为主题，通过"中国·大连国际创意产业博览会"、"市长杯"大连工业设计大赛以及"创新中国设计论坛"等多项活动，营造了良好的创新设计氛围。

1. 展会

回顾以往，2011 年"大连设计节"秉承"三维的展场、四维的模式"，设置国际及港、澳、台地区设计机构及企业展、国内设计企业展等展区，汇集了国内外知名设计企业的设计作品。2012 年"大连设计节"展会展览面积扩充至 8500 平方米，分设七个特色展区，参展企业及专业机构在数量、规模上均创历史新高。中国创新设计红星奖展区以星形线条彩带缠绕银河造型，集聚38 家国内著名设计新星集体光彩亮相。2013 年"大连设计节"更是设了七大特色展区，展场面积约 5000 平方米，展出了 827 件创意展品。"大连设计节"已成为展示中国设计业最新成果的窗口、展示设计人才的舞台、交流设计信息的桥梁、推动设计产业的引擎。

2. 论坛

2011 年"大连设计节"成功举办的"中国设计论坛"，吸引了来自英国、瑞典、韩国、中国台湾、中国香港等国家和地区的众多优秀设计师，深入细致地讨论了设计产业发展。典型的设计产品案例，既有当今世界前沿的设计规划，也有细致入微的设计色彩分析。作为"大连设计节"重点之一的2012年"DDF中国设计论坛"，使来自全国各界的顶尖大家会聚一堂，共同探讨中国设计创新跨越的动力。剖析创新设计研究，探讨技术成果转化，每一个问题都具有丰富的学术价值和社会价值，让创新的意识融入日常生活，让设计的理念走进千家万户！2013年"创新中国设计论坛"以"中国设计·创新跨越的动力"为主题，与会嘉宾分别代表了不同的领域和行业，演讲嘉宾专业方向更加符合大连产业发展方向和产业发展需求，为企业和专家提供了咨询和业务联系平台，促进了大连设计产业的发展。

3. 大赛

首届大学生设计大赛按照工业品及消费类产品设计、船舶设计、汽车设计、机械设计、服装设计、建筑与环境设计、平面设计七大类别，以"和"为主题，面向大连地区高等学校在校学生征集各类设计作品，旨在通过评选、展示优秀设计作品，发掘设计人才、搭建设计企业与设计人才的对接平台。此次大赛中，大连20所高校学生报名踊跃，投稿作品833件。参赛作品中既有双体核动力航母、悬挂式游艇、绚烂的概念车设计，也有可伸缩铝合金储血袋、公共汽车自动驳运系统设计，更有诸如老年人养护院交往空间设计等充满人文关怀的作品，于细微处体现在校学生对社会与民生的强烈关注。

在成功举办首届大学生设计大赛的基础上，2012年"大连工业设计大赛"参赛范围扩展至大连本土的制造企业、设计公司以及本市的自由设计师，以"设计使生活更合理"为主题，面向大连地区工业设计相关的单位和个人征集设计作品。大赛按照高校与自由设计师组、企业组两大类别分设一、二、三等奖及优秀奖，由国内设计教育领军者、设计教育与实践专家组成的评审团进行评审。大连20所高校全面参与，企业与自由设计师报名踊跃，投稿作品近千件。参赛作品中包括国际上业内领先的企业产品——龙舟系列，它是由大连乾龙水上运动发展有限公司的按照国际龙舟联合会竞赛龙舟的执行标准设计和生产的、亚洲地区首家通过国际龙舟联合会认证的竞赛推荐产品。

为了贯彻市委、市政府创新驱动的发展战略，提高大赛的知名度和影响力，吸引高端设计人才，推动大连及东北地区设计产业的发展，助推实现

"中国制造"向"中国创造"转移的国家战略，2013年大连工业设计大赛首次冠名"市长杯"，以"设计使生活更美好"为主题，按照产品组、创意组两大类别，将设计作品征集范围扩展至面向全国的制造企业和设计企业、高等院校在校学生和自由设计师。

2013年"市长杯"大连工业设计大赛自筹备以来，得到了市委、市政府的大力支持，全国参赛高校达200余所，设计及制造企业近百家，共收到参赛作品1200多件，作品质量也有明显提高，涌现了一批充满人文关怀，关注社会民生、幼儿教育、节能环保等题材的优秀作品。设计大赛颁奖典礼于2013年6月28日在大连世界博览广场隆重举行，大连市市长李万才亲自为一等奖获得者颁奖。

（三）设计师

设计产业以人为本，重视引进人才、培养人才、留住人才，为设计城源源不断地提供高素质、高水平、高创造力的设计师。高新区设计人才可参考软件人才享受相关政策，接受各类培训，同时在大连设计城建设设计师公寓，为其提供便利的生活保障。

大连，设计人才得天独厚，拥有大连海事大学、大连理工大学、大连工业大学、鲁迅美术学院设计学院等艺术设计类本地高等院校20所，每年输送设计类专业毕业生逾万人。

大连理工大学、大连海事大学、大连民族学院及大连工业大学等多所本地高等院校与日本创志教育集团、城西国际大学、加拿大菲莎河谷大学、英国埃塞克斯大学、德国杜伊斯堡埃森大学、美国加利福尼亚浸会大学、美国迪克西州立大学、英国南安普顿大学等世界各地的知名设计院校开展多种形式的人才交流与教育合作，不断提升设计人才教育水平，共同培养国际高端设计创新人才。

五　大连设计城产业服务

（一）场地服务

大连设计城服务中心共有10000余平方米的场地用于企业孵化，为体现设

计产业特色，楼内进行了系统的二次装修，形成了适合设计企业入驻的"一层一景、一室一格局"的个性风格。

（二）配套服务

为入驻孵化企业提供完善的餐饮、休闲、会议、公寓服务。利用楼内地下一层的空间，开设设计城餐厅，为企业员工提供早餐及午餐；在楼内大堂设有咖啡吧，可供企业休闲会客；建设可容纳 20～100 人的三个会议室，满足各类型会议和培训的需要；提供 208 套员工公寓，解决企业员工住房问题。

（三）政策服务

提供设计产业配套政策咨询，并设立产业扶持资金。汇总国家和地方设计产业相关政策，免费向企业提供政策咨询；积极引导企业申报各级政府组织的项目及基金，推动企业快速发展；制定有针对性的地方政策，设立产业扶持资金。

（四）宣传服务

打造综合性对外宣传展示平台，建立网站、展厅、报刊、户外广告等宣传途径。为打造"大连设计城"的整体形象，除了做好大连设计城的户外宣传，还建设了"大连设计城"网站，现已正式运行；"大连设计城"展厅已开始投入使用。这些不但丰富了企业文化，更对企业宣传起到了巨大的推动作用，很多企业通过宣传，找到了合作伙伴。

（五）中介服务

提供融资、法律、会计、知识产权等中介服务。依托高新区金融办公室等部门为企业提供融资咨询、借贷担保、上市指导等服务。同时，与一些法律、会计、知识产权咨询机构达成合作意向，为企业提供服务。

（六）创业服务

支持企业与高校联合，建立创业见习基地。孵化器当中已经有三家企业为校企联合单位，为毕业生及在校生提供创业和实习平台，还有一家企业正在申请博士后流动站。

（七）平台服务

设计城共建有两大平台：工业设计服务平台，包含信息服务、设计展示服务、公共技术服务、公共培训服务；集成电路服务平台，包含集成电路设计公共 EDA、FPGA 服务、集成电路 IP 应用与 SoC 开发服务、集成电路验证与测试服务、集成电路应用解决方案。

（八）培训服务

邀请国内外知名设计师、设计学者为设计企业提供极具特色的专业培训，先后邀请柳冠中、李乐山等设计名家到大连举办讲座，通过这一活动为企业和专家提供咨询和业务联系平台，有效地促进了设计产业的发展。

六　大连设计城重点企业介绍

大连高新区现有设计企业上百家，包括中冶焦耐、大连奥托、展翔海事、辽宁欧谷、大连美恒、启明海通、益利亚等。大多数企业都有自主知识产权，有些企业的产品或设计甚至达到全国领先水平。

中冶焦耐工程技术有限公司是一家从事焦化、耐火材料等工程设计与建设项目工程总承包的大型科技型公司。公司业务领域涵盖冶金焦化、耐火材料、城市燃气、环境治理、民用建筑等，市场范围覆盖中国境内及日本、印度、伊朗、哈萨克斯坦、土耳其、南非、巴西等国家，拥有完整的焦化工程、耐火材料工程总承包的管理和技术队伍，在国内外享有很高的声誉。2009 年，在全国 1.4 万多家勘察设计企业排名中，中冶焦耐按营业收入排名第 9 位。中冶焦耐不但在国内焦化耐火材料工程设计科研领域名列前茅，在国际上也有很强的竞争能力。2012 年，按人才集中度、每年完成的工程量等综合指标排名，在全球焦化工程行业列第一位。

大连奥托股份有限公司是专门从事汽车白车身装备规划、设计、制造及系

统集成的高新技术企业，多次获得各种省市级荣誉。公司所开发和制造的汽车生产专用自动化设备和生产线具有较高的科技含量。在汽车焊装装备方面，无论是在生产线的控制系统设计上，还是在产品规划、设计、仿真等手段方面都具有自己的特点，具有自主知识产权，共有 60 项专利。公司的白车身装备设计得到了奔驰、宝马等国际著名汽车生产公司的认可，目前公司正在进行的有宝马 L7 项目（宝马 3 系与 X1）、奥迪 X77 项目、捷达 NF 项目、桑塔纳 NF 等设计项目。

大连阿尔法模拟技术股份有限公司由海归博士梁文超和多名企业家共同创建，公司成立两年来，组建了以本公司设计师为主，并与海外、国内大学和海外设计师合作的设计研发团队。公司主要设计人员多数拥有研究生及以上学历，并具有较强的设计能力和设计经验。公司主营业务定位为研发芯片产品及其销售，目前已研发出多款 LED 室内外照明驱动和电源管理芯片。公司建立了高效的管理团队，初步建立了企业的管理体系，制定了现代企业管理制度和财务管理制度。公司现已成功研发芯片 6 款，已申请发明专利 7 项。

大连益利亚工程机械有限公司是一家以工程机械产品研发为主的科技型股份制企业，主要产品有系列化桥门式起重机、履带起重机等工程起重机产品。益利亚公司先后与国内外 68 家知名企业成功合作开发了 15 大系列 104 个型号共计 150 余种新产品。目前，公司与徐工集团合作开发的 3600 吨履带起重机是国际上起重能力最大的起重机。

大连四达高技术发展有限公司主要以研发和生产飞机数字化制造装备系统为主，进行飞机壁板数字化制孔、机身对接与装配自动化及飞机制造柔性装配生产线研究，为沈阳飞机工业集团、西安飞机工业集团、陕西飞机工业集团分别提供了我国第一套具有自主知识产权的数字化柔性装配工装。四达公司提供的高品质的飞机部装、总装数字化柔性装配生产线和相关的软件系统，为我国的飞机制造数字化水平赶超国际先进水平提供了技术支撑，同时推动了飞机制造行业工业化和信息化融合的进程。

展翔海事（大连）有限责任公司是一家专业从事新型高性能船舶研发、设计、建造和技术服务的国家重点高新技术企业，承揽国家"863""985"项目。公司产品均为自主研发设计，设计与技术水平、产品品质与性能处于国内领先地位。公司的研发中心——辽宁省轻质材料船舶工程研究中心是辽宁省发改委批准组建的省级工程中心，拥有一支在国内新型高性能船舶设计建造领域享有盛誉的研发团队，并先后承担国家级、省级、市级高技术船型研发项目，多个新产品项目填补了国内空白。

大连后青春工业设计有限公司是一家从事创意产品设计与开发、工业产品整体方案解决、企业与产品视觉传达设计、产品的人-机安全界面设计及分析、产品的环境设计与分析、多媒体仿真虚拟设计，以及产品文化学、形态学、伦理学、工业美学等理论研究的企业，公司设计服务于沈阳机床集团、云南 CY 集团、天津百利控股集团等 36 家企业 1200 余项专业，设计产品获得了"春燕奖""红星奖"等奖项。2010 年在世界华人创新设计大赛中，该公司选送的 22 件设计作品分别获得"至尊奖""最具商业价值奖""最佳产学研成果奖"等 17 个奖项。

七　大连设计城未来发展思路

为推动大连市及高新区设计产业蓬勃发展，大连高新区将继续做好以下几个方面的工作。

（一）扶强做大，提高产业影响力

支持一批成长性好的优秀设计企业，将其培育成为自主创新能力强、具有较强国际影响力和竞争力的龙头品牌设计企业。扶持中小设计企业做专做精。改善中小企业生存发展环境，帮助其加强专业服务能力建设，开拓国内外市场，培育一大批"专、精、特、新"并具有较强竞争力的中小企业。

（二）鼓励创新，提升核心竞争力

鼓励各类设计企业开展技术创新和重大专业技术攻关，促进理论研究，面向优势行业，加大设计技术和设计成果的推广应用力度，结合设计新技术的发展及行业应用特点，不断创新设计产品和服务。

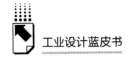

（三）引导资本，增强产业撬动力

以政府牵头、企业主导、社会参与的形式成立工业设计产业基金，资助有关工业设计基础性、前瞻性、通用性的重大研究；鼓励企业将工业设计融入自主创新体系中，推动产品研发和工业设计有机结合，实现科技创新与工业设计同步进行；加大对高成长性的中小设计公司、中小企业设计工作的扶持力度。

（四）加快孵化，形成资源聚集力

鼓励东软集团等设计企业、高等学校、科研院所及各类社会力量在设计产业聚集区建设设计产业科技企业孵化器，支持其专业化、市场化发展，提升科技条件、技术转移、专业咨询、投融资和市场推广等方面的专业服务能力，不断完善创业孵化功能，提供良好的创业和就业条件，推动中小设计企业聚集和成长。

（五）引进人才，推动产业可持续发展

围绕"市长杯"全国工业设计大赛，发掘设计人才；积极利用行业协会（联盟）、专业设计机构、"软交会"和"海创周"的平台，加大人才引进力度，积极引进国内外工业设计产业的大师和复合型的专业人才，并参照高新技术人才奖励办法，制定工业设计人才奖励政策。

（六）组建联盟，加强产业整合力

鼓励龙头设计企业牵头组建各类设计产业联盟，吸纳国际知名设计机构与设计师加入，打造联盟品牌，开拓市场，承接国内外订单，为企业提供设计咨询、技术服务、市场信息和人才服务。促进设计行业的交流合作，鼓励设计企业联合，推动设计企业资源共享、协同发展。

（七）开放共享，完善平台服务力

鼓励设计产业领域的公司制、市场化的科技条件平台建设，整合设计院校、科研院所、企业的科技条件资源，运用市场化机制，促进条件资源的开放

共享，为中小设计企业提供专业的科技条件服务。搭建各类设计技术公共服务平台、信息服务平台、成果转化平台，集成国内外优质设计资源，为企业成长提供品牌推介、国际交流、技术转移、科技创新、信息共享、人才培训、知识产权服务、政策和法律咨询等系统服务。

八　结论

中共十八大提出了科学发展、创新驱动和转型升级的战略部署。习近平总书记在大连高新区考察时，希望高新区抓好科技、人才政策等要素的配置组合，把推动信息化和工业化深度融合落实到具体行业、产业和产品上。大连高新区、大连设计城将全力落实国家发展战略，进一步促进大连工业设计产业的国际化发展，努力打造大连设计品牌，广泛吸纳国际先进设计理念和同行业资源，推动工业设计促进转型升级，加强设计与制造协同创新，努力推动"中国制造"向"中国创造"迈进，做大做强设计产业，实现大连市经济发展的新跨越和新腾飞！

B.34

iF 设计奖案例分析

张殷婷　韩挺*

摘　要：

　　本文从四个方面介绍了德国 iF 奖的情况，分别为 iF 奖的历史、当前的运作方式、品牌策略与品牌影响力以及与德国红点奖比较，较为全面地提供了 iF 奖及其组织的信息，相信能够为读者提供一个了解 iF 的渠道。

关键词：

　　iF 设计奖　运作模式　品牌策略　影响力

一　iF 奖项概述

（一）奖项简介

"iF 设计奖"（iF Design Award，以下简称"iF 奖"）创办于 1954 年，由德国历史最悠久的工业设计机构——汉诺威工业设计论坛（iF Industrie Forum Design）于每年定期举办。iF 设计奖享有"设计界的奥斯卡"之称，其在设计界的影响力与公信力可见一斑。汉诺威是 iF 奖的展览和颁奖典礼每年固定的举办场地，它的知名度与公信力吸引了众多国家的企业报名参与，每年的参评作品超过 2000 件，并且数量仍在不断增加。除了常规的优秀设计认证外，还有约 50 项银奖和 25 项金奖会从获得 iF 认证的优秀设计中被筛选

* 张殷婷，上海交通大学硕士研究生；韩挺，上海交通大学副教授，上海交通大学媒体与设计学院院长助理、工业设计专业主任。

出来。这些能够被 iF 认可的设计作品，被认为是卓越的作品，iF 奖的认可成为这些产品在品质与市场方面的保证书。得奖的厂商有机会获得在德国汉诺威国际展览场的常设性展示馆为期 7 个月的展出机会，此场馆也是主办全球最大计算机展——Cebit 的展览场。另外，iF 奖用它在举办专业竞赛方面积累的丰富经验、知识与网络，为设计界提供一系列相关的服务，成为设计供需界的桥梁。

汉诺威工业设计论坛邀请全球设计界的优秀人才参加，这成为 iF 奖成功的重要因素。它以世界上最大的两个展览会——汉诺威信息技术及通信博览会和汉诺威工业博览会为依托，同时以世界上最大的展览场地——汉诺威作为优势。在展示优秀的产品设计的同时，汉诺威工业设计论坛还鼓励精彩的合作设计，奖励设计领域有杰出成就的个人，并组织特殊展示和展览。汉诺威工业设计论坛已经被国际公认为当代工业设计领域中的一流设计机构。汉诺威工业设计论坛追求工业设计的卓越品质，在这一点上它做得十分专业，它的重大意义在于推动了产品的商业化进程，并且明确了设计的重要性。

（二）历史沿革

汉诺威展览中心设计展是由产业、展览中心与设计三者结合的特殊模式，这是在六十多年的发展中形成的特性。一个名为"优良设计的工业产品特展"的展出由汉诺威工业贸易展览（Hannover Fair）在 1953 年春推出，这个展览集合了当时最杰出的设计群体。1959 年时这项活动被重新命名为"Good Industrial Design"，在此基础上"Good Industrial Design"协会于 20 世纪 60 年代成立。随着在 20 世纪 80 年代国际化的发展，此协会的组织机构也发生了变化，它于 1990 年更名为"iF Industrie Forum Design Hannover"，并且于 2001 年扩大并成立了 iF 国际论坛设计有限公司（iF International Forum Design GmbH）。目前，该公司的主要任务是为国际上最新的设计发展和设计趋势提供展示的平台，更进一步来讲，是为设计与企业提供国际化的服务。

二　运作模式

（一）三大主要奖项设置

产品设计、传达设计以及包装设计是 iF 奖的三个主要颁奖领域，每届评选都会为三个领域中的卓越设计颁发被全球认可的优良设计奖项。奖项的分量举足轻重，吸引了大量的企业参赛，许多企业将能否获得 iF 奖作为自身设计产品优良与否的标准。更重要的是，iF 奖的品牌效应为企业带来了良好的宣传效果，通过这一渠道，企业能够使全球的客户及时接收到这样的信息——他们所合作的公司的产品是受到全球认可的，因此，企业的知名度将被大大提高。

1. iF 产品设计奖（iF product design award）

奖项的价值不只是书架上的一件装饰品。iF 产品设计奖的获奖者获得带有 iF 标志的奖项时，就获得了全球认可的广告宣传渠道和对自身创新价值的肯定。

2013 年的 iF 产品设计奖（见图 1）包括 3011 个项目，16 大类别，981 个奖励，50 个金奖。

图1　iF 产品设计奖

2. iF 传达设计奖（iF communication design award）

该奖项是传达设计绝佳的参考资料。传达设计包含的范围很广，并且竞争激烈，这时被全球认可的证明便成为竞争力的最好证明。

2013 年的 iF 传达设计奖（见图 2）包括 1086 个项目，7 大类别，346 个奖励，20 个金奖。

图 2　iF 传达设计奖

3. iF 包装设计奖（iF packaging design award）

杰出的包装设计值得被认可。如今包装已不仅仅是产品的衣服，包装本身具有的价值就很重大。它可以提升产品价值、引起消费者购买产品的欲望，并强化品牌形象。

2013 年的 iF 包装设计奖（见图 3）包括 255 个项目，8 大类别，83 个奖励，5 个金奖。

图 3　iF 包装设计奖

iF 也会自行组织高度专业化的比赛，比如，2012～2013 年所举办的赛事有：欧洲自行车奖、户外产业奖。另外，还有专为学生设立的设计奖项，包括iF 概念设计奖、iF 特别概念设计奖——汉斯·格雅奖、IBDC 全球自行车设计比赛，以及 CANNES 学院所提供的奖项。

（二）参评范围

无论是大公司、机构或者是中型公司都可以参赛。许多涉及相关行业的从业者都能够作为参赛者参与 iF 奖评选，如设计师、建筑师、企业家、开发商、代理商、制造商以及建筑公司等。2014 年公布的参评范围为：①iF 传达设计奖。参赛人员包括传达设计师、广告公司、设计师、制造商、建筑师、室内设计师、电玩游戏制作商以及游戏开发商等。②iF 包装设计奖。参赛人员包括设计师、各领域制造商、开发商等。

（三）评委组成

iF 奖每年会邀请国际上许多来自设计、工商产业等领域的知名人士参加评审会议，由于每个人对优良设计的定义有不同的解读，因此，对评审人员的统一筛选显得尤为重要。参与 iF 奖对优良设计审核的评委需要经过严格筛选，必须符合很多条件，如对设计趋势有敏锐的洞察能力，具有全面及专业的设计知识，从业多年来积累的经验也是非常重要的条件。

评审会议通常为期 3 天，为非公开会议，所有的参赛作品都会被平等地进行检查、分析，最重要的环节是与会人员的讨论，作品之间进行角逐产生 iF 设计金奖。

（四）评判标准

以 iF 奖官网 2014 年的评委设置以及评判标准为例。2014 年 1 月，来自世界各地的大约 50 名专家的评价结果被汇聚到一起，选出 iF 设计大奖的得奖者，评委会会议将持续 3 天。陪审团需要经过观看、触摸、探索、试验、分析环节，最重要的是详细讨论所有评审条目。每个陪审团成员带来了自己的个人观点、全面的专业知识、长期的经验和感觉以及对未来的发展趋势的看法。

2014 年各奖项的评审标准如下。

① iF 产品设计奖评判标准：设计质量；设计完成；材料的选择；创新程度；对环境的影响；功能；人体工程学；拟定用途/直观的可视化；安全；品牌价值；通用设计。②iF 传达设计奖评判标准：数字媒体；产品界面；与特定目标受众的沟通；可用性（用户友好性、导航功能）；外观和感觉（美学、界面设计、动画）；唯一（创意创新、原创）；印刷媒体；与特定目标受众的沟通、内容设计质量和创造力；选择材料和表面处理；成本效益；客户关联；跨媒体联结不同媒体和网络；企业架构；要求和目标；结构和设计质量；实现质量与细节质量；选择和应用材料；空间的概念和环境；功能和使用的灵活性；企业形象设计对环境的影响；研究与开发/专业概念。③iF 包装设计奖评判标准：设计质量；设计完成；材料的选择；创新程度；对环境的影响；功能；人体工程学；拟定用途/直观的可视化；安全；品牌价值；通用设计。

（五）竞赛程序

①参赛者设立用户账户/登陆。

②提交参赛登记。

③上传图片与文字资料。

④iF 组织接受并送交评审。

⑤参赛者提供物流信息。

⑥参赛者寄送作品，iF 接受。

⑦评委评选并由 iF 公布结果。

⑧获奖者进行获取资讯的商业操作。

⑨获奖者提供高质量图片以供 iF 发行年鉴。

⑩参赛作品被寄回。

（六）宣传推广

1. 展览

iF 将获奖者的作品带到世界各地进行展出。展览的作品范围非常广，包

括从传达设计到包装设计、从游艇设计到店铺设计的许多优秀产品。展览反映了国际设计潮流，突出了新的观点，是对设计现状的概括，也是对未来设计的展望与洞悉。

2. 在线展览

自 1953 年以来，iF 奖的展览一直如期举行，从未间断。组委会收集了所有获奖者的作品，因此，1953 年至今所有奖获奖者的作品都可以从互联网上看到，在线展览的地址为 http：//exhibition. ifdesign. de/index_ en。在这里 32000 件获奖产品、12000 名获奖者和 800 名陪审员邀请全世界民众一起浏览 60 多年的设计历史。iF 网站拥有每年 350 万的浏览量，是互联网上最受欢迎的设计平台之一。来自 100 个不同国家的访客来到 iF 的官方网站，搜寻关于 iF 设计竞赛的资讯，所有赢得奖项的作品将拥有至多两张图片并被配以英、德双语的说明文字。

3. 出版物

在 iF 大赛举办前后，国内外大量媒体的注意力被吸引到此。无论是商务杂志还是生活杂志，以及专门的设计类杂志，当然还有日报、周报、广播电视等媒体都会发布为杰出作品而编撰的专题报道。这一全面的媒体覆盖是 iF 长期以来与世界上超过百家的媒体代表进行接触的成果。如此一来，iF 将为所有获奖者们未来的成功铺平道路。

另外，iF 奖年鉴是 iF 奖重要的元素之一。每年 iF 奖的获奖作品都将被收入年鉴之中，内容包括作品图片两张、设计师信息以及设计的说明文字，均被译成英文和德文两种文字。因此，iF 奖年鉴成为每位参赛者手中极佳的参考工具，每年在全球范围内被广泛使用。例如，《60 年 iF：周年纪念版》（*Sixty Years of iF*：*The Anniversary Issue 1953 – 2013*）；《德国 50 年经济、文化、社会发展和超越》（*Now and Then，50 Years of iF*）；《iF 奖 1999 ~ 2003 年年鉴》（*iF Award Yearbook 1999 – 2013*）：共 32 本，收集了 1999 ~ 2013 年所有获奖作品；《2012 年最佳设计》（*Best Creatives 2012*）；《2013 年最佳设计》（*Best Creatifves 2013*）；《开创一个新时代的体验与期望》（*Starnberger Gespräche*）。

三　品牌策略及品牌影响

（一）iF 奖的品牌策略

iF 是一个高度专业化的设计服务供应商，也是一个经济与设计的协调者，它提供所有从小型到大型项目所需的资源。如果用户想要从事与设计相关的业务、对客户的销售团队或客户的合作伙伴进行培训，iF 都会为他们提供一个定制的方案。iF 的客户不仅仅能从 iF 的国际声誉中受益，还会从 iF 长期策划的组织经验中受益。这使得客户与 iF 共事时，将受益于 iF 奖网络。iF 与世界上最负盛名的设计领域专家有着优良的合作关系，并且 iF 在世界各地都能够找到精确定位的媒体代表。无论客户在考虑什么类型的项目，是否仍处于构思阶段，或者是否有一个明确的想法，客户只需向 iF 发送一个非正式的请求，它们将乐意带给客户超过预期的信息。因此，iF 在经济层面以及提高大众的设计意识层面都做出了巨大贡献。

另外，重要的一点是，iF 用一个词来鼓励年轻的人才——未来。iF 意识到现在需要做什么才能保证未来几年的发展动力，答案是"新鲜的思想与创造力"。iF 的想法是创造力并不受制于国界，设计人才是一家，应该支持来自世界各国的有才华的设计师，将年轻的设计师与企业团结起来。

（二）品牌影响力

iF 奖的主办方会授权获奖企业在产品、产品包装或者产品宣传上印上被国际认可的 iF 奖获奖标志，并且 iF 奖的主办方会出版精美的获奖产品介绍书发行到全球 30 多个国家，同时提供在 iF 官方网站上在线阅读。这些都是有助于提升企业品牌知名度和品牌价值的渠道。

一些国际知名的企业会把是否能够获得设计界大奖作为自身设计是否成功的标志，iF 奖就是其中的一个标准。如 LG、三星等，会要求自己企业的设计团队获得一定数量的 iF 奖，如果没能达到这一数量或者数量有所下降，企业就会考虑重新组织设计团队。在 2008 年的汉诺威工业设计论坛

上，三星打出了"iF 奖是世界上最杰出的工业设计奖"的标语，以示对它的肯定。

对于一些刚起步的小公司来说，它们可以通过申请 iF 奖来衡量自身产品是否顺应当今产品的发展趋势。一旦获得 iF 奖，公司还可以参加代表高科技、高质量的汉诺威工业设计论坛，通过 iF 奖的全球宣传走向世界，获得更多国家的市场认可。

四　iF 奖与红点奖的比较

1955 年，德国 Haus Industrieform 基金会在埃森（Essen）创立了"红点奖"。Haus Industrieform 基金会在 1990 年更名为"北莱茵 – 威斯特法伦设计中心"（Design Zentrum Nordrhein Westfalen），更名后的设计中心重新制定了发展方向，从关注设计本身的机构成为致力于设计推广的机构。在 1992 年此机构与奖项名称更改为"红点"（Red Dot），即后来被人们所熟知的"红点奖"。

公信力是红点奖的品牌核心，"公平与独立"是红点奖评审的两大原则，这一点与 iF 奖多年坚持的高度公正的原则是相似的。红点奖的公信力主要来自竞赛的评审机制。大赛的评委是来自世界各地的知名设计师，为了保证比赛的公平、独立，避免评委的偏向，评委均来自学校或者独立机构，并且不能参与制造业；大赛没有预选，这表示每一件产品都能获得评审团的评审。最终获奖作品的敲定由整个评审团独立完成，组委会并不参与其中。评审标准被划分为不同几项，这是因为评审人员来自不同的国家，有着完全不同的文化背景，评审标准的划分能够保证结果的公正。

正是因为这套严格的评审程序，红点奖才能一直在世界范围内保证其奖项的公信力，现在，每件印上红点标签的产品都是高质量设计的代表。

所不同的是，在德国设计界眼中，普遍认为红点奖比 iF 奖要更高一个层面。总的说来，红点奖包含更多文化层面的内涵，而 iF 奖更多地包含商业操作的成分。这其中的原因也许是 iF 奖依托汉诺威商业展会发展而来。但无论如何，历经几十年的发展，这两个奖项都已经发展到了相当成熟的阶段。

五 结论

　　每年的 iF 设计大赛都是一场声势浩大的产品盛会，展览聚集了来自很多优秀企业的设计作品，iF 正以迅速的发展势头打造世界经典的工业设计的展示盛典。在中国，近年来，深圳原创设计在国际舞台上的影响力越发凸显，深圳市工业设计行业协会与德国 iF 国际设计大奖组委会达成了 5 年的战略合作。iF 全球首个海外展馆已于 2013 年 5 月 31 日正式落户深圳，吸引了来自全球各地的顶尖设计师和设计迷会集深圳，这将有利于进一步提升深圳工业设计国际化水平，提高国内本土设计师对自主品牌和设计价值的认知。同时，这样的合作也有利于优秀设计理念的推广，吸引国际更优秀的设计公司、服务机构来深圳设立分部，构建设计产业更国际化、更高端、拥有更多自主品牌的发展格局。我们期待 iF 奖能给中国设计界带来更多新鲜血液，继续发挥它作为世界经典工业设计展示典范的作用，同时能够为消费者带来更多惊喜。

参考文献

［1］徐璐明：《设计，正在浸入我们生活的所有细节》，《文汇报》2011 年 9 月 17 日。
［2］杨惠：《iF50 年德国工业设计 iF 设计奖》，《大美术》2004 年 2 月。
［3］iF 奖德国官方网站，http：//www. ifdesign. de/index_ e。
［4］设计理事会官方网站，http：//www. designcouncil. org. uk/Case – studies/。
［5］中国设计教育网，http：//www. designedu. cn/index. aspx。

B.35

红点奖案例研究

荆 婧 顾惠忠*

摘 要：

在工业设计领域，红点奖已经成为影响力最大的奖项之一。红点奖之所以能够成为世界级大奖，在于它的定位、公正和独立的公信力以及赛后宣传和配套产品扩散的影响力。分析红点奖的发展过程，可以帮助我们了解工业设计领域的衡量标准和发展趋势，为未来中国设计和中国设计大赛提供借鉴。

关键词：

红点奖 工业设计 设计竞赛 设计案例研究

一 红点奖概述

红点设计奖（Red Dot Design Award）发源于德国（见图1），通过几十年的发展，目前已经成为有国际影响的设计奖项之一。

1954年，在德国埃森（Essen），克虏伯（Krupp）集团与德国工业联盟成立了北莱茵－威斯特法伦设计中心（Design Zentrum Nordrhein Westfalen），该中心成立的目的在于创造一个更加美好的工业生产环境，帮助实现德国消费品的现代化，提升德国产品的国际形象，为大众创造"更加高品质，更加美好、纯净的生活空间"。1991年，彼得·塞克教授（Peter Zec）开始负责该设计中心的管理工作，根据当时设计行业发展的形势，他发起了一个国际规模的设计竞赛——"Roter Punkt"奖，之后逐渐发展成为现在的红点奖

---

* 荆婧，上海交通大学硕士研究生；顾惠忠，上海交通大学教授。

（见图2）。2011年，红点奖的参赛作品总数量达到14000份，这些作品共来自全球超过70个国家，这些数据强有力地证明了红点奖在全球范围的影响力。

目前，红点奖设立三个主要奖项类别："红点产品设计大奖"（Red Dot：Product Design）、"红点传达设计大奖"（Red Dot Award：Communication Design）、"红点概念设计大奖"（Red Dot Award：Design Concept）。每个主要奖项类别下根据参赛作品

图1 红点奖标志

的不同又设立了不同的分组别，每年根据设计最新趋势和参赛作品类别的变化，组委会不断更新并设立新的组别，以适应最新的设计潮流。其中，每个组别中最优秀的设计作品将获颁"最佳中的最佳奖"（Red Dot：Best of the Best），这些获颁"最佳中的最佳奖"的作品都有机会进一步参与竞争"至尊大奖"（Red Dot：Grand Prix）。

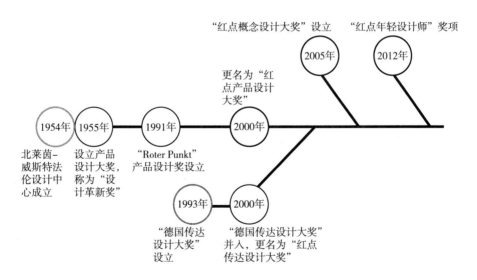

图2 红点奖发展历史

红点奖能够获得今天世界级奖项的成就，与其自身的与时俱进是分不开的。尤其在近年来，红点奖将目光放在了亚洲和年轻设计师身上，为此专门

设立"红点年轻设计师"（Red Dot Young Professionals）奖项，该奖项专门针对在校学生和刚毕业的年轻设计师。参与该奖项评选的年轻设计师能够享受组委会给予的特殊优惠待遇，甚至能够得到免费参赛的机会。正是这样优惠的新政策，以及红点奖带给年轻设计师职业生涯的各种机遇，激发了年轻设计师和在校学生参与红点奖的热情，同时红点奖也在年轻一代中快速扩张了其影响力。抓住年轻设计师即抓住了未来，红点奖势必在未来能够拥有更大的影响力。

（一）红点产品设计大奖

红点产品设计大奖是红点奖中设立最早的一项，其前身是 1955 年北莱茵－威斯特法伦设计中心设立的"设计革新奖"（Design Innovation）。2000年，该奖项正式更名为"红点产品设计大奖"。工业革命以后，随着产品设计的不断发展和完善，产品的品质开始优先于产品价格，成为消费者选择的重要因素，而"产品设计大奖"最初设立的目的就是为褒奖市场上高品质的优秀设计产品。世界许多知名公司的设计团队都曾参赛并获得该奖项，包括苹果、宝马、LG、联想等。红点产品设计大奖由此成为产品品质的强有力说明。生产商和设计公司都可参加该奖项，但参赛作品必须为两年内上市的产品，并且需要提交该产品相关的设计、市场等资料。

"产品设计大奖"包含的产品共分 19 个组别：客厅与卧室，家居产品，厨房，餐具和装饰，浴室、SPA，空调，照明与灯具，园艺、户外、休闲与运动，时尚、时尚生活用品与饰品，手表与首饰，室内设计，建筑与城市设计，办公用品，工业与技术，生命科学与医学，汽车与交通，娱乐技术与照相机和摄像机，通信，电脑与信息技术。

为激励更多、更年轻的设计师参与比赛，同时迎合红点奖的新战略，2012年 12 月 18 日，红点奖增加了"红点年轻设计师"项目，并为毕业不超过 5 年的年轻设计师提供了多种免费优惠政策，如 2013 年"产品设计大奖"针对年轻设计师开设了 50 个免费提交参赛作品的机会，获奖作品可免费在红点设计博物馆展览、免费被收入年度设计报告、免费获得红点标签。

"产品设计大奖"共设置 4 个奖项：①红点奖，颁发给高设计水平产品；

②最佳中的最佳奖，颁发给每个分组别中的最优秀设计作品；③优异奖，表彰在细节上提出优秀解决方案的产品；④年度最佳设计团队，从 1991 年开始，红点奖每年会选出年度设计团队。

与很多设计大奖的评选机制不同，"产品设计大奖"的评选机制不包括预选，所有参赛作品将在大赛开始前的几天内全部接受受邀评委的评选。这种无预选的评选机制充分保证了比赛的公平性，使得每件参赛作品都有参与评选的机会。评选机制的一大特点是"核心不变细节调整"的评审标准，由于技术、制造、社会、产业和生态需求等不断发展，为了在新的条件下更好地评判设计，评审标准的细节每年都会有所变化，但评审核心在于：革新度、功能性、美观性、人体工程学、耐久性、象征与情感内容、产品配件、自我表达性、生态的兼容性。同时，由于参赛作品的国际性，跨文化特征也会被考虑进去。以上这些都充分地保证了大赛的公信力。

（二）红点传达设计大奖

2000 年，作为传统的传达设计大赛，"德国传达设计大奖"（German Prize of Communication Design）改名为"红点传达设计大奖"并入红点设计奖，成为三大奖项之一。该奖项的宗旨是，鼓励设计师自信地设计并创造越来越多的传达方式，并且将传递的信息设计得令人印象深刻。"红点传达设计大奖"的加入顺应了信息社会到来的大趋势，也成为红点设计奖发展历史的一个关键节点。

2013 年，"传达设计大奖"新增"品牌设计与识别"和"电视、影片、电影、动画片"组别，组别总数为 21 个，分别为：企业设计与识别，品牌设计与识别，年度报告，平面广告，包装设计，编辑与企业刊物，杂志和报纸设计，字体，插图，海报，活动设计，信息设计与公共空间，在线通信，在线广告，游戏设计，界面设计，电视、影片、电影、动画片，企业影片，音响设计与影响包装，移动媒体应用程序，社交网络。

由于视觉传达作品的特殊性，该奖项参赛机制设置较为自由，不论是设计师、设计公司还是设计公司客户都可以作为参赛者参赛，且参赛作品数量不受限制，同一件作品也可以在不同的组别参赛（但最多不超过 3 个）。这种自由的参赛机制给了参赛作品从不同角度获得评审的机会。该奖项的"红点年轻

设计师"项目，给予在校学生和毕业不超过两年的年轻设计师20%的参赛费折扣，获奖作品则享有40%的服务费折扣。

红点传达设计大奖共设置6个奖项：①"红点奖"。②"最佳中的最佳奖"。③"至尊大奖"，在"最佳中的最佳奖"获奖作品中产生，为红点传达设计大奖中的最高个人奖项。④"初级特优奖"（Red Dot Award：Junior Prize），从获得"最佳中的最佳奖"的学生作品中选出，并有10000欧元的奖励。⑤"年度最佳广告公司"（Red Dot Award：Agency of the Year），奖项颁发给该年度表现优异的广告/设计公司。⑥"年度客户奖"（Red Dot Award：Client of the Year），颁发给支持其设计公司的客户。

红点传达设计大奖的评选标准为：原创性与感性元素、信息有效度、设计素质、识别价值与社会关联、界面与美感、感观。

（三）红点概念设计大奖

作为红点奖开拓的最新领域，为发现和奖励新的设计概念和创新成果，2005年大赛开设"红点概念设计大奖"。该奖项将新加坡作为组织中心，这也体现了红点奖的亚洲战略。近年来，随着亚洲经济的腾飞，亚洲的传统制造业也越来越重视设计，而亚洲本土高品质工业设计奖项的缺失使红点奖组委会看到了新的发展机会，借助"红点概念设计大奖"在新加坡设立总部的机会，其在亚洲的影响力也势必增强。该奖项着重于产品成型前的设计创意概念，希望能够及时反映设计潮流。该奖项的参赛作品应当为当年底前未在市场上销售或生产的各类发明、新颖设计和美学设计。

2014年，"红点概念设计大奖"总组别数达到29个，包括休闲、旅行、工业、勘探、烹饪、互动、外皮、服务、公共场所、居住环境、流动（公共交通运输等）、能源、环保、个人卫生、室内辅助工具、内部元件（家用装饰品等）、照明灯具、家具、智能（提高生活效率的设备等）、工作场所、保护（安全工具等）、生命科学、第三龄（专为50岁以上人群设计的装置）、通信、移动生活、娱乐、时尚、教育、消遣。

"红点概念设计大奖"包括4个奖项：①"红点奖"。②"最佳中的最佳奖"。③"红点之星奖"（Red Dot Award：Luminary），为概念大奖的最高奖项，从"最佳中的最佳奖"获奖作品中甄选得出。④"优异奖"。

红点概念设计大奖的评选标准为：创新程度、美感质量、实现可能性、功能性、情感成分、生态和谐性。

二　红点奖推广

（一）标签

红点标签为印有红点标志的产品标签，只有红点获奖者才被授权使用，它可以使用在包装、广告活动、网站或电视广告中，借助红点奖的公信力来证明产品的优良品质。从这个意义上讲，红点标签在成为产品的营销工具的同时，也为红点奖本身做了推广宣传。

（二）颁奖典礼

颁奖典礼为红点奖的重要组成部分，也是各种奖项推广的传统手段。在给获奖者颁发奖励的同时，组委会邀请来自政府、设计、媒体和工业设计等领域的专家参加，这不仅为获奖者提供了许多潜在机会，同时为红点奖自身扩大宣传。

（三）设计年鉴

与颁奖典礼相同，设计年鉴也是大赛推广的传统方式。设计年鉴记载了所有大奖的优胜者与作品，并在世界范围内公开发行。同时，为适应信息社会的发展，红点奖的设计年鉴也推出了 APP 版本。

（四）设计展

与很多设计大赛不同，红点奖是目前全球唯一具备两个设计博物馆来宣传和展示获奖作品的国际奖项，而这种身临其境的博物馆展览成为红点奖与其他设计大赛进行区别的一大特色。红点奖的强大影响力使设计展每年能够吸引很多人来观展，同时为奖项做宣传。

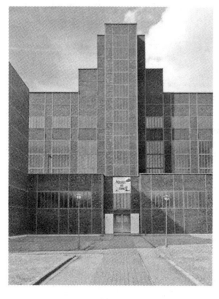

图3　德国红点设计博物馆

德国红点设计博物馆（见图3），位于矿业同盟矿区（Zeche Zollverein），由英国著名建筑师诺曼专门重新设计改建而成。1955年，该博物馆首次被用来举办展览"Ständige Schau Industrieform"。之后该博物馆与红点奖合作，被专门用来展览和收藏获奖作品，成为一本活的"获奖年鉴"。这座博物馆目前共收藏了2000多件作品。

新加坡红点设计博物馆（见图4），成立于2005年，位于新加坡的红点交通大厦（Red Dot Traffic），该建筑有独特的殖民风格，外墙涂为亮红色，现已被视为新加坡的创意中心。随着红点概念设计大奖在新加坡设立总部，相信不久的将来，这座博物馆也会成为亚洲设计的创意中心。

图4　新加坡红点设计博物馆

（五）网上展览

红点官方网站（http：//www. en. red‐dot. org）是红点奖推广的传统门户，这里能够查阅历年获奖作品信息，同时设立了红点网上商店。

（六）巡回展览

红点奖推广的一个特色方式为巡回展览。红点奖组委会定期在世界主要城市举办巡回展览，将设计理念送到世界各地，在宣传作品的同时提高自身影响力。近年来，巡展曾到达东京、莫斯科、首尔、科特赖克、悉尼、布拉格、厦门和香港等地。

（七）媒体合作

红点奖会与各类有影响力的媒体合作，向专业和大众新闻媒体发布新闻，提高影响力。目前，合作的媒体包括澳大利亚的 *Curve*，日本的 AXIS、Design 42 Days、Yanko Design、Surface Asia、Indesign Live、"90＋10"、SHIFT，德国商业杂志 *Wirtschafts Woche*。

（八）典范和访谈

红点奖充分尊重获奖设计师，在颁奖典礼后，红点奖会对最佳获奖者进行后续访谈，并在官方网站上展示访谈视频。

三　红点奖策略

红点奖从最初设立的本土化奖项，发展至今日的国际范围的设计大赛标杆，组委会的发展策略起到了决定性的作用。如果将红点奖看成一个企业，它的产品就包括奖项、荣誉以及各种推广手段（年鉴、红点标签、展览等）。但对于一个设计大赛来讲，核心竞争力应该是其在设计界的影响力和公信。只有具备高影响力和高公信力的大赛，对获奖人才是一种荣誉证明，证明了设计师的能力和产品的高品质。所以，在红点奖发展策略的制定过程中，在扩张红点奖影响力的同时，保持自己的公信力是红点奖最重要的部分。

（一）红点奖影响力的扩张

在红点奖设立之初，其市场主要是德国本土，参赛产品也主要来自德国本

土企业。由于比赛的设立者克虏伯集团是埃森当地的大型工业企业，因此，为奖项赢得了良好的口碑。随着德国工业的发展，"德国制造"和"德国设计"逐渐享誉世界。1991年，该中心的负责人彼得·塞克发起了国际规模的设计竞赛——"Roter Punkt"奖，竞赛开始扩展至世界范围，为奖项开辟了新的市场。

2000年，是红点奖走入多元化的关键年，"Roter Punkt"奖和1993年创立的"德国传达设计大奖"正式被整合为"红点奖"，分别被称为"红点产品设计大奖"和"红点传达设计大奖"。自此，红点奖的参赛作品不仅局限于工业产品，而且加入了信息传达作品，竞赛开始走向多元化。

2005年之后，"亚洲"和"年轻设计师"成为红点奖关注的两个部分。随着亚洲经济的腾飞，亚洲设计迫切需要得到世界的认可，红点奖以此为契机，在新加坡新设立了红点的第三项大奖"红点概念设计大奖"。随着经济的发展，"设计"在亚洲市场上扮演了越来越重要的角色，越来越多的年轻人加入设计行业，他们也需要通过具有国际影响力的竞赛来彰显自己的实力。红点奖适时地推出了"年轻设计师"项目，适当减免年轻设计师的参赛费用，并设立专门的奖项来吸引这些渴望成功的年轻设计师。因此，近年来，红点奖在亚洲和年轻设计师中的影响力越来越大。

从红点设计奖的发展历程可以看出，其能够从本土扩展至世界范围，关键年份的关键决策至关重要，其总是能迎合时代的发展，做出正确的市场定位，从而提升影响力。除此之外，红点影响力的扩张与其配套产品也是分不开的，尤其是红点博物馆和巡回展，已经成为红点奖的一大特色。

（二）红点奖的公信力

品牌是一种企业资产，它能够为企业和顾客提供超越产品或服务本身利益的价值。对于红点奖来说，公信力就是它的品牌核心。

对于一项大赛来讲，公信力最初来源于"公平和独立"的评审原则，只有有公信力的大赛才能使获奖作品成为有意义的产品。红点奖的评审有几大特色：①大赛评委都来自学校或独立团体，不参与制造业，这样便保证了评委在评审时不会有所偏袒。②评审过程没有预选，保证了每件参赛作品都获得评审的机会。③由于参赛作品来自世界上不同的国家，有着跨文化特性，因此，来自世界各地的受邀评审会充分考虑设计的文化背景。

正是因为这些评审特色，红点奖才能一直在世界范围内保证其奖项的公信力。公信力和影响力正如天平两端的砝码，如何在不断推广的过程中一直保持高公信力，是红点奖未来发展的关键。

四 红点奖与 iF 奖

在工业设计领域，红点奖和 iF 奖旗鼓相当，同样起源于德国的 iF 奖，与红点奖有许多相似之处，但两者也有很多不同。

iF 奖创立于 1954 年，该奖是由德国历史最悠久的工业设计机构——汉诺威工业设计论坛（iF Industrie Forum Design）每年定期举办。汉诺威工业设计论坛成立于 1953 年，现今已享有国际盛誉，尤其是 iF 设计竞赛更是赫赫有名。德国 iF 国际论坛设计有限公司每年评选 iF 奖，iF 奖是国际上最著名的奖项之一，欧洲媒体称之为"设计界的奥斯卡"。

在德国，能与红点奖相提并论的恐怕要数 iF 奖了。两者相比较，除了奖项设置、评审机制等的不同外，红点奖最大的优势在于丰富而严谨的策划、宣传、推广手段。近年来，红点奖对于亚洲和年轻设计师的关注度不断提升，尤其是针对年轻设计师的各种优惠政策和奖项的设置，使其在亚洲的地位不断提高。对于设计竞赛来讲，自身的推广与奖项影响力的提升联系紧密。正是由于不断适应设计的变化，紧跟变化的脚步，红点奖才能够成为如此成功的国际性设计竞赛。

参考文献

［1］王丽娟：《为设计而骄傲——访红点奖主席及创始人 Peter Zec 教授》，《缤纷》2007 年第 12 期。

［2］蒋雯：《设计管理》，机械工业出版社，2011。

B.36

G-Mark 设计大奖

姜鑫玉　郭明月　杨文鹏*

摘　要：

本文主要介绍了有"东方设计奥斯卡"之称的日本 G-Mark 设计大奖的起源、发展现状及其对工业设计的影响。通过分析该奖项的获奖作品，阐述其对设计、消费、生活的影响。文章还论述了 G-Mark 设计大奖的评判标准并揭示设计的流行趋势。G-Mark 设计大奖在设计界的地位和作用不容忽视，每一年的"G"作品都是时下工业设计的风向标，日本政府非常重视 G-Mark 设计大奖。

关键词：

G-Mark　工业设计　获奖作品　发展和影响

一　G-Mark 介绍

（一）G-Mark 简介

"Good Design Award"是日本国内唯一综合性的设计评价与推荐制度，被通称为"G-Mark"，中文名为"日本优良设计大奖"。该设计大奖由日本工业设计促进组织（Japan Industrial Design Promotion Organization，JIDPO）于 1957 年创立，迄今已有 50 多年的历史。该设计大奖是亚洲最具权威性和影响力的，已被公认为世界上三大工业产品设计奖项之一，素有"东方设计奥斯卡"的

*　姜鑫玉，东华大学讲师；郭明月，华东理工大学硕士研究生；杨文鹏，华东理工大学硕士研究生。

美誉。其代表性的 G-Mark 标志代表了优良设计产品，受到全球消费者的肯定和认同。

日本优良设计大奖是目前日本唯一比较全面的设计评价和推广体系，其前身是通产省于 1957 年设立的优秀设计选拔机制。自日本优良设计大奖设立之日起，在日本制造业和设计师们的推动下，就一直立足于选拔优秀的设计作品，着重提高设计的社会价值，不断促进日本工业设计的发展，如今已赢得公众的高度信任。1967 年，［G］标识制度被引入质量检验制度，制定质量检验标准，使其向着设计高品质产品方向转变。1998 年，该评奖活动由民间组织接手，既继承日本设计的优良传统，同时重视消费者，努力试图通过设计在用户和制造商之间建立起良性沟通。

在日本，推进设计促进工业发展最有影响和最有效的措施之一就是创设日本优良设计大奖，又被称为"［G］标识制度"，即在全国范围内评选优秀的设计，对获奖产品授予［G］标识。日本很多著名企业或品牌都曾获过该奖项，如佳能、松下、索尼、西铁城、丰田汽车、本田汽车等。［G］标识制度对于培育日本自主品牌、提升产业竞争力起到了至关重要的推动作用。

日本优良设计大奖不仅重视产品造型语言，更强调消费者使用经验与产品便利性。只有在设计、质量、美观、性能、安全、独特、使用方便性、人体工学、性价比等多领域表现卓越的产品，才能获得 G-Mark 标志。日本优良设计大奖评选标准包括产品美观、原创性、安全性、消费者需求满意性、使用环境适宜性、价格合理、功能与效能表现、使用者友善的设计等。现如今，日本优良设计大奖已不仅局限于设计评价，还致力于开发和扩展新的领域，积极促使人类思考诸如人类应该怎样生活、如何保持工业的持续发展等问题。日本优良设计大奖是一项综合设计评价体系，其评价对象已从工业产品扩展至建筑、环境、通信等各类产品，以及以设计为核心的商业模式，甚至新技术领域中的实验设计等。

（二）关于奖项评审

1. 评判的基本理念

日本优良设计大奖评审理念可概述为以下五个基本想法：人性（humanity）——对于事、物的创造发明能力；真实（honesty）——对现代社会

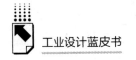

的洞察力；创造（innovation）——开拓未来的构想力；魅力（esthetics）——对富足生活文化的想象力；伦理（ethics）——对社会、环境的思考能力。简言之，"创造力、洞察力、构想力、想象力、反思力"表明了优良设计在实践中被需求的能力。

日本优良设计大奖以设计对社会的重要性为评判标准，选择杰出设计并将其推向社会，从而指导工业发展方向，改善社会生活。评选委员会成员将发现的"优胜点"在网站和年鉴中予以公布，其目的是吸纳消费者单维的评价，并将其与不断提升的社会价值观整合。

2. 评判政策与趋势

1998年伊始日本优良设计大奖改为由民间主持，按照主席负责制的模式进行运作，主席由评审委员会选举产生，主席根据设计的理念来确定评审委员会的评判标准。其标准归纳如下：中西元男（1998~2000年）：中西先生将"优秀的设计就是优秀的商业"作为信条，支持以设计为核心的商业创新。川崎和男（2001~2003年）：追求"吸引用户参与激动人心对话的设计"。喜多俊之（2004年至今）：主张"融合高科技和高度发展的美学是日本工业生存和发展的手段"，并寻求能够体现这些品质的设计。

根据这些标准扩大的参赛产品的类别包括通信设计类和新前卫设计类，严格筛选评审委员会的成员，举办专项评审的活动。评审委员会成员的更替不代表评判标准已发生重大变化；相反，新的标准与以往的标准融合，使评判标准有了新的深度。新的标准被总结为"我们要选择具有感召力的设计，能够引领和创造新的商业和社会，日本优良设计大奖应在培养具有这种感召力的设计中发挥领先作用"。该论述代表着评审委员会主席提出的方针，以及委员会全体成员和该体系管理者们的愿望，相信大多数公司管理者和设计者会认同这一新的论述。

评审员们看重产品的"优点"的"强有力的设计"。然而，虽符合标准但不够人性化或者对人类有害处的参选设计将不被列入评选。评审员们寻找的不是所谓的"平庸设计"，而是个性鲜明、具有判断力的设计作品可略有瑕疵。

日本优良设计大奖的主旨是对社会有利，可根据参选设计类别的成熟度对评判的层次进行调整。换言之，抛开设计基本要素，对具有不同社会价值的类别进行研究，这一趋势自活动由民间主持以来变得更加明显，将参选产品进行更加明确而细致的分类，以更强的社会责任感评价参赛作品。

二　G-Mark 获奖作品介绍

（一）日本 G-Mark 奖评奖尺度

1. 评价优秀设计的基本要素

优秀设计的基本要素如下：要具备设计美感，用心，独创，有良好的机能、性能和功能，使用方便，具有亲切感，安全性好，满足人们的生活需求，具有一定性价比，具有魅力感等。

2. 特别优秀的要点

（1）设计方面：要考虑设计的概念，设计的过程和设计管理方式，新颖的造型表现，高水平的设计综合完成度。

（2）生活方面：解决了用户面临的问题，进行"共用性设计"的实践，倡导新的行为方式和时尚，简易地表达商品的多机能和高机能，考虑到使用之后商品的维持、改良、发展。

（3）产业方面：有效地利用新技术、新材料，提出系统性的解决方案，使用高科技含量的技能、新的生产方法和途径，使新的销售引导区域产业的发展。

（4）社会方面：提出能够更好地进行人与人之间交流的长期使用的设计，提出与环境协调的提案，进行环保设计。

3. 设计是否积极面向未来生活、产业、社会的评价要点

（1）设计方面：引领潮流，形成新的时代标准，树立日本形象。

（2）生活方面：诱导消费者创造今后时代的生活方式和消费方式。

（3）产业方面：开发人性化的新技术，形成新的产业、新的商业机会。

（4）社会方面：引发新的社会和文化价值，扩充社会基础，实现可持续发展。

4. 国际市场上产品评价的尺度

（1）概念。

（2）文化创造度。

（3）新颖性。

（4）健康、安全性。

（5）品质。

（6）价格优势。

（7）使用方便性。

（8）环保性。

（9）包装。

（10）品牌力度。

（二）G-Mark 奖项的部分类别

1. 可持续发展设计奖以及生活景观设计奖

"可持续发展设计奖"和"生活景观设计奖"是 2008 年新增的奖项。这个奖项秉承"环保、节能"的设计精髓，充分利用现代科技，大力开发绿色资源，发展清洁生产，不断改善和优化生态环境，促使人与自然和谐发展、相互促进。可持续发展设计是对环境、人体生理和心理的综合考量。生活景观设计奖涉及的范围广，从人们日常出行的交通工具到家居用品，都被囊括其中。严格来说，这些产品的设计并不属于外观抢眼的产品，从名片盒、笔记本、信封、沙发床到自行车和电动车等，必须使用方便、快捷。

2. 最好的 15 个设计奖

这个奖项是从众多优良设计大奖的候选名单中挑选出来的。奖项类别分为生活类、工作类、社会类和网络系统类。得奖的设计小至医疗小物件，大至宇宙空间站，都体现了设计为人的思想精髓，产品与人的协调统一仍是当代设计的主导趋势。人们在注重产品和消费质量的过程中，更加注重在情感上的满足，追求产品的附加价值给人带来的特殊感受，产品的设计在功能上突出专业性和实用性。这些获奖的设计作品的共同点是通过产品引起人们对于社会问题和现象的关注，强调在情感上的反思。

3. 中小企业设计奖

在最好的 15 个设计奖中，有许多出自中小企业的设计。抛开天马行空、不切实际的想法设计出应用于日常生活中的产品获得大赛评审团的青睐，并且中小企业产品的设计概念通常映射出未来 5 ~ 10 年的发展趋势、科技导向和消费者的需求。试想一下，如果未来的大型交通工具可以随身携带，那人们的生活方式将得到翻天覆地的改变。

4. 经久耐用设计奖

人们是否会留意身边的一些小物品，如镜子、水杯、鼠标、纸盒等。是否觉得许多物品虽然很常见却创意十足？经久耐用设计奖（Long Life Design Award）就是为人们在日常生活中都会使用到，但丝毫不会注意的那些基本用品的设计所设立的奖项，从某种意义上可以说是对日常生活中常见的物品进行再设计（Re-design）。每一位设计师都对做出简约、时尚的经典作品梦寐以求。当产品的存在感和功能性被看成设计的首要标准，而不仅仅关注产品美观与否时，设计的价值也被赋予了全新的定义。

（三）G-Mark 设计奖获奖作品

图 1 是设计师 Sano Magic 设计的一款木头做的自行车，其外形时尚、材料环保，获得 2010 年日本优良设计大奖。

图 1　木头自行车

图 2 是设计师将植物种子和花朵包裹在透明亚克力玻璃中，创造出的 Sola Cube，用作案头摆设。这个作品很容易让人联想到上海世博会英国馆的展区核心——"种子圣殿"。不过，"种子圣殿"只能参观，这个小摆设则可以放在家中慢慢欣赏。此作品获得 2010 年日本优良设计大奖。

图 3 中的 i-SOBOT 新型机器人只有 16.5 厘米高、350 克重，安装了 17 个微型制动机，以及一个可以确保机器人在行走时保持平衡的回转感应器。i-SOBOT 可以发出各种不同的声音，在制造音响效果的同时，它可以做将近 200 个不同动作。这款机器人的电池可循环充电使用，获得 2008 年日本优良设计大奖。

图 2 "种子圣殿"　　　　　　　　图 3 新型机器人

三 G-Mark 对于设计的影响

日本政府历来表彰和奖励优秀设计和优秀企业。[G] 标识制度，不仅鼓励日本企业制造自主创意设计的产品，更注重通过工业设计促使日本企业精益求精，促进产业升级和发展。几乎所有著名的日本企业或品牌，如佳能、东芝、松下、索尼、精工、西铁城、先锋、丰田汽车、本田汽车、夏普、三洋、日立等都曾获得过日本优良设计大奖，有些企业还多次、连年获奖。这一奖励制度推动了日本自主品牌的发展甚至提高了产业竞争力，也为世界产品设计的发展指明了新的方向。

四 结论

被誉为"东方设计奥斯卡"的日本优良设计大奖的获奖作品被视为设计界的新标杆，众多日本企业、制造业设计者乃至消费者都对此奖项寄予期望。日本优良设计大奖评选出来的作品强调用户的使用习惯，为人服务，往往会成为当年流行的风向标，对日本设计界乃至全世界都产生了深远影响。我们期待更优秀、更利于社会发展的作品出现。

参考文献

［1］ Hui：《2010 日本优良设计大奖》，《设计》2010 年第 11 期。

［2］ 葱子：《设计：治愈的力量》，《设计》2012 年第 1 期。

［3］ 刘平、梁新华：《日本发展创意设计促进自主创新的措施》，《科技管理研究》2011 年第 2 期。

［4］ http：//um. auto. sina. com. cn/news/2012 – 08 – 09/10562285. shtml.

B.37
BLUE BOOK

IDEA 案例研究

杨顺　张立群*

摘　要：

从初期作为美国设计界的活动事件到发展为国际"工业界奥斯卡"，美国 IDEA 经历了无数次调整，在推行过程中不断完善了评奖机制。本文简要回顾了 IDEA 创立的大背景，尽可能全面地梳理 IDEA 的奖项设置模式、评选过程、评选方法、评选标准、评委构成、影响力等多项内容，并简要分析了 IDEA 对中国设计界的借鉴意义。

关键词：

美国工业设计优秀奖　美国工业设计师协会　评选机制

一　IDEA 的概况

被冠以"工业界奥斯卡"之名的美国 IDEA（Industrial Design Excellence Awards，工业设计优秀奖）（见图 1）设立于 1979 年，该奖项颁发给那些致力于唤起设计文化与意识的产品，让公众了解优秀的设计文化对社会生活和经济产生积极的作用。IDEA 至今已有 30 多年历史，其在全球的影响力已经不亚于德国 iF 奖、红点奖。

作为美国主办的唯一一个国际工业设计大奖赛，IDEA 由美国工业设计师协会（IDSA）与美国《商业周刊》联合主办。每年由美国工业设计师协会担当评审，从上万件来自各国设计师、学生和企业的作品中挑选出特定工业领域

---

* 杨顺，上海交通大学硕士研究生；张立群，上海交通大学副教授，上海交通大学设计管理研究所所长。

中100件左右的顶级优秀作品，授予这些获奖者应有的荣誉，并将获奖者与获奖作品公布在当期的《商业周刊》上。

图1 美国 IDEA 的 LOGO

二 美国 IDEA 的历史背景

（一）美国工业设计职业化

工业设计职业化在美国的出现有着深刻的历史和现实原因，其中一个很关键的因素是第一次世界大战期间美国聚积了强大的经济实力。此时，美国将生产重点放在了新型工业产品上，即那些由最先进的科技发明带来的消费品上，尤其是汽车和家用电器。市场的发展刺激了制造商们的竞争意识，他们纷纷通过批量化的生产方式以及运用新材料来达到降低造价的目的，使得一战后美国的工业进入了一个高速发展的阶段。

20世纪20年代末至30年代初的经济危机引发了更为激烈的市场竞争，广告部门的介入帮助制造商们寻找职业工业设计师，为解决消费品滞销的问题迈出了第一步。设计作为一种市场策略，使科学技术进步与市场消费动机结合起来，美国第一代职业工业设计师由此产生。

（二）美国工业设计师协会简介

美国工业设计师协会成立于1965年，由三个工业设计组织合并而成，是

世界上历史最悠久的工业设计师协会，总部设在华盛顿。这三个工业设计组织分别是美国设计师协会（American Designers Institute，简称 IDI）、全美工业设计师协会（American Society of Industrial Design，简称 ASID）、美国工业设计教育联合会（Industrial Design Education Association，简称 IDEA）。

三者合并后，作为推动美国工业设计教育的专业机构，为了鼓励美国设计的自由创新，美国工业设计师协会重新制定了协会的章程、使命、任务和目标。确立了推动设计积极影响的协会宗旨，致力于通过交流、宣传与培训推动工业设计的发展。

IDSA 聚集了当前在产品设计、交互设计、人机工程、设计研究、设计管理、通用设计和相关设计领域的专业人士，至今该组织已拥有 3000 多名会员，在美国和世界各地设立了 29 个专业分会和 17 个特殊兴趣小组，聚集了各行各业的设计咨询专家、企业设计师、教育工作者和年轻的设计专业学生。

IDSA 除了每年评选出国际优秀设计奖（IDEA）外，还负责制作《创新杂志》（Innovation Magazine）和《设计视角》（Design Perspectives），编写一周 3 次的设计界新闻邮件，每 5 年负责举办享有盛誉的国际设计会议。

设计专业人士可以从 IDSA 中获得很多好处，他们可以通过互联网参与设计类会议和事件，也可以通过参与 IDEA 来宣传自己的公司。

三　IDEA 的评选机制

（一）参赛资格

1980～2013 年，IDEA 的参赛资格随着奖项在全球市场影响力的扩大先后发生了三次变化。在竞赛设立之初，参赛者必须是美国公民，或者是获得永久居住权的人，以及美国工业设计师协会的海外会员。这是因为在与美国《商业周刊》合作前，IDEA 只是美国致力于鼓励自身设计创新的奖项。而在 1991 年后，借助《商业周刊》这个宣传平台，IDEA 的影响力以及美国自身的设计理念和方式在全球范围内引起了关注。1996 年，IDEA 的参赛资格有所调整，取消了原先只面向美国企业和设计公司的限制，开始向那些在美国销售、在海外设计产品的企业开放。美国工业设计优秀奖于 2008 年后更名为"国际杰出设计奖"，成为面向全球的设计舞台，标志着该奖项的全面国际化。

（二）评委组成

表 1 是 1990 年、1996 年、2006 年、2012 年四届 IDEA 的评委团构成，我们可以发现，IDEA 在这方面发生了很大变化，具体体现在两个方面。

其一，评委团人数由初期的不足 10 人增加到了近 20 人。人数的增加不仅可以减轻每一位评委的工作量，还可以通过不同评委之间的讨论提高评选结果的公正性，减少个别评委的主观影响力。

其二，评委的学术、工作背景发生了变化，由初期大部分评委都是 IDSA 的成员，转变为来自社会不同的专业领域，包括产品设计、通用设计、数字媒体、用户体验、工程、设计管理、设计研究，并且包括心理学家、教育家、发明家、企业家等。这将确保每一学科的代表都能在国际竞赛评选中拥有一席之地，既有权利又有责任发表他们的意见，同时有义务倾听不同立场的人的需求。这反映了如今设计学科要求跨学科参与的发展趋势，即以不同视角对所有方的利益进行评估，尊重每一方的意见，确立了多元变化的价值标准。

表 1　四届 IDEA 的评委团构成

1990 年 IDEA 评委团构成		
序号	姓名	备注
1	詹弗兰科·扎卡伊	美国工业设计师协会成员，评委团主席
2	彼得·爱德华·洛韦	美国工业设计师协会成员
3	帕特里夏·穆尔	美国工业设计师协会成员
4	比尔·莫格里奇	美国工业设计师协会成员
5	路易斯·纳尔逊	美国工业设计师协会成员
6	马丁·史密斯	美国工业设计师协会成员
7	桑德尔·维兹	美国工业设计师协会成员

续表

1996 年 IDEA 评委团构成

序号	姓名	备注
1	威廉·斯通普夫	威廉·斯通普夫设计事务所创始人,评委团主席
2	丹·阿什克拉夫特	阿什克拉夫特设计公司创始人,美国工业设计师协会成员
3	柯蒂斯·贝利	桑德伯格 – 弗拉公司总裁
4	卡罗莱·比尔森	柯达公司数字产品项目经理,美国工业设计师协会成员
5	威廉·布尔拉克	乔治亚理工学院工业设计系主任,美国工业设计师协会成员
6	陈秉鹏	Ecco 设计公司创始人,美国工业设计师协会成员
7	迈克尔·加拉格尔	美国朗科设备公司设计经理,美国工业设计师协会成员
8	加里·格罗斯曼	创新与开发公司总裁,美国工业设计师协会成员
9	汤姆·哈迪	乔治亚理工学院通用设计教授,美国工业设计师协会成员
10	约翰·赫利茨	克莱斯勒汽车公司产品设计副总裁,美国工业设计师协会成员
11	洛林·贾斯廷	俄亥俄州立大学工业设计副教授,美国工业设计师协会成员
12	汤姆·梅森	费雪牌公司研发部高级副总裁,美国工业设计师协会成员

2006 年 IDEA 评委团构成

序号	姓名	备注
1	克里斯·康利	重力坦克设计公司,芝加哥设计学院,美国工业设计师协会成员,评委团主席
2	托儿·奥尔登	HS 设计公司首席设计师,美国工业设计师协会成员
3	林纳特·阿勒胡	福斯通公司市场部副总裁
4	贝蒂·鲍格	贝蒂·鲍格设计公司创始人
5	查理德·艾森曼	英国设计协会
6	阿里斯泰尔·汉密尔顿	美国讯宝科技公司创新与设计副总裁,美国工业设计师协会成员
7	约翰·霍克	耐克企业副总裁,美国工业设计师协会成员
8	大卫·库苏马	特百惠公司产品开发部副总裁
9	约翰·保罗·库斯	伊利诺伊学院,企业可持续发展斯图尔特中心,美国工业设计师协会成员
10	马尔恰·劳森	伊利诺伊大学艺术设计学院主管,美国工业设计师协会成员
11	卡尔·麦格努森	诺尔公司设计主管,美国工业设计师协会成员
12	杰里米·迈尔森	英国皇家艺术学院设计研究教授
13	唐纳德·诺曼	西北大学、加州大学教授,美国工业设计师协会成员
14	霍森·拉曼	艾利夫公司总裁和联合创始人
15	约翰·塔卡拉	感知之门机构主管和作家
16	罗宾·沃特斯	罗宾·沃特斯趋势公司创始人和总裁
17	丹尼斯·韦伊	麦当劳公司创新规划部高级主管,美国工业设计师协会成员
18	奥拉·奥斯兰帕	A + O 设计方法公司合伙人,美国工业设计师协会成员

2012 年 IDEA 评委团构成

序号	姓名	备注
1	里斯·纽曼	诺基亚,评委团主席
2	塔克·维美斯特	维美斯特公司
3	山姆·卢森特	惠普咨询顾问,美国工业设计师协会成员
4	菲利普·斯威夫特	科朗设备公司北美部设计总监,美国工业设计师协会成员
5	托马斯·欧弗顿	2013 年 IDEA 评委团主席,IDEO
6	乔纳·柏克	One & Co 设计所主管和创意总监
7	兰斯·哈西	KS 设计所副总裁兼创意总监,美国工业设计师协会成员
8	邓肯·威尔逊	通用电气医疗集团新兴市场的设计经理
9	艾德·道萨	弗吉尼亚理工学院工业设计副教授及建筑与设计学院助理院长,美国工业设计师协会成员
10	嘉丽·罗塞尔	宝洁公司设计团队的主要成员,美国工业设计师协会成员
11	邵恩·杰克森	教育家、发明家、设计师、企业家、密歇根大学教授,美国工业设计师协会成员
12	莱斯利·斯皮尔	圣何塞州立大学,美国工业设计师协会成员
13	泰德·图里斯	Feiz 设计所创始人
14	科迪·飞子	Feiz 设计所成员
15	迈特·琼斯	英国 BERG 设计所主管
16	詹·奇普切斯	Global Insights 的执行创意总监
17	迈克·克鲁赞斯基	微软 Windows Phone 部门创意总监
18	西蒙·华特法尔	Fray 公司创始人
19	肖恩·哈根	专于紧急性项目的设计和医保行业,Black Hagen 设计创始人,美国工业设计师协会成员

资料来源:IDSA 官网,http://www.idsa.org/awards。

(三)评审程序

IDEA 的评审程序本身就是一个跨学科参与的、协作评定的、反复讨论的过程。IDEA 的评审程序包括四个阶段,首轮阶段评委采取线上参评的方式,评估所有参赛作品与标准的统一性,对于以较低分数进入决赛的参赛者评委将要求其提供补充材料或样品。后三轮阶段则是采取现场实地评判。在第二、第三阶段,评委将分组决定出金奖、银奖和铜奖的建议得主,在第四轮评审阶段,全体评委将以票选方式决定最终的获奖者。由此可见,评委人数的多少直接影响了评选结果的合理性与有效性。

（四）审核标准

IDEA 设立之初，评选标准只有五项内容，分别是：①设计概念的创新；②材料运用和生产过程的效率；③用户的利益；④客户的利益；⑤吸引顾客的外观造型。而到了 1990 年，IDEA 增加了"积极的社会影响"这项标准，即强调了设计的责任感。到 1999 年，评选标准又发生了变化，分别是：①设计创新。②用户利益，包括五个方面：性能、舒适性、安全性、易用性和通用性。③客户利益。④在产品整个生命周期过程中对材料的运用和处理都要承担生态责任，包括减少资源和废弃物、提高能源使用效率、材料的修复/再利用/循环利用。⑤美观。近年来，以 2009 ~ 2013 年为例（见表 2），每年 IDEA 的评审标准在表述上都有细微的调整，但其评选标准始终把重点放在五个最基本的层面，即创新性、视觉审美性、用户价值、客户价值、社会性和生态责任。

总而言之，在历年的审核标准中，都首先肯定了设计的灵魂依然是创新，通过设计美观的创意产品，可以提高销售量，实现赢利，提升企业知名度。另外，设计师们应具备社会责任感与生态素养，最大化地提高产品的实用性与质量，同时最小化或消除对自然环境的负面影响，这实则意味着设计态度的转变。在众多需要协调的矛盾和需求中，设计师作为整合者，应超越传统的对形式和功能的要求。

表 2   2009 ~ 2013 年五届 IDEA 审核标准

	2009 年 IDEA 审核标准
1	创新性：设计、体验、制造
2	设计对用户的益处：性能、舒适、安全、易用性、用户界面、人机交互、通用功能、公众获取便利、生活质量、经济性
3	设计对社会和自然生态的益处：改善教育，满足低收入人口的基本需要，减少疾病，节能，耐用，降低材料在使用和处理加工周期过程中对生态的影响，可以修复/再利用/再循环，致力于解决毒性、节约资源、考虑减少废弃物等
4	设计对客户的益处：赢利能力、销售量增长幅度、品牌知名度、员工士气
5	视觉吸引力和美感
6	设计的可用性测试、严谨性、可靠性（设计研究类奖项）
7	内在因素和方法、可实施性（设计战略类奖项）

	2010 年 IDEA 审核标准
1	创新性:设计、体验和制造
2	用户受益程度:性能、舒适度、安全性、使用方便性、用户界面、人机互动性、获取便捷性、通用功用、生活质量、可购性
3	社会和自然生态:改善教育,满足低收入人口的基本需要,减少疾病,节能,耐用,降低材料在使用和处理加工周期过程中对生态的影响,可维护性、可重用、可回收利用,致力于解决毒性、节约资源、考虑减少废弃物等
4	客户收益程度:赢利能力、销售额增长幅度、品牌美誉度、员工精神的激励程度等
5	视觉吸引力和适当的美感
6	可用性、严谨性、可靠性(设计研究类奖项)
7	可实施性、内部因素及方法(设计战略类奖项)
	2011 年、2012 年、2013 年 IDEA 审核标准
1	创新性:设计、体验、制造
2	用户受益程度:性能、安全性、舒适度、使用方便性、人机互动性、用户界面、通用功用、获取便捷性、生活质量、可购性
3	责任:有益于社会、环境、文化和经济,有益于减少疾病、提高生活质量、支持多元化发展,有益于提高能源效率与产品耐用性,提倡使用对环境因素影响小的材料,强调可维修/可重复利用/可循环使用,致力于节约资源、考虑减少废弃物等
4	客户受益:赢利能力、销售额增长幅度、品牌美誉度、员工精神的激励程度等
5	视觉感染与美感
6	可用性、情感因素、严谨性和可靠性(设计研究类奖项)
7	可实施性、内部因素及方法、价值观(设计战略类奖项)

资料来源:根据 IDSA 官方网站 (http://www.idsa.org/awards) 资料整理。

(五)奖项设置

每年都会有来自世界各地的作品参加 IDEA 的评选,国际杰出设计奖的奖项设置不仅包括工业产品,而且包括包装平面、服务、展示布局、数字设计、通信设计等,可以主要分为产品、环境和视觉传达三个领域。

在 1980 年奖项设立之初,奖项类别只有简单的五大类,内容如下:①消费产品;②设备与仪器;③视觉传达;④环境;⑤定制家具与住宅家具。

1980~1990 年,奖项类别与范围一直在不断地被重新定义。到了 1990 年,增设了工业办公设备、医疗产品、工业科学产品三个类别,取代了原先的设备与仪器类别,具体类别设置如下:①消费产品;②工业办公设备;③家用

电器；④包装与指示；⑤环境；⑥医疗产品；⑦工业科学产品；⑧交通工具；⑨家具；⑩探索性设计；⑪学生设计。

从1991年起，IDEA开始与《商业周刊》合作，合作初期的十年内，奖项的设置主要有九大类，类别设置如下：①商业与工业设备；②消费产品；③探索性设计；④环境设计；⑤家具；⑥医疗与科学产品；⑦包装与图形；⑧学生设计；⑨交通工具。

2001年至今，奖项的类别做了很大的调整，先后增加了计算机设备、设计策略、研究类别、生态设计、交互设计等类别奖项。产品领域的类别主要包括消费产品、家具、交通工具、办公室用品、家用电器等；环境领域主要指产品销售或展示的环境，主要类别有环境和展览；视觉传达领域的类别主要有包装与图形类别。此外，IDEA还设置了包括设计战略、设计研究、设计管理类别的奖项。设计领域不断细分，早已经不再局限于物化产品的范畴。

（六）获奖回报

每年国际杰出设计奖的获奖者将会受到纸质媒体与网络媒体全面的宣传与大量曝光，且大多都是免费的。此外，每年IDSA将会出版国际设计优秀奖年鉴，为遍及全球的公众详细并深度地介绍金奖获得者以及所有相关荣誉人。

表3以2013年为例说明近几年IDEA的获奖回报情况。

表3　2013年IDEA获奖回报及费用

宣传＋曝光＋认可	费用
获得在IDSA网站的IDEA专栏中终生陈列和报道的机会	/
获得在IDSA网站首页刊登获奖得主及公司与其他信息的机会	250美金
IDEA出版的《创新年鉴》将对金奖、银奖、铜奖获得者进行介绍推广（整篇幅图片和描述,进入决赛者也将包含在内）	/
获奖者免费得到一本国际设计优秀奖年鉴,另需购买则享受折扣费用（每位IDSA会员会收到免费邮寄的一本年鉴）	折扣
条件允许的情况下,金奖、银奖、铜奖作品将展示在IDSA年度国际会议上（没有递送终评的产品除外）	/
将IDEA获奖标识授权在获奖产品的包装、广告和其他推销材料上	/

| 宣传 + 曝光 + 认可 | 续表 |
	费用
出席 IDSA 年度国际会议的颁奖仪式	/
参加获奖仪式之后的宴会（预计价格包含在会议注册费里）	250 美金
设计团队中每位获奖成员都将获得证书	/
金奖参赛者将获赠一份礼品，另需则购买	/

资料来源：IDSA 官网，http：//www.idsa.org/awards。

四　IDEA 对中国设计界的启示

美国 IDEA 认为优秀的设计必须以个人需求和社会责任为出发点来解决设计问题。以学生类作品为例，学生作品中更关注生活中的细节，关注弱势群体生活中不方便的地方，强调解决方式上的别出心裁，其产品往往具有亲切的外观。与职业设计大师相比，可能欠缺对于商业市场的把握，然而在设计初衷上充满着更多的责任感与人文关怀。

家居办公用品是人们生活中接触最多的产品，因而自从设计产生以来，设计师们一直为更舒适、更健康、更方便的生活方式而不断努力。除了使用的轻便、造型的亲和这些普遍的设计标准，近年来，IDEA 的评委们更加关注产品的可持续性问题，如产品是否满足用户在不同阶段的差异化需求，进而符合经济性要求，是否低耗节能，从而提高环境效益。

总之，立足于美国自身的社会经济、商业市场价值观，IDEA 这一面向社会、面向大众推广的专业设计评奖活动不仅成为彰显美国设计成果最重要的事件，而且这一平台的搭建对其他国家的企业也产生了强大的吸引力，它已经成为设计行业推动设计与商业结合的先驱者。

首先，对于企业来说，获得 IDEA 无疑是对企业品牌形象的认可，刺激企业将设计作为核心竞争力，在全球市场范围获得更大的发展。以联想集团为例，在 2006 年，联想集团的 Opti 多媒体台式电脑（见图 2）在计算机设备类别获得了 IDEA 金奖，而与美国波特兰 ZIBA 设计公司合作进行的有关 Opti 多媒体台式电脑的研究设计工作在研究领域荣获了第二个金奖。

图2 Opti 多媒体台式电脑

其次，对于获奖作品自身来说，美国 IDEA 能够刺激那些具有实用价值、创新精神的产品的诞生。以 Crown – 科朗的 WT3000 系列电动托盘搬运车（见图3）为例，其创新性和对于人体工学的巧妙运用，使其获得商业和工业产品类别的 IDEA 金奖。

图3 Crown – 科朗的 WT3000 系列电动托盘搬运车

最后，对于公众而言，每年的 IDEA 奖项已经成为全球设计行业变迁的记录，有助于加强公众对于前沿优良设计理念与设计师本身的认识。设计师的工作已不再是完成改变产品造型与颜色的简单任务，而是通过整合、创造新的服务方式为公众提供自由的选择。面向公众的评选活动还意味着产品生产后随时接受用户与舆论的检验，评奖并不是昙花一现的形式活动，而是强调一种责任价值标准的延续。

设计文化的广泛推广必须借助媒介传播这个平台。在 IDEA 从本土化走向国际化的短短 30 多年转变中，《商业周刊》的精彩宣传与深层次报道起到了重要的作用。没有媒体介入传播，难以形成一定的商业回报。设计评选的目的是为了宣传更为新颖的产品概念与优质品质，表彰一国的设计精神。我国工业设计水平还停留在一个较低的层次上，为此，中国的设计师应不遗余力地关注本土的优秀文化，摆脱僵化的设计模式，注重创新能力的培养；应借助成熟媒介对大众生活的影响力普及设计教育，提高公众对于设计文化的关注度与参与度，开拓一条属于我国的可持续发展的设计道路。

参考文献

［1］卢永毅、罗小未：《产品，设计，现代生活：工业设计的发展历程》，中国建筑工业出版社，1995。

［2］美国工业设计师协会，维基百科，http：//zh. wikipedia. org/wiki/IDSA。

［3］王华晓：《美国工业设计卓越奖（IDEA）评选机制研究》，中央美术学院硕士学位论文，2010。

［4］Leeble：《2011 美国 IDEA 设计大奖》，《设计》2011 年第 8 期。

［5］《2006 年度国际著名"设计奥斯卡"大奖揭晓联想又获"两金"》，《办公自动化》2006 年第 14 期。

［6］《Crown‐科朗 WT3000 系列叉车获 2011 年度 IDEA 金奖》，《物流技术与应用》2011 年第 8 期。

B.38

BLUE BOOK

中国创新设计红星奖案例

赵纯澄 韩 挺*

摘 要:

由北京工业设计促进中心、中国工业设计协会以及国务院发展研究中心《新经济导刊》杂志社联合主办的中国创新设计红星奖,致力于成为中国工业设计领域最具权威性的大奖,其主旨在于表彰优秀设计以及鼓励原创设计,从而引领中国设计走向世界,推动创新型国家建设。

关键词:

红星奖 设计奖项 工业设计 设计创新 设计策略

一 红星奖概述

(一)红星奖简介

20 世纪 90 年代以来,伴随中国经济的飞速发展以及产业结构大调整,创意设计产业作为一种新兴力量,正在工业设计领域迅速崛起,在增强企业竞争力、推进社会发展,以及改善人民生活水平等方面,设计扮演着至关重要的角色。世界各国均设立了各种设计奖项,鼓励设计产业的发展。

2006 年,在中国政府工作意见指导下,由中国工业设计协会牵头,北京工业设计促进中心以及国务院发展研究中心《新经济导刊》杂志社共同合作,

---

* 赵纯澄,上海交通大学硕士研究生;韩挺,上海交通大学副教授,上海交通大学媒体与设计学院院长助理、工业设计专业主任。

设立了"中国创新设计红星奖"。截至目前，红星奖是中国最具权威性的工业设计大奖。自设立以来，红星奖参评单位囊括千余家企业，涵盖近5000多件产品，在企业界以及设计界产生了深远影响。设立伊始，红星奖就严格采用国际化标准，并且聘请了国内外权威专家担任评委，遵循"公平、公开、公益、高水平、国际化"的原则，以此来保证该奖项的社会公信力和国际水准。

（二）运作模式

1. 参评范围

自红星奖创立以来，在各级地方政府和社会各界的全力支持下，该奖项的国内覆盖范围已经达到30个省、区、市，国际覆盖范围涉及29个国家。至2012年，已有3229家企业单位、24918件产品参与该奖项的评选，参评单位包括飞利浦、三一重工、联想、TCL、苏宁、美的、李宁等国内外各种行业的知名企业。

参评红星奖的产品范围包括在中国（包括港、澳、台地区）注册的企业设计、生产的产品，或者在中国市场（包括港、澳、台地区）进行批量销售的产品。产品所涉及的领域包括电子信息，家电，新能源和环保，家居用品，服装，玩具，工艺品，产品包装，医疗器械，工业仪器，设备制造，建筑，航空航天，展览，交通和公共设施等。具体的参评要求是：申报的产品应在两年内已上市，或已进入大规模生产；每一位参评单位或个人可以同时申报多个产品，但是同一件产品只能由一家单位或个人单独进行申报；历届获奖产品不能重复参加评选。

2. 奖项设置

红星奖具体奖项设置："至尊金奖"1名、"金奖"8名、"银奖"10名、"红星奖"若干名，以及"最佳团队奖"和"最佳新人奖"各1名。

3. 评委组成

红星奖拥有国际化的评委阵容，由设计、经济、媒体等领域的113位权威专家组成，分别来自德国、意大利、澳大利亚、韩国和中国等16个国家。

4. 评审流程

红星奖的评选流程包括两个阶段：初评和终评。初评，即按照评审标准，

对参评产品的材料和图片进行全面审查。终评，即对通过初评的产品进行更严格的现场实物评审。评审过程应当遵循创新性、实用性、经济性、环保性、工艺性、美观性六个方面的标准。

5. 宣传推广

红星奖宣传推广的方式有媒体关注、展览推介、出版年鉴，以及设立博物馆。

红星奖长期与媒体保持良好的合作关系，组织媒体对获奖企业进行专访，包括中央电视台、人民日报、新浪、搜狐等数十家权威媒体和专业媒体。红星奖电子月刊刊登优秀获奖企业、设计师和产品的介绍，每月发送至 4000 余个媒体、企业和设计师。

此外，每年红星奖将携部分获奖设计作品在海内外进行宣传，多达十余场巡回展览。目前，红星奖已先后应邀赴意大利米兰，韩国首尔，中国香港、台北、北京、天津、广州、杭州等 29 个国内外城市进行了 86 场展览推介。

二　红星奖发展变化趋势分析

红星奖从设立至今，从 2006 年的 200 余家企业的 400 余件产品到 2012 年的 1279 家企业的 5348 件产品参评，企业数量增长了 5.4 倍，参评产品增长了 12.4 倍（见图 1），参评企业平均每年增长 40%，参评产品平均每年增长 80%。获奖总数从 2006 年的 72 项到 2012 年的 258 项，平均每年增长 25%（见图 2）。

（一）起步开拓的 2006 年

在 2006 年举办的第一届红星奖评选中，全国范围内有超过 200 家的企业以及 400 余件产品参加了评选，这些企业分别来自北京、上海、天津、广东、四川、福建等地。参选产品涉及互联网、电子、家电、通信、自控、电工、医疗以及环保等 10 多个行业领域；参评企业中既有国内制造业中的领军龙头企业，同时包含了一些正在快速成长的中小型企业以及针对某一领域的专业设计公司。在由 9 个国家和地区的 13 位专家组成的评审团的严格审查下，33 家单位的 72 件产品入围，最终角逐出"至尊金奖"2 名、"金奖"8 名、"最具创

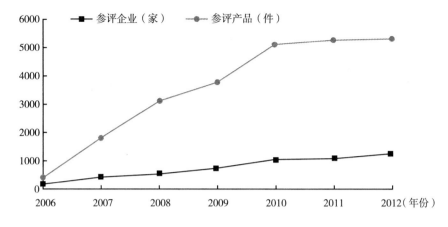

图1　红星奖历届参评企业和产品数量

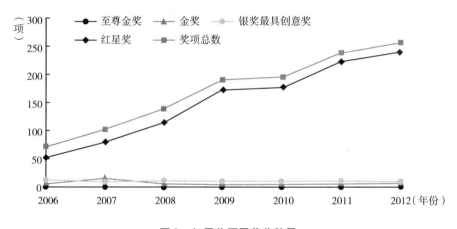

图2　红星奖历届获奖数量

意奖"10名以及"红星奖"52名。国内两家知名企业——联想和海尔，夺得了第一届红星奖最高荣誉——"至尊金奖"。

（二）迈进跨越的2007年

跨入2007年，红星奖迎来了第二次举办，相对于第一次主办，这一次显得更加成熟更加专业，最终有455家企业的1803件产品参评。相比于2006年首次举办，企业数量增加了约130%，申报产品数量增长了约350%，并且首次有来自香港地区的企业和产品参加评选。参评产品主要分为七大类：信息通

信类，消费电子与家用电器，家居用品与照明器具，大型装备，工艺美术品，交通工具，以及公共设施。评委团由来自 5 个国家和地区的 8 位评委组成，最终有 64 家企业的 102 件产品入围，其中"金奖" 13 名、"最具创意奖" 9 名、"红星奖" 80 名，以及"最佳团队奖" 1 名、"最佳新人奖" 1 名。在同年 11～12 月的韩国设计展上，"红星奖"与来自 17 个国家的 18 个著名奖项同台展示，显示了红星奖强劲的发展势头以及发展潜力。

（三）挑战提升的 2008 年

2008 年，第三届红星奖迎来了颇具挑战性的一年。这一届的红星奖共征集到来自全国 565 家企业的 3146 件产品，与上一年相比，参评产品数量同比增长了 74%。参评产品涉及的行业范围更广，涵盖互联网、电子、家电、通信、医疗器械、交通工具、工程设备、工艺美术品等十多个领域。该届红星奖的评委团由 6 个国家和地区的 11 位专家评委组成，其中不乏资深设计人员，以及来自经济、媒体、市场营销等各个领域的权威专家。经过严格评审以及反复斟酌，评委团评选出 88 家企业的 139 件产品入围，其中"至尊金奖" 1 名、"金奖" 9 名、"最具创意奖" 12 名、"红星奖" 117 名，以及"最佳团队奖" 1 名。该届红星奖还专为北京奥运会增设了"红星奖奥运设计特别奖"，以此表彰优秀的奥运设计作品。从最终获奖产品上看，该届红星奖获奖产品整体水平得到提升，同时获奖作品普遍具有鲜明的特点：重视技术基础，转化为科技成果；注重节能环保，倡导可持续发展；关注群众心理，体现设计的大众导向性；关心人民生活，创造实际的社会价值。

（四）快速拓展的 2009 年

2009 年，举办了第四届红星奖评选，红星奖也迎来了快速拓展的一年。该届红星奖共征集到全国 25 个省份 758 家企业的 3821 件产品，企业数量同比增长 34%，产品数量同比增长 21%。该届评审团评委阵容强大，由 10 位国际级权威专家组成。经过多轮评选，评委们一致认为该届的参评产品整体水平要高于历年各界，在人性化设计、技术工艺、科技成果转化等方面取得巨大飞跃和创新。最终共有 102 家企业的 191 件产品入围，其中"至尊金奖" 1 名、

"金奖" 8 名、"最具创意奖" 10 名、"红星奖" 172 名，以及"最佳团队奖" 1 名、"最佳新人奖" 1 名。为了纪念国庆 60 周年这一历史时刻，红星奖特别设立了"国庆 60 周年特别奖"，以此表彰国庆彩车设计。中国红星奖大大提升了国家品牌形象，主要表现出以下几个特点：推动企业自主创新，提升经济效益；整合最新科技成果，促进设计成果化；重视节能环保，倡导绿色经济；关注特殊群体，设计以人为本。

（五）跨越增长的 2010 年

2010 年，第五届红星奖在历届的基础上成功实现了跨越增长。最终该届红星奖征集到 1072 家企业的 5132 件产品参评，涵盖范围不仅包括国内 26 个省份，还涉及欧、亚、美三大洲的 14 个国家，相对于 2006 年，参评单位数量增长了约 4 倍，参评产品数量增长了约 12 倍。该届参评产品涵盖电子、汽车、医疗、通信、互联网及重大装备等八大重要产业，并首次向外企征集作品。最终有来自西门子、LG、索尼爱立信等 29 家国际企业的产品参评，标志着中国的设计标准进入了国际化时代。评委团由 12 位国际权威专家组成，对入围的 227 件产品进行严格审查，评选出 106 家企业的 196 件产品进入最终的获奖名单，其中"金奖" 9 名、"最具创意奖" 10 名、"红星奖" 177 名，以及"最佳团队奖" 1 名、"最佳新人奖" 1 名。该届获奖产品同样具有节能低碳环保、推进科技成果转化、关注国计民生、弘扬传统文化等特点，其中太阳能节能灯、新材料登山包、郁金香胎心仪等不少产品都让人耳目一新。概括起来，该届红星奖主要体现了注重创新、数量增长迅速、国际化趋势明显等特点。

（六）促进发展的 2011 年

2011 年第六届红星奖进一步促进创新设计产业的发展。该届红星奖征集到 1135 家企业的 5268 件产品，国内涵盖区域增加至 28 个省份，西藏自治区和海南省首次参加评选，国际上相比上一年增加了 4 个，达到 18 个国家。参评企业包括三一重工、联想、海尔等中国世界 500 强企业，戴尔、飞利浦、松下等跨国企业也积极参加评选。参评产品较以往历届产品显示出以下新的特点：大型仪器装备类产品数量比上一年增长 1 倍；新材料以及节能环保产品的数量大幅提

高；国内设计公司的设计水平提高显著，跨国企业设计项目也稳步提高。终评评委由 7 个国家和地区的 12 位国际权威人士组成，对最终入围的 200 多件产品严格进行评审，共评选出 139 家企业的 240 件产品进入获奖名单，其中"至尊金奖" 1 名、"金奖" 8 名、"银奖" 10 名、"红星奖" 221 名，以及"最佳团队奖" 1 名、"最佳新人" 1 名。与往年相比，参评产品质量有很大提升，主要表现为：整合科技技术成果，促进科技成果产业化；注重节能环保，引导绿色经济；关注特殊群体，以人为本；融合中国元素，弘扬传统文化。

（七）突破创新的 2012 年

2012 年，在成功举办六届的基础上，第七届红星奖着重于突破创新。该届红星奖征集到全球 25 个国家及地区的 1279 家企业的 5348 件产品参与评选，其中包括 17 家世界 500 强企业、84 家外资企业，该数量远超国际著名的"红点奖"的全球征集量，并首次出现非洲企业参评。该届红星奖参评产品的质量相比历届有明显的突破，其中不少产品代表了中国设计水平的发展趋势，并且将人们新的生活方式及审美观展现出来。该届终评评委团由 6 个国家的 11 位国际权威专家组成，评选出"至尊金奖" 1 名、"金奖" 9 名、"银奖" 9 名、"红星奖" 239 名。该届获奖产品同样具有鲜明的特点，反映出设计在提升产业核心竞争力、提高人们生活品质、促进城市建设以及保护生态文明等方面起到了积极的推动作用。

三 红星奖设计策略研究

（一）红星奖与国家设计政策

发达国家在工业设计领域均设立由政府或协会主办的各种设计奖项，如"红点奖"、日本的"G－Mark 奖"、韩国的"好设计奖"、德国的"iF 奖"和美国的"IDEA"等。这些奖项设立目的在于体现国家的工业设计水平，推进产品的国际化，同时促进企业自身发展，体现企业的核心价值，以及提升企业在市场上的竞争力。随着中国经济的飞速发展，知识产权保护越来越受到重视，中国也应该设立自己的创新设计大奖。

红星奖设立的目的在于：通过表彰来自中国企业的优秀设计产品，推动中国设计产业发展并使中国设计产业与国际接轨，同时企业通过创新设计来提高产品的市场竞争力，在拥有自主知识产权的同时弘扬中华民族传统文化，提升人们的生活品质。

因此，红星奖已经不是单纯的一个设计奖项，它使中国政府与企业更进一步地触及创新梦想以及走向国际社会。从2006年设立开始，红星奖发展到现在已经逐渐成为各地政府推动工业设计产业发展的主要着眼点。北京、成都、杭州等地方政府均对符合红星奖获奖条件的企业给予政策鼓励以及资金支持；在广东省，甚至已经把获得红星奖视为衡量高级工业设计师资格的尺度之一。红星奖坚持鼓励企业自主创新，在各地政府、专业协会以及社会各方面的大力支持下，红星奖使越来越多的本土企业意识到设计的价值，重视产品设计的自主创新发展。

（二）红星奖的品牌策略

优秀的奖项可以反映出一种特定的品牌特质，它不仅赋予获奖作品荣誉，同时获奖作品也属于奖项品牌的一部分。德国"红点奖"的创始人 Peter Zec 意识并且评论道："'红点奖'每年都能挖掘出出类拔萃、领导潮流的创新设计。而优秀的设计获奖对于该奖项品牌本身也受益匪浅，同时能代表举办国家的形象。"

之所以定名为"红星奖"，是因为"红星"是中国的象征性标识之一，国际上通常提起"红星"便会想起中国，其 LOGO 是红星的创造性变形，是中国传统和现代设计理念的融合。红星奖的广告语源自美国纪实文学《红星照耀中国》（*Red Star over China*），再联系到红星奖创立的宗旨与中国设计产业发展状况，于是就有了广告语"红星照耀中国，是创新的中国"。它既反映了红星奖设立的理念，也预示中国工业设计的美好未来。

红星奖通过打造中国工业设计权威奖项品牌，引导企业的市场反应，推动企业原创设计，塑造"中国制造"品牌形象，为将中国设计推向世界搭建了国际舞台。

1. 引导市场反应

红星奖获奖产品的市场反响良好，在业界得到一致好评。例如，获得 2006 年"至尊金奖"的"海尔全球 U - HOME 成套家电"的销售额达到了海尔国内所有产品 2007 年第一季度总体的 25%；"谊安 7900D 麻醉机"于 2007 年荣获"最具创意奖"，谊安医疗在美国医疗器械展会上承接了近 200 台麻醉机产品订单，成功地进入了美国市场；获得 2008 年"金奖"的融一工业设计的防水电视，参加了世界性展会，首批生产 10000 台，每台的利润超过 300 元，为客户赢得了丰厚的经济效益；2009 年"最具创意奖"的得主"汉王电纸书"，自上市以来，每月销量以 100% 的速度迅猛增长，汉王科技一跃成为全球第二大电子书阅读器厂商。中小型企业可以通过红星奖提供的机遇，利用红星奖的品牌效应，将其产品推向市场并赢得良好的市场反应。

2. 推动自主创新

红星奖促进中国企业加强设计创新能力，为企业带来了良好的发展前景。在红星奖的推动下，康佳集团与专业设计公司紧密合作，研发出"快乐生活营养早餐系统"，该系统获得了 2008 年红星奖"最具创意奖"，随后为 200 人提供了就业机会。

2012 年，红星奖设立了"中国设计红星原创奖"，鼓励中国企业的原创性设计，弘扬非抄袭模仿的首创精神，保护自主知识产权，推动"中国制造"迈向"中国创造"，从而建设创新型国家。设立该奖项后，吸引了 238 家国内外企业、院校，有将近 600 件作品参与申报。同时，创立了"红星梦工厂"和"红星原创基金"，以此激励设计师们进行原创设计，并将优秀的原创产品开发成为真正具有市场价值的商品，最终实现原创设计产业化。

3. 加快与国际接轨

红星奖的评选，专门针对在中国注册的内资企业和设计机构，参与评奖的作品全部由中国本土企业自主研发，在一定程度上反映了目前中国企业的整体设计水平。红星奖给予中国设计产品的权威认可，是中国自主品牌进军国际市场的一个重要途径。

红星奖的设立旨在通过具备国际化水准的评选，将中国的设计与产品推向世界。来自北京工业设计促进中心的陈冬亮接受采访时满怀期望地表示，希望通过 8 ~ 10 年的努力，将红星奖塑造成为"中国工业设计界的奥斯卡"，与国际上各大著名设计奖项并驾齐驱。今后，中国将在工业设计领域真正拥有属于自己的设计大奖，中国的本土企业将在"红星"的照耀下加快与国际接轨的步伐。

4. 打造自身特色

德国 iF 奖历史悠久，从设立到现在，经过 50 多年的发展变革以及不断的创新才建立起今天的影响力。而红星奖还处于起步发展阶段，要形成自身的影响力，需要不断积累和创新，在发展的过程中要注意不要照搬其他国际奖项已经成熟的模式和规则。红星奖的设立要符合中国国情，要打造出具有自身特色的评奖规则，只有这样才能在国际工业设计领域建立起自身的品牌以及影响力。美国工业设计师协会（IDSA）主席 Kristina Goodrich 曾衷心地表达了对红星奖的希冀："任何国际大奖在评选的过程中都要遵循严谨、公正原则，不能只考虑企业和设计师的名气。主办方和评委都需要在严格、公正的理念指导下公平、公开地选拔出具有突出贡献的、最优秀的产品。"红星奖每年都会举办一次，因此，需要不断总结经验，争取每年都有所改进。对红星奖而言，奖项本身并不是十分重要，重要且具有突出意义的是，该奖项的设立标志着中国进军国际工业设计圈的前进步伐。

四 国内外奖项比较

（一）红星奖与国外奖项

如上文所提到，发达国家在工业设计领域都设立了自己的设计大奖，如德国有"iF 奖"和"红点奖"，日本有"G - Mark 奖"，韩国有"好设计奖"，美国有"IDEA"等。

德国 iF 奖自 1954 年创办以来，就象征着优秀的设计品质。iF 奖受到全世界范围内的认可，其奖项标志被获奖企业和设计公司广泛地用于宣传推广中，成为在市场上代表最佳产品和服务的权威标识。

德国红点奖于 1954 年由欧洲最富声望的著名设计协会（Design Zentrum

Nordrhein Westfalen）在德国埃森（Essen）设立，起初它只是德国的奖项，后来逐渐成长为与 iF 奖齐名的国际工业设计大奖。红点奖的理念是"促进环境和人类和谐的设计"，为优秀的设计概念提供了一个商业化合作平台。

G－Mark 由日本工业设计促进组织（Japan Industrial Design Promotion Organization，JIDPO）于 1957 年设立。该奖项每年的参评作品包括千余家企业的 3000 件产品。获奖产品将被授予"G－Mark"标志，用以彰显其优秀的品质和易用的产品体验。

1985 年，韩国好设计奖（Good Design Selection）创立，旨在表彰在韩国海内外市场上销售，在形态、功能与市场表现等方面都非常出色的产品，以激励设计创新，推动产业进步。此外，好设计奖竭力推进贸易出口，提升国家经济水平，通过对产品设计进行改进，以满足各种需求，使国民生活品质得到提高。

与国外的设计奖项相比，红星奖主要针对工业设计领域的中国企业。中国的工业设计起步稍晚，目前中国的工业设计水平呈现正三角形，具备优秀设计水平的企业寥寥无几，设计水平一般的企业则占了绝大多数，甚至有一些企业完全不重视工业设计。国外工业设计巨头的设计水平则呈现橄榄形，两头集中了工业设计能力最强和最弱的企业，工业设计能力较强的企业则处于中间位置，占据了很大一部分。客观地说，中国的工业设计与发达国家的水平还有差距，中国企业在工业设计领域要走的路还很长。红星奖作为国内工业设计的权威奖项，驱使本土企业自主创新，在一定程度上，极大地激发了设计师原创设计的积极性，同时引领中国设计的发展趋势，增强国内企业的创新能力，为中国企业走向世界搭建了一个良好的展示舞台。

虽然国外的知名设计大奖都经历了几十年的时间沉淀，但在当今工业化和信息化大发展的背景下，中国经济发展迅猛，相信中国的工业设计能够加速缩小与发达国家的差距，红星奖也能够快速赶上国外知名奖项的水平。

（二）红星奖与国内奖项

在中国，工业设计领域除了红星奖，还有一些其他的设计奖项，如"红棉奖""CIDF"等。

中国设计红棉奖（CDA）是由中国工业设计协会与广州国际设计周共同打造的设计奖项，通过嘉奖中国创新设计优秀产品，鼓励国内设计师提升原创设计能力，旨在培养大量拥有自主知识产权、具备较强国际竞争力的产品和企业。

中国企业产品创新设计奖（CIDF）是由国家知识产权局外观审查部、中国机械工程学会工业设计分会、《第一财经日报》，以及清华大学美术学院、浙江大学和香港理工大学等著名大学共同打造的设计奖项。CIDF 强调创新设计的市场价值，受到国内外专业人士的关注，同时赢得了企业与市场的认可。

红棉奖专注于中国优秀原创设计，CIDF 专注于中国企业优秀设计，而红星奖的定位是一个与德国红点奖、日本 G–Mark、美国 IDEA 等齐名的国际工业设计大奖，关注的是中国原创设计能力，力求推动中国工业设计产业的国际化发展。中国的工业设计是后起之秀，中国的设计奖项旨在为中国的工业设计服务，增强中国工业设计原创能力和竞争力，提升中国工业设计的国际水平。

五 结论

设计产业已经成为发达国家创意经济的重要组成部分，在推动经济和社会可持续发展、维护文化多样性等方面发挥着至关重要的作用。中国的设计产业虽然起步较晚但发展迅速，中国创新设计红星奖的设立推进了中国工业设计产业的发展，通过形成中国工业设计权威奖项品牌，引导企业的市场反应，激发企业自主创新，建立"中国制造"的品牌形象，引领中国设计走向世界，助力创新型国家建设。红星奖设立的意义不仅是设计本身，它被寄予中国政府与企业的创新之梦，而且标志着中国已经迈出进军国际工业设计圈的步伐。

参考文献

［1］陈冬亮、楼晓红：《中国应该有自己的设计大奖》，《新经济导刊》2006 年第23 期。

［2］何蕊：《红星照耀创新的中国：访北京工业设计促进中心主任陈冬亮》，《建筑创作》2009 年第 4 期。

［3］黄浩：《红星下的中国设计》，《中国信息化》2008 年第 11 期。

［4］刘婷婷：《中国创新设计红星奖的设立将加快本土企业与国际接轨的步伐》，《工业设计》2007 年第 Z1 期。

B.39
中国国际设计产业联盟案例

兰翠芹　刘译蔚 *

摘　要：

中国国际设计产业联盟秉承"面向国际、服务产业、联合协作、开放发展"的原则，整合全球优势资源，搭建公共服务平台，为中国设计产业的发展构筑了与国际接轨的桥梁和平台。联盟现有会员单位近 200 家，本文中选取的四川长虹电器股份有限公司、光彩无限管理咨询有限公司、艺有道工业设计有限公司是联盟会员单位中的典范，它们的发展体现了中国工业设计的方向与趋势，在中国设计产业界具有代表意义。

关键词：

设计联盟　长虹电器　光彩无限设计　艺有道设计

中国国际设计产业联盟是在中国轻工业联合会和中国产业发展促进会指导下组建的、企业自愿参加的产业组织。其致力于提升中国设计产业的发展水平，是为制造企业、设计机构、设计院校、行业协会和产业园区搭建的高水准、宽视野、开放性的交流和协作型的服务平台。

联盟整合全球设计资源，为国内生产制造企业提供设计产业研究、国际交流合作、设计趋势发布、设计咨询诊断、设计创意展览、设计业务培训、国际

---

* 兰翠芹，中国家用电器研究院研发设计中心主任，中国国际设计产业联盟副理事长兼秘书长；刘译蔚，中国国际设计产业联盟副秘书长。

设计论坛等一系列相关服务，并发挥联盟优势向政府反映企业、设计机构的意愿和要求等。

一 中国国际设计产业联盟成立的背景

工业设计发展水平是一个国家工业竞争力的重要标志。工业设计具有跨学科、跨行业、人才和知识密集的特征。促进工业设计产业发展是转变经济发展方式、推动产业升级、提升工业国际竞争力、创建自主品牌、扩大消费需求的客观、现实需求。长期以来，美、英、日、德等发达国家都把工业设计作为国家发展战略的一部分，积极引导和扶持工业设计发展。

近年来，中共中央、国务院和各级政府部门高度重视发展工业设计。2007年，温家宝总理强调要高度重视工业设计；2010年，在《政府工作报告》中，温家宝总理再次提出，要"大力发展金融、物流、信息、研发、工业设计、商务、节能环保服务等面向生产的服务业，促进服务业与现代制造业有机融合"。2010年7月，工业和信息化部等11个部委联合印发了《关于促进工业设计发展的若干指导意见》（工信部联产业〔2010〕390号），提出了一系列政策措施。2011年，《国民经济和社会发展第十二个五年规划纲要》把工业设计列入高技术服务业，提出了"促进工业设计从外观设计向高端综合设计服务转变"的战略要求。国务院颁布的《工业转型升级规划（2011~2015年）》中也明确提出："大力发展以功能设计、结构设计、形态及包装设计等为主要内容的工业设计产业"。

改革开放以来，中国制造业取得了长足发展，具有制造大国的优势。调查显示，美国制造业90%左右的产业价值来自工业设计；而在中国，工业设计的价值只被挖掘了不到1%。总体而言，我国工业设计发展仍处于初级阶段，与工业发展要求和发达国家的水平相比有很大差距，在发展过程中还存在许多突出矛盾和问题。国内许多大企业对设计缺乏足够的重视，缺乏专门的资金投入，缺乏自己的设计师队伍，更缺乏与国际交流合作的平台，这也是中国制造业一直没有走出"引进—模仿—生产—再引进—再模仿"怪圈的原因。另外，设计产业链中的企业、科研院校、政府机关等单位缺乏足够的沟通与合作，这成为抑制中国设计产业发展的一个重要原因。所以，目前中国急需整合全球设计产业资源，并为中国设计产业发展搭建与国际接轨的桥梁和平台。在此背景下，在中国轻工业联合会和中国产业发展促进会的指导下，中国国际设计产业联盟（以下简称"联盟"）应运而生。

二　中国国际设计产业联盟的主要工作及成效

联盟自成立以来，组织了大量的高端论坛、产业研究、设计对接、设计培训，做了公共服务平台搭建等工作，充分发挥了桥梁和纽带作用，使中国工业设计呈现向深度和广度发展的趋势。

（一）举办高端设计论坛和全球设计趋势发布会

每年5月，联盟以商务部和北京市政府主办的"中国（北京）国际服务贸易交易会"为契机，集中优势资源举办中国国际设计产业联盟大会、全球设计趋势发布会、研发与设计服务推介会、设计对接洽谈会和好设计颁奖典礼等高端国际设计交流活动。邀请顶级国际行业协会、世界知名企业、设计服务机构、设计行业专家、研究机构学者与联盟会员单位共同参与，探讨全球最新设计理论和设计趋势、设计产业发展、设计教育等热点话题，为国内外设计行业机构搭建交流平台，集中官、产、学的力量联合攻关，实现了企业之间以及产、学、研联合创新。

（二）开展设计产业研究

为配合政府推动中国工业设计发展的进程，为制定决策提供依据，以及对企业开展工业设计工作给予指导，联盟开展了多项国家级、省（市）级设计产业研究工作。2011年，联盟承接滁州市政府"家电产业发展规划"研究课题，从环境分析、战略目标、战略定位、发展重点和执行策略五个角度为滁州家电产业制定了发展战略，并为滁州家电产业的升级转型提出了建议。2012年，联盟承接工信部"建立优秀工业设计评价与奖励制度"研究课题，从产业需求、消费需求、专业需求等多个角度探讨了设立优秀工业设计奖的必要

性，研究了国内外工业设计评奖的情况，以及中国优秀工业设计评奖对推动产业结构调整、实现工业转型升级的作用、效果，提出了中国优秀工业设计奖的评奖办法、建立中国工业设计领域专家库的实施方案，以及建立工业设计评价和奖励制度的政策建议，研究成果在实际工作中起到了良好的指导作用。

（三）开展国际设计交流合作

组织中国制造企业参加国际设计展览和商务活动，联盟与国际同行建立长效联系，引进优质设计资源，同时开拓海外市场，实现设计服务外包。

1. 加入国际设计组织

2012 年，联盟加入国际工业设计协会联合会（ICSID）和国际平面设计协会联合会（ICOGRADA），成为这两大国际设计组织的会员单位，并受邀参加2013 年国际工业设计协会联合会会员大会，参与国际设计决策性会议。

2. 国际设计机构来访，建立战略合作关系

国际工业设计协会联合会主席李淳寅、国际平面设计协会联合会主席邱丽玫、韩国设计振兴院院长李泰镕、芬兰设计师协会主席塔帕尼·许沃宁、日本GK 集团社长田中一雄、丹麦 CBD 设计机构总裁尼尔斯·托夫特、香港设计总会秘书长刘小康、意大利 Volpi 设计公司、法国 Style-Vision 设计公司、大韩贸易投资振兴公社、韩国 a. Rainbow（彩虹）设计公司、韩国 DNA 设计公司、德国柏林设计中心等众多国际设计机构分别到联盟访问，与联盟建立长效合作关系，并通过多种途径加强在业务领域内的交流与协作，共同促进中国设计产业的发展。

3. 考察国际设计组织

2011～2012 年，联盟分别考察英国设计管理委员会、韩国设计振兴院、三星集团设计研发中心、韩国 DNA 设计公司、英国 Dyson 公司和 Seymour Powell 设计公司等，就设计创新、设计标准和国际设计培训合作等事宜进行了广泛的交流。其中，与英国设计管理委员会就设计培训等合作内容达成共识，未来将把国际设计培训对接到中国。

4. 参加国际设计活动

联盟作为诸多国际设计活动的海外支持机构，每年组织成员单位参加香港设计营商周、香港设计智识周、韩国设计周、伦敦设计节、米兰设计周、德国 IFA 设计展等设计研讨和商务活动，并为联盟会员单位争取会费优惠。通过组织参加国际设计活动，扩大了联盟会员的国际视野，通过商业合作提升设计价值。

（四）设计业务培训

联盟整合国际、国内最前沿的师资资源，举办"家电行业颜色科学应用高级研修班"和"色彩、材料及表面处理培训专场"等设计业务培训，为联盟会员提供全面系统、具有专业深度、引领时代潮流的专业知识，配合国家和行业相关规则的实施，在传播设计与色彩、材料及表面处理科学应用理念的同时，使会员开阔视野、锻炼实际操作能力。搭建家电电器设计、颜色设计与管理的交流互动平台可以培养本行业的优秀设计与管理人才，拓展设计师职业生涯的发展空间。

（五）建立设计资源数据库

广泛收集国内外设计资源，联盟目前建立了含有个 15 国家和地区的 500 余家设计促进机构、企业和设计公司、院校、政府部门的国内外设计机构资料库，以及用户研究、CMF 色彩和材料、UI 人机交互、3D 技术、展会信息等设计专业信息的数据库，为设计产业服务。

（六）设计产业资讯及普及

为了传播工业设计的思想，推广工业设计的成果和优秀案例，通过联盟官方网站和《通讯》电子杂志，为会员单位提供全球最新的行业资讯、政策信息及企业优秀设计案例，宣传推广国内设计企业，提高其国际影响力，加强与世界各国的联系。

三 中国国际设计产业联盟会员单位案例

工业设计于 20 世纪 70 年代末期传入中国大陆。工业设计创造的"新物种"，每天都在改变和影响着人们的生活；工业设计是一个国家的"新名片"，给企业带来丰厚的回报，因此，工业设计越发受到世界各国的重视，并得以在全球迅速传播。在以创新型为主导的国家建设中，工业设计将发挥其积极作用。以下选取联盟会员单位中具有代表性的企业和设计机构的案例进行详细的分析介绍，希望向企业加速传播先进的设计理念与方法，为企业提升自主创新能力提供参考与借鉴，并进一步促成设计与更多企业的"联姻"。

（一）案例：四川长虹电器股份有限公司

1. 公司基本情况

1992年，四川长虹电器股份有限公司（以下简称"长虹"）在国内家电行业率先引入工业设计，2003年成立工业设计中心（以下简称"创新设计中心"），2013年4月被认定为四川省省级工业设计中心。作为公司创新设计的发动机，从单一的电视产品设计业务到泛虹系全线产品的设计，从国内首个iF国际奖项的获得到囊括国内外各大奖项（见图1），从挖掘用户需求到产品定义再到设计实现的系统创新能力，创新设计中心一直用行动践行长虹的产品主义者精神。

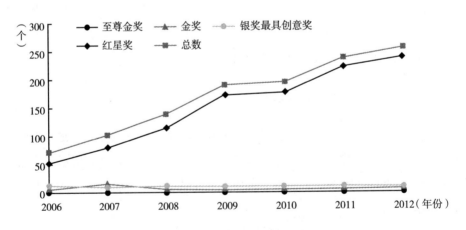

图1　长虹B4500系列智能电视获奖情况

创新设计中心在持续构建创新能力过程中，积极开展与国内外院校、国际知名设计公司的合作与交流，建立了广泛的创新设计网络，聘请行业知名专家为设计顾问，提升设计师综合创新能力，优化设计流程和设计方法，完善设计体系。该中心坚持"以市场为导向，以用户为核心"的研发模式，强化用户体验在产品开发中的作用；相继建立"用户体验实验室""色彩材料实验室""交互设计实验室"；以数字和信息家电技术为支撑，通过新材料、新工艺、新模具的应用，以及智能化、情感化、通用化设计等方面的研究，实现用户完美体验，引领创新设计潮流。创新设计中心将一如既往地秉承"自然，艺术，科技"的设计理念，助力长虹向高端化、服务业化、国际化转型的发展战略步伐。

2. 偶然中的必然——长虹 B4500 系列智能电视的成功

（1）用户研究。长虹并没有为了某一款产品而刻意设计。一个产品的来源可能有很多种情况，用户需求、企业利益、市场需求，或者可能由技术发展所驱动。从本质来说，这些不同的来源并不矛盾而且相辅相成。一个好的产品，首先是用户需求和市场需求的有效结合。

早在 2010 年，创新设计中心用户体验部按照用户的生活方式和行为模式对平板电视消费人群进行了细分，并根据人群划分进行全面而深入的用户研究。在此基础上，该中心确立了 B4500 系列智能电视的主要消费人群，这类用户年龄为 25～45 岁，他们的行为特点是业余活动多且以家庭为单位展开，讲求家电美观、追求智能化和时尚感、依赖网络但只是网络的浅层用户、注重家电和家居的整体搭配……

用户体验部副高级分析师朱维提到："但我们不会单就某一系列的产品进行用户研究，我们所有的工作都是一个持续推进的过程。B4500 的人群定位不会局限于这一系列的产品，它将贯穿于所有适于年轻人的系列产品中。随着消费者对产品的需求逐步增多，我们将持续推进用户研究工作，持续开展对用户需求的考察，为产品研发、设计提供支撑。"

界面设计部李节苓也深有感触："智能电视的产业环境非常复杂，因此智能电视的 UI 设计也一直是在摸索中前行的。目前 B4500 系列上用到的界面其实是我们在 2011 年的第一轮设计方案，到现在已经有第二、第三轮设计方案正在推向市场，并且已经开始第四轮的准备了。智能电视的竞争者都铆足了劲在以速度和质量争夺这片炙手可热的 UI 战场。B4500 这套界面，使长虹成为首家建立起智能电视交互框架的企业，用水平、垂直、纵深三个方向统一起所

有页面关系。在越来越流畅的 3D 效果和越来越时尚的设计风格背后，我们对智能电视的理解在不断深化，与 UCD、ID、技术、规划和市场配合在一起的一体化设计模式在不断成熟。UI 设计不只是视觉上的美化，而是产品定义中的一个重要环节。"

（2）技术提升创新：微创新背后的技术实力。B4500 系列智能电视，除了外观上的极窄边框设计，让人眼前一亮的还有电视左下角经典的"标签式 LOGO"。银白色字符加上火红色打底，不仅起到了一定的装饰作用，而且增添了一些俏皮和灵动感觉。B4500 系列工业设计师王志成介绍说："使用红色'标签式 LOGO'的产品符号，可以让消费者一眼就认出这是长虹的产品，提高了长虹电视产品的辨识度，也提升了产品美誉度。同时，统一了 2013 年度长虹电视产品线的整体形象。"

在长虹的产品上，这是首次使用这种红色的标签式 LOGO。早在两年前，创新设计中心的这一设计就已经获得了德国红点产品设计奖。不仅是 LOGO，创新设计中心还有很多获得过国内外设计大奖的创意和方案，为公司产品的设计进行了提前的预研和设计储备。

值得一提的是，B4500 系列的底座采用金属支架式的设计，使得电视看上去非常简洁。"这种支撑形式的灵感来源于经典的家居设计品——钢管椅。产品本身不会孤立地存在，它需要和家居环境相匹配、相融合。借鉴了家居式样设计元素的底座设计符合了'家电产品家居化'的设计趋势和思潮。而整体轻盈、精致、干练的视觉感受也会让年轻消费群体感觉到即使是电视这样的传统产品，也处处渗透出颠覆的意味，这种颠覆将会刺激到年轻人理性而敏感的视觉神经，唤醒他们头脑中不妥协、求变化的潜意识……年轻时不改变，我们就老了"，王志成带着艺术家特有的激情和视角曾如此描述。

（3）CMF 创新：仅仅一个后盖，就有多个创新设计点。B4500 系列之所以能一上市就大受好评，并迅速在同类产品中脱颖而出，还得益于一点——作为黑色家电的它这一次摆脱了"黑色魔咒"，首次尝试了"陶瓷白"后盖（见图 2）。

创新设计中心色彩材料负责人何波介绍说："这是我们首次采用免喷涂白色后盖。为了表现好材质的陶瓷质感，我们先后几次针对工艺和模具进行了修

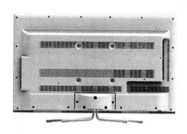

图2　长虹 B4500 金属支架式底座、免喷涂白色后盖

正。B4500 白色后盖的设计和研发也隐含了我们色彩材料实验室丰富的研究和储备！"

除了色彩，后盖在纹理设计方面也大做文章。"我们都知道，电视后盖需要很好地解决散热的问题。但为了保证产品 360°的美感，我们特意设计了后盖纹理——大面积的排布浅凹槽，并将散热孔置于凹槽内。这样的设计手法可以保证散热孔在正常视角下的极度弱化，是形态和功能完美融合的典型案例。"王志成形容设计师都有极度追求作品美感的"强迫症"，因此，工业设计团队才想出了这一"怪招"。

此外，后盖运用了不同质感的表面处理，产生了自然的视觉对比以及丰富、细腻的层次关系；巧妙地将边缘收至极薄、极窄，结合自然弧面过渡到机身最厚的部分，从而实现了接近无形的视觉效果。

（4）长虹 B4500 系列助力改变长虹品牌形象：让品牌年轻了好几岁。B4500 锁定年轻消费群体，其优异的销售成绩是不是就意味着公司品牌形象向年轻化转型的成功？创新设计中心的王培义说："我们的设计战略是建立在公司整体战略框架下，产品作为品牌的基础，承载着品牌的价值诉求，要把公司品牌理念物化到产品中，让用户感受到潮流设计带来的价值和愉悦。B4500 的出现让我们的品牌年轻了好几岁，它的成功意味着消费者对我们产品的认可。可是，如果仅以一个产品就想改变我们在消费者心中的品牌形象，这个太难了。公司的品牌建设之路仍然漫长，需要更多的明星产品诞生，以设计和产品实现品牌诉求。"

在创新设计中心，工作人员不是只为打造某一款明星产品而设计，所有的工作都是一个持续化推进的过程。战略规划主管吴凡说："对我们而言，B4500 的成功是一种偶然中的必然。偶然可能来自设计师灵感的瞬间爆发，这种必然性则得益于中心长久以来建立的设计管理体系保障，我们的基础研究成果才能逐渐转化为产品设计，践行设计引领创新，实现设计创造价值。"

（二）案例：光彩无限管理咨询有限公司

1. 公司情况介绍

光彩无限管理咨询有限公司是北京工业设计创意产业基地的核心设计企业、中关村高新技术企业、藏品设计领域的领导机构。

光彩无限荣获包括德国 iF 奖、德国红点奖、中国创新设计红星奖等近 20 项国际、国内顶级奖项，多次被 CCTV9、CCTV10、BTV 等主流媒体作为典型创新设计企业进行报道。该公司是以产品品牌规划为主导的专业设计管理咨询公司，致力于设计研究、产品策划、产品创新设计与创新执行，以及产品的品牌延展。

光彩藏品是光彩无限管理咨询有限公司旗下品牌，参与 2008 年北京奥运会、2010 年上海世博会、2011 年西安世园会、2014 年南京青奥会、中国 – 东盟博览会等大型盛会的特许产品开发，为茅台集团、西凤酒集团、国家体育场等单位和企业开发各类纪念性藏品。光彩藏品以产品定位清晰、设计服务周全、品牌建设前卫、大师资源丰富等特点在收藏品开发领域极具盛名。

2. 案例介绍："有余·祝福中国"京味礼品渔具项目

（1）项目基本情况。"有余·祝福中国"京味礼品渔具项目是公司自主开发的创新文化礼品项目，包括市场调研、品牌定位、设计策划、形象包装、推广与运营模式设计。"有余·祝福中国"京味礼品渔具以"莲鲶有余""喜庆有余""帝王·唐太宗"三大系列（见图 3）为主题，从参评的 5348 件产品中脱颖而出，获得 2012 年中国创新设计红星奖银奖，中国设计最高奖对"有余·祝福中国"产品给予了充分肯定。

（2）项目背景调研：知己知彼。文化礼品是社会生产力发展到一定阶段出现的朝阳产业。在全面落实中共十八大提出的经济、政治、文化、社会和生态文明建设"五位一体"总布局中，文化创新能够也必将发挥重要的促进作用。

研究发现，以往文化礼品相对设计陈旧，缺乏亮点，尤其是都市工业品和与人们生活相关的有品牌知名度的商品在文化礼品市场中普遍缺位。文化礼品的概念过于传统和保守，跟不上时代潮流，产品仍以传统工艺品为主，采用现代工艺的产品很少，具有现代科技功能的产品更少。文化礼品市场急需更多的功能创新、文化创新的文化礼品来繁荣市场，创新中国文化形象。

（3）品牌观念从命名开始贯穿项目。"有余·祝福中国"京味礼品渔具系列在设计开发中融入北京独特的文化理念，"年年有余""富贵有余"等最具代表性的吉祥祈福类语言是老百姓口头出现频率较高的吉祥词语，符合中国人送礼讨好彩头的习俗。

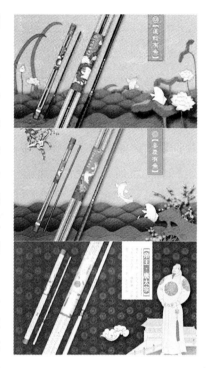

图3　"莲鲶有余""喜庆有余"　"帝王·唐太宗"三大系列

"有余"和"有鱼"谐音，符合垂钓爱好者渴望有鱼上钩的心理预期，产品名称和理念有利于品牌推广。

（4）知识产权保护意识奠定项目长远发展基础。"有余·祝福中国"京味礼品渔具系列已向知识产权相关部门申请专利保护，为项目长远发展奠定了法律保护基础。21世纪是知识经济的时代，创新是知识经济时代的灵魂。对于企业而言，尤其是高新技术企业，不创新是死路，创新而不保护更是死路。对企业而言，一方面，要保护自己的产品不被侵权；另一方面，要防止自己的产品侵犯他人的权利。知识产权像盾一样，可能够有效防止其他企业的"矛"。

（5）顺势创新是制胜的永恒法宝。

第一，专业的功能性鱼竿和传统文化礼品整合创新。"有余·祝福中国"系列鱼竿突破了传统文化礼品只具备把玩和观赏等单一特性、毫无功能性可言

的弊端。产品将中国高雅垂钓工具配以传统元素加工为现代渔具高端产品，给文化礼品领域树立了新的行业标杆，引导新时代文化礼品开发多功能性、日常使用性等，使中国文化渗透在我们生活的点点滴滴之中。

第二，产品外观设计创新。产品最终以"莲鲶有余""喜庆有余""帝王·唐太宗"三大系列为主题，赋予产品各自不同的定位。"莲鲶有余"系列象征着人们的物质财富年年都剩而有余，体现了人们对富足生活的期盼。"喜庆有余"系列表达的是精神领域的欢喜之情，表达了人们对更高层次喜庆心理的满足。"帝王·唐太宗"系列蕴含中国传统对帝王贵气的崇拜，是身份地位的象征。三个系列都有自己独特的文化定位，均是文化礼品中的上佳之选。

第三，产品技术创新。竿体采用100%进口碳纤维，用国际最先进竿体压膜机器铸造，有30年经验的老工程师手工配比经纬碳网，确保每根鱼竿达到质轻、力传导均衡、材料节约的最佳状态。经权威专家认证，该鱼竿制作工艺已超越日、韩钓竿，达到全球领先水平。

烤漆制作细致考究，接口无缝衔接，表层七道抛光打磨工序，保证了竿体极佳的亮泽度，彰显了工艺品质。手把处若隐若现的LOGO图案印花处理，彰显品牌独特可识别性，也是人性化设计的考量，鱼纹细微凹凸的处理让手把处更舒适、透气、防滑，是传统审美和现代工艺水平的完美结合。

第四，项目运营模式创新。"有余·祝福中国"京味礼品渔具系列努力打造"电子商务＋专业＋微制造"新型文化创意模式。在当今时代背景下，专业化、信息化的发展趋势越来越明显，文化礼品和专业渔具是公司在市场细分之后的选择，依靠高速发展的网络营销模式和光彩无限专业的设计开发能力，结合小规模、个性制造特色，三位一体的运营模式将成为新的"中国制造"典范。从企业自身做起，有助于中国民族文化品牌企业屹立于国际大牌之列，促进文化共同繁荣。

（三）案例：艺有道工业设计有限公司

1. 公司基本情况

北京艺有道工业设计有限公司创立于2007年，创始人邱丰顺先生（Kumo Chiu）拥有十多年国际一线品牌公司的品牌策略与新产品设计开发经验，艺有道帮助中国本土品牌运用高效的产品开发流程和高品质的设计将自己的产品推向国际市场，建立了良好的品牌模型。

艺有道立足北京，在上海设有分公司，分公司由著名华人设计师刘传凯先生（Carl Liu）负责。同时，辐射江浙、深圳、珠海等中国最活跃的城市。艺有道拥有多年的中国企业深度合作经验，为本土企业打造设计团队及品牌战略，成为客户的最佳战略合作伙伴，共同打造国际顶级品牌及产品。

艺有道是一家国际化设计公司，为国内外多家顶尖公司及企业提供设计服务。公司拥有国际化的设计团队，运用高效的产品设计开发流程，从设计研究、策略分析到概念设计、将新产品推向市场，帮助企业实现设计战略及设计系统的不断创新。艺有道的服务领域包括消费类电子产品、家用电器、电脑产品、通信类产品、家居设计及旅游产品等。

对于中国本土的企业而言，艺有道会成为其产品走向国际竞争领域的桥梁；对于国际品牌企业来说，艺有道将成为其抵达中国市场的高速公路。

2. 设计创新提升品牌价值

在多年与大企业合作的过程中，创维是艺有道服务的相对深入的客户之一。从 2007 年起，公司与创维进行战略合作，具体合作方式是创维投资入股，将一部分产品的设计外包给艺有道，艺有道则以一个"设计外脑"的身份帮助创维建立创新设计中心。同时，艺有道也接受其他非电视类企业的设计订单，与创维实现利润、成果共享。

创维总裁杨东文希望创维的电视如果去掉 LOGO，在原料、工艺、功能、外观等方面能和国际品牌一争高下；终止和其他国产电视厂商产品设计跟风抄袭的日子。这样就需要提出从体制到服务都有针对性的解决方案。

对于创维，整体的服务项目包括设计团队重建、设计战略制定、产品战略制定、设计师培训、设计评价机制建立、设计研究项目服务、设计语言定义、基础设计服务、ACP 项目设计服务等，是一整套完善的现代化工业设计体系。

在与创维合作的过程中，艺有道在为创维制定设计战略与商业战略方面取得了优异的成绩，使其在 2007～2009 年全球金融危机期间一举成为中国液晶电视第一品牌，同时取得了利润率最高的成绩。

创维 L01 系列电视是 2007 年底设计、2008 年投产上市的产品，2008～

2009 年，共销售 10 万台以上，2008 年以后创维的后续产品同样取得了不俗的成绩。

除了正常的商业化设计项目以外，艺有道以 ACP（Advance Concept Project）作为主攻方向，旨在预判未来 3～5 年的设计趋势，提出概念化的设计项目，研究未来电视新的使用方式、与使用者的交互方式等，从而拓展更大的商业可行性与设计可行性。ACP 项目以每年两个的进度不断推进，每年能够为创维带来将近 20 款以上的未来电视设计，很多之后在 2009～2012 年获得 iF 奖、红点奖的项目均有设计元素与创意来源于 ACP。创维 ACP 项目可以被形容为创维品牌的"概念车"，引导每年乃至未来 2～3 年的设计趋势。

2009 年第 1 季 ACP 项目，艺有道所引入的设计解释为：①创维产品线中高端产品趋势；②具有独特设计语言的标志性设计；③2010～2015 年目标市场（当时是 2009 年）。

Tunnel 概念方案，后期被延伸为创维 E90 LCDTV，曾获得德国 iF 国际设计大赛最佳产品奖，创维因此在工业设计界声名鹊起。

2012 年，第 7 季创维 ACP 项目，更多地探讨设计与文化之间的交流，从文化的角度凸显设计的重要性。从中我们可以看到，从第 1 季 ACP 项目的设计符号、标志性设计，慢慢向文化主题与文化语言转变。用一个人形容的话，可以说是从"温饱需求"到"思想发展"的演变，只有在满足日常生活所需之后，才能考虑更加符合自己需要的心理及文化需求，对于企业的设计也是这样，首先要使企业生存无忧，才能更多地投入新产品的设计与积累方面。

艺有道在与创维的合作过程中，先后为创维培养了 20 多名骨干设计师，使之成为独当一面的设计人才，这并没有给艺有道带来任何阻力，反而使艺有道与创维的合作更加顺畅，使所有人能够在同一水平线探讨设计与企业的未来发展。

设计公司与企业共赢才能形成长久的合作模式，设计带给企业的并不只是一两款产品，而是要通过设计增加企业产品的附加值，用先进的、国际化的设计战略思想给企业带来品牌价值的提升，帮助企业更快地走向国际市场，使其获得更大的成功。

四 中国国际设计产业联盟未来的发展

中共十八大提出要坚持走中国特色新型工业化、信息化、城镇化、农业现代化道路,将推动服务业特别是现代服务业发展壮大作为一项重要举措。工业设计是生产性服务业的重要组成部分,是提升产品附加值、促进科技成果产业化、提高企业核心竞争力、塑造国际品牌的重要手段。中国国际设计产业联盟的定位是"立足国内、面向国际、联合协作、服务产业",未来希望通过联盟的努力在企业、设计机构、科研单位和政府之间建立一个和谐、综合、可持续发展的国际设计资源平台,让企业界、学术界和社会从设计中受益;在全球范围内发展和分享设计创新成果,并保护知识产权;通过跨行业的设计合作鼓励企业创新;维护设计产业的共同利益;通过与其他国际和区域设计组织建立联系,推动中国设计产业的进一步开放和国际化。

光华设计基金会案例

邢 雷*

摘 要：

光华设计基金会作为中国第一家设计基金会，始终秉承"扶持设计人才成长，推动设计产业发展，致力于追求人与自然融合共生"的宗旨，组织"光华龙腾奖""中国设计节""中国设计发展年会""世界绿色设计论坛"等公益奖项及专业活动。在设计产、学、研合作，科技创新成果转化，支持地方设计创新基地建设，国际设计交流等方面积极拓展全新的公益路径；努力搭建设计产业聚集、设计人才服务、设计信息交流和设计投融资服务的平台，以"设计瑰谷"为载体建立城市系统创新服务平台。

关键词：

设计产业 光华龙腾 设计节 绿色设计 设计瑰谷

一 光华设计基金会的背景和使命

（一）设计的变革

设计是一切创造性实践的先导和准备，其本身就是创意和创造，是人类创造力的集成与综合。随着社会文明进步，设计价值也在不断拓展——从生存价值、应用价值、文化艺术价值到社会价值、经济与品牌价值、生态环境价值。

---

* 邢雷，光华设计基金会，总经理。

中国将面临发达国家重振高端制造和发展中国家低成本竞争的双重挑战；世界科技日新月异，能源、信息、材料、生物、先进制造等领域酝酿着新的突破与产业革命，人类正处于工业文明向知识文明过渡的关键时期；全球经济衰退和复苏将加快创新变革。创新中国设计，创造中国品牌，促进创新驱动发展，将面临前所未有的机遇和挑战。

2010年10月，在北京市科协的指导和帮助下，中国第一家设计基金会——北京光华设计发展基金会（以下简称"光华设计基金会"）诞生，成为面向全国设计人才提供表彰奖励、推动人才与设计产业发展、建立与国际沟通的综合性公益平台。该基金会的成立是中国设计行业发展的一个重要里程碑，标志着中国设计产业发展到了一个新的阶段。

全国有2000所高校设立了设计专业，每年仅全国高校设计专业本科毕业生就将近60万人，这些人才的发展、成长迫切需要系统、完备的学科支撑，2011年3月，国务院学位委员会将"设计学"提升为一级学科。青年设计精英和行业领军人物是中国设计领域的中流砥柱。2011年10月，"光华龙腾设计创新奖"获得国家科学技术奖励工作办公室批准登记。

中共十八大后，国家加大了对设计产业的重视程度。全国的设计组织和企业如雨后春笋般涌现。习近平总书记在顺德参观访问时，勉励广东提高工业设计水平，增强中国创造的竞争力，充分体现了国家领导人对设计人才成长和设计产业的重视。

（二）光华设计基金会的使命

20世纪60年代以来，许多国家都将设计作为国家创新战略的重要内容，在产业政策上大力扶持，振兴设计产业，重视设计人才的培养及设计文化的交流。英国、荷兰、丹麦等欧盟国家设立了"国家设计委员会"，定期制定"国家设计振兴政策"；日本、韩国、新加坡等国家成立了专门机构，拨付专项经费支持设计产业发展。发达国家开始利用设计的天然优势来整合科技、商业、文化等资源并使之转化为先进生产力，中国要在未来20年基本实现工业化，就要在当前建设创新型国家的关键历史时期，以先进设计为主要手段，促进现代服务业与现代制造业的融合并进，推动形成创新产品、创新服务、创新经

济、创新价值的国家品牌战略，努力实现从"中国制造"向"中国创造"的蜕变与升华。由于设计对于国家经济发展和提升全球竞争力的重要价值和作用，半个多世纪以来，美、英、德、法、日、意、荷等工业化国家都曾将创新设计作为国家战略，相继推出了一系列促进设计创新和设计产业发展的政策举措，并取得了显著成效。越来越多的中国企业开始重视设计，也有不少地方出台了促进创新设计的鼓励政策，"中国设计"的好时代即将来临。提升创新设计需要全社会的共同参与，不可能一蹴而就，光华设计基金会就是在这样的背景下，承载着创新中国的使命应运而生。

是什么让世界更美好？是什么让城市更美丽？是什么让产品更完美？是什么让生活更舒适？是什么鼓动起第五次工业革命？这就是设计。2010年10月，在路甬祥、潘云鹤、石定寰等领导的关怀下，北京光华设计发展基金会作为中国第一家设计基金会在北京市科协的领导和各有关单位的支持下正式成立。第十一届全国人大常委会副委员长、中国科学院前院长路甬祥发来贺信，中国工程院常务副院长潘云鹤、国务院参事石定寰担任名誉理事长。

几年来，光华设计基金会秉承"扶持设计人才成长，推动设计产业发展，致力于追求人与自然融合共生"的宗旨，以"国家设计创新战略"为己任，调动社会各方面力量，以多种方式建言献策，助力中国设计产业蓬勃发展；通过设计产、学、研合作，科技创新成果转化，支持地方设计创新基地建设，在国际设计交流等方面积极拓展全新的公益路径，创建基于"设计产业聚集平台、设计人才服务平台、设计信息交流平台和设计投融资服务平台"的设计公益矩阵，积极投身于公益项目之中，同时与众多国内外组织机构和企业建立了广泛的合作，并保持良好的关系。

光华设计基金会虽于2010年正式成立，但从事"光华龙腾奖""世界绿色设计论坛""中国设计节""设计瑰谷"（"两奖、一节、一谷"）等公益项目已有九年，基金会面向全国设计人才、专业机构、行业协会、地方政府，广泛地针对全国设计人才、专业机构开展了表彰、奖励、资助、国际交流等专业活动，通过连续九届光华龙腾设计创新奖评选，打造了设计领域最高、最权威的奖项；中国设计节、中国设计发展年会在地方设计创新产业推动方面发挥了聚集人才、引领产业的积极作用；世界绿色设计论坛开启了中欧设计创新交流的全新对话机制，为全球可持续发展搭建了一个以绿色设计为核心的平台。

二　光华设计基金会公益项目简介

（一）光华龙腾奖

个人奋斗是一个永远激励人心的话题。没有个人奋斗，便没有人类社会的进步。但在全球化的时代，在资源要素可以在全球自由流动的今天，个人奋斗必须纳入国家利益的范围来审视。为了树立中国设计创新楷模，发挥设计精英中流砥柱的作用，光华设计基金会所设立的"光华龙腾设计创新奖"于2011年正式获得国家科学技术奖励办公室批准登记备案。

多年来，先后获得过"光华龙腾奖"的各类设计人才已有数千人，极大地推动了设计产业的发展。光华龙腾奖融合所有设计门类，在各类设计门类人才面前搭起一座桥梁，紧扣设计发展趋势之一的跨界合作，进一步将每一门类中的设计师、设计管理者、院校教师、设计研究者等纳入评选视野，以参评人创造的行业贡献、市场价值、创新能力、绿色理念作为主要评审依据，创立初评、公众投票、终评三段评审机制，力求在"公平、公正、公开、公益"的评奖理念指导下表彰具有代表性的设计人才。光华龙腾奖共分为"中国设计贡献奖""中国设计业十大杰出青年""龙腾之星"三个核心奖项。

1. 中国设计贡献奖

设计领域的奠基者是光华龙腾奖的核心奖项——中国设计贡献奖的表彰对象，自2006年起共评选出50位银质奖章获得者与25位金质奖章获得者，他们是为中国设计产业发展做出杰出贡献的权威专家、国际设计组织友好人士、行业协会领军人物、国际化创新企业代表人物。

例如，中国工程院常务副院长潘云鹤、联想集团董事会主席杨元庆、中国科学院院士周干峙、中国工业设计协会会长朱焘、清华大学美术学院教授柳冠中、西北工业大学教授陆长德、中国机械工程学会工业设计分会秘书长孙守迁等均为金质奖章获得者；香港设计中心董事局主席刘小康，北京市人大常委、

民盟北京市委专职副主委宋慰祖，中国美术家协会平面设计艺术委员会副秘书长曾辉，北京工业设计促进中心主任陈冬亮，广东工业设计城发展有限公司总经理邵继民，大连高新区设计办主任孙永祥等为风云人物银质奖章获得者。

2. 中国设计业十大杰出青年

光华龙腾设计创新奖的核心奖项——"中国设计业十大杰出青年"自2005年起已评选八届，在扶持青年设计人才成长、树立自主创新楷模方面发挥了重要作用。评选始终坚持公益、公开、公正的原则，不收取任何形式的费用。

该奖项覆盖领域广泛，涉及建筑与环境设计、装饰设计、平面设计、产品设计、服装设计、多媒体设计、用户体验设计，评选出的"光华龙腾设计创新百人榜"涵盖专业的杰出设计师，以及推动与实现设计价值的重大贡献者。

评选流程为：经过各级协会推荐，通过网上提交材料，初评出年度"百人榜"，经专家评选、网络公示、投票评选出30位提名人，最终以现场答辩的方式评选出"中国设计业十大杰出青年"。

多数获奖者以"十杰"荣誉为新起点，在促进行业发展、引领产业创新方面不断取得重大成果。获奖者在自己的岗位上不断创造出骄人的业绩，如正邦品牌顾问服务集团董事长陈丹，飞亚达集团设计总监孙磊，国家邮局邮票印制局主任副总设计师王虎鸣，联想集团副总裁姚映佳，玫瑰坊服装公司董事长、首席设计师郭培，广州毅昌投资有限公司董事长冼燃，北京印刷学院设计艺术学院副院长严晨等一批知名青年设计师，他们已成为中国设计的国际名片、广大青年设计人才学习的楷模。第十一届全国人大常委会副委员长路甬祥，中国工程院常务副院长潘云鹤，国务院参事石定寰、牛文元，中国科学技术协会书记处书记冯长根等领导多次出席颁奖典礼。

目前该奖项的参选人数已突破3000人，已有超过700人受到表彰奖励，"中国设计业十大杰出青年"已成为"中国设计领域的奥斯卡"。

3. 龙腾之星

"龙腾之星"是为表彰、奖励富有创新精神和能力并取得优异成绩的设计专业大学生，以及刚刚走上工作岗位的年轻设计师而设立的奖项，旨在推动绿色设计的理念，激发青年才俊的创新精神，发现和培养优秀的中国青年设计人才，为未来创新中国提供人才储备，破解设计人才奇缺的难题，有力地推进中国设计事业的发展。

首届"龙腾之星"中国大学生创新设计大赛作为2008年iF概念设计学生奖中国区预选赛于2007年启动。150所学校选送的近千个作品参赛，评选出4名金奖、9名银奖获得者，并推荐至德国iF参加国际评审。

第三届"龙腾之星"中国大学生创新设计大赛于2009年启动，为迎接中华人民共和国成立60周年，特组织"新中国六十年海报设计大赛"，230余所设计类院校选送的近4000个作品参赛，共评选出5名金奖、10名银奖、15名优秀奖、10名优秀组织奖，于第四届中国设计节期间举办颁奖典礼。

2011年"龙腾之星"评选以"健康·智慧——帅康主题厨卫"为主题，针对厨房电器设备及其组合产品、卫浴电器设备及其组合产品、整体橱柜、集成吊顶等开展设计比赛。

2012年"龙腾之星"评选以"绿色设计"为主题，在全国高校范围内（500家）开展涉及通信、建筑、家电、汽车、办公设备、服装六大领域的绿色设计方案的征集。比赛采取省赛、区赛与国赛相结合的二级筛选方式；绿色产品组与绿色创意组征集相结合的赛事组织方式；网络评选与现场答辩相结合，专业评委与大众评委相结合的评比方式；资金扶持、出国交流相结合的表彰方式，成为全国规模最大、层次最高、参与人数最多的高校绿色设计领域赛事。

（二）世界绿色设计论坛

绿色设计创造绿色产品，绿色消费保护绿色地球。绿色设计就是"产品设计的材料选择与管理；产品的可拆卸性设计；产品的可回收性设计"。绿色设计是一个体系与系统，也就是说，它不是一个单一的结构与孤立的艺术现象。正是多学科彼此交融、嫁接、交叉使得这一设计思潮包罗万象。

世界绿色设计论坛是在第十一届全国人大常委会副委员长、中国科学院前院长路甬祥先生的倡导下，由光华设计基金会联合国际设计联合会、欧中友好协会、新华社欧洲总分社、新华社《中国名牌》杂志社、瑞士QSC基金会等共同发起的国际环境问题对话平台，由中华人民共和国国务院参事石定寰和欧

洲议会议员德瓦共同担任论坛主席，意在"搭建全球生态环境保护与绿色产业发展的国际对话平台"，促进中欧双方的交流和合作，是双方展开科技、人文、设计等多方面合作的桥梁。

在联合国环境规划署、世界知识产权组织、气候组织等国际组织以及中国驻欧盟使团、德国能源署、比利时驻中国大使馆、中国可再生能源学会、中国建筑装饰协会等单位的大力支持下，该论坛已连续成功举办三届。2011 年 9 月 9 日，首届世界绿色设计论坛暨绿色设计国际贡献奖颁奖典礼在瑞士卢加诺举办，百余位来自中国和欧洲的政府官员、专家学者共同见证了这一历史性时刻。2012 年 10 月 12 日，第二届论坛在比利时布鲁塞尔的欧洲议会大厦举办，近百位来自世界各国的政要、环境问题专家、设计师、企业家就"绿色设计"话题分享各自经验，热烈地讨论了如何以绿色设计为手段促进全球可持续发展。2013 年 5 月 28 日，世界绿色设计论坛·扬州峰会在扬州市成功召开，活动邀请包括港、澳、台地区在内的 20 多个国家和地区的代表到会，邀请了来自产业链上游和下游的相关行业企业、国际组织、非政府组织、行业协会/学会、高等院校、媒体齐聚扬州，共同讨论绿色设计的创新与发展。第三届世界绿色设计论坛·布鲁塞尔峰会于 2013 年 10 月 18 ~ 20 日在欧洲议会大厦举办。

1. 绿色世界论坛的意义及目的

设计是产业革新的先导，绿色是人类文明的未来，绿色设计代表着先进生产力的发展方向。世界绿色设计论坛在国际背景的大舞台上展开，通过对于绿色设计理念、新技术、新材料、新生产方式的倡导，大力推动中国各相关行业的产业升级，从绿色 GDP、经济发展转型升级等方面带来可持续的经济效益。这一举措使得产业链条所联系的企业、机构在绿色设计的大背景下充分沟通，分享交流，搭建了优质的对话、交流平台，大大提高了沟通效率与效果，有助于全方位地推动产业升级。

同时，中国企业自身可持续发展竞争力的提升，也会使其在国际市场中体现出长远的企业竞争力。增进中外企业的交流合作，以及推动国内外产、学、研的交流沟通，将为更多的企业搭建合作平台，令各方发现更多的合作领域与合作机会，从而推动社会整体的经济增长。

2. 绿色世界论坛公益性的体现及作用

"绿色设计国际贡献奖""绿色设计国际大奖"是世界绿色设计论坛设立的国际性、公益性奖项，旨在表彰以绿色设计为手段，推动绿色技术、绿色材料、绿色能源、绿色装备等应用，致力于改善人类生存环境做出卓越贡献的专业人士和专业组织。奖项的设计、评选、颁发严格依照规章制度、评选流程、评选规则等相关要求，接受第三方及社会监督，全程工作可在论坛网站上进行查询和跟踪，充分保证奖项评选的公开、公正。同时，为保证奖项评选的专业性，论坛组委会特邀请国内外专家学者，成立组委会、评审会，为奖项的评选提供了充分的专业性保障。奖项设计的公益性还体现为以推动设计人才发展为宗旨，不向参选人、参选机构收取任何费用。

国际奖项的设立为中国开启了"绿色设计"中国标准的探索与推进历程，对于推动绿色设计理念的深入有着重要的、积极的作用，为增进中外在可持续发展、绿色设计领域的合作打开了一扇大门，将全球的前沿思想、技术、经验"引进来"，也帮助国内的设计机构、设计成果"走出去"，为产业的升级与国际对接奠定了基础，在国际舞台上体现了中国在可持续发展、生态环境保护领域的积极参与，倡导并引领变革的大国风范。

（三）中国设计节

2006～2013年，中国设计节已在青岛、北京、大连等地成功举办，先后有来自近20个国家超过1500家的企业参展、参会，展览、展示面积共计10万多平方米，专业观众逾15万人次。参展企业数、参与人数、社会影响力连年提高。

中国设计节通过成功设计师的案例分析、设计院校教授的主题演讲、法律专业人士的知识产权案例解读、现场问答互动，使青年设计师在设计专业技能、理论学习、知识产权保护方面得到更深刻、更全面的认识和提高。中国设计节是设计与投融资的新型平台，每年评选15家优秀设计企业与10家关注设计创意领域的投资公司，通过现场座谈、案例展示、优秀项目对接等形式，搭建青年设计师、企业家与投资人士之间的桥梁，促进设计与资本的结合。

中国设计节集聚创新设计人才，推动地方经济发展和产业升级。中共十八

大提出打造"文化强国",北京市提出促进"文化大繁荣",光华设计基金会从民间组织的属性及责任出发,通过与政府合作,积极响应政府号召。在中国设计节上,国内外设计力量聚集,整合资源、集中智慧、共谋发展,完善设计产业链,为推动地方经济发展和产业升级提供了重要支持。

1. 聚集行业资源,推动地方设计创新产业发展

中国设计节以国内外多个设计行业相关组织作为战略合作伙伴,迄今已联合中国工业设计协会、新华社《中国名牌》杂志社、全国工商联家具装饰业商会、中国机械工程学会工业设计分会、中国流行色协会、德国 iF 奖、德国红点奖等共同举办多项专业年会与国际评选活动;更作为众多设计产业发达国家如英国、法国、瑞典、丹麦、德国、荷兰等,推广现代设计理念、接轨中国市场的首选平台。中国设计节已举办了"英国国家设计展""丹麦国家设计展""德国国家设计展""瑞典国家设计展""法国国家设计展""意大利国家设计展"等众多推广活动。

中国设计节是普及设计概念、知识及价值的活动,是全球创新设计精英的嘉年华,也是设计新产品的发布窗口,更是设计师、设计管理者、投资机构等设计价值推动者交流的舞台,他们将国际先进、低碳、可持续的设计理念带给中国设计师。活动本身是纯公益的、免费的,民众自发参加年会主题活动、参观设计节展览,更多老师将其当成了教学实践的平台,鼓励学生自发参与,认识并聆听设计精英们的教诲,与他们面对面交流,探讨职业发展、就业支持、创业经验等。

2006 年,在青岛举办的首届中国设计节开启了全球设计节序幕;连续三年在大连举办的中国设计节积极地推动了当地的设计创新产业以及当地经济的发展,大连高新区成立设计办公室,树立了政府积极推动设计创新产业的典范。

北京市提出促进"文化大繁荣",光华设计基金会从民间组织的属性及责任出发,积极响应政府号召,通过设计创新活动推进文化事业的发展,协助北京市政府建设"设计之都""世界城市""绿色北京"。中国设计节落户北京大兴,借助举办 2013 年中国设计节暨第二届中国设计发展年会之机,让国外嘉宾走进北京,了解中国设计,形成对接项目,把中国设计带到全世界,国内外设计力量汇集于中国设计节,为北京"设计之都"和世界城市建设提供了重要支撑。

2. 中国设计节的社会影响力及存在价值

中国设计节参展企业、参与人数、社会影响力连年提高。先后有来自近20个国家的超过1500家企业参展参会，展览、展示面积共计100000多平方米，专业观众逾150000人次。

首届中国设计发展年会集聚了全国各个设计门类的300余位具有影响力的设计业大师、杰出代表。中国设计节具有很高的社会影响力，就2013年而言，共有人民日报、中央电视台、新华网、北京电视台、北京日报等近百家媒体对中国设计节进行了广泛报道，共计发稿130多条，总字数超过10万字，播发广播、电视节目总时长达4个小时；40余家网络媒体对中国设计节相关内容的刊登、转载量达320多条次。其中，活动新闻登上了CCTV新闻联播，BTV全程、全天候进行了报道，宣传效果空前。

通过设计创新，中国设计节在加快地方战略性新兴产业发展、改变经济增长方式、打造新的经济增长点等方面取得了显著效果，吸引了国内外知名设计公司及设计教育机构等百家企业和个人参展，为国内外设计行业提供了良好的展示机会，让优秀的设计服务和设计产品更多地被消费者和合作机构了解。

（四）"设计瑰谷"

为了将设计的影响力进一步扩大，光华设计基金会建立了"设计瑰谷"，其致力于打造设计人才与产业集聚的综合服务平台，助推设计产业发展。"设计瑰谷"是中国设计界和战略性新兴产业的聚集区，为设计产业发展提供了雄厚的实体经济基础和广阔的发展空间。作为国内外公益资源和行业资源的巧妙结合，"设计瑰谷"将成为世界通向中国、中国迈向世界的国际化枢纽，形成设计产业新平台、世界城市建设的重要支撑、设计产业的新高地，同时为设计产业的国际交流和合作提供了良好的舞台和前所未有的发展空间。

"设计瑰谷"，取"硅谷"之谐音，为希望将园区打造成国际化、国家级的最具创新竞争力的设计产业聚集区之意，如同硅谷对于IT行业的重要意义一样，是使光华设计基金会的国内外公益资源和行业资源相结合，利用地方产业优势和资源优势，在地方政府支持下建立的设计创新高端专业园区。

光华设计基金会的注册品牌——"设计瑰谷"已经成功落户北京、扬州、

大连等地。光华设计基金会秉承"共建瑰谷，共赢未来"的理念，与社会各界设计师及设计企业共同描绘设计未来，共同迎接设计产业的明天，努力让设计企业在"设计瑰谷"集聚。

1. 建设"设计瑰谷"的意义及目的

"设计瑰谷"通过国际化服务、创意设计展示、工程技术服务、新材料研发展示、设备展示、信息服务、人力资源、知识产权及综合法律服务八大平台，打造基于设计的城市系统创新综合体，助力当地产业快速升级。

2. "设计瑰谷"的建设成果及其存在价值

由光华设计基金会与扬州广陵区政府设立的"设计瑰谷创智园""扬州723文化科技园""光华设计博物馆"已在扬州市广陵区隆重开园。第十一届全国人大常委会副委员长路甬祥亲笔为扬州"设计瑰谷"题词："办好'设计瑰谷'，促进产业创新"。

扬州"设计瑰谷创智园"已于2011年9月28日开园，占地56.7亩，园区一期面积为18310平方米，规划改造后面积约为12400平方米，建筑密度为40%，绿化率为38%。

2013年中国设计节暨第二届中国设计发展年会举办期间，"中国设计瑰谷"揭牌及共建仪式成功举行，"中国设计瑰谷"正式落地北京大兴，明确提出将着力打造集创意设计、企业孵化、展示交易等功能于一体的"一谷五园"集聚区。"一谷"即中国"设计瑰谷"；"五园"即西曼国际工业设计产业园、设计企业创意园（CDD创意港）、建筑和工程设计园、服装文化创意产业园、博洛尼都市工业设计园，总规划面积400万平方米。同时，围绕项目、资金、服务等方面推出了《关于促进新区设计产业发展的若干意见》及其实施细则等专门的支持政策，为各类设计组织、企业、人才、项目的发展提供了新机遇。

三 光华设计基金会的目标及展望

在朝着现代化迈进的中国，一方面，我们要积极推动光华设计基金会的发展；另一方面，要在发展中不断完善其体制，探索出一条符合中国文化与社会发展的道路。

光华设计基金会将大力推动设计产业发展，以设计基地建设、设计与制造业融合、提升设计专业水平、完善服务平台、加快设计人才培养等为目标；提升"光华龙腾奖""世界绿色设计论坛""中国设计节""设计瑰谷"等项目的专业能力和服务水平；积极募集公益款项。

创新设计是创意和创造之母，设计的目标始终是赋予产品和系统更卓越的功能、更优美的形式、更美好的身心感受，创造更好的经济、社会、文化和生态价值，满足和引领市场和社会的需求。中国设计必须坚持科学、理性，以及开放包容的理念，用创新合作取代模仿跟踪，创造既是中国的又是世界的设计，顺应、影响和引领世界设计的潮流。

经济腾飞、社会进步、民族复兴离不开设计创新，光华设计基金会将一如既往地与各界有识之士携手为创新型国家建设不懈努力！

设计行业的发展需要得到社会各界有识之士的关心和支持，今后光华设计基金会将继续以推进国家设计创新战略为己任，坚定不移地贯彻中共十八大精神，实施创新驱动发展战略，大力推进生态文明建设，努力建设"美丽中国""文化强国"，为实现中华民族的永续发展而努力奋斗！

中国社会科学院 社会科学文献出版社

报告

首页 数据库检索 学术资源群 我的文献库 皮书全动态 有奖调查 皮书探道 皮书研究 联系我们 读者帮购 搜索报告

权威报告 热点资讯 海量资源

当代中国与世界发展的高端智库平台

皮书数据库 www.pishu.com.cn

皮书数据库是专业的人文社会科学综合学术资源总库，以大型连续性图书——皮书系列为基础，整合国内外相关资讯构建而成。该数据库包含七大子库，涵盖两百多个主题，囊括了近十几年间中国与世界经济社会发展报告，覆盖经济、社会、政治、文化、教育、国际问题等多个领域。

皮书数据库以篇章为基本单位，方便用户对皮书内容的阅读需求。用户可进行全文检索，也可对文献题目、内容提要、作者名称、作者单位、关键字等基本信息进行检索，还可对检索到的篇章再作二次筛选，进行在线阅读或下载阅读。智能多维度导航，可使用户根据自己熟知的分类标准进行分类导航筛选，使查找和检索更高效、便捷。

权威的研究报告、独特的调研数据、前沿的热点资讯，皮书数据库已发展成为国内最具影响力的关于中国与世界现实问题研究的成果库和资讯库。

皮书俱乐部会员服务指南

1. 谁能成为皮书俱乐部成员？

- 皮书作者自动成为俱乐部会员
- 购买了皮书产品（纸质皮书、电子书）的个人用户

2. 会员可以享受的增值服务

- 加入皮书俱乐部，免费获赠该纸质图书的电子书
- 免费获赠皮书数据库100元充值卡
- 免费定期获赠皮书电子期刊
- 优先参与各类皮书学术活动
- 优先享受皮书产品的最新优惠

社会科学文献出版社 皮书系列
SOCIAL SCIENCES ACADEMIC PRESS (CHINA)

卡号：8897702683735968
密码：

3. 如何享受增值服务？

（1）加入皮书俱乐部，获赠该书的电子书

第1步 登录我社官网（www.ssap.com.cn），注册账号；

第2步 登录并进入"会员中心"—"皮书俱乐部"，提交加入皮书俱乐部申请；

第3步 审核通过后，自动进入俱乐部服务环节，填写相关购书信息即可自动兑换相应电子书。

（2）免费获赠皮书数据库100元充值卡

100元充值卡只能在皮书数据库中充值和使用

第1步 刮开附赠充值的涂层（左下）；

第2步 登录皮书数据库网站（www.pishu.com.cn），注册账号；

第3步 登录并进入"会员中心"—"在线充值"—"充值卡充值"，充值成功后即可使用。

4. 声明

解释权归社会科学文献出版社所有

皮书俱乐部会员可享受社会科学文献出版社其他相关免费增值服务，有任何疑问，均可与我们联系

联系电话：010-59367227 企业QQ：800045692 邮箱：pishuclub@ssap.cn

欢迎登录社会科学文献出版社官网（www.ssap.com.cn）和中国皮书网（www.pishu.cn）了解更多信息

法律声明

　　“皮书系列”（含蓝皮书、绿皮书、黄皮书）由社会科学文献出版社最早使用并对外推广，现已成为中国图书市场上流行的品牌，是社会科学文献出版社的品牌图书。社会科学文献出版社拥有该系列图书的专有出版权和网络传播权，其LOGO（ ）与“经济蓝皮书”、“社会蓝皮书”等皮书名称已在中华人民共和国工商行政管理总局商标局登记注册，社会科学文献出版社合法拥有其商标专用权。

　　未经社会科学文献出版社的授权和许可，任何复制、模仿或以其他方式侵害“皮书系列”和LOGO（ ）、“经济蓝皮书”、“社会蓝皮书”等皮书名称商标专用权的行为均属于侵权行为，社会科学文献出版社将采取法律手段追究其法律责任，维护合法权益。

　　欢迎社会各界人士对侵犯社会科学文献出版社上述权利的违法行为进行举报。电话：010－59367121，电子邮箱：fawubu@ ssap. cn。

社会科学文献出版社